OpenStack 实战

OpenStack IN ACTION

〔美〕V. K. Cody Bumgardner 著

颜海峰 译

人民邮电出版社

北京

图书在版编目（CIP）数据

OpenStack实战 / (美) V.K.科迪·布姆加德纳著 ；
颜海峰译. -- 北京 ：人民邮电出版社，2017.5(2023.2重印)
书名原文：OpenStack in Action
ISBN 978-7-115-45013-5

Ⅰ. ①O… Ⅱ. ①V… ②颜… Ⅲ. ①计算机网络
Ⅳ. ①TP393

中国版本图书馆CIP数据核字(2017)第043853号

版权声明

◆ 著　　[美] V. K. Cody Bumgardner
译　　颜海峰
责任编辑　杨海玲
责任印制　焦志炜
◆ 人民邮电出版社出版发行　　北京市丰台区成寿寺路 11 号
邮编　100164　　电子邮件　315@ptpress.com.cn
网址　http://www.ptpress.com.cn
北京天宇星印刷厂印刷
◆ 开本：800×1000　1/16
印张：20.5　　2017 年 5 月第 1 版
字数：440 千字　　2023 年 2 月北京第 8 次印刷
著作权合同登记号　图字：01-2016-3956 号

定价：79.00 元

读者服务热线：(010)81055410　印装质量热线：(010)81055316
反盗版热线：(010)81055315
广告经营许可证：京东市监广登字 20170147 号

内容提要

本书的主题是通过 OpenStack 来部署企业私有云。本书不只是像技术手册一样介绍如何部署 OpenStack，还会解释各个步骤涉及的原理以及这项技术对业界的影响。

本书分为 3 个部分，第一部分（第 1 章～第 4 章）是入门指南，先介绍 OpenStack 云操作系统，然后让读者直接通过一个快速部署工具和最小化的基础设施来快速体验 OpenStack，再介绍 OpenStack 命令行工具（CLI），并通过使用 OpenStack 来理解组件的功能和整个 OpenStack 框架里各个组件之间的交互；第二部分（第 5 章～第 8 章）关注整个生态系统，深入介绍 OpenStack 的一个核心项目，并带领读者进行多节点环境下的 OpenStack 手动部署；第三部分（第 9 章～第 12 章）阐述在生产环境中如何使用 OpenStack，重点介绍与生产环境中 OpenStack 部署相关的架构、组织和策略决策，Ceph 存储的基本部署和操作，使用 Fuel 来进行 OpenStack 自动化 HA（高可用）部署，以及通过 OpenStack Heat 和 Ubuntu Juju 进行云编排。此外，还有一个附录介绍从裸设备安装 Linux 操作系统的详细步骤。

本书适合对使用 OpenStack 来构建私有云环境有兴趣的基础设施专家、工程师、架构师和技术支持人员阅读。因为阅读本书不需要有很好的技术基础，只要了解 Linux 的基本操作，所以不同背景和技术能力的人群都可以阅读本书。

对本书的赞誉

开源项目 OpenStack 从 2010 年 7 月诞生以来得到了迅猛发展，一路竞争，击败了其他各路云计算的开源项目，得到了全球 400 多家企业和近 5 万名个人会员的支持，成为云计算提供“基础架构即服务”的事实标准。CERN、沃尔玛、Comcast、NTT Group、Paypal、中国移动和国家电网等一批知名企业和机构都相继选择使用 OpenStack 作为自己的业务支撑平台，国内各企业、高校和开源社区也掀起了学习 OpenStack 的热潮，各类 Meetup 分享会、开源论坛和相关报道层出不穷，数不胜数。但 OpenStack 进入中国这几年，OpenStack 的运维和开发方面的书籍并不多，系统地介绍 OpenStack 各主要模块部署的书更是鲜见，这与国内学习需求和热情产生了供需矛盾。究其原因，一是开源项目代码更新快，二是一般情况下国外运用实践早于国内且经验丰富，外加语言的因素。

《OpenStack 实战》这本书系统地阐述了 OpenStack 计算、网络和块存储等节点的部署，内容丰富，得到了 Jay Pipes 等人的高度赞扬。及时地将这本书引进国内并翻译出版，让国内读者能轻松地理解私有云构建架构和过程，从部署实战的角度出发帮助广大国内 OpenStack 运维人员和开发者深入了解和掌握 OpenStack，意义重大。相信通过阅读这本书，广大读者可以为规划和运维基于 OpenStack 的企业私有云打下坚实的基础。

——王庆

OpenStack 基金会个人独立董事，英特尔开源技术中心云计算和网络部研发经理

一个开源软件的成熟的特征就是有相应的中文书籍，OpenStack 也不例外。把国外的优质 OpenStack 书籍翻译成中文，可以培养更多的 OpenStack 专业人才，大大加快国内 OpenStack 在企业的普及速度。

——陈沙克

OpenStack 技术博主，九州云信息科技有限公司副总裁

《OpenStack 实战》不仅提供了真实案例，供读者学习如何开发自己的云平台，而且介绍了为什么要构建私有云、私有云技术栈选择、物理硬件集群规划等内容。阅读本书，读者将会系统地

了解如何构建面向用户的基础架构服务以及部署和运行 OpenStack 云的技术细节。

——叶璐

OpenStack 中国区大使，Qunar DevOPS 工程师

动手实践一直是技术人员对复杂技术加深理解的有效途径，这样一本理论和实践结合的 OpenStack 指导手册不仅为入门使用者提供快速参考，更为深入研究 OpenStack 者提供辅助。

——郭长波

OpenStack 基金会个人独立董事，Oslo 项目 PTL

译者序

OpenStack 项目的特点通过它的名字就很好地展示了——Open（开放）。我开始接触 OpenStack 时，CloudStack 被认为是最稳定的，而且那时全球范围内有几家电信企业采用了 CloudStack。电信企业的采用是很重要的信号，因为电信行业对可用性要求比较高。但后来居上的 OpenStack 从一开始就推崇"开放"，号称 4 个开放：开源（Open Source）、开放式设计（Open Design）、开放式开发（Open Development）和开放式社区（Open Community）。2016 年下半年参加的 OpenStack 巴塞罗那峰会，在主题演讲会场上，OpenStack 基金会首席运营官 Mark Collier 再次重申了上面这 4 个开放。

- 开源：有很多开源软件的所有者同时发布社区版与企业版（专业版），但 OpenStack 从一开始就只有社区版，没有任何企业版。
- 开放式设计：OpenStack 有很多项目，每个项目都有一个项目技术领导（Project Technical Leader，PTL），还有若干个核心成员（Core Member）。这些职位都不是某个公司指派的，而是在很透明的机制下提名产生的。每年两次的 OpenStack 峰会就包括设计峰会，所有需求讨论都是公开的，并使用公开的文档记录工具记录，如社区使用比较多的 Etherpad。除此之外，还使用 IRC 和邮件列表，IRC 更适用于即时通信，即所有参与讨论者都是在线的情况，邮件列表则更多地考虑可能有不在线的参与者有必要参与讨论的情况。
- 开放式开发：除了在设计峰会上讨论需求外，平时的新功能（Blueprints，BP）实现需求都通过 Launchpad 进行管理 ，当然 bug 也通过 Launchpad 管理。所有人都可以注册为开发者，在 Launchpad 提 bug 或者 BP，代码审查是通过社区基础设施团队架设的 Gerrit 服务器进行的，所有代码都是先提交到 Gerrit 上，所有开发者都可以评论和打分。因此，整个开发过程都是透明的。
- 开放式社区：基金会的 13 名技术委员（Technical Committee，TC）全部由所有活跃开发者（Active Technical Contributors，ATC）选举产生，基金会有 3 类董事成员，每类 8 名，共 24 名，其中有 8 名是个人董事，通过所有社区参与者选举产生。另外，在 2016

年的峰会上还讨论了成立用户委员（User Committee，UC），由 CERN 的 Tim Bell 来帮忙建立。这种大的决策不是某人关起门做出的，而是摆上桌面来讨论的。

也许正是 OpenStack 如此开放，才吸引了众多公司与全球 170 多个国家和地区超过 5 万名开发者参与进来。

感谢带领我进入实验室接触到 OpenStack 的邝颖杰老师，还有当时的队友区家华和林泽强两位同学。记得当时是从 F 版开始的，坑还是比较多的。那时很多人的博客文章都给了我很大的帮助，感谢他们无私奉献，分享自己的经验。感谢带领我进入唯品会构建云平台的陈展奇先生，让我真正接触到企业级需求。从接触 OpenStack 到现在 4 年左右的时间，我看到了 OpenStack 越来越稳定，也学到了很多东西，也有很多人都给予了我帮助，感谢各位。

颜海峰

OpenStack 巴塞罗那峰会有感

译者简介

颜海峰，目前就职于 HPE，在云计算研发部门担任软件工程师。华南农业大学学生 IT 研发中心首届成员，也正是在此实验室开始了云计算的奇幻之旅。曾任唯品会企业私有云计算平台、网宿弹性计算服务的首批研发工程师。

序

很难相信从我开始看到 Nova 的最初源代码到现在已经 5 年了。当时这些代码刚发布，它们是由 Anso Labs 团队为 NASA 创建的。当时我在 Rackspace 公司工作，公司正在寻找一套新的代码库作为下一代 Rackspace 云。几个月后，Rackspace 开源了它的 Rackspace 云文件平台作为 Swift 项目。Nova 和 Swift 成为新生的 OpenStack 项目最开始的两个顶梁柱。

从那时开始，这两个项目都经历了显著的变化。Swift 项目的核心团队和代码库还相对稳定些，尽管项目增加了不少新功能，性能和扩展性也有所提升。此外，与开始时的简陋相比，现在 Nova 项目的源代码基本上算是“脱胎换骨”了。新的代码库（如 Glance、Cinder、Keystone 和 Neutron）的创建都是为了提供原本 Nova 提供的功能。

这些新的源代码被创建出来处理大规模计算基础设施的功能性管理，同时一个新型的开源社区也开始形成。在操作系统分发和打包、配置管理、数据库设计、自动化、网络和存储系统有经验的开源开发者和支持者聚拢起来为 OpenStack 贡献自己的力量。

我们的社区以极快的速度成长（并继续成长），快速成为全球最大、最活跃和最有影响力的开源社区之一。为了社区更好地发展，更好地面对管理上的挑战，OpenStack 基金会应运而生。每年在世界各地举办的设计峰会和会议都会吸引全球超过 3500 名贡献者参与。社区创建了一个世界级的持续集成和构建系统来支持源代码和贡献者的快速增长。这些自动化构建系统的规模和范围可以比肩甚至超过了一些比较老的开源社区，如 Apache 和 Eclipse 基金会。

OpenStack 的生态系统成为了一些新成立的公司（如 SwiftStack 和 Piston Cloud）的沃土。同样，对原有的公司（如惠普、Mirantis 和 Red Hat）也是相当有益，它们通过 OpenStack 社区旗下多个项目持续推动创新。

OpenStack 社区的“膨胀”也让如何部署这些分布式软件组件以及如何运维它们变得更加复杂。如果想要“从零开始”部署 OpenStack，就必须掌握从网络和存储到虚拟化和配置管理这些广泛的知识。获取这些必备的知识和技能已经成为使用 OpenStack 构建云平台要面临的关键挑战之一。这本书就提供了部署和运营 OpenStack 必备的知识。

在本书中，作者为读者剖析了 OpenStack 部署的复杂过程，介绍了 3 种部署方式：通过一个叫作 DevStack 的脚本工具，通过手动安装操作系统软件包，以及通过 Fuel OpenStack 安装器。在每一节中，网络和存储的设置都有详细的解释，让读者逐步接触云计算，并在读完本书后能够很轻松地深入云计算的海洋。

作者除了介绍了 OpenStack 技术，还解释了如何评估和怎样让你的组织从云计算中受益。云并不能神奇到把很多组织里基于人力的手动和耗时的过程问题解决掉。但通过灵活合理的应用过程，云可以让 IT 组织发生变革，并显著提高它们提供服务的质量。在第 9 章中，Bumgardner 提供了任何正在考虑把现有的虚拟化 IT 基础设施替换成 OpenStack 或者正在为内部用户构建一个新的私有云平台的 IT 总监都必读的内容。

总的来说，本书就像是复杂的云计算世界和 OpenStack 软件生态系统里专业的启蒙导师。阅读它，吸收它所讲的知识，就可以彻底变成一个“Stacker”！

Jay Pipes
OpenStack 技术委员会成员
Mirantis 公司技术总监

前言

我首次接触 OpenStack 是在 2011 年夏天，那时我就职于肯塔基大学（University of Kentucky）。我和我的同事兼好友 Brent Salisbury 被邀请参与一家财富 50 强技术公司关于产品研发项目的讨论。在会议期间，项目的执行发起人给了我们两个选择，使用现有的商业工具或者调研使用一个名为 OpenStack 的社区项目。自然结果是我们选择了调研我们一无所知的框架，就这样开始了我们的 OpenStack 之旅。这个开发项目没有任何产品产出，但与 OpenStack 的"不期而遇"却成为了我学术和职业生涯的转折点。Brent 离开了肯塔基大学，与别人合办了一家创业公司，后来该公司被 Docker 收购了，于是他现在正就职于 Docker 公司。而我，走了与他不同的道路，从硕士变成博士并写了这本书。

在 2013 年年初，OpenStack 的 Grizzly 版本跟当前的版本类似，但由于当时功能快速增加导致不稳定，让我们觉得在企业环境里，OpenStack 还不能用于生产环境。虽然我没有冒险在企业里使用 OpenStack，但研究计算是另一回事。作为研究生独立研究课程，我在研究计算时记录了使用 OpenStack 的案例、架构和策略。不止这样，我还描述了这个过程，最后在我们企业内部采用这个平台作为私有云。

我在原创的学术报告里使用图 1 来表示 OpenStack 在组件层面的分布式体现。我推测要烹饪一头大象，应该跟吃它一样，一次只能一块。在技术领域里，我们经常能接受技术分离作为一个组织的稳健做法——"我是存储人"或者"我是网络人"——但对很多人来说，首要任务就是只吃大象的一部分。在本书中，我会尽量将一些易懂的知识和新概念结合起来，让读者更容易理解。虽然可能你不想品尝大象的脚，但如果想成功地玩转云计算，最好在原理上知道它们是怎样工作的。

现在我写这个前言，刚好是 Manning 出版社的编辑第一次找我的两年后。当我开始这个项目时，还只有不到 500 名 OpenStack 贡献者，但现在已经有好几千名了。OpenStack 不但成为了成长最快的开源社区之一，同时也被全球规模靠前的很多组织采用。更重要的是，至少对你来说，OpenStack 现在已经足够成熟了，可以作为你的组织的私有云的基础。

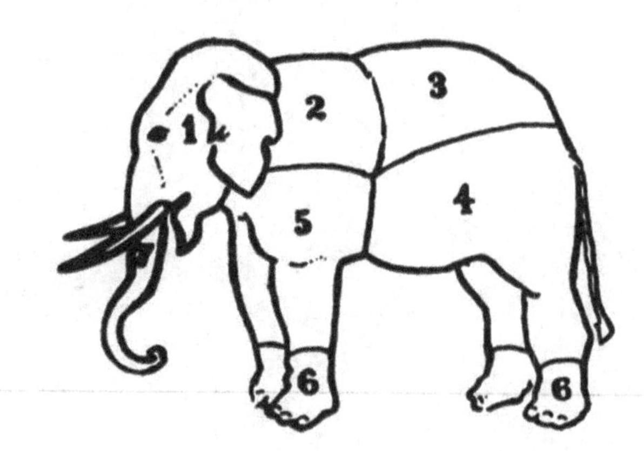

图 1　这幅图来自于 16 世纪 Maestro Martino 写的 *Libro de Arte Coquinaria*（关于烹饪艺术的书）

致谢

没有我的博士导师兼好友 Victor W. Marek 教授的鼓励，就没有本书的出版。我有责任把这种鼓励和信心传递下去。

如果不是自己经历过，我无法想象出版一本书需要付出如此多的努力。这份努力是否能产生预期的结果将取决于读者，但毫无疑问，审稿人、编辑和其他贡献者都花费了大量时间来致力于打造一本高质量的书。通过我参与贡献和审阅其他作者的书，以及我现在写的这本书，我可以很肯定地说，Manning 出版社为出版更好的书尽了最大的努力。我特别要感谢本书的策划编辑 Susan Conant 的孜孜不倦的工作，持续推进内容的改进。同时也要感谢出版人 Marjan Bace 以及编辑与生产团队的每一位成员，包括 Mary Piergies、Cynthia Kane、Andy Carroll、Katie Tennant 和幕后的所有工作人员。非常感谢 Bill Bruns、Andy Hill、Michael Kidd、Jeff Lim 和 Fabrizio Soppelsa 在本书编写期间帮忙做技术审阅。最后，还要感谢 Andy Kirsch、Chris Snow、Fernando Rodrigues、Hafizur Rahman、Kosmas Chatzimichalis、Matt Harting、Mayur Patil、Michael Hamrah、Peeyush Maharshi 和 Toby Lazar，他们阅读本书初稿并提供了很多建议。

特别感谢我的妻子 Sarah，感谢她照顾我们的两个孩子，同时理解和支持我出差、做研究生工作、编写这本书和其他各个方面，这些都是无私的。虽然论文、讲稿和书上都只有我的名字，但同样会带上我们共同拥有的姓。Sarah、Sydney 和 Jack，很抱歉没有花足够多的时间和精力陪伴你们。我希望，就像我以你们为傲一样，你们也以我为傲。我爱你们。

关于本书

本书的主题是通过 OpenStack 来部署企业私有云。在本书中，我把私有云看成是企业内部的基础设施资源池，即基础设施即服务（Infrastructure as a Service，IaaS）。相反，公有云 IaaS 资源是由第三方服务提供商拥有和运营的。

从财务角度看，可以把私有云看成主要资产成本，而公有云通常是运营成本。很容易区别两者，在私有云部署中，不管实际使用量的大小，企业通常都要购买或者把在其他地方正常工作的基础设施挪过来使用。在公有云部署中，成本通常是跟直接的占用小时（开机或关机）数和通信开销有关。

组织采用私有云还是公有云通常与组织的 IT 职责的大小和规模有关。企业的 IT 部门负责为组织其他部门集中提供技术架构和资源，是使用私有云的“既得利益者”。一个多租户、充分编排的私有云为企业 IT 提供了非常高效的资源管理。在这方面，企业 IT 部门变成一个“云代理商”。相反，部门的 IT 单元通常缺乏数据中心设施和部署性价比高的私有云的人员。通常他们只有少量的资源需求，因此部门可以充分利用公有云资源。如果可以，部门也可以充分利用由他们的企业 IT 单元提供的私有云资源。基于工作负载同时使用私有云和公有云就是混合云架构了。

尽管云和想充分利用云的企业类型不同，但不同的云可以使用相同的技术来构建。虽然构建云资源的要素可以是相同的，但是使用形式和方式可以千变万化。

OpenStack 是一个可以用来构建私有云和公有云的强有力的框架。从本质上讲，OpenStack 为构建云的硬件和软件而抽象和提供了一组通用的 API 接口。这个框架提供了两个非常重要的东西：

- 硬件和软件资源的抽象，这避免了特定组件的厂商锁定；
- 一组通用的资源管理 API 接口，这可以实现连接的组件的完全编排。

第一点从财务角度来看是非常好的，第二点是现代 IT 变革的关键。对于企业 IT 部门来说，OpenStack 为云部署带来了相同水平的高效变革。

为什么选这本书

本书希望通过一步步、自底向上的方式，为构建计算资源云提供指导。本书的目标读者包括打算部署 OpenStack 环境的研究人员、系统管理员和学生。阅读本书不需要有很好的技术基础，只要了解 Linux 的基本操作，本书的内容适合不同背景和技术能力的人群。同样，OpenStack 适用于多种用例。

尽管不同的用例都使用相同的 OpenStack 框架，但不同服务提供商的私有云的要求和设计会有很大区别。企业都希望为企业内部提供私有资源云。这种类型的私有云不只是代表了一种额外的服务，更是代表了组织提供计算资源方式的一个转变。

本书由以下几部分组成：

- 介绍自动化部署 OpenStack 单节点开发环境；
- 通过一步步手动部署多节点环境来深入理解 OpenStack；
- 从 IT 运维角度来介绍私有云技术（OpenStack、Ceph、Juju 等）带来的影响；
- 使用厂商提供的自动化部署和管理工具来部署生产级别的 OpenStack 环境。

本书介绍的架构适合于从小规模（5 个节点）到大规模（100 个节点）企业的私有云部署。另外，第 12 章还会介绍如何在新构建的私有云上使用应用编排工具，如 OpenStack Heat 和 Ubuntu Juju。

本书会让读者理解私有云技术、这些技术的部署和运维，以及云编排对传统 IT 角色的长期影响。本书会帮助读者更好地说服企业在其内部部署 OpenStack 私有云，同时帮助读者提高私有云方面的技能。本书的配置和操作脚本可以到 GitHub 下载：https://github.com/codybum/OpenStackInAction。

对读者而言，需要理解的最重要的一点是，OpenStack 私有云不是另一种简单的虚拟化工具。OpenStack 是充分利用现有的虚拟化工具来构建和管理云的框架。读者将会学到如何构建、部署和管理云。从技术层面来看，读者将会理解 OpenStack 各个组件和支持技术，特别是 OpenStack 计算、网络、块存储、Dashboard 和 API 组件。

内容路线图

本书划分为 3 个部分，第一部分（第 1 章～第 4 章）是入门指南，第二部分（第 5 章～第 8 章）深入介绍整个生态系统，第三部分（第 9 章～第 12 章）介绍在生产环境中如何使用 OpenStack。

第 1 章介绍 OpenStack 云操作系统、开发这个框架的动机和 OpenStack 能为你的组织做些什么。

第 2 章将直接通过一个快速部署工具和最小化的基础设施来快速体验 OpenStack。这个体验不只是演示 OpenStack Dashboard 的使用，还提供一个学习 OpenStack 框架时可以运行的模型。在第 2 章结尾，读者可以通过自己的 OpenStack 环境来创建虚拟机。

第 3 章会使用第 2 章构建的环境，介绍 OpenStack 命令行工具（CLI）。这一章介绍 OpenStack 的基本操作，如创建新租户（项目）、用户、角色和内部网络等。

第 4 章中，通过使用 OpenStack 来理解组件的功能和整个 OpenStack 框架里各个组件之间的交互。读者可以学到多种云设计方法，让自己可以准备自己的多节点部署。这一章还会介绍 OpenStack 组件是如何协同工作的，以及它们与厂商资源的关系。

第 5 章～第 8 章，每章分别深入介绍 OpenStack 的一个核心项目。这几章会带领读者进行多节点环境下的 OpenStack 手动部署。通过这几章，读者将会更好地理解在 OpenStack 生态里面它们是如何工作的。另外，这些手动部署工作将会带给读者宝贵的问题排查经验。

第 9 章介绍与生产环境中 OpenStack 部署相关的架构、组织和策略决策。第 10 章介绍 Ceph 存储的基本部署和操作。第 11 章会使用 Fuel 来进行 OpenStack 自动化高可用（HA）部署。最后，第 12 章会介绍通过 OpenStack Heat 和 Ubuntu Juju 进行云编排。

谁应该读这本书

本书适合对使用 OpenStack 来构建私有云环境有兴趣的基础设施专家、工程师、架构师和技术支持人员阅读。本书对身为领导者和战略角色的人有一定的战略价值，其内容同时也适合技术型读者。阅读本书不需要有很好的技术基础，只要了解 Linux 的基本操作就可以。

代码约定和下载

本书所有的代码都会用等宽字体与其他文本内容加以区分。代码注释伴随在很多代码清单中，突出重要的概念。在一些例子中，数字编号链接到代码清单后面的解释。

读者可以在 Manning 出版社的网站和 https:// github.com/codybum/OpenStackInAction 下载本书的示例代码。

关于作者

Cody Bumgardner 有超过 20 年的 IT 行业的从业经验，在 IT 架构、软件开发、网络、研究、系统和安全领域扮演过技术、管理和销售角色。最近几年，作者主要专注于研究、实现和介绍云计算和计算经济学。他现在还是肯塔基大学计算机科学的博士生，专注于计算经济学和分布式资源管理。Cody 现在还是一家公立大学的首席技术架构师（CTA）。作者作为首席技术架构师为就职的学校制定了一个 5 年的云计算战略和路线图。这个路线图概述了颠覆性的云技术，并给出了全体 IT 人员的相关转变。这个计划以企业 OpenStack 私有云部署为核心，支持超过 4 万个包括学术、研究和医疗卫生（学术）方面的用户。Cody 主要负责 OpenStack 私有云、计算研究和云计算其他前沿技术的架构、账务建模、部署和长期战略规划。

关于封面

本书封面上的图像的说明文字是“一位来自库唐斯的挤奶女工”。这张插图取自经 Louis Curmer 编辑并于 1841 年在巴黎出版的很多艺术家的作品汇集而成的作品集。这个作品集的名字是 *Les Français peints par eux-mêmes*，翻译出来意思是“法国人眼中的自己”。每一幅图集都是精工细作并手工着色的，这些丰富多样的图集形象生动地提醒着，200 多年前的文化是如何分隔在世界不同地区、城镇、乡村和居民区的。人与人之间相互独立，说着不一样的方言和语言。站在大街或者乡村小道上，从衣着打扮就很容易分清他们住在哪里、卖些什么、处于什么样的地位。

那时如此多元化的区域差异逐渐消失了，而从那时起衣服着装也开始变化。现在不同州的居民都很难辨认出来，更别说不同城镇和地区的了。也许我们以文化多元化换得了一个更加丰富多彩的个人生活，当然也是一个更加多变、快节奏的科技生活。

在一个科技类图书众多的时代，Manning 以印有两个世纪以前丰富多样的地区生活的图书封面赞颂了计算机事业的创新性和自主精神，这些插图又将创新性和自主精神重新带回到我们的生活。

资源与支持

本书由异步社区出品，社区（https://www.epubit.com/）为您提供相关资源和后续服务。

配套资源

本书提供源代码，要获得源代码，请在异步社区本书页面中单击“配套资源”，跳转到下载界面，按提示进行操作即可。注意：为保证购书读者的权益，该操作会给出相关提示，要求输入提取码进行验证。

提交勘误

作者和编辑尽最大努力来确保书中内容的准确性，但难免会存在疏漏。欢迎您将发现的问题反馈给我们，帮助我们提升图书的质量。

当您发现错误时，请登录异步社区，按书名搜索，进入本书页面，单击“提交勘误”，输入勘误信息，单击“提交”按钮即可。本书的作者和编辑会对您提交的勘误进行审核，确认并接受后，您将获赠异步社区的100积分。积分可用于在异步社区兑换优惠券、样书或奖品。

扫码关注本书

扫描下方二维码，您将会在异步社区微信服务号中看到本书信息及相关的服务提示。

与我们联系

我们的联系邮箱是 contact@epubit.com.cn。

如果您对本书有任何疑问或建议，请您发邮件给我们，并请在邮件标题中注明本书书名，以便我们更高效地做出反馈。

如果您有兴趣出版图书、录制教学视频，或者参与图书技术审校等工作，可以发邮件给本书的责任编辑（yanghailing@ptpress.com.cn）。

如果您来自学校、培训机构或企业，想批量购买本书或异步社区出版的其他图书，也可以发邮件给我们。

如果您在网上发现有针对异步社区出品图书的各种形式的盗版行为，包括对图书全部或部分内容的非授权传播，请您将怀疑有侵权行为的链接通过邮件发给我们。您的这一举动是对作者权益的保护，也是我们持续为您提供有价值的内容的动力之源。

关于异步社区和异步图书

"异步社区"是人民邮电出版社旗下 IT 专业图书社区，致力于出版精品 IT 技术图书和相关学习产品，为作译者提供优质出版服务。异步社区创办于 2015 年 8 月，提供大量精品 IT 技术图书和电子书，以及高品质技术文章和视频课程。更多详情请访问异步社区官网 https://www.epubit.com。

"异步图书"是由异步社区编辑团队策划出版的精品 IT 专业图书的品牌，依托于人民邮电出版社的计算机图书出版积累和专业编辑团队，相关图书在封面上印有异步图书的 LOGO。异步图书的出版领域包括软件开发、大数据、AI、测试、前端、网络技术等。

异步社区

微信服务号

目录

第一部分　入门指南

第一部分

入门指南

本书的第一部分是对 OpenStack 框架的介绍：为什么要使用它和如何使用它。剖析 OpenStack 各个组件，解释它们与底层资源（计算、存储、网络等）的关系。这一部分将会带领你在单个节点上通过 DevStack 部署工具来部署 OpenStack。同时这一部分内容还会帮你思考如何能将 OpenStack 用在你的环境中，并激发你对这个框架的兴趣，继续探索本书后面的部分，更深入地了解它是如何运作的。

第1章　介绍 OpenStack

本章主要内容

- OpenStack 和云生态系统
- 选择 OpenStack 的理由
- OpenStack 可以为你和你的组织做些什么
- OpenStack 的核心组件

一二十年前，很多大型的计算机硬件公司都通过自己生产制造专门的处理器来保持竞争优势。但随着成本的上升，能制造出足够数量的芯片来保持盈利的公司越来越少。于是，专门生产芯片的厂商出现了，它们可以大规模生产通用处理器，并且大大降低了成本。从一开始的只有少数计算机芯片厂商“鼓吹”的基于英特尔 x86 指令集的标准化台式机和服务器平台，到最后形成了采用通用硬件的客户-服务器的市场格局。

在 21 世纪初的互联网风潮下，互联网快速发展，从而出现了大量大规模使用通用硬件的数据中心。虽然通用硬件设备强大且便宜，但它的架构就跟我们看到的台式机一样，不是按中心化管理的思想来设计的。没有现成的工具可以用来像管理资源池一样管理这些通用硬件设备。更糟糕的是，在那时，这些服务器缺少硬件管理的能力（辅助管理卡），看起来跟台式机一样。不像大型机和大型对称多处理结构（symmetric multiprocessing，SMP）的机器，这些通用服务器跟台式机一样，需要通过软件管理层来协调其他独立的资源。

在这个阶段，公共或者私有的组织在自己内部开发出很多管理框架来管理公共资源。图 1-1 展示了跨越多个数据中心的相互连接的资源池。通过管理框架，这些公共资源可以基于其可用性或者用户需求来灵活使用。不知道谁创造了这个术语，这种通过管理框架来灵活使用通用硬件设备的计算方式，可以说是拥有了资源“云”。

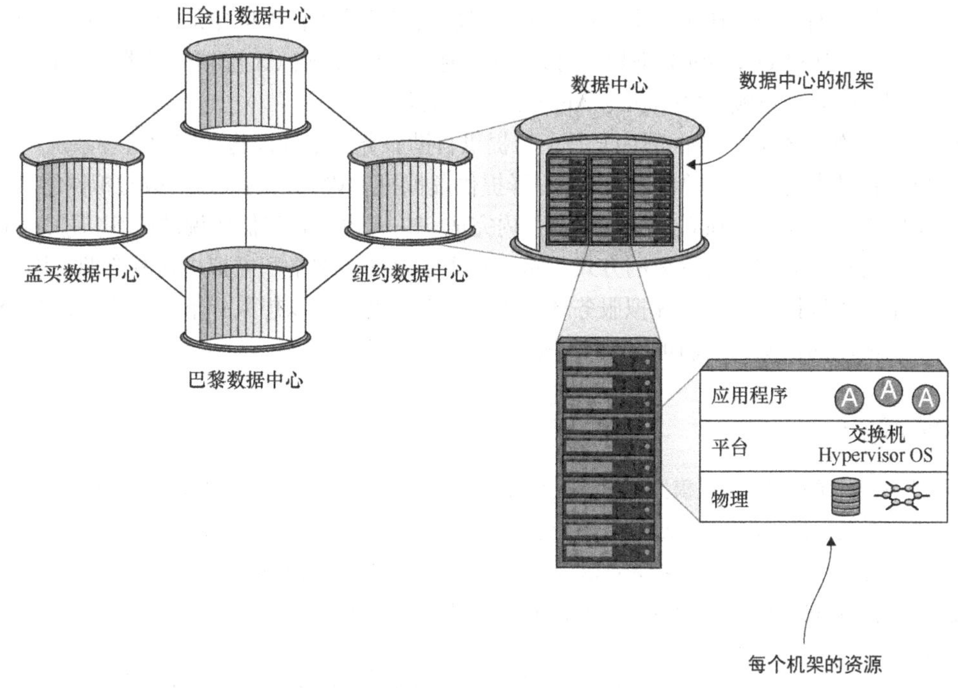

图 1-1 彼此互联的通用资源的云

在这个阶段，在很多商用或者开源的云管理软件之中，OpenStack 是最为流行的一个。OpenStack 提供了一个通用的平台来控制云计算里面的服务器（计算）、存储、网络，甚至应用资源。OpenStack 可以通过基于 Web 的界面、命令行工具（CLI）和应用程序接口（API）来进行管理。这个管理平台不仅能管理这些资源，更妙的是它不需要你去选择特定硬件或者软件厂商。厂商特定组件可以轻松地被替换成通用组件，OpenStack 为 IT 业界各类从业人员创造了价值。

一种更好理解 OpenStack 的方式是了解在亚马逊网站上购物的过程。用户登录亚马逊网站，然后购物，商品将会通过快递派送。在这种场景之下，一个高度优化的编排步骤是尽可能快并且以尽可能低的价格把商品买回家里。亚马逊成立 12 年后推出 AWS（Amazon Web Services）。AWS 把用户在亚马逊网站购买商品这种做法应用到了计算资源的交付上。一个服务器请求可能要花费本地 IT 部门几周的时间去准备，但在 AWS 上只需要准备好信用卡，然后点击几下鼠标即可完成。OpenStack 的目标就是提供像 AWS 或者其他服务提供商一样水准的高效资源编排服务。

OpenStack 是什么？

- 对于云计算平台/系统/存储/网络管理员来说，OpenStack 可以控制多种类型的商业或者开源的软硬件，提供了位于各种厂商特定资源之上的云计算资源管理层。磁盘和网络配置这些重复性手动操作任务现在可以通过 OpenStack 框架来进行自动化管理。事实上，提供虚拟机甚至上层应用的整个流程都可以通过使用 OpenStack 框架进行自动化管理。
- 对于开发者来说，OpenStack 是一个在开发环境中可以像 AWS 一样获得资源（虚拟机、存储等）的平台，还是一个可以基于应用模板来部署可扩展应用的云编排平台。可以想象一下，通过 OpenStack 框架，可以为应用提供基础设施（*X* 虚拟服务器有 *Y* 容量内存）和相应的软件依赖（MySQL、Apache2 等）资源。

- *对于最终用户来说*，OpenStack 是一个提供自助服务的基础设施和应用管理系统。用户可以做各种事情，从简单的像 AWS 一样提供虚拟机（VM），到构建高级虚拟网络和应用，这些都可以在一个独立的租户（项目）内完成。*租户*，也就是我们所说的*项目*，是 OpenStack 用来对资源分配进行隔离的方式。租户隔离了存储、网络和虚拟机这些资源，因此，最终用户可以拥有比传统虚拟服务环境更大的自由度。可以想象一下，最终用户被分配了一定额度的资源，他们可以随时获得他们想要的资源。

虚拟机和租户

在本书中，虚拟机指的是模拟物理服务器的一个实例。与物理机一样，虚拟机执行相同的功能，从操作系统的角度来看，无法区分是运行在虚拟机还是物理机上。导致虚拟机被使用的原因多种多样，但大多数的虚拟化推动力可以归结为：以牺牲性能来获得通过软件对资源的灵活控制。从一个更高的角度来说，你可以认为 OpenStack 之于数据中心，就像操作系统之于服务器，都带来了相同水平的运行效率。

读者将在本书多处看到租户这个词，在 OpenStack 里面这个词有特定含义。我们可以认为租户就是资源的配额限制集合，被虚拟机用来在逻辑上与不同租户互相隔离。例如，一个用户在租户 A 配错了网络，但租户 B 并不会受到影响。

OpenStack 基金会拥有数以百计的官方企业赞助商，以及数以万计的覆盖 130 多个国家或地区的开发者组成的社区。像 Linux 一样，很多人将会被 OpenStack 吸引，作为其他商业产品的一个开源的替代品。但他们将会逐渐认识到，对于云框架来说，没有哪个云框架拥有 OpenStack 这样的服务深度和广度。也许更为重要的是，没有其他产品，包括商业或者非商业的，能被大多数的系统管理员、开发者或者架构师使用并为他们组织创造这么大的价值。

1.1 OpenStack 是什么

让我们来详述 OpenStack 作为管理、规定和利用云资源的框架的定义。OpenStack 官方网站这样描述这个框架："创建私有云和公有云的开源软件。"接着是："OpenStack 软件是一个大规模云操作系统。"如果读者有服务器虚拟化的经验，也许读者会很快地得出这样不正确的结论：OpenStack 只是提供虚拟机的另外一种方式。虽然虚拟机是 OpenStack 框架可以提供的一种服务，但这并不意味着虚拟机是 OpenStack 的全部。

图 1-2 展示了 OpenStack 通过其几个资源组件协调来提供公有云服务和私有云服务。如图所示，OpenStack 没有取代资源提供者，它只是通过框架内部的控制点来简单地管理这些资源。

一个有经验的系统管理员也许会非常怀疑 OpenStack 是一个"云操作系统"的描述。OpenStack

不像管理员通过启动盘引导启动几百台传统操作系统服务器那样，直接在裸设备上引导启动。相反，它通过对资源的管理，在云计算环境里共享操作系统的特性。

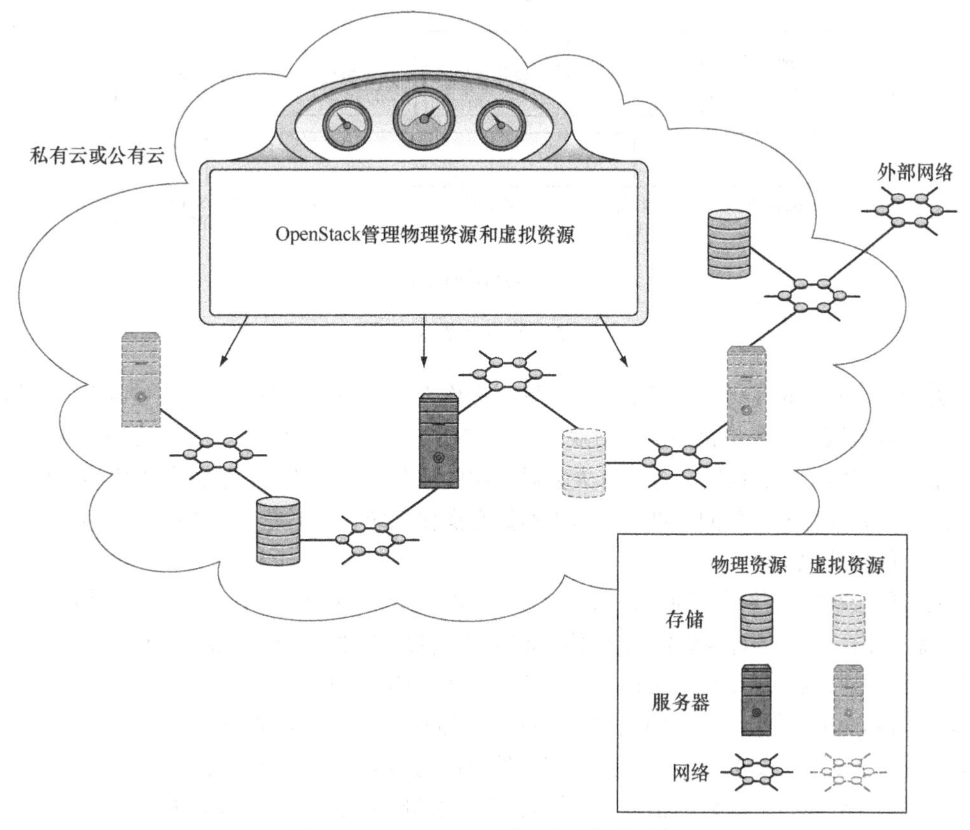

图 1-2 OpenStack 是一个云操作系统

在 OpenStack 云平台上用户可以：

- 充分利用物理服务器、虚拟服务器、网络和存储系统资源；
- 通过租户、配额和用户角色高效管理云资源；
- 提供一个对底层实现透明的通用的资源控制接口。

乍看之下，OpenStack 确实不像是一个传统操作系统，但“云”同样不像传统计算机。我们必须回过头来重新考虑一个操作系统的根本作用。

最初，操作系统乃至硬件层面抽象语言（汇编语言）、程序都是用二进制机器码来编写的。然后传统操作系统出现了，允许用户不仅可以编写应用程序代码，还可以管理硬件功能。现在管理员可以使用通用的接口管理硬件实例，开发者可以为通用操作系统写代码，用户只需要学习一个用户交互接口即可。这样可有效地对底层硬件透明化，只需要操作系统是一样的。在计算机进化演变过程中，操作系统的发展和新操作系统的出现，给系统工程和管理领域带来了风险。

图 1-3 展示了现代计算系统的各个抽象的层次。

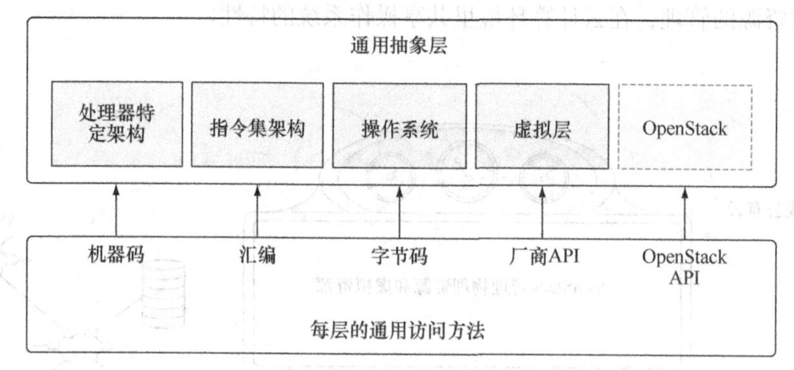

图 1-3　计算抽象的层次

毫无疑问，过去的一些开发者不想因为使用操作系统而失去了对硬件的直接控制，正如有些管理员不想因为服务器虚拟化而失去对底层硬件和操作系统的控制。在每次转变过程中，从机器码到汇编，再到虚拟层，我们一直没有失去对底层的控制；每次都是通过抽象手段简单标准化而已。我们仍然拥有高度优化的硬件，我们仍然拥有操作系统，只不过更常见的是我们拥有这些层面之间的硬件虚拟化层。

新的抽象层被广泛接受，通常是因为对标准实现优化的好处大于在这些层面上做（虚拟化）转换。也就是说，当整体计算资源的使用率能通过牺牲原生性能来得到很好的提升，那这一个层面的抽象就会被接受。这个现象可以通过中央处理器（CPU）的例子来清晰展现，这几十年，中央处理器都遵守相同的指令集，但它们内部的架构却发生了翻天覆地的变化。

大多数人想到中央处理器时，都没想到硬件层面的虚拟化和执行形式的变化，但事实就是这样。很多在 x86 处理器上执行的指令可以被处理器内部虚拟化，一些复杂的指令可以通过一系列更简单、更快速的指令来执行。指令层面优化的复杂度不在本书的讨论范围内，但很有必要去了解，即使是使用裸设备，即使是在处理器层面，也是应用到了某种形式的虚拟化。现在，与其关注失去了控制，不如想象一下，通过使用一个共同的框架来管理、监控和部署基础设施和应用的私有和公有云。只有向前迈出转变的步伐，才会真正领会 OpenStack。

数十年间 CPU 的抽象和虚拟化

英特尔的 x86 指令集首次出现在 1978 年推出的英特尔 8086 处理器上，作为英特尔 8080 处理器的向后兼容替代品。x86 指令集定义了一系列对处理器变化透明的汇编指令。从那以后，新的“处理器扩展特性”不断被添加进来，处理器时钟周期也不断提升，但已存在的指令依旧保留下来。

随着更快的处理器需求的增长，因此产生了软件能在不同代处理器之间互操作的需求。CPU 设计者需要对低级别抽象进行弹性优化，同时还要保留指令级别的兼容性（标准化）。设计者不用担心关于如何保持底层硬件一致的问题，这样他们可以在不同代处理器间极大地提升处理器的时钟速度。1995

年，英特尔的奔腾 Pro（Pentium Pro）处理器引入了微操作解码（micro-op decoding）这个概念。之前一个特定指令就是一个指令时钟周期，通过翻译这个指令为多个简单微指令，每个微指令就是一个指令时钟周期。

除了微操作，奔腾 Pro 处理器还引入了指令的无序执行和内存的虚拟化（通过 32 位总线对 36 位内存进行寻址）来对处理器进行优化。但这些对开发者来说是完全抽象化的，允许相同的应用运行在不同厂商出品的不同代的处理器上。这种保持指令级别兼容性的方式依然使用在当前的 x86_64 处理器中。

1.2 理解云计算和 OpenStack

本书主要关注如何通过使用 OpenStack 来部署企业私有云。同时，我会把私有云描绘成其所在的组织内部拥有和管理的基础设施（虚拟机、存储等）资源池，也就是我们所说的基础设施即服务（Infrastructure as a Service，IaaS）。相反，公有云 IaaS 资源由第三方服务提供商拥有和运营，如亚马逊的 AWS、微软的 Azure 等。本书的目标是帮你把公有云服务的简单和高效带到你的企业。

经济考量：私有云与公有云

从财务角度看，我们可以把私有云看成主要资本支出，公有云则是运营支出。这个区别很容易理解，在私有云部署时，你的组织要购买基础设施或者把在其他地方正常工作的基础设施挪过来使用。而在公有云中，成本直接与资源使用挂钩（使用才付费，不使用不付费），当然还有网络通信开销。

组织选择私有云还是公有云通常取决于使用资源的规模和组织内部 IT 部门的职责范围。企业 IT 部门的职责如果是集中为其他部门提供技术架构和资源供给，部署私有云更有利。一个多租户（数据、配置和用户管理在逻辑上是租户间隔离的）、完全实现编排的私有云可以让企业 IT 部门成为私有云代理。

多租户和完全编排

*多租户*指的是在云平台中以部门级别管理计算资源的能力。例如，一个市场营销部门可以分配一定比例的共享资源（*X* 台虚拟机、*Y* 容量的存储等），这个部门可以随意使用这些资源而不影响中心组织（回顾一下亚马逊购买模型）。同样，*完全编排*描述了应用程序依赖资源的分配能力。例如，一个会计应用程序和它的 Web 服务、数据库服务等依赖可以被程序化部署在一个环境里。因此，市场营销部门不只能在一个特定租户内管理它的资源，还能通过平台编排服务来部署基础设施（虚拟机）和应用程序（MySQL、Apache2、定制的应用程序等）。

相比之下，如果是部门中的 IT 单位，通常缺乏数据中心基础设施和部署高性价比的私有云的人员。由于他们相对小的资源需求，部门中的 IT 单位通常可以利用公有云资源，或者利用他们企业的 IT 部门提供的私有云资源。

如果基于工作负载同时使用私有云和公有云，那么这种结合使用称为混合云。公有云和私有云都是使用相同的技术来构建，不过虽然构建组件可能一样，但使用私有云和公有云的动机可能完全不同。例如，用户经常因为安全合规性原因而使用私有云。通常来说，下列这些工作负载会使用公有云：本质上是周期性的工作负载，或者需要一个对企业来说非常昂贵的全局规模的工作负载。

虽然本书主要介绍如何使用 OpenStack 构建私有云，但也有很多内容是介绍如何基于 OpenStack 的 API 来直接转换成公有云提供商的服务。

抽象和 OpenStack API

从根本上讲，OpenStack 抽象和提供了一个通用的 API 接口来控制不同厂商提供的硬件和软件资源。这个框架提供了两个很重要的内容。

- 硬件和软件的抽象，这样避免了所有特定组件的厂商锁定问题。这是通过使用 OpenStack 管理资源来实现的，而不是直接通过厂商组件。这样做的缺点是除了通用的必要功能外，并不是所有的厂商功能都被 OpenStack 支持。
- 一个通用的 API 管理所有资源，允许连接各个组件进行完全编排服务。

第一点从财务角度来看是非常好的，第二点则是现代 IT 变革的关键。

这有什么内幕呢

OpenStack 提供了可伸缩和被抽象的底层硬件的各种功能的支持。OpenStack（或者其他云框架）不能做到的是主动顺应你当前的技术实践。为了充分利用云计算的能力，你必须对当前的业务和架构实践进行相应的转变。

如果你的架构标准是基于使用厂商提供的适当功能来对数据中心所有服务器实现某些功能，这样会与对厂商抽象的云部署冲突。如果你的业务实践只是按用户需求创建虚拟机，那你就没有抓住云自助服务的本质。如果最终用户的请求可以被高效自动化执行，或者用户可以自我供给资源，那你就是充分利用了云计算的能力。

1.3 节将把 OpenStack 与其他相应技术（也许是你熟悉的）关联起来。

1.3 关联 OpenStack 及其控制的计算资源

前面介绍了 OpenStack 能带来的好处，但它是如何工作的呢？也许，理解 OpenStack 是怎样工作的最简单的方式是把这个框架与企业环境内的常见技术关联起来。

在本节中，读者将会了解 OpenStack 是如何与它控制的基础资源（计算、存储、网络等）关联起来的。如你所见，OpenStack 通常不提供实际意义上的资源，它只是简单控制这些低层次的资源。图 1-4 展示了 OpenStack 是如何管理资源的提供者的，它们轮流被虚拟机使用。

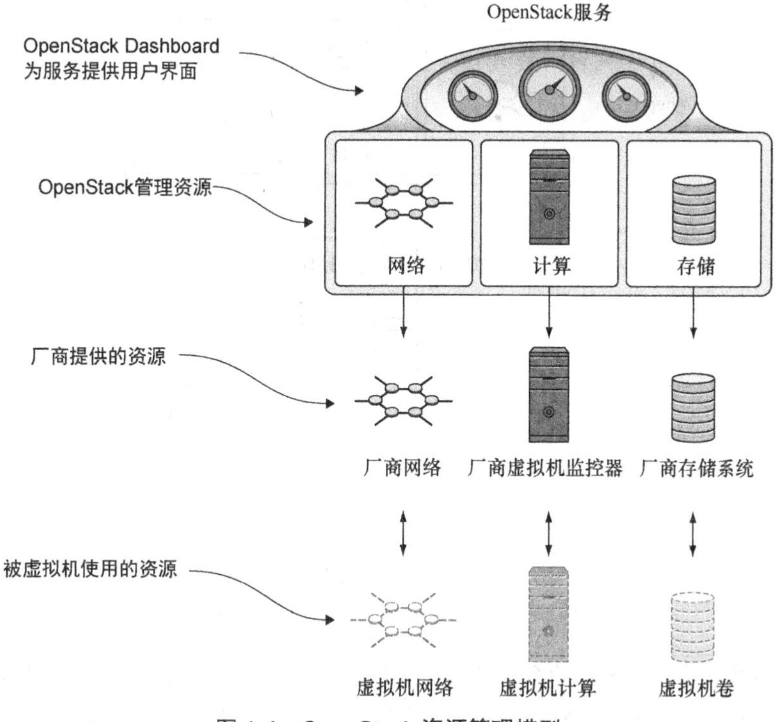

图 1-4 OpenStack 资源管理模型

在接下来的小节里，读者将会看到关联特定资源组件的详情：服务器虚拟化，通过对 hypervisor（虚拟机管理器）的控制；网络，通过对厂商提供的硬件和 OpenStack 服务的控制；块和对象存储，通过对厂商和 OpenStack 服务的控制。最后，我们会看到 Openstack 各个服务和常见的云术语的关联。如你所见，OpenStack 是一个协调资源和服务的框架，而不关心有哪家底层技术厂商。

1.3.1 OpenStack 和 hypervisor

hypervisor 或者虚拟机监控器（Virtual Machine Monitor，VMM）是一种为虚拟机进行物理硬件仿真的管理软件。OpenStack 不是一个 hypervisor，但它确实控制着 hypervisor 的操作。OpenStack 框架支持多种 hypervisor，包括 XenServer/XCP、KVM、QEMU、LXC、ESXi、Hyper-V、BareMetal 和其他。读者可能对 VMware ESX、VMware ESXi 和 Microsoft Hyper-V 比较熟悉，因为这些是当前企业虚拟化市场主流的 hypervisor。因为许可限制、成本和其他因素，OpenStack 社区对这些商业 hypervisor 的支持要少于开源的 hypervisor。

图 1-5 展示了 OpenStack 如何管理物理硬件上被 hypervisor 虚拟化的资源。在一个 OpenStack 集群内，OpenStack 协调多个 hypervisor 资源和虚拟机的管理。

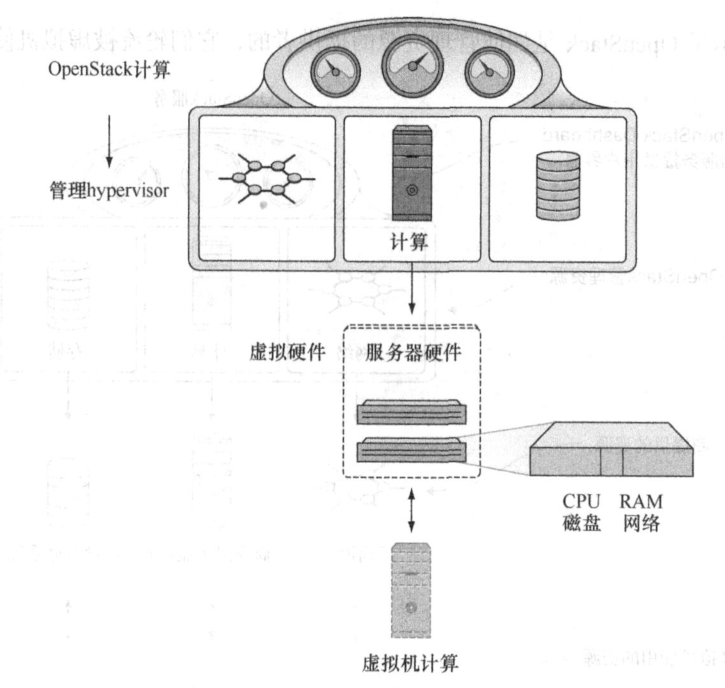

图 1-5　OpenStack 管理着 hypervisor

无论部署规模多大，大多数的个人和组织采用的 hypervisor 是 XenServer 或者 KVM，它们也是支持最多功能的 hypervisor。XenServer 是思杰（Citrix）公司的产品，从严格意义上来说，它是开源的 hypervisor，但商业支持通过思杰公司提供。KVM 已经是 Linux 内核的一部分，因此，很多 Linux 发行版的维护者提供 KVM 的商业支持，包括红帽（Red Hat）、Ubuntu、SUSE 等。

你通过认证了吗　随着大量提供商开始设计基于 OpenStack 框架的公有 IaaS 服务，他们很快意识到自己的客户可能需要微软对运行在 Windows 主机上的 hypervisor 进行认证。当时，思杰公司的 XenServer 已经满足了认证条件，并通过了微软的认证过程。但是，尽管思杰公司有一个以 CloudStack 形式竞争的平台，很多组织还是使用了 XenServer 作为他们的 OpenStack hypervisor。自从很多 Linux 发行厂商通过了微软的认证以后，现在可以完全支持 Windows 运行在 KVM hypervisor 上，包括那些被 OpenStack 控制的 hypervisor 上。

本书将采用基于内核的虚拟机（Kernel-based Virtual Machine，KVM）作为 hypervisor。自 2007 年发布的 Linux 2.6.20 开始，KVM 被并进 Linux 内核，完全被 OpenStack 支持。KVM 还提供了半虚拟化，但需要操作系统原生支持，或者通过在虚拟操作系统镜像添加 hypervisor 特定驱动来进行支持。使用开源的 hypervisor 的传统问题是部署和维护它的学习曲线陡峭，经常需要拥有系统、网络和应用管理经验。幸运的是，在组织内部提供集中化支持的虚拟化资源，资源申请必须通过组织的网络、系统、安全和财务供给流程。通常用户有以下 3 种选择。

- 使用社区代码，自给自足——社区维护的软件使用社区的支持，自己负责部署的设计、开发和运维。
- 使用社区代码，商业支持——社区维护软件使用厂商支持，你和厂商或者只是厂商负责部署。
- 使用社区项目的厂商分支，商业支持——使用厂商提供的软件和支持，你通常只需要负责部署关联的运维和厂商管理。

虽然很多厂商提供 OpenStack 和 KVM 的商业支持，但很多为工作负载构建的内部云不需要商业支持或者认证，因此，用 OpenStack 支持没有购买商业支持的 KVM 也是很流行的做法。无论你如何部署和采用哪种支持方式，本书提供的材料都一样有用。

Linux 容器 最近，一些人对操作系统级别的虚拟化应用产生了浓厚的兴趣，而不是 OpenStack 实例提供的基础设施级别的虚拟化。操作系统级别的虚拟化可以在单一服务器上运行多个相互隔离的操作系统实例（容器）。但它不是 hypervisor 技术——它运行在系统级别，所有容器共享相同的内核。你可以把容器想象成在需要的地方提供虚拟的隔离，而没有全虚拟化的模拟开销。目前最流行的两个操作系统级别的虚拟化项目是 Docker 和 Rocket。虽然容器是否比基础设施级别实例更适用于应用程序运行时传递还存在争议，但毫无疑问的是，基于容器的技术将会在构建云时广泛采用。

1.3.2 OpenStack 和网络服务

OpenStack 不是一个虚拟交换机，但它确实管理多个物理、虚拟的网络设备和虚拟覆盖网络（overlay network）。不像 OpenStack 控制虚拟机控制器那样受限于 hypervisor 提供的服务，OpenStack 直接提供网络服务，如 DHCP、路由等。但与 hypervisor 管理类似，OpenStack 对底层厂商技术透明，可以是商业或者开源的技术。

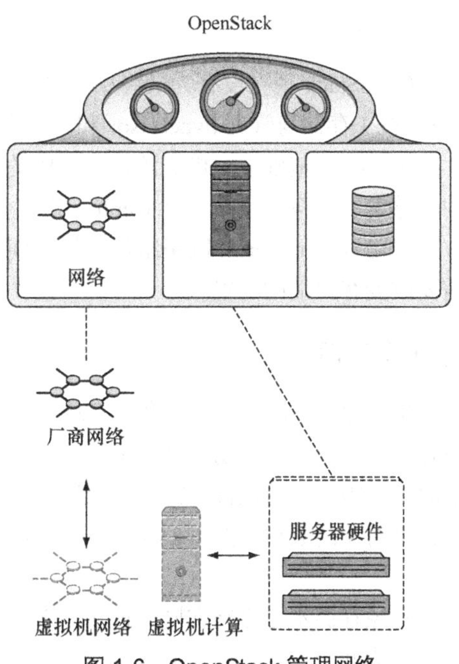

图 1-6 OpenStack 管理网络

更重要的是，后端技术的改变，如从一种网络/厂商切换到另一种网络/厂商，并不需要客户端配置进行改动。对于涉及网络的大量专有的硬件、软件和用户接口，经常从一个厂商或者技术转换到另一个并非易事。通过 OpenStack，这些接口都被 OpenStack API 抽象化了，如图 1-6 所示。

OpenStack 可以管理多种类型的网络技术（实现机制），包括由 Arista Networks、Cisco Nexus、Linux bridging 和 Open vSwitch（OVS）等提供的技术。在

本书中，我们将使用 OpenStack 和 OVS 提供的网络服务。OVS 是 OpenStack 部署中常被选择的一种，用户可以简单地在自己的环境里获得和复制，不需要特定硬件环境。除了网络实现机制，还有很多被 OpenStack 支持的网络类型（VLAN 和各种隧道技术等），这些内容将会在第 6 章中详细介绍。

1.3.3　OpenStack 和存储

OpenStack 不是一个存储阵列，至少应该不是你通常认为的存储那种形式。OpenStack 没有从物理上提供被虚拟机使用的存储。

如果你曾经使用过文件共享（NFS 和 CIFS 等），就会用过“基于文件”的存储。这种存储的类型很容易被人使用和被计算机访问，但它通常是另外一种存储类型的抽象：块存储。你可以认为操作系统或者文件系统是块存储的主要用户。

还有另外一种系统管理员可能不熟悉的存储类型：基于对象的存储。这种类型的存储通常是通过软件 API（如 GET /obj=xxx）接口进行访问。基于对象的存储是文件或块存储的更高层面的抽象，但没有后两者的限制。基于对象的存储可以很容易地在多个参与节点之间进行分布和复制。不像块存储那样需要被虚拟机快速访问，分布式的对象存储允许更大的延迟，将不能用作虚拟机的卷（volume，挂载到一个实例上的块设备）。通常做法是在创建时就指明使用对象存储来存放卷和镜像（包含操作系统）的备份。

下面首先介绍 OpenStack 是如何管理块存储的，然后介绍对象存储的相关内容。

1．块存储

OpenStack 现在没有为最终用户管理基于文件的存储。由图 1-7 可以看出，OpenStack 管理块（虚拟机）存储与管理 hypervisor 和网络类似。

图 1-7 从基础虚拟机资源管理展望的角度展示了其全貌。OpenStack 可以管理很多厂商提供的存储解决方案，包括来自 Ceph、戴尔（Dell）、EMC、惠普（HP）、IBM 和 NetApp 等厂商的方案。与 hypervisor 和网络组件一样，OpenStack 提供灵活切换存储厂商和技术的能力，并且不需要改变客户端的配置。

2．对象存储

虽然 OpenStack 不是一个用于块存储（用来启动虚拟机）的存储阵列，但它天生拥有提供对象存储的能力。与在物理硬件上运行 Linux 的支持版本不同，OpenStack 提供分布式对象存储集群时并不需要其他软件。这种存储类型可以用来存放卷备份，也通常用来存放大量可以被分割成二进制对象的数据。图 1-8 展示了一个基本的对象服务器部署，当然这些都包含在 OpenStack 环境中。

对象存储不是必须在同一地点。事实上，节点（代理节点和存储节点）可以在多个不同的地点，互为冗余。

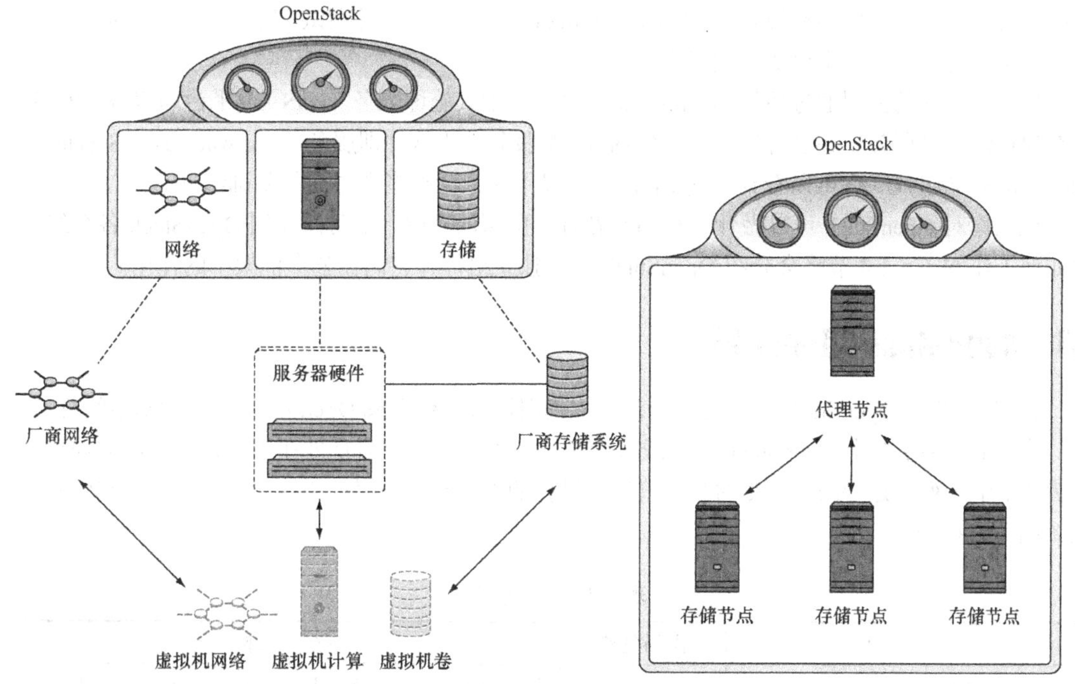

图 1-7 OpenStack 管理块（虚拟机）存储

图 1-8 OpenStack 提供基于对象的（API）存储

对象存储传统的用法是存储那些被应用访问的数据，如被用户的应用程序使用的一个文档或文件。在 OpenStack 环境中，对象存储有几种用法。例如，使用对象存储作为虚拟机镜像的仓库。这样并不是说虚拟机直接使用了这些存储，它们只是通过这个存储系统维护的数据被提供出来。这样做是合理的，因为这个提供过程不需要对随机数据的低延时访问。对象存储还会用来备份一个现有的虚拟机的快照，用于长期保存备份。

1.3.4 OpenStack 和云专业术语

OpenStack 是一个用来构建云的框架，可以构建公有云和私有云。除了公有云和私有云的定义，还有“即服务”的云定义。OpenStack 是什么即服务呢？OpenStack 是多个即服务云的基础。

假如你对为自己的企业提供一个类似于 AWS 供应虚拟机和存储资源感兴趣，那么 OpenStack 可以认为是基础设施即服务（Infrastructure as a Service，IaaS）。在这种场景下，用户具有提供给个人的直接访问的虚拟机，并由用户直接管理。虽然构成云的物理组件对用户是隐藏的，但是可以直接访问它们。OpenStack 的职责是控制为最终用户提供基础设施的资源。

现在假设你的云用户不能对基础设施直接访问，用户只能访问由 OpenStack 提供和支持的应用编排功能。在这种场景下，OpenStack 可以认为是平台即服务（Platform as a Service，PaaS）的后端提供者。底层的物理和虚拟基础设施组件对用户是隐藏的。想象一下这样的场景，一个开发团队需要一个独立的应用环境（应用层部署在 IaaS 上）来进行软件测试。通过云编排，OpenStack 可以用来作为部署测试平台的后端提供者。

现在假设你的公司通过使用 OpenStack 提供的基础设施即服务（IaaS）或平台即服务（PaaS）为客户提供一种服务。在这种场景下，OpenStack 服务作为软件即服务（Software as a Service，SaaS）的后端组件。你可以看到，OpenStack 可以用作云计算多个层面的基础组件。

现在你对 OpenStack 可以做什么和如何做有了更深的理解，是时候介绍 OpenStack 各个组件是如何工作的了。1.4 节将会介绍 OpenStack 各个独立组件和它们在整个框架中的作用。

1.4 OpenStack 组件介绍

1.1 节介绍了 OpenStack 基本的功能，本节我们将会分析组成 OpenStack 框架的基本组件。

表 1-1 列举了多个 OpenStack 组件或*核心项目*。虽然还有更多现处在不同开发阶段的项目，但表 1-1 中所列的是 OpenStack 的基本组件。最新的 OpenStack 服务路线图可以在 OpenStack 路线图网页中找到。

表 1-1 核心项目

项 目	代码名称	描 述
计算（Compute）	Nova	管理虚拟机资源，包括 CPU、内存、磁盘和网络接口
网络（Networking）	Neutron	提供虚拟机网络接口资源，包括 IP 寻址、路由和软件定义网络（SDN）
对象存储（Object Storage）	Swift	提供可通过 RESTful API 访问的对象存储
块存储（Block Storage）	Cinder	为虚拟机提供块（传统磁盘）存储
身份认证服务（Identity）	Keystone	为 OpenStack 组件提供基于角色的访问控制（RBAC），提供授权服务
镜像服务（Image Service）	Glance	管理虚拟机磁盘镜像，为虚拟机和快照（备份）服务提供镜像
仪表盘（Dashboard）	Horizon	为 OpenStack 提供基于 Web 的图形界面
计量服务（Telemetry）	Ceilometer	集中为 OpenStack 各个组件收集计量和监控数据
编排服务（Orchestration）	Heat	为 OpenStack 环境提供基于模板的云应用编排服务

现在你应该了解了 OpenStack 及其作用，让我们快速回顾一下它的发展历史。

1.5 OpenStack 发展历史

2009 年，美国总统奥巴马在上任的第一天就签署了针对所有联邦机构的备忘录，引导他们打破横亘在联邦政府和联邦政府服务的人民之间的有关透明度、参与度、合作方面的屏障。这份备忘录就是*开放政府令*。

该法令签署 120 天后，美国宇航局（NASA）宣布它的开放政府框架，其中包括 Nebula 工具的共享。开发 Nebula 是为了加快向美国宇航局科学家和研究者提供 IaaS 资源的速度。与此同时，云计算提供商 Rackspace 宣布开源它的对象存储平台——Swift。

2010 年 7 月，Rackspace 和美国宇航局携手其他 25 家公司启动了 OpenStack 项目。在过去 5 年中，已经产生了 12 个发行版本。OpenStack 发行版本见表 1-2。

表 1-2 OpenStack 发行版本

名称	日期	核 心 组 件
Austin	2010 年 10 月	Nova、Swift
Bexar	2011 年 2 月	Nova、Glance、Swift
Cactus	2011 年 4 月	Nova、Glance、Swift
Diablo	2011 年 9 月	Nova、Glance、Swift
Essex	2012 年 4 月	Nova、Glance、Swift、Horizon、Keystone
Folsom	2012 年 9 月	Nova、Glance、Swift、Horizon、Keystone、Quantum、Cinder
Grizzly	2013 年 4 月	Nova、Glance、Swift、Horizon、Keystone、Quantum、Cinder
Havana	2013 年 10 月	Nova、Glance、Swift、Horizon、Keystone、Neutron、Cinder、Ceilometer、Heat
Icehouse	2014 年 4 月	Nova、Glance、Swift、Horizon、Keystone、Neutron、Cinder、Ceilometer、Heat、Trove
Juno	2014 年 10 月	Nova、Glance、Swift、Horizon、Keystone、Neutron、Cinder、Ceilometer、Heat、Trove、Sahara
Kilo	2015 年 4 月	Nova、Glance、Swift、Horizon、Keystone、Neutron、Cinder、Ceilometer、Heat、Trove、Sahara、Ironic
Liberty	2015 年 10 月	Nova、Glance、Swift、Horizon、Keystone、Neutron、Cinder、Ceilometer、Heat、Marconi、Trove、Sahara、Ironic、Searchlight、Designate、Zaqar、DBaaS、Barbican、Manila

OpenStack 现在保持 6 个月发行一个新版本的周期，与 OpenStack 峰会举办周期一致。该项目的参与公司已经从过去的 25 家发展为现在的超过 200 家，超过 130 个国家或地区的数千名用户参与其中。

1.6 小结

- 基础设施即服务（IaaS）云是通用资源的集合，可以通过管理框架协调。
- OpenStack 是一个管理框架，为最终用户的基础设施服务（IaaS）和应用编排（PaaS/SaaS）提供自助服务协调。
- OpenStack 控制现有的商业和社区技术，如 Hypervisor、存储系统、网络硬件和软件。
- OpenStack 是由多个具有特定目的的项目组成的。
- OpenStack 每个项目都有一个相关联的代码名称。

第 2 章　体验使用 OpenStack

本章主要内容

- 通过 DevStack 来体验 OpenStack
- 为 DevStack 准备环境
- 配置及部署 DevStack
- 与 OpenStack Dashboard 交互
- 理解 OpenStack 的租户（项目）模型
- 用 OpenStack 创建虚拟机

通过第 1 章的学习，了解了 OpenStack 的诸多优点以及它如何适合云生态系统。现在你已经了解了 OpenStack 可以做什么，你可能想知道它具体是什么样子的。对你的用户来说，使用它又是怎样一种体验呢？本章会通过使用一个快速部署 OpenStack 的工具——DevStack 来体验 OpenStack，并回答上述疑问。

DevStack 可以让你与一个小规模（更大规模部署的代表）的 OpenStack 交互。你可以快速部署或者“Stack”（OpenStack 使用者的叫法）这些组件，来评估在生产用例中的使用。DevStack 可以帮助你在一个单服务器环境中部署与大规模多服务器环境中一样的 OpenStack 组件，如图 2-1 所示。不需要深入了解 OpenStack，也不需要大量硬件，就可以在一个小规模范围内通过 DevStack 来体验 OpenStack。

图 2-1 展示了部署在任意数量的节点上的一些组件，包含 Cinder、Nova 和 Neutron。OpenStack 使用代码项目名称来命名各个组件，因此，图 2-1 中的代码项目名称 Cinder 指的是存储组件，Nova 指的是计算组件，Neutron 指的是网络组件。OpenStack 组件、代码项目名称以及它们分别做什么将会在第 4 章中详细介绍，因此这里不用太纠结这些名字。我们需要知道 OpenStack 是由多个核心组件组成的，这些核心组件可以通过预期的设计分布在不同的节点（服务器）之间。与 OpenStack 设计相关的内容将在第 9 章中介绍。

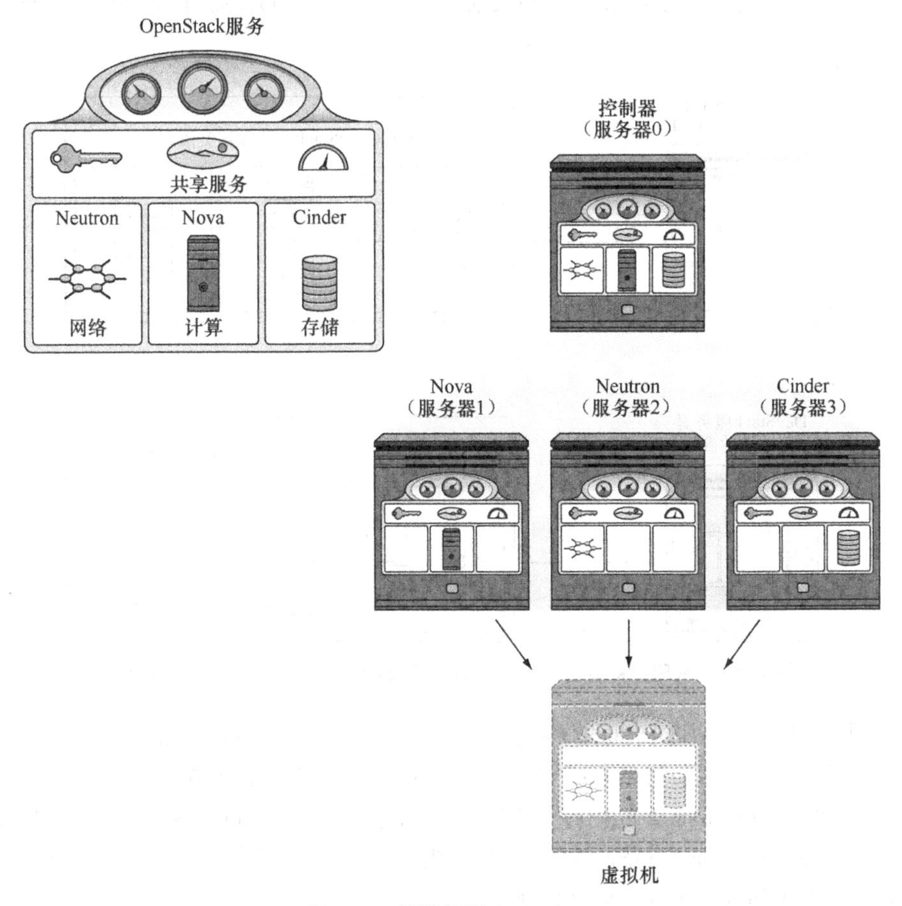

图 2-1 多服务器 OpenStack

2.1 DevStack 是什么

DevStack 的出现使得在测试和开发环境中部署 OpenStack 变得更加快速、轻松和容易理解。用户使用 DevStack 可以轻松地部署 OpenStack，自然成为学习 OpenStack 框架最好的切入点。DevStack 就是一堆 Bash(命令行解释器)shell 脚本，可以用来为 OpenStack 准备环境，配置和部署 OpenStack。选择使用 shell 脚本语言来写 DevStack 是有原因的。因为脚本语言更加容易阅读同时又可以被计算机执行，它也被开发者作为文档的来源。OpenStack 各个组件的开发者可以在组件原生代码块之外记录这些依赖，同时用户可以理解为什么这些依赖必须在工作系统中被满足。

尽管 OpenStack 框架的规模巨大、复杂程度甚高，但 DevStack 让它看起来简单一些。图 2-2 看起来似乎过于简化，但它却是 DevStack 精确的功能说明。

使用者只需略懂虚拟化、存储、网络和 Linux 就能快速得到一个可以正常运行的 OpenStack

单机环境。在许多方面，OpenStack 为基础设施所提供的服务，DevStack 都进行了简化和抽象。

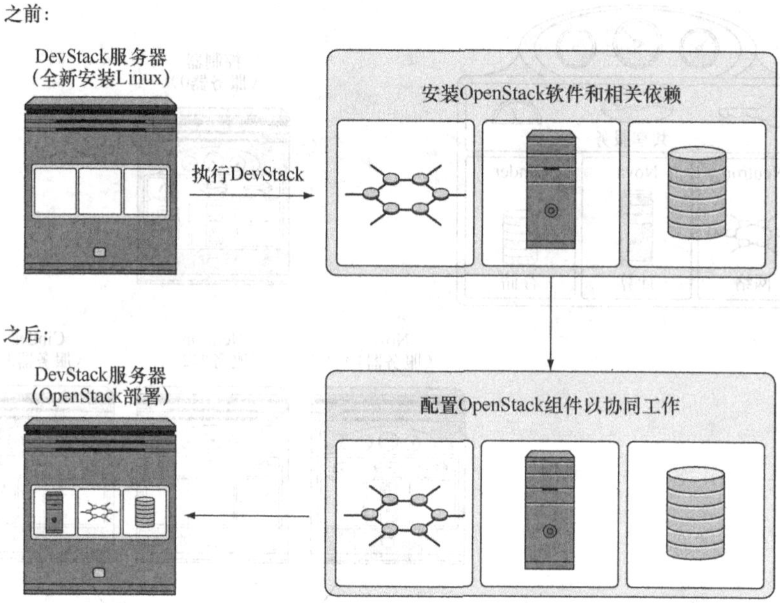

图 2-2 DevStack 会自动在一个单一节点上安装和配置 OpenStack

但是，我不想给人一种 DevStack 将用来在生产环境中部署 OpenStack 的印象。事实上，在 OpenStack 圈子中，有这么一句名言：”不要让朋友在生产环境中运行 DevStack。”第 5 章～第 8 章将会介绍手动部署 OpenStack 的内容。通过手动实践，可以学习 OpenStack 的所有配置项和组件，可以提升部署 OpenStack 过程中排查问题的能力。第 10 章～第 11 章将会介绍生产环境中 OpenStack 的自动化部署（通过自动化编排工具）。

在本章中，你需要准备一个环境来用 DevStack 部署 OpenStack。你不需要了解太多 Linux、存储和网络知识，就能部署一个可以运行的单服务器 OpenStack 环境。利用该部署，带领你与 OpenStack 进行交互，让你更好地理解各个组件和整个系统。然后，开始介绍 OpenStack 里面的租户模型，它解释了 OpenStack 如何从逻辑上隔离、控制和分配资源给不同项目。在 OpenStack 术语中，租户和项目是可以相互转换的。最后，会使用前面学到的知识在一个虚拟环境中创建一个虚拟机。

让我们开始 stacking 吧！

2.2 部署 DevStack

顾名思义，DevStack 是一个开发工具，它的相关 OpenStack 代码还处在持续开发中。DevStack 部署 OpenStack 环境用到的支持包中的代码也处在持续开发中。如果 DevStack 正常运行，可以运行得很好，但如果失败，一切会变得很糟糕，这让第一次使用的用户很困惑。虽然本章大部分内容都是介绍如何使用 DevStack 来部署 OpenStack，但也无法确保某些指令能在将来新版本的 DevStack 和 OpenStack 中正常工作。相同的 DevStack 指令也许在星期一运行失败，却在星期五正常工作。

为了减少你的困惑，本书同时提供了一个包含使用 DevStack 部署的 OpenStack 实例的虚拟机。通过该虚拟机，可以通过有限的硬件资源和工作体验 OpenStack。如果你的 DevStack 不能正常工作，那就可以使用这个虚拟机。随着不断理解整个 OpenStack 框架，可以多次尝试 DevStack。

提供的虚拟机使用哪个版本的 OpenStack

提供的这个虚拟机以及本书第一部分和第二部分的例子都是使用 Icehouse 版本的 OpenStack。在撰写本书时，尽管 Icehouse 比更新版早了几个版本，但它仍然是 OpenStack 部署最广泛和公认最稳定的版本。另外，有很多 Linux 发行版和 OpenStack 生产部署工具长期支持维护 Icehouse 版本。本书第三部分会介绍几个生产部署工具，可以用来部署多个版本的 OpenStack，包括 Icehouse 或者现在的最新版。

如果使用本书提供的虚拟机，可以查看“提供的虚拟机的使用介绍”部分的说明，然后跳到 2.3 节。

提供的虚拟机的使用介绍

按下面的步骤。

（1）访拟机镜像。

（2）确保安装了 VirtualBox（这个虚拟机镜像在 4.3.30 版本通过测试）。

（3）解压文件 devstack_icehouse_openstackinaction。

（4）双击文件 dev_stack_icehouse_openstackinaction.vbox（或者使用命令行参数——可自行查看 VirtualBox 详细文档）。

（5）VirtualBox 启动，可以看到 devstack_icehouse_openstackinaction 这个虚拟机。

（6）启动 devstack_icehouse_openstackinaction 这个虚拟机。

（7）在虚拟机配置里，有几个端口进行了从虚拟机到你的本地主机（IP=127.0.0.1）的转发。这些端口包括对虚拟机进行 SSH 访问的 2222 端口和对 OpenStack Dashboard 进行访问的 8080 端口。

（8）虚拟机启动后，通过用户 `sysop` 和密码 `u$osuser01` 登录（例如，`ssh -u sysop@127.0.0.1-p 2222`）。

（9）登录到控制台后，切换到 stack 用户：`sudo -i -u stack`。

（10）执行 rejoin 脚本：`sudo /opt/devstack/rejoin-stack.sh`。

（11）现在应该可以看到与 OpenStack 组件相关的 screen。要选择某个特定的 screen，按下键和+键并松开，然后按"键（双引号键）。在这里可以看到 screen 的列表。

下面是访问 OpenStack 时的两点提示。

- 如果想访问虚拟机并使用 OpenStack CLI，可以按 3.1 节的指导进行，记住，这个 OpenStack 虚拟机实例的内部地址是 10.0.2.32。
- 如果想访问虚拟机并使用 Dashboard，可以利用用户名 admin 和密码 devstack 访问地址 http://127.0.0.1:8080。

你是 Vagrant 用户吗 尽管 Vagrant 不在本书的介绍范围内，这里可以介绍几个使用 Vagrant 在 VirtualBox 上部署 DevStack 的社区项目，如 devstack-vagrant 和 vagrant_devstack。

建议读者按照下面的步骤自行尝试使用 DevStack 部署 OpenStack。这个过程可以让你接触到这个框架，让你对 OpenStack 各个组件有基本的理解。尽管 DevStack 用来快速入门，但它的文档化脚本让我们清楚地看到 OpenStack 整件框架是如何部署出来的，同时各个组件也是可以基于需求进行配置。甚至，还可以用 DevStack 来部署多服务器 OpenStack 环境。

本章只关注把所有组件部署到同一个服务器上。这样做可以减少配置过程中可能遇到的问题，因为没有完全理解 OpenStack 各组件的分布模型就分布式部署可能会遇到更多问题，各组件分布模型将会在第 3 章介绍。一旦理解了在单一服务器部署中各组件的交互方式，对多服务器部署的配置就更好理解了。本书的第二部分将会介绍手动部署，第三部分将会介绍多服务器 OpenStack 配置的自动化部署。

开始安装 DevStack 前，需要一台运行可支持的 Linux 发行版本的物理服务器或者虚拟服务器。

2.2.1 搭建服务器

最好是用一台全新安装 Linux 的服务器来进行 DevStack 的部署，从而确保完全避免依赖性冲突。我建议使用 Ubuntu 14.04（Trusty Tahr），因为它是部署 OpenStack 时最广泛文档化和测试使用的 Linux 发行版本之一。

本章出现的例子都是基于 Ubuntu 14.04 的，但对用户体验来说，使用其他发行版本也应该与此类似。本章和其他章用到的脚本和配置文件都可以在为本书提供的源代码中找到：https://github.com/codybum/OpenStackInAction。

如果条件允许，建议使用物理硬件来部署。尽管在虚拟环境中“嵌套”运行 OpenStack 也是可行的，但运行在这个嵌套的 OpenStack 环境里的虚拟机会非常慢。在这里，我们定义虚拟机是运行完整的操作系统的虚拟硬件。如果尝试用一个虚拟机来虚拟化另一个虚拟机，我们就说这种 OpenStack（Hypervisor）是嵌套的。当然，如果没有可用的物理硬件，部署过程也是一样的，只是节点的性能可能会有问题。附录 A 提供了基本安装 Ubuntu 14.04 的详细指导。

Linux 发行版 尽管 Ubuntu 被广泛使用，但 Fedora 和 CentOS/RHEL 也有充足的文档。还有其他 Linux 可选择，如 OpenSUSE 和 Debian 也都提供了 OpenStack 包，也可以用来部署 OpenStack。

在虚拟机中部署 OpenStack（嵌套虚拟化）

Hypervisor 或者虚拟机监视器（Virtual Machine Monitors，VMM）连接物理硬件和虚拟机。Hypervisor 模拟物理硬件的操作，让操作系统以为它是独占式访问底层系统。Hypervisor 可以充分利用 CPU 的虚拟化扩展功能，允许将一些特定的通常在软件中模拟的指令直接传送到 CPU。这样大大提升了性能。

OpenStack 通过管理 Hypervisor 来提供虚拟基础设施。当被 OpenStack 管理的 Hypervisor 运行在一台虚拟机上时，CPU 虚拟化扩展功能通常是不可用的。所有传送给硬件的指令都是经过软件（通过 QEMU，一个开源的 Hypervisor）模拟的模拟指令。单纯的通过软件模拟出来的硬件是非常慢的，不应该在生产环境中使用。

2.2.2 准备服务器环境

正如图 2-2 所示，DevStack 将会安装和配置整套 OpenStack。部署 OpenStack 框架的过程（无论方法是什么）称为 Stacking。这个 Stacking 过程将会从在线存储库获取和配置 OpenStack 软件和相关包的依赖关系。OpenStack 依赖关系将通过 Linux 发行版自带的 APT（Advanced Packaging Tool）工具被满足。

用哪个用户进行操作

现在应该通过普通用户加 sudo 权限操作，而不是通过 root 用户。因为在默认的 Ubuntu 14.04 上安装 DevStack，如果使用 root 用户，会出现权限问题，所以不要使用 root 用户进行操作。

一旦准备好操作系统环境，创建一个名为 stack 的用户，然后切换到这个用户进行 DevStack 的部署。本章使用的特定用户类型将会在下文中解释。

接下来将会使用 `sudo` 并以 `root` 用户安全特权来执行命令。根据维基百科的介绍，`sudo` 包含“su”（substitute user，代替用户）和“do”。`sudo` 命令可以执行一些 root 用户才有权限执行的命令。安装操作系统时创建的用户有相应的权限。

在下面的例子中使用 `sysop` 作为有 sudo 特权的普通用户。第一次使用 `sudo` 命令时会提示输入密码，不用困惑，就是这个普通用户的密码。在后续执行 `sudo` 命令时，只要不超过超时范围（Ubuntu 14.04 是 15 分钟），就不会再次提示输入密码。

APT 会在本地维护判断包可用性和依赖性的数据库，因此，到安装 Linux 发行版的时候，这些数据已经过时。准备环境的第一步就是从在线源更新 APT 包信息。根据 shell 提示符，像代码清单 2-1 所示那样更新 APT 包。这个过程不会更新任何包，但更新后安装的包将会是最新的版本。

代码清单 2-1 更新包

```
sysop@devstack:~$ sudo apt-get -y update        ← 更新本地包信息
[sudo] password for sysop:
Hit http://us.archive.ubuntu.com precise Release.gpg
```

```
...
Fetched 3,933 kB in 1s (2,143 kB/s)
Reading package lists... Done
```

你的本地包数据库已经更新，因为通过第一行命令，本地的包信息与在线源最新数据实现了同步。更新之后，建议如代码清单 2-2 所示，升级包到最新版本。

代码清单 2-2 升级包

```
sudo apt-get -y upgrade
```

从 DevStack 组件的角度看，该升级步骤不是必需的，但 DevStack 的某些依赖需要内核更新，因此，某些软件升级和重启是少不了的。如果执行了升级这一步，那就最好在升级后重启系统。

DevStack 不会使用 APT 系统来安装 OpenStack 组件，尽管这些软件安装包都在软件仓库里。这样做是为了组件在开发和测试系统中的灵活性。举个例子，你可以安装多个 OpenStack 组件的稳定发行版本，同时安装某些组件的开发分支版本。这种水平的模块化不太可能通过包管理系统来实现。

DevStack 不是通过 Linux 发行版提供的包管理系统，而是直接通过 OpenStack 在线软件仓库获取 OpenStack 组件。Git，一个源代码版本控制软件，用来从 OpenStack 软件仓库获取源代码。因此，下一步是安装 Git 客户端，如代码清单 2-3 所示。Git 客户端将会用来获得 DevStack 脚本和随后通过 DevStack 获得 OpenStack 组件。

代码清单 2-3 安装 Git

```
sysop@devstack:~$ sudo apt-get -y install git      <- 通过包管理系统安装 Git
Reading package lists... Done
Building dependency tree
Reading state information... Done
The following extra packages will be installed:
  git-man liberror-perl
Suggested packages:
  git-daemon-run git-daemon-sysvinit git-doc git-el git-arch
  git-cvs git-svn git-email git-gui gitk gitweb
The following NEW packages will be installed:
  git git-man liberror-perl
0 upgraded, 3 newly installed, 0 to remove and 112 not upgraded.
...
Unpacking git (from .../git_1%3a1.7.9.5-1_amd64.deb) ...
Processing triggers for man-db ...
Setting up liberror-perl (0.17-1) ...
Setting up git-man (1:1.7.9.5-1) ...
Setting up git (1:1.7.9.5-1) ...
```

现在已经安装好 Git 客户端，可以开始获取 DevStack 脚本了。

2.2.3 准备 DevStack

下面的例子描述了如何使用最新版本的 DevStack 和 OpenStack 来进行部署。如前面所提到的，没有人能确保将来 DevStack 的最新代码能正常部署 OpenStack 的最新版本。如果在 DevStack 部署过程中遇到问题，可以使用本书提供的虚拟机。你可以稍后再尝试自己部署 DevStack。

使用 Git，获取最新版本的 DevStack，如代码清单 2-4 所示。

代码清单 2-4　获取 DevStack 脚本

```
sysop@devstack:~$ sudo git clone \
                        https://github.com/openstack-dev/devstack.git \
                        /opt/devstack/
Cloning into '/opt/devstack'...
remote: Counting objects: 28734, done.
remote: Total 28734 (delta 0), reused 0 (delta 0), pack-reused 28734
Receiving objects: 100% (28734/28734), 9.86 MiB | 5.29 MiB/s, done.
Resolving deltas: 100% (19949/19949), done.
Checking connectivity... done.
```

从当前分支获取 DevStack

想用某个特定分支的 DevStack　在 Git 中，通过-b <branch name>参数来指定 DevStack 的分支。当前 DevStack 的分支列表可以在 GitHub 中查看。

现在应该在/opt/devstack/目录下有一份 DevStack 脚本的副本。

不要用 root 用户来 Stack　如果现在以 root 用户来运行 DevStack，将会出现错误和提示不要用 root 用户来运行脚本。通常人们只想以 root 用户或者提升到 root 权限来运行。有人可能认为在开发环境中使用 root 用户没有什么风险，但又想“把练习用在生产中”，因此最好是让开发尽可能接近生产环境。无论如何，DevStack 不允许使用 root 用户进行 Stack，因此要准备另一个用户环境来 Stack。

下一步是为 OpenStack 设置正确的目录权限和创建一个新的服务账号（所有服务都在该账号下运行），如代码清单 2-5 所示。这一过程将会创建 stack 用户并设置所有 DevStack 文件从属于这个用户。

代码清单 2-5　准备 DevStack 目录

```
sysop@devstack:~$ cd /opt/devstack/
sysop@devstack:/opt/devstack$ sudo \
    chmod u+x tools/create-stack-user.sh
sysop@devstack:/opt/devstack$ sudo \
    tools/create-stack-user.sh
Creating a group called stack
Creating a user called stack
Giving stack user passwordless sudo privileges
sysop@devstack:/opt/devstack$ sudo \
    chown -R stack:stack /opt/devstack/
```

进入 devstack 目录

使 create-stack-user.sh 工具可执行

创建 stack 用户

使 stack 用户拥有目录中的所有文件

目录已经设置好正确的权限，新用户也已经创建好了。下一步是切换到刚创建的 stack 账户，创建 DevStack 的配置文件，然后就可以以这个配置文件 stack（部署）了。

2.2.4 执行 DevStack

DevStack 被设计用来部署和测试 OpenStack 组件，因此有多种可行的配置方式。DevStack 是通过维护 local.conf 文件中的配置参数来进行控制的。现在必须在 devstack 目录下创建一个名为 local.conf 的配置文件。

在接下来的安装中，需切换到 stack 用户，如代码清单 2-6 所示。

代码清单 2-6 切换到 stack 用户

```
sysop@devstack:/opt/devstack$ sudo \
    -i -u stack                              切换到 stack 用户
stack@devstack:~$ cd /opt/devstack/
```

到这里，应该是在/opt/devstack 目录下面，而且是以 stack 用户操作。在前面的步骤中，已经指定目录的所属用户为 stack 用户，那就应该不会出现与目录权限相关的问题了。

现在是以什么用户操作的 无论之前是以什么用户开始的，现在应该使用 stack 用户。从这里开始，无论是注销还是重启（本节更多是重启），都应该以 stack 用户身份操作，因为 DevStack 不能以 root 用户运行。如果想要切换到 stack 用户，可以参考代码清单 2-6 的指导。

想要使用 stack 用户，需创建 local.conf 文件，下面会使用常用的基于控制台的文本编辑器 Vim 来展示文件的创建过程。由于 OpenStack 的配置文件和日志文件的数量众多，因此推荐使用自己喜欢的文本编辑器。

找到一个合适的文本编辑器

我不会夸大文本编辑器让你高效工作的重要性。你可以配置 OpenStack 来做几乎所有事情，但同时也带来了配置的责任。选择一个文本编辑器就像为长途跋涉选择一双鞋子一样。如果从旅途一开始就受伤，那将会很痛苦；如果很舒服，就察觉不到辛苦。

1. 配置 DevStack 项

本节会创建 DevStack 用来配置部署的 local.conf 文件。使用喜欢的文本编辑器，像代码清单 2-7 一样打开 local.conf 文件。

代码清单 2-7 创建 local.conf

```
sysop@devstack:/opt/devstack$ vim local.conf   <-- 使用 Vim 编辑 local.conf 文件
```

进入文本编辑器后，复制代码清单 2-8 中的内容到文件 local.conf。local.conf 中的配置项是特定为 DevStack 配置的，熟悉一下没问题，但不要在生产环境中直接使用。

代码清单 2-8 local.conf 文件

```
[[local|localrc]]

# Credentials
ADMIN_PASSWORD=devstack
MYSQL_PASSWORD=devstack
RABBIT_PASSWORD=devstack
SERVICE_PASSWORD=devstack
SERVICE_TOKEN=token

#Enable/Disable Services
disable_service n-net
enable_service q-svc
enable_service q-agt
enable_service q-dhcp
enable_service q-l3
enable_service q-meta
enable_service neutron
enable_service tempest
HOST_IP=10.0.2.32

#NEUTRON CONFIG
#Q_USE_DEBUG_COMMAND=True

#CINDER CONFIG
VOLUME_BACKING_FILE_SIZE=102400M

#GENERAL CONFIG
API_RATE_LIMIT=False

# Output
LOGFILE=/opt/stack/logs/stack.sh.log
VERBOSE=True
LOG_COLOR=False
SCREEN_LOGDIR=/opt/stack/logs
```

local.conf 文件头部使用[[<phase> | <config-file-name>]]格式

为每个支持服务设置密码，并开启 token 和密码服务

禁用 Nova 网络（n-net），用 Neutron 网络服务取代

运行 DevStack 的主机的 IP 地址，可改变为特定的 IP 地址

在 DevStack 中用于存储容量的默认文件，这一行增加了总的总量大小

合并日志并设置日志冗余

检查目录 确保创建的 local.conf 文件在 devstack 目录下。

想在 DevStack 里使用 OpenStack 的特定版本

可以在 local.conf 文件里指定 DevStack 使用的每个组件的 OpenStack 版本和分支。例如，为 Nova 指定 OpenStack 的分支，在 local.conf 文件里应该包含 NOVA_BRANCH=<nova branch>。

2. 运行 stack

现在可以开始运行 DevStack 的构建脚本 stack.sh 了。这个脚本首先读取 local.conf 中的配置，然后根据这些配置来部署 OpenStack 的组件。由于 DevStack 服务器和网络连接的速度的因素，这个 stack 过程可能会要花费不少时间。在一台有良好网络连接的高效服务器上，这个 stack 过程大约要花费 15 min。

如代码清单 2-9 所示执行 stack.sh。

代码清单 2-9 执行 stack 脚本

```
./stack.sh                    ←—— 执行 stack 脚本
```

无论 stack 过程有没有出现问题，都会有数千行的屏幕输出。如果成功执行 stack.sh，最后一行会显示“stack.sh completed in <*second count*> seconds”，表示这个过程消耗的时间。

我的 stack 过程没有完成 不要慌张！造成 DevStack 过程失败的原因有很多，包括更新软件包信息后没重启，或者配置不正确。失败后，首先检查 local.conf 里面的配置，确保没有错误，然后按照代码清单 2-14 说明卸载再重新来一遍。很多问题都可以通过卸载重新开始来解决。

即使所有步骤都正常，也很难在这个 stack 过程中去跟踪屏幕的输出。可以在 local.conf 中设置日志文件的保存路径/opt/stack/logs。这个目录中保存着针对每个组件整个过程捕获的屏幕输出的详细日志。还好，也提供了一个只显示关键步骤的总结日志文件（stack.sh.log.summary）。利用代码清单 2-8 中的 local.conf 里面的配置进行的 stack 过程的总结日志，如代码清单 2-10 所示。

代码清单 2-10 stack 总结日志

```
Installing package prerequisites
Installing OpenStack project source
Installing Tempest
Starting RabbitMQ
Configuring and starting MySQL
Enabling MySQL query logging
Starting Keystone
Configuring and starting Horizon
Configuring Glance
Configuring Neutron
Configuring Cinder
Configuring Nova
Starting Glance
Uploading images
```

```
Starting Nova API
Starting Neutron
Creating initial neutron network elements
Starting Nova
Starting Cinder
Configuring Heat
Starting Heat
Initializing Tempest
stack.sh completed in 565 seconds.
```

DevStack 组件没有作为 Linux 服务运行 DevStack 不会像 Linux 服务那样运行 OpenStack 服务，这些服务都是通过 screen 软件来运行。成功运行 stack.sh 后，如果你想重启某个 OpenStack 服务，可以通过 `screen -r` 访问 screen 控制台。要重启 Nova network 服务，进入 Nova network 服务的 screen，这里是 screen 9，可以通过使用组合键，然后按 9 进入。然后用组合键关闭 Nova network 服务，再通过“向上”箭头键和回车键来重启服务。

3. 测试 stack

深呼吸放松一下。如果所有步骤正常，通过动动几下手指，现在就有一个部署好的具备完整功能的 OpenStack 了。是不是很想跳过测试步骤，等等！在系统内部，跳过测试是不被鼓励的，往往会有某些地方出错。

现在认真读读这里 完成 stack 之后，已经部署了上百个互相交互的组件、一棵庞大的依赖树和一个集成这些组件的网页服务。从工程角度看，计算机所做的事情令人赞叹（以动态随机存取存储器（Dynamic Random-Access Memory，DRAM）为例），很少有单台计算机可以运行一个完整编排的云平台。坚持一下，和潜在的问题进行“战斗”，顺利通过测试环节，你会发现这样做是值得的。

好消息是测试只需要少量额外的配置，坏消息是整个测试过程会花费不少时间。测试包含两个测试套件：DevStack exercises 和 OpenStack Tempest。

DevStack exercises，正如其名所示，特定针对 DevStack，在 DevStack 的早期版本就包含它了。这个 exercises 是设计用来在整个 stack 过程完成后测试 DevStack 环境的，提供了对一些主要功能的测试。

与 DevStack exercises 不同，OpenStack Tempest 是一个用来“折磨”OpenStack 环境的庞然大物。Tempest 可以运行在单一服务器的 DevStack 部署中或者 1000 节点的云环境。接下来将会关注如何通过 DevStack exercises 测试，然后进行一些基本的 Tempests 测试

用 DevStack exercises 检查和用 Tempest 进行验证 对于 DevStack 部署来说，用 DevStack exercises 检查 OpenStack 核心服务已经足够了。但实际上，由于单服务器部署的限制，即使 exercises

测试通过了，Tempest 验证也可能会失败（Tempest 不能在单节点上测试多节点操作）。在生产部署中，Tempest 是强有力的验证工具。

继续下一步，按代码清单 2-11 所示执行 devstack 目录中的 exercise 套件。

代码清单 2-11 运行 DevStack exercises

```
stack@devstack:/opt/devstack$ ./exercise.sh
...
<lots of screen output>
...
*********************************************************************
SUCCESS: End DevStack Exercise:
*********************************************************************
=====================================================================
SKIP marconi
SKIP sahara
SKIP swift
SKIP trove
PASS aggregates
PASS boot_from_volume
PASS bundle
PASS client-args
PASS euca
PASS floating_ips
PASS horizon
PASS neutron-adv-test
PASS sec_groups
PASS volumes
FAILED client-env
=====================================================================
```

如果幸运的话，除了 client-env，所有 exercise 运行在你系统上的测试都会通过。因为没有配置 shell 的环境变量，所以 client-env 测试当然会失败，但这没有问题。在第 3 章之前，你将不会用到命令行。

如果某个测试失败了，可以在 devstack/exercises 目录中再次运行这个测试。如果还是失败，按照代码清单 2-14 所示的过程，在本节开头部分开始重复 DevStack 执行过程。

如果所有的 exercises 测试都通过了，可以选择运行 Tempest 测试套件。Tempest 项目主页是这样描述的：Tempest 最初的设计出发点主要是用来测试完整的 OpenStack 部署。由于这个因素，在 DevStack 环境下运行 Tempest 可能会出现某些问题。事实上，不必要运行完整的测试套件，运行某些单独的测试即可，如代码清单 2-12 所示。

代码清单 2-12 运行单个 OpenStack Tempest 测试

```
cd /opt/stack/tempest
nosetests tempest/scenario/test_network_basic_ops.py
..
```

```
----------------------------------------------------------------------
Ran 2 tests in 247.376s

OK
```

完整的 Tempest 套件包含数千个测试，在虚拟机或者比较慢的机器上运行需要很多时间（在高效的服务器上都要 20 分钟）。代码清单 2-13 展示了如何运行完整的 Tempest 测试。记住，在 DevStack 环境下，出现一些失败是不可避免的。在本例中，在 OpenStack 的单服务器 DevStack 部署中，尽管已经通过了 exercises 测试，但仍有大约 8%的 Tempest 测试会失败。

代码清单 2-13　运行完整的 OpenStack Tempest 套件

```
devstack@devstack:~/devstack$ /opt/stack/tempest/run_tempest.sh
No virtual environment found...create one? (Y/n) Y
Creating venv... done.
Installing dependencies with pip (this can take a while)...
Downloading/unpacking pip>=1.4
  Downloading pip-1.5.2.tar.gz (1.1Mb): 1.1Mb downloaded
...
<loads of screen output>
...
setUpClass (tempest.api.compute.admin.test_fixed_ips_negative
    FixedIPsNegativeTestXml)
SKIP 0.00
    FixedIPsNegativeTestJson)
SKIP 0.00
tempest.api.compute.admin.test_availability_zone.AZAdminTestXML
   test_get_availability_zone_list[gate]
OK 1.93
   test_get_availability_zone_list_detail[gate]
OK 1.07
   test_get_availability_zone_list_with_non_admin_user[gate]
OK 1.94
...
<loads of screen output>
...

Ran 2376 tests in 1756.624s
FAILED (failures=19)
```

到这里你应该适应了 stack 和测试过程。

如果遇到任何问题或者想要体验 DevStack 的不同配置，都可以重新开启这个过程而不用重新加载操作系统。无论运行到哪一步，如果想要重新开始，可以按照代码清单 2-14 中给出的步骤进行 stack 和 unstack（卸载）。这个过程将会回退到“运行 stack”小节之前，即代码清单 2-9 之前。

代码清单 2-14　unstack 和 stack

```
./unstack.sh
```

```
./clean.sh
sudo rm -rf /opt/stack
sudo reboot
```

4. stack 小结

DevStack 是用来开发和测试的，我们当然想要一个配置一致的演示环境。也就是说，开发者测试某个特定的功能时，他们不希望为每个 stack 手动创建样本用户环境。

正如第 1 章所提到的，OpenStack 是通过租户或者项目来隔离资源的。OpenStack 允许在同一个部署的环境里面有多个租户（参考酒店或者公寓）。多租户意味着有多个用户、部门，或者甚至是组织分享相同的 OpenStack 环境，而不影响各自的配置。OpenStack 租户模型将会在第 3 章中深入介绍，现在只需要知道 DevStack 会为我们创建样本租户/项目、角色和用户账号。admin 账号，如名字所示，拥有这个新部署的 OpenStack 的管理员访问权限。demo 账号拥有可以访问 Demo 项目的普通 OpenStack 用户权限。这两个账号都使用默认密码 devstack。

现在已经通过 DevStack 在一个单个服务器上部署了 OpenStack 组件。这个单节点 OpenStack 环境除了可以用来体验 OpenStack 服务之外，还可以将该部署作为本书第二部分手动部署 OpenStack 组件时的一个参考。现在你可以向前一步，开始与 OpenStack 进行交互。

重启 DevStack

因为 DevStack 不是专门为生产环境设计的，所以类似重启后服务自动启动这些功能是没有的。如果重启了系统，然后还想继续重启之前的配置，必须通过些手动步骤来实现。

当 stack.sh 脚本运行后，在 stack 过程中，会生成一个包含启动各个服务命令的 stack-screenrc 文件。系统重启后，需要运行 rejoin-stack.sh 脚本。这个脚本会读取 stack-screenrc 文件的内容，然后重启这些服务。

因为使用 Cinder 来对存储卷（块存储）进行管理，所以也必须通过 `losetup` 命令来设置环回卷。在与./stack.sh 文件相同的目录下执行下面的命令。

```
sudo losetup -f /opt/stack/data/stack-volumes-backing-file
/opt/devstack/rejoin-stack.sh &
```

2.3 使用 OpenStack Dashboard

与 OpenStack 交互主要有以下 3 种方式：

- OpenStack Dashboard——基于网页的图形用户界面（GUI），在本节介绍；
- OpenStack CLI——组件专用的命令行接口，将在第 3 章介绍；
- OpenStack API——RESTful（Web）服务，将在第 3 章简要介绍。

无论使用哪种方式，所有交互最后还是会回到 `OpenStack APIs`。

对大多数人来说，第一次动手与 OpenStack 交互都是通过 Dashboard。事实上，绝大部分终端用户只会使用 Dashboard，因此这里会介绍访问 Dashboard 的方法。系统管理员和程序员需要理解如何访问 CLI 和 APIs，将会在第 3 章介绍。

通过在浏览器中输入 http://<你的主机 IP 地址>来访问 Dashboard。随后会出来一个图 2-3 所示的登录界面，使用下面的用户名和密码：

- 用户名——demo；
- 密码——devstack。

demo 用户代表非特权用户。如果没有看到登录界面，可能在 stack 过程中出现一个错误，那就要复习一下 2.2.4 节的内容了。

图 2-3　Dashboard 登录界面

检查端口

可以通过登录到运行这些服务的服务器上检查服务的端口是否正常监听连接来排查问题，这样可以大大节省基于套接字（socket）服务（如 HTTP、SSH 等）的故障排查时间。

curl 是一个广泛用于检查端口是否正常监听的工具。检查 IP 地址 10.0.2.32 的 80 端口（HTTP 端口）是否正常监听网页请求，可以执行命令 `curl 10.0.2.32:80`。如果这个端口监听正常，正常情况下发送给浏览器的输出将返回到控制台。

现代浏览器经常禁止不正常的数据，因此从浏览器上看不到导致服务器失败的某些特定错误。如果连接被拒绝，就知道（假设本地防火墙没有问题）运行在那个端口的服务没有启动。如果监听那个端口的服务没启动，就应该检查这个服务的日志。

Dashboard 是两列的布局，如图 2-4 所示。左边的列是固定尺寸的，右边的列的尺寸会随着

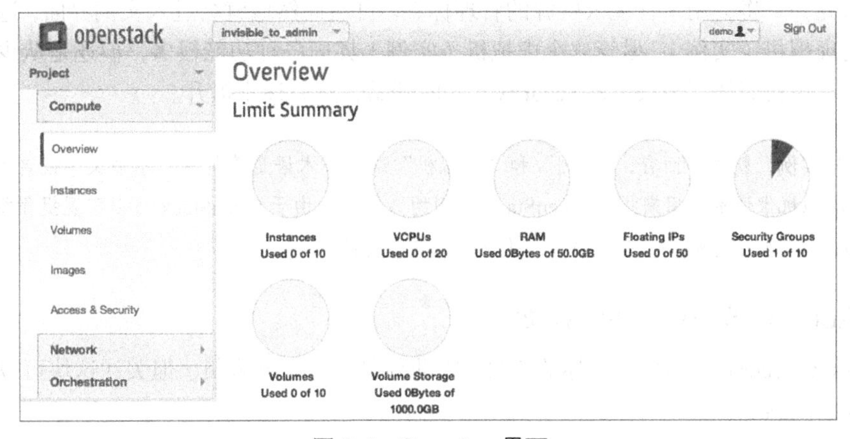

图 2-4　Overview 界面

浏览器窗口大小而动态改变。可以看到左边的列包含“Project”标签、到其他管理界面的链接、项目选择下拉框和“Admin”标签（如果你是管理员）。登录后将会直接看到“Overview”界面，如图 2-4 所示。“Overview”界面和其他界面将在下文中介绍。

我的 Dashboard 不像这样显示 如果使用本书提供的虚拟机，Dashboard 应该看起来和图 2-4 一样。但是，如果自己安装 DevStack，将会使用最新版本的 OpenStack，可能会有某些细微的差别。尽管显示有差别，但下面几章中的例子应该都能正常工作。

2.3.1 Overview 界面

Overview 界面显示了这个用户当前项目配额的使用情况。一个用户可以关联多个项目，这些项目可以有不同的配额。图 2-5 所示的“Management”工具栏展示了用户在当前项目可用的管理界面。

“Management”界面分为几个部分，包括“Manage Compute”、“Manage Network”、“Manage Object Store”和“Manage Orchestration”。每个部分的标签包含在管理工具栏中。对象存储和编排的标题和界面没展示出来或者在本节没有提及，这些内容将会在本书第三部分介绍。尽管对象存储非常有用，但与创建虚拟机没有直接关系。编排是指自动地结合虚拟硬件和软件来部署应用，是一个非常有趣的主题。云编排非常重要，将会用整个第 12 章来介绍。

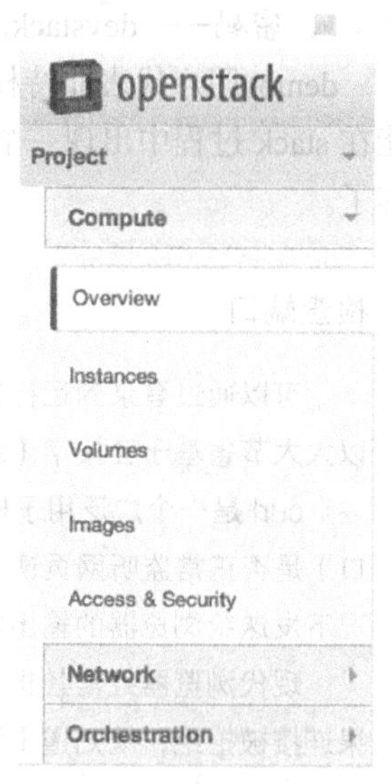

图 2-5 管理工具栏

为了登录 Dashboard，必须在一个存在的项目中拥有一种角色。当登录 Dashboard 时，会选择一个你拥有的项目，任何项目级别的配置都是与这个项目相关。当前选择的项目可以通过顶部工具栏左侧的下拉菜单显示出来。DevStack 会创建两个项目：demo 和 invisible_to_admin。可以通过单击项目下拉菜单随意切换项目。

下面探究一下将会用来管理云资源的管理标签。自然而然地就会进入实例界面，这里可以看到新创建的虚拟机（实例）。尽管这个虚拟机（实例）界面各种功能很多，但还是从少量基本的功能开始吧。让我们从“Access & Security”界面开始，然后逐步提升。

虚拟机与实例 就本书而言，“实例”和“虚拟机”这两个术语是等价的。本书文字或者图片说明中的虚拟机术语都是用来描述 OpenStack 实例的。但是，由于 OpenStack 可以配置提供裸设备和 Linux 容器作为实例，因此理解它们的不同也是值得的。

2.3.2 Access & Security 界面

“Access & Security”不是最有趣的栏目，除非你是安全管理人员。但关注这块可以减少后面很多不必要的困惑。

“Access & Security”界面如图 2-6 所示。界面顶部的前 3 个标签（Security Groups、Key Pairs 和 Floating IPs）都与虚拟机的访问相关。这个界面中还有“API Access”标签，但大多数时候与其他标签没有关系。

图 2-6 “Access & Security”界面

想象一下你的虚拟机实例网络策略无法访问（network policy inaccessible，PI）。这里 PI 是指通过基于一些访问限制的网络策略的网络无法访问实例，如一项全局的默认拒绝所有网络访问的规则。在 OpenStack 中，安全组定义多条规则（访问列表）来描述在网络层的可访问性（哪些可以进来，哪些可以出去）。一个安全组可以为一个单一的实例创建，或者一组实例共享同样的安全组。

DevStack 创建了一个默认的安全组。默认的安全组包含了允许虚拟机所有 IPv4 和 IPv6 流量进出的规则。如果把这条默认安全组配置应用到前面提到的无法访问的虚拟机，那么这台虚拟机就没有任何网络层面的限制了。简单来说，安全组就像是特定组或者虚拟机实例的个人防火墙。

每个虚拟机的安全组

虽然一开始看起来安全组像是配置虚拟机本地防火墙（如 Iptables、Windows 防火墙等）的一种方式，但其实不是这样的。安全组规则通常在运行 OpenStack 网络服务的物理节点上实施。有很多选项（驱动）来实施安全组，包括把它转移到物理防火墙。

本书的例子将会在虚拟交换层面基于混合驱动（OVSHybridIptablesFirewallDriver）来实施安全组规则。为了可以充分理解这个功能作为 OpenStack 网络的一部分，我们将在第 6 章中讨论更多细节。

假如应用默认（打开）安全组规则到之前假设无法访问的虚拟机。现在在网络层面将不再有限制，可以通过 SSH 访问这个虚拟机。还有一个问题，用什么证书或者密码来进行认证？如果假设这个虚拟机的源镜像包含一个你知道的密码或者证书，那就没问题，但通常事实并非如此。可以通过镜像或者快照创建虚拟机，这些镜像或者快照有些是全部项目都可以用，但有些只是某些项目私有的。

假设前面说的网络策略无法访问的虚拟机是从一个普通镜像创建出来的。凭证可通过下列两种方式在从一个普通镜像中创建出来的虚拟机中生效：

- 凭证（证书或者本地密码）已经包含在镜像里面，同时也分享给用户；
- 凭证是在创建虚拟机时注入或者它们已经存在于虚拟机镜像中。

安全人员可能会对讨论这个话题有兴趣，他们肯定是捂着胸口说第一种方法也是一种好方法[①]。相比之下，所有虚拟机共享 root 密码或者证书让你在显示器输入密码会更加人性化。由于这个原因，OpenStack 提供了在创建虚拟机时注入凭证到虚拟机的功能。“密钥对”标签就是用来创建新的或者导入已有的证书，用来实施对虚拟机用户的认证。

假设现在通过“密钥对”标签可以使用证书来对网络策略无法访问的虚拟机进行访问了。这个虚拟机创建在一个 OpenStack 网络管理的网络（子网）上，但这个网络是私有的（参见 RFC 1918），只能在组织内部访问。如果想要在组织外部访问这个虚拟机，那这个虚拟机必须关联（直接分配或者通过某种链接）到一个公网（参见 RFC 791）地址。可以直接分配公网地址给这个虚拟机，但这样除了完全暴露这个虚拟机的安全顾虑之外，还有个问题是 IPv4 地址数量有限（参见“IPv4 枯竭”部分）。OpenStack 通过浮动 IP 的使用将虚拟机公开给外部网络，可以通过浮动 IP（Floating IPs）标签来分配浮动 IP 地址。浮动 IP 代表浮动网络协议（floating Internet Protocol）地址，也就是说，地址可以被分配或者按需要在实例间浮动。浮动地址并不一定是公网地址，但对于这个例子，可以说是分配了一个公共的浮动 IP 地址到这个网络策略无法访问的虚拟机。你现在有连接到这个虚拟机必需的访问（安全组）、认证（密钥对）和连接（浮动 IP）。

IPv4 枯竭

在互联网时代早期，IPv4 地址是分配给所有设备的。1981 年，当 IPv4 规范 RFC 791（Internet Protocol）最后被批准时，就可以预见到 32 位的指定地址（2^{32}，即 4 294 967 296）会枯竭。1996 年，RFC 1918（Address Allocation for Private Internets）描述了可以用在私有网络中的额外的地址空间。

如果将 IP 地址和电话号码进行对比，就很容易描述公网地址和私有地址的区别了。两个公司不能拥有相同的电话号码，正如他们不能共享相同的公网 IP 地址空间。但是，两个公司可以使用完全相同的私有地址空间，正如两个公司可以使用刚好相同数字的分机号模式。在这两个例子中，你不能在没有首先路由到一个公网地址或电话号码的情况下直接到达一个私有地址或者分机。在私有空间，在一个公网地址（电话号码）背后可以拥有数千个私有地址（分机号）。

1998 年，RFC 2460（IPv6）规范形成，它指定的可直接寻址的数量达到了惊人的约 3.4×10^{38} 个。IPv6 地址数量远大于地球上沙子的数量（10^{24}），所以可以做到所有“物体联网”。现在大多数设备和操作系统都支持 IPv6，但原生部署还会受到限制，部分原因是私有地址范围的使用。

至少在虚拟机层面，你现在应该对 OpenStack 如何处理访问和安全有了更好的理解。本节的这些例子都基于一个假设的虚拟机，接下来我们将会继续这个练习，同时探讨镜像和快照。

---

① 从操作简便性角度来看。——译者注

2.3.3 Images & Snapshots 界面

如果你熟悉虚拟化技术（如 Xen Server、KVM、VMware 或者 Hyper-V），你创建虚拟机的想法也许是从创建虚拟硬件开始，然后加载软件。正如前面的解释，OpenStack 是一个比传统 Hypervisor 更高层次的抽象。在 OpenStack 预期的使用场景下，虚拟机（实例）界面是不能加载虚拟媒体的。用户可以导入提前为 OpenStack 创建好的镜像，如 Ubuntu 和 CentOS，或者从已有的镜像中选择。OpenStack 镜像可以想象成是被 OpenStack 应用到虚拟硬件上来提供虚拟机的数据集合。

云镜像 OpenStack 支持任何底层 hypervisor 支持的操作系统。然而，通常被 OpenStack 使用的镜像，跟 Amazon EC2 这种公有云提供商一样，里面都包含对底层虚拟机环境进行部署和操作的额外工具。其中的工具之一 cloud-init 可以让云框架提供与资源分配相关的操作系统信息（主机名、IP 地址等）。

这也不是说无法对它安装 ISO（国际标准化组织 9660/13346）镜像来启动一个虚拟机和基于这个安装创建新的镜像。事实上，OpenStack 已经提供了这些特定的功能，如从 ISO 启动，来适应一些有商业版权限制的操作系统的使用，如微软的 Windows。很多镜像格式，包括 RAW、VHD、VMDK、VDI、ISO、QCOW、AKI、ARI 和 AMI，都是被 OpenStack 原生支持的。尽管很多镜像格式都是支持的，但想要具有完整功能，仍有一些特定 OpenStack 的镜像要求，因此，还是建议从预先建立好的镜像开始。

OpenStack 镜像格式

处理镜像文件时会发现有多种涉及文件格式的文件扩展名，下面列举了 OpenStack 支持的镜像格式。

- RAW：非结构化格式。扩展名应该是“raw”或者你能够简单地有一个没有扩展名的镜像。
- VHD（Virtual Hard Disk）：原本是微软的虚拟磁盘格式，这个镜像也授权给其他厂商使用。
- VMDK（Virtual Machine Disk）：原本是 VMware 的磁盘格式，自从公有化后，现在是非常常用的磁盘格式。
- VDI（Virtual Disk Image or VirtualBox Disk Image）：Oracle VirtualBox 指定的镜像容器。
- ISO：光学图像的存档格式。经常用在从安装磁盘创建虚拟机。
- QCOW（QEMU Copy On Write）：用在托管虚拟机监视器 QEMU 的机器镜像格式。
- AKI：Amazon 内核镜像。
- ARI：Amazon 内存盘（ramdisk）镜像。
- AMI：Amazon 机器镜像。

还有镜像的容器格式的规范，但 OpenStack 目前还不支持容器。

“Images & Snapshots”管理界面的名字说明了从技术角度来说，镜像和快照是不同的。然而，它们之间又只有非常少的技术差异。通常认为，镜像是一个“等待启动的虚拟机”，没有任何用户数据。可以认为快照是存在的虚拟机和相关数据的一幅照片或者“某个时间点的快照”。也可以认为快照是备份，但是我们也从快照创建虚拟机（实例），镜像和快照的差异就变得有点模糊了。

镜像和快照之间有这样一种过渡关系：镜像=>虚拟机，虚拟机=>快照，因此，镜像=>快照。因此，在 OpenStack 中，镜像=快照+元数据（metadata）。图 2-7 解释了镜像如何变成虚拟机、虚拟机如何变成快照，以及快照如何变成虚拟机。

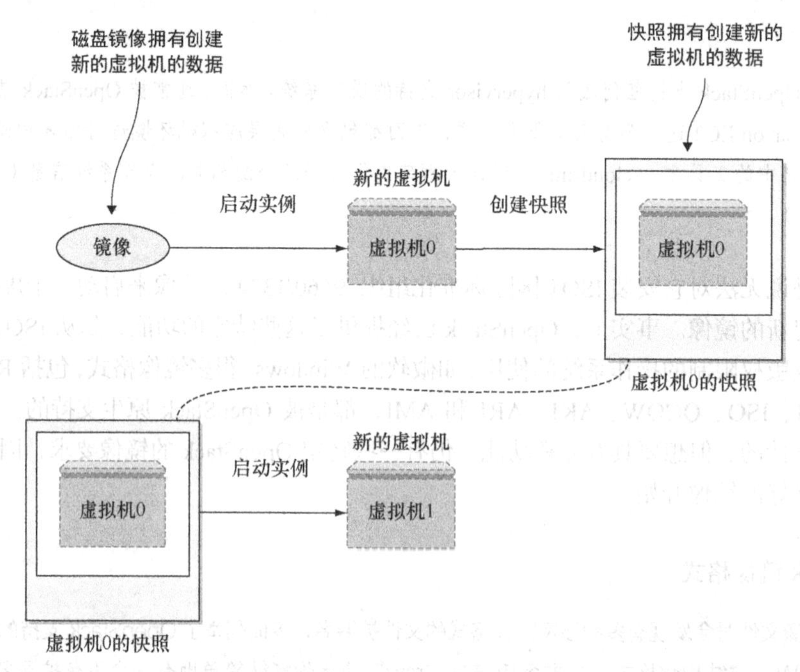

图 2-7 镜像与快照的关系

在如图 2-8 所示的“Images & Snapshots”管理界面中，可以：

- 创建镜像——通过上传文件或者指定网络位置来导入镜像，同时必须指定一种被 OpenStack 所支持的镜像格式；
- 创建卷——从镜像或者快照创建卷（可启动的磁盘）。这个过程会准备虚拟机（实例）创建过程中的相关存储组件（获得资源、复制数据和占用块存储空间），尽管实际上没有创建实例。

如图 2-8 所示，“Images & Snapshots”界面由两部分组成：

- Images（镜像）——用来创建新的虚拟机的操作系统配置和数据；
- Volume Snapshots（卷快照）——虚拟机的存储卷的数据复制品。这个卷快照可以用来备份，或者以存在的虚拟机的数据和配置来创建新的虚拟机。

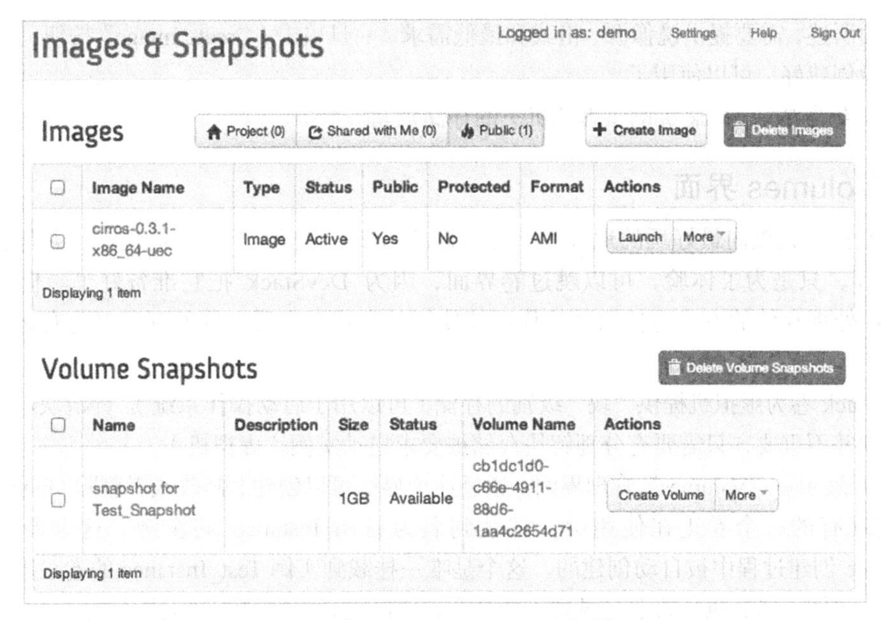

图 2-8 “Images & Snapshots”界面

“Volume Snapshots”用于从快照创建卷或者删除快照。很快将会介绍卷的创建，然后卷的删除就不解自明了。

“Images”列举了镜像和快照。“Public”标签说明这个镜像是该 OpenStack 部署里任何人都可以使用的。名为“cirros-0.3.1-x86_64-uec”的镜像是通过 DevStack 过程为测试而创建的。相比之下，在具体的项目里创建的快照或镜像，除非明确设置为公有的，都被列在“Project”标签下。通过单击“Launch”按钮，可以基于可用的镜像创建一个新的实例。实例创建的详细说明会放到 2.3.5 节中。

现在看看如何创建新的镜像。如果单击“Create Image”按钮，就会出现图 2-9 所示的弹出窗口。

Create An Image

Name *
ubuntu_12_04_64
Description
Ubuntu 12.04 x86_64 Cloud Image
Image Source *
Image Location
Image Location
http://uec-images.ubuntu.com/precise/current/prec
Format *
QCOW2 - QEMU Emulator
Minimum Disk (GB)
5
Minimum Ram (MB)
512
Public
Protected

Description:
Specify an image to upload to the Image Service.
Currently only images available via an HTTP URL are supported. The image location must be accessible to the Image Service. Compressed image binaries are supported (.zip and .tar.gz.)
Please note: The Image Location field MUST be a valid and direct URL to the image binary. URLs that redirect or serve error pages will result in unusable images.

Cancel
Create Image

图 2-9 创建镜像

如前面所述，需要提供镜像源、格式和最低需求。一旦单击“Create Image”按钮，OpenStack 就会把镜像创建好，可以使用了。

现在来看看 OpenStack 实例（虚拟机）的存储机制。

2.3.4 Volumes 界面

你可能把目光投向最好玩的地方——访问自己的私有云虚拟机了，但现在还有最后一些介绍性的内容。只是为了体验，可以跳过卷界面，因为 DevStack 把它准备好了。但是，由于 OpenStack 处理存储的方式与任何其他你可能使用的方式有本质上的差别，因此有必要了解这个过程。

OpenStack 卷为虚拟机提供“块”级别的存储（可以用于启动操作系统）。弄清块与其他存储类型的区别并不重要，只需要充分理解块存储被要求启动实例（虚拟机）。

图 2-10 展示了“Volumes”管理界面。通过这个界面可以创建、修改或者删除 OpenStack 卷。可以看到现有的一个卷正在使用中，挂载到名为 Test_Instance 的实例。这个卷是在实例 Test_Instance 创建过程中被自动创建的。这个是唯一挂载到实例 Test_Instance 的卷。因此，如果登录到这个实例，然后执行获取目录列表的命令，实际上就是在这个卷上执行的。

Volumes Logged in as: demo Settings Help Sign Out

Volumes Filter Filter + Create Volume Delete Volumes

☐	Name	Description	Size	Status	Type	Attached To	Actions
☐	cb1dc1d0-c66e-4911-88d6-1aa4c2654d71		1GB	In-Use	-	Attached to Test_Instance on vda	Edit Attachments

Displaying 1 item

图 2-10 “Volumes”界面

为了启动一个机器，必须拥有一个以某种方式挂载到虚拟机的虚拟卷，这个卷在某些时候是由物理存储来提供的。现在创建一个新的卷，挂载到实例 Test_Instance，然后再了解这个过程都涉及哪些技术。

想要创建一个新的卷，可以单击“Create Volume”按钮，就会得到图 2-11 所示的弹出窗口。在创建卷时，需要指定卷的名称、类型、大小和源。

你有多大空间 在代码清单 2-8 所示的 local.conf 配置文件里，就可以指定 VOLUME_BACKING_FILE_SIZE 的值。这个值会指定 DevStack 管理的总的可用存储大小。这个选项默认值是 10240M（即 10 GB），因此，除非增加这个值，不然不要超过总共 10 GB 的卷存储，包括实例附属的存储。

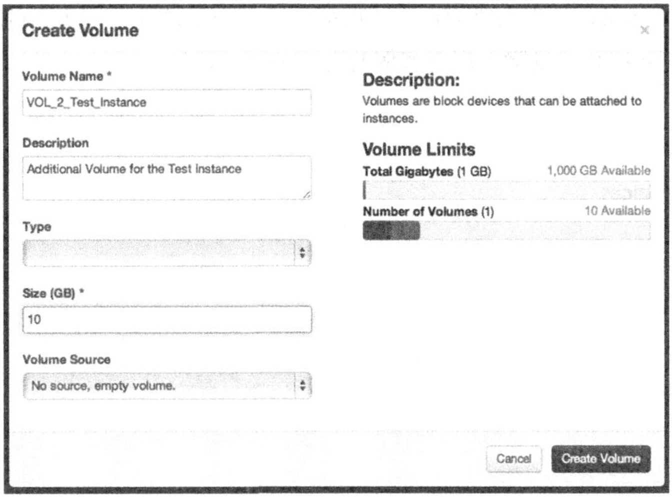

图 2-11　“Create Volume”弹出窗口

最初卷类型是空白的，因为 DevStack 没有创建默认的卷类型。卷类型是可选属性，用来为用户提供后端存储（如 SSD、SAS 或备份）的信息。卷类型还可以用来指定特定类别存储的可生存性。在很多例子中，后端存储都是一样的，就没有必要创建卷类型了。

如果不指定卷的源，就会创建一个空白的卷。这种类型的卷可以用来为现有的实例增加额外的存储空间，或者指派给通过可启动安装程序（ISO）镜像创建的实例。可以选择存在的镜像或者指定的快照作为卷的源。这样会复制源的数据到新的卷，这个卷的大小会大于或等于源镜像。在“Create Volume”界面（见图 2-11）中指定卷的源为镜像或者快照与在“Images & Snapshots 界面”（见图 2-8）中使用按钮创建卷是一样的。

接下来了解一下实例（虚拟机）创建的整个过程。

块、文件与对象存储

长期持久性存储可以由多种设备提供，包括机械硬盘、固态硬盘或磁带。虽然有多种类型的存储设备，但典型的存储访问方法可以分为以下 3 类。

- 块——内存级别的抽象。例如，计算机获取 0～1000 范围的内存数据。
- 文件——网络共享级别的抽象。例如，用户从共享的 nfs://somecomputer.testco.com/file.txt 获取文件。
- 对象——API 级别的抽象。例如，应用程序用 `GET /bucket/0000` 从 `API` 获取对象/文件。

2.3.5　Instances 界面

到此，你也许还没有变成一个专家，你应该足够了解创建 OpenStack 实例时涉及的 OpenStack 术语和技术。开始之前，记住上文中关于不要去请求比你拥有的容量更大的卷的警告。

图 2-12 展示了“Instances”管理界面。这里列出了每个实例和它们当前的状态，以及创建实例的选项、重启/快照/终止（删除）现有实例的选项和其他选项。

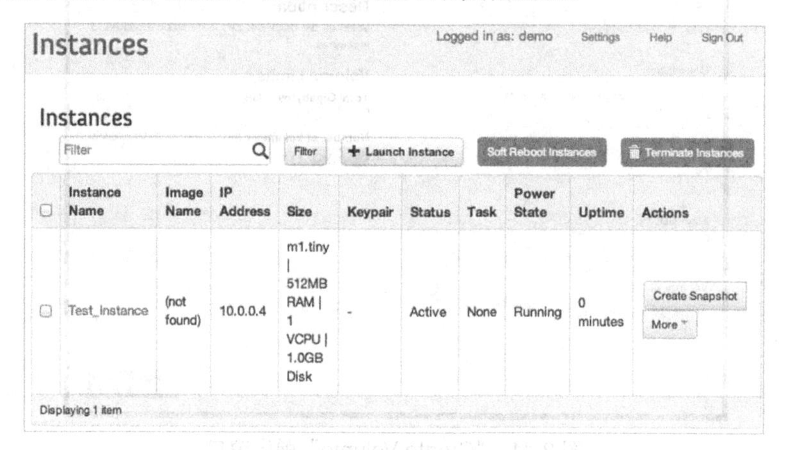

图 2-12　“Instances”界面

可以通过单击“Launch Instance”按钮来创建一个新的实例，会出现如图 2-13 所示的弹出窗口。

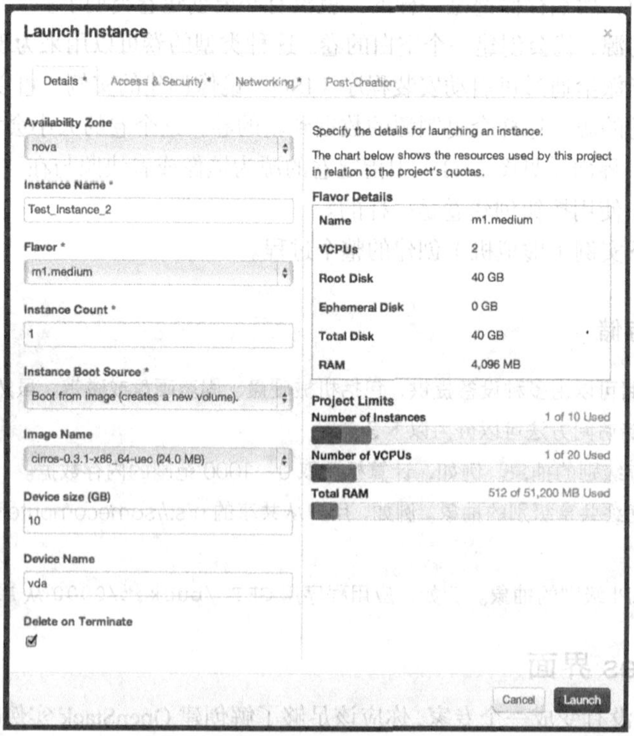

图 2-13　“Launch　Instance”弹出窗口

1. “Launch Instance”弹出窗口：“Details”标签

在“Details”标签中，可以设置实例的可用域、实例名、实例类型、实例数量、实例启动源、镜像名、设备大小和设备名。

- Availability Zone（可用域）——在 DevStack 部署中，只有一个可用域被配置和可用。然而，在生产部署中可以有多个域，取决于你的部署。域通常用来按数据中心或目的划分 OpenStack 部署。
- Instance Name（实例名）——实例的名称，即 OpenStack 里显示的名称和实例的主机名。
- Flavor（实例类型）——OpenStack 实例类型指定了实例的虚拟资源大小。DevStack 会创建好几个实例类型，但这些实例类型的值是可以配置的。
- Instance Count（实例数量）——通过设置实例数量，可以一次创建多个实例。
- Instance Boot Source（实例启动源）——实例启动源有多种选择，这里的例子选择的是“从镜像启动”，因为它会基于现有的镜像创建一个卷。
- Image Name（镜像名）——如上文所提，DevStack 会以某个镜像名为我们创建至少一个可用的镜像。
- Device Size（设备大小）——指定设备的大小。
- Device Name（设备名）——指定实例的启动设备名。

一旦完成这些值的设置，可以移动到“Access & Security”标签。

2. “Launch Instance”弹出窗口：“Access & Security”标签

在图 2-14 所示的“Access & Security”标签中，可以设置在 2.3.2 节里提到的访问与安全选项。DevStack 已经提供了设置的默认值，如图 2-14 所示，因此，可以直接跳到“Networking”标签。

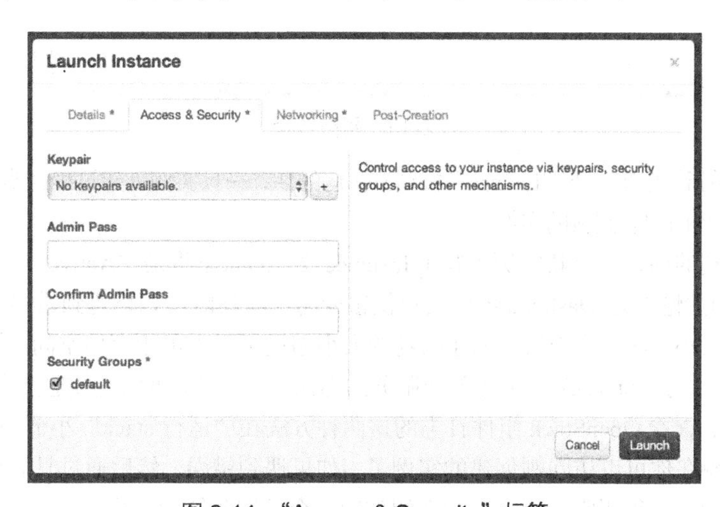

图 2-14　“Access & Security”标签

3. “Launch Instance”弹出窗口：“Networking”标签

我们还没有真正讨论过网络，但不用担心。OpenStack 网络会在后面的章节里介绍，包括第 6 章会有深入的剖析。

在“Networking”标签（见图 2-15）中，单击“Available Networks”选项中 private（私有）网络右边的“+”按钮，这个网络应该会移动到“Selected Networks”框里，如图 2-16 所示。

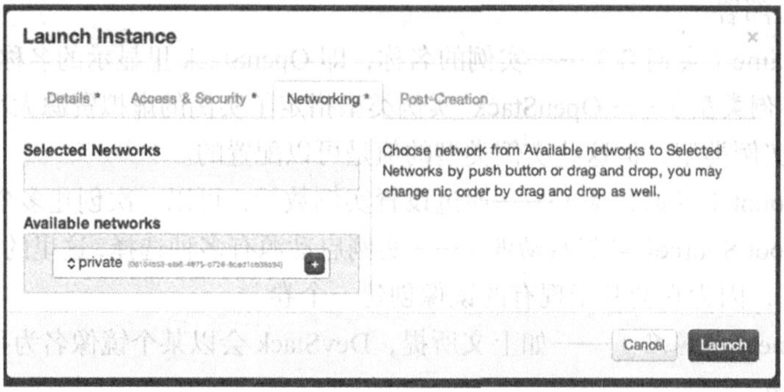

图 2-15 “Networking”标签

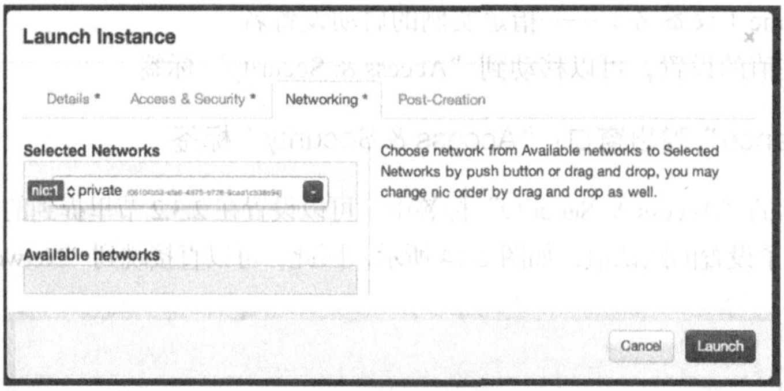

图 2-16 网络选择

好了，动动手指，单击一下“Launch”按钮。幸运的话，一旦实例创建过程完毕，就会在图 2-17 所示“Instances”界面中看到新的实例。

如果一切顺利的话，这个新实例（Test_Instance_2）的状态将是“Active”。如果有错，状态会是“Error”，但遗憾的是 Dashboard 仅仅提供很少的诊断功能。如果遇到错误，可以尝试减少请求的虚拟机的大小；常见的错误是创建的卷的大小超过了最大可用存储空间。如果这样不能解决问题，可以查看位于/opt/stack/logs 的各个服务的界面日志，或者可以直接通过命令 `screen -r` 来查看界面日志。查看 OpenStack 组件日志的这两种方法在“运行 stack”小节中有详细介绍。

毫无疑问，现在你可以访问刚创建的实例了。如果遇到错误，然后通过日志排查，最后把实例状态变成运行中，这很正常。下一节会介绍访问这个新服务器的过程。

Instances

Logged in as: demo Settings Help Sign Out

Instances

Filter | Filter | Launch Instance | Soft Reboot Instances | Terminate Instances

Instance Name	Image Name	IP Address	Size	Keypair	Status	Task	Power State	Uptime	Actions
Test_Instance_2	(not found)	10.0.0.5	m1.medium | 4GB RAM | 2 VCPU | 40.0GB Disk	-	Active	None	Running	0 minutes	Create Snapshot More
Test_Instance	-	10.0.0.4	m1.tiny | 512MB RAM | 1 VCPU | 1.0GB Disk	-	Active	None	Running	43 minutes	Create Snapshot More

Displaying 2 items

图 2-17 “Instances”界面中的新实例

2.4 访问第一个私有云服务器

现在估计你已经迫不及待想要登录创建的虚拟机。可以通过实例控制台（Instance Console）登录。

要访问实例控制台，在图 2-5 所示的管理工具栏中单击“Instances”链接。进入“Instances”界面，单击要操作的实例名，就会进入到“Instance Detail”界面。现在，单击“Console”标签，应该可以看到图 2-18 所示的控制台。

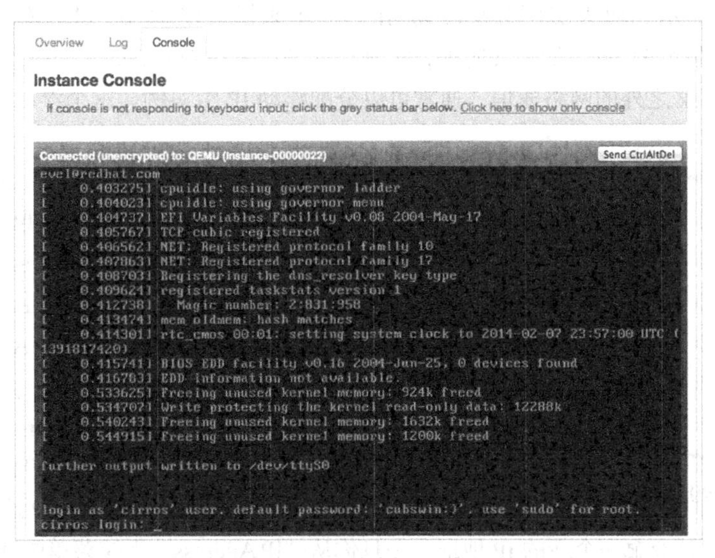

图 2-18 实例控制台

假设使用由 DevStack 提供的 cirros 镜像创建实例，应该可以通过用户名“cirros”和密码“cubswin:)”登录。

NAT 转换

如果这个新创建的虚拟机想要在 OpenStack 网络之外访问，可以使用下面的命令来转换虚拟机到一个外部网络：

```
sudo iptables -t nat -A POSTROUTING -o eth0 -j MASQUERADE
```

执行这条命令后，假如你的 OpenStack 节点是连接到互联网的，那么实例的互联网访问应该正常，如 ping 8.8.8.8。

现在可以通过控制台访问实例了，通过网络连接你的主机会怎么样？“Instances”界面显示的 IP 地址是 10.0.0.4，但不能从外面 SSH 或者 PING 通服务器，怎么回事？如果你使用过其他的虚拟化平台，就知道网络是扁平的。在这里，*扁平*是说虚拟机通过增加虚拟接口直接连接到某个网络的网络拓扑。可以以这种方式配置 OpenStack，但通过本书的学习，你会发现 OpenStack 网络可以做更多事情。

现在可以充分理解实例的地址 10.0.0.4 就是实例在 OpenStack 内部的 IP 地址。这意味着可以在这个内部网络中创建另一个实例，这两个实例可以通过内部地址通信。外部网络访问会在下文中介绍。

2.4.1 为实例分配浮动 IP

本章最后会演示如何为实例分配浮动 IP。简单来说，浮动 IP 可以看成是实例在外部（OpenStack 外）的网络代理。如上文所提，实例地址是用来在 OpenStack 网络内部通信的。如果实例想与 OpenStack 之外的网络通信，通常可以分配浮动 IP 给实例。这个浮动 IP 将会是实例在外部网络的代理。

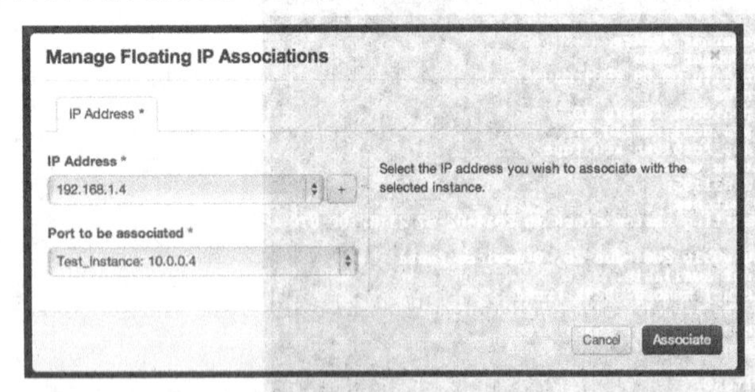

图 2-19 “Manage Floating IP Associations”弹出窗口

要分配浮动 IP，首先进入“Instances”界面，单击“More”按钮关联你的实例，然后选择“Associate Floating IP”，将会出现图 2-19 所示的“Manage Floating IP Associations”弹出窗口。

可以在“IP Address”下拉菜单中选择 IP 地址。如果出现 No IP addresses available（无可用 IP 地址），单击“+”按钮从公共池中申请分配一个新的 IP 地址。一旦你从“IP Address”下拉菜单中选择了一个地址，单击“Associate”按钮后，这个浮动 IP 就被分配到实例了。

在图 2-19 所示的例子中，分配了浮动 IP 192.168.1.4 给 IP 为 10.0.0.4 的实例。如果通过控制台访问实例，是看不到任何变化的，因为实例操作环境对 OpenStack 网络提供的浮动 IP 是无感知的。这种绑定可能令人不解，但只要记住例子中实例 IP 和浮动 IP 是一对一关系即可。

2.4.2　允许到达浮动 IP 的网络访问

为了让分配了浮动 IP 的实例可以访问 OpenStack 服务器上的本地网络（这样就可以使用 SSH），还有最后一个步骤，就是必须配置默认安全组（或者应用到实例的其他安全组），允许对实例的网络访问。

要做到这一点，需要进入图 2-6 所示的“Access & Security”界面，单击“Manage Rules”按钮，然后单击“Add Rule”按钮，从“Rule”下拉列表中选择 SSH，然后单击“Add”按钮，就可以通过使用浮动 IP SSH 到实例了。

2.5　小结

- OpenStack 是一个分布式云框架，但所有组件都可以安装在一台服务器上。
- DevStack 是可以用来在一台或者多台服务器上部署 OpenStack 开发实例的脚本集合。
- 用 DevStack 部署的组件集中通过配置文件控制。
- DevStack exercises 或者 OpenStack Tempest 都可以用来测试 DevStack 部署。
- OpenStack 可以通过基于 Web 的 Dashboard、命令行接口或者基于 Web 的 RESTful API 进行访问。
- OpenStack 实例基于卷、网络和安全组规范进行部署。

第3章 OpenStack基本操作

本章主要内容

- 使用 OpenStack CLI 管理部署
- 通过创建新租户探索 OpenStack 租户模型
- 设置租户内部的基本网络
- 使用 OpenStack 网络服务配置内部和外部网络
- 修改租户配额来控制资源分配

本章基于第 2 章的部署介绍作为一个 OpenStack 管理员或者用户会面临的基本操作。第 2 章更加关注最终用户与 OpenStack 的交互，因此例子都是基于 Dashboard 的，可以轻松地执行各种用户或者管理员功能。本章关注于运维实践，因此例子都会基于 OpenStack 命令行接口（CLI）。

如果你有系统管理员经验，那肯定很感激通过脚本执行重复的操作，如创建 1000 个用户。OpenStack API 也可以用于这些任务，会简单介绍一下。你会发现，如果可以通过 CLI 执行一项操作，也可以很轻松地直接用 API 来执行相同的操作。在本章的例子中，会坚持使用 CLI，但一旦你通过 CLI 演示理解了这些概念后，就可以通过 API 或者 Dashboard 来执行例子中的操作。

CLI 还有个好处，就是对于每个 OpenStack 组件使用不同的应用程序。一开始可能感觉这样没有什么好处，但这样会帮你更好地理解各个组件的职责。

本章介绍的基本 OpenStack 操作可以应用到 DevStack 部署，像第 2 章介绍的，或者应用到非常大规模的生产部署中。在第 2 章使用了 `Demo` 租户（项目）和 `demo` 用户。这些和其他对象都是由 DevStack 创建的，但如果手动部署的话，租户、用户、网络和其他对象都不会自动创建出来。本章将会介绍在创建的体验租户内创建必备的对象的过程。读完本章，读者应该知道怎样通过 OpenStack 租户模型来对资源分配做隔离。

本章的开始会介绍 OpenStack CLI，然后介绍创建租户、用户和网络的过程，最后将从租户的角度来理解配额管理。一步步跟着例子和对使用的 CLI 应用程序做笔记，不但可以学到 OpenStack 的基本操作，还可以理解 OpenStack 各个组件分别提供哪种功能。第 4 章将会更详细地介绍 OpenStack 各个组件的关系。

3.1 使用 OpenStack CLI

现在来看看如何利用命令行与 OpenStack 交互。在运行 CLI 命令前，必须在你的 shell 终端设置恰当的环境变量。环境变量告诉 CLI 身份认证服务在何处和如何认证。你可以直接通过 CLI 命令输入这些变量，但为了清晰起见，所有展示的例子都会认为是已经设置好恰当的环境变量。

可以通过代码清单 3-1 中的命令在 shell 终端设置这些变量。每次登录会话，你将不得不设置环境变量。

代码清单 3-1 设置环境变量

为 shell 自动完成设置变量，在输入“something /bo”后按 Tab 键就能完成“something /boot”

```
source /opt/stack/python-novaclient/tools/nova.bash_completion
source openrc demo demo
```

从目录~/devstack 运行这条命令。当你运行 OpenStack CLI 命令时，你的身份是（租户）<demo>里的（用户）<demo>。

手动设置环境变量

如果你对设置环境变量有经验，或者不是使用 DevStack，就可以通过下面的命令手动设置环境变量，把相应值换成你自己的：

```
export OS_USERNAME=admin
export OS_PASSWORD=devstack
export OS_TENANT_NAME=admin
export OS_AUTH_URL=http://10.0.2.32:5000/v2.0
```

10.0.2.32

这些命令会把当前 shell 用户信息设置成 OpenStack admin 租户的 admin 用户。

为了确保这些变量正确设置，可以运行一条 OpenStack CLI 命令来测试。在 shell 终端，执行 `nova image-list` 命令，如代码清单 3-2 所示。这条 CLI 命令读取刚才设置的环境变量然后用这些值来作为身份认证信息。如果身份认证正确和有权限执行操作，这条 CLI 命令会向 OpenStack 计算服务（Nova）查询当前可用的 `image-list`。

代码清单 3-2 设置环境变量和执行第一条 CLI 命令

```
devstack@devstack:~/devstack$ source \
  /opt/stack/python-novaclient/tools/nova.bash_completion
devstack@devstack:~/devstack$ source openrc demo demo
devstack@devstack:~/devstack$ nova image-list
+---+-----------------------------------+--------+--------+
| ID| Name                              | Status | Server |
+---+-----------------------------------+--------+--------+
| 4.| Ubuntu 12.04                      | ACTIVE |        |
```

这条简单的命令将列举你的 Nova 镜像

```
| f.| cirros-0.3.1-x86_64-uec         | ACTIVE |        |
| a.| cirros-0.3.1-x86_64-uec-kernel  | ACTIVE |        |
| a.| cirros-0.3.1-x86_64-uec-ramdisk | ACTIVE |        |
+---+---------------------------------+--------+--------+
```

现在可以以 demo 用户在 demo 租户内执行 OpenStack CLI 命令。这与第 2 章用的是相同的用户，因此利用 CLI 进行的任何改变都会反映在 Dashboard 中。

使用代码清单 3-3 所示的命令创建一个新的 OpenStack 实例，与使用 Dashboard 创建一样。如第 2 章所提到的，OpenStack 实例在本书中就是指一个虚拟机。

代码清单 3-3 从 CLI 启动实例

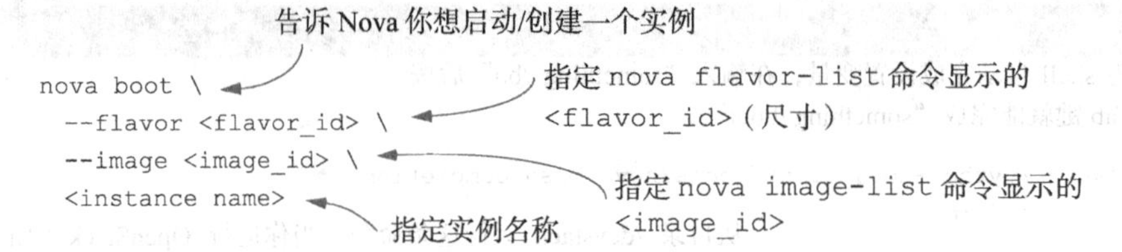

执行这条命令后，将会得到下面的结果：

```
nova boot \
--flavor 3 \
--image 48ab76e9-c3f2-4963-8e9b-6b22a0e9c0cf \
Test_Instance_3
+---+---------------------------------+--------+--------+

+-------------------------------------+-----------------+
| Property                            | Value           |
+-------------------------------------+-----------------+
| OS-DCF:diskConfig                   | MANUAL          |
| OS-EXT-AZ:availability_zone         | nova            |
| OS-EXT-STS:power_state              | 0               |
| OS-EXT-STS:task_state               | schedulin g     |
| OS-EXT-STS:vm_state                 | building        |
| OS-SRV-USG:launched_at              | -               |
| OS-SRV-USG:terminated_at            | -               |
| accessIPv4                          |                 |
| accessIPv6                          |                 |
...
...
+-------------------------------------+-----------------+
```

通过 OpenStack CLI 可以执行比 Dashboard 更加多的操作。在前面的例子中，执行了 Nova 的启动命令，提供了一个新的虚拟机。可以通过下列这条命令获得更多高级 Nova 命令的帮助：`nova help COMMAND`（可以把 COMMAND 换成你感兴趣的命令）。Keystone、Glance 和 Neutron 等也有类似用法。

现在你应该对 OpenStack CLI 如何工作有了基本的了解。在本章后面，绝大多数操作都会用到 CLI，因此学习如何在 DevStack 里工作，将会对后面遇到的非预期情况有所帮助。

在开始租户例子前，先来看看 OpenStack API 的工作原理。

3.2 使用 OpenStack API

到这里读者可能会好奇："OpenStack CLI 是怎样工作的呢？"答案是 CLI 应用程序调用特定的 OpenStack 组件 API。特定组件 API 接口有很多来源，包括其他 API 和关系型数据库。这点同样也适用于第 2 章使用的 Dashboard。所有 OpenStack 交互最终还是回到 OpenStack API 层。

显然 OpenStack API 固有的厂商中立特性是 OpenStack 的一大优点。OpenStack API 的所有用法需要专门写一本书才能介绍完整。人们在与外部系统集成或者调试 OpenStack 代码时才会看 API 层。需要记住的是，所有的操作都会发给 OpenStack API。如果对其感兴趣，可以查看下面的"调试 CLI/暴露 API"部分。

可能通过代码清单 3-4 中的例子开始直接使用 OpenStack API。这个命令会查询 OpenStack API 来获取信息，然后以 JSON（JavaScript Object Notation）格式返回。通过 Python 把 JSON 解析成便于阅读的格式，然后显示出来。

代码清单 3-4 执行第一条 API 命令

```
curl -s -X POST http://10.0.2.32:5000/v2.0/tokens \
 -d '{"auth": {"passwordCredentials": \
 {"username":"demo", "password":"devstack"}, \
 "tenantName":"demo"}}' -H "Content-type: application/json" | \
 python -m json.tool
```

用你的 IP 地址取代 10.0.2.32

调试 CLI/暴露 API

如果设置了调试（debug）标志，那么每条 CLI 命令都会输出相应的 API 命令。为具体 CLI 命令开启调试模式，如下面代码所示，在命令其他变量前增加--debug 参数：

```
devstack@devstack:~$ nova --debug image-list

REQ: curl -i 'http://10.0.2.32:5000/v2.0/tokens'
-X POST -H "Content-Type: application/json"
-H "Accept: application/json"
-H "User-Agent: python-novaclient"
-d '{"auth": {"tenantName": "admin", "passwordCredentials":
{"username": "admin", "password": "devstack"}}}'

...
```

现在理解了 OpenStack CLI 和 API 的工作原理，接下来可以把这些技术用上。下一节我们会介绍如何使用 CLI 创建一个新租户（项目）。这个操作功能可以用在每一个部门、用户或者想用来与其他租户隔离的项目。

3.3 租户模型操作

OpenStack 原生就是多租户感知的。如第 2 章介绍的那样，可以把 OpenStack 部署看成是一家酒店。没有房间，宾客是不能入住的，因此可以把*租户*看成是酒店房间。OpenStack 这间酒店提供的是计算资源，而不是床和电视。就像酒店房间有相应配置一样（单床或者双床、套间或者房间等），租户也是如此。资源的数量（vCPU、RAM、存储等）、镜像（特定租户软件镜像）和网络配置都是基于特定租户的配置。用户与租户是独立的概念，但用户可以在特定租户里拥有某种角色。一个用户可以在多个租户拥有管理员角色。每次增加新用户到 OpenStack，都分配他们到各个租户。每次新实例（虚拟机）的创建，必须是在某个租户内。所有 OpenStack 资源的管理都是基于租户资源的管理。

因为访问的 OpenStack 资源都是基于租户配置，所以必须理解如何创建新的租户、用户、角色和配额。在第 2 章中，使用 DevStack 创建了几个样例租户和用户。接下来一节将从零开始创建新的租户和相关的对象。作为 OpenStack 管理员，这是最常见的任务。一个部门或者一个项目也许就是一个新租户。租户是在 OpenStack 里用来划分和管理配置与资源的最根本方式。

3.3.1 租户模型

在开始创建租户和用户身份对象之前，有必要先了解这些对象间的关系。使用 OpenStack 酒店这个类比，图 3-1 展示了 OpenStack 里租户、成员、角色的相互作用。可以看出*角色*在用户指派到租户前，与租户是相互独立的。可以看到*用户*在 `General` 租户内是 `admin`（管理员），在 `Another` 租户内是 `Member`（成员）。用户和角色都与租户有一对多的关系。在本章下面的例子中会创建图 3-1 中的多个组件。

如图 3-1 所示，OpenStack 是用租户来组织角色分配的。在 OpenStack 中，所有资源配置（用户角色、实例、网络等）都是基于租户隔离来组织的。在 OpenStack 术语里，*租户*（tenant）与*项目*（project）等价，因此可以考虑使用租户来对特定项目或组织进行划分。角色在租户之外定义是没有任何意义的，用户创建时可以指定租户。在创建用户时，可以把它创建在一个部门租户内（例如，在 `General` 租户内创建用户 John Doe），然后分配一个角色到其他租户（John Doe 是 `Another` 租户里的 `Member`）。也就是说，每个租户可以有角色为 Member 的特定用户，但特定用户只能有一个主租户。

本节将会用 OpenStack CLI 演示例子。跟使用 Dashboard 一样简单，但用 CLI 演示会更加有解释性，因为 CLI 让你关注于处理这些功能的请求发给特定的 CLI 应用程序。当用 Dashboard 时，很难知道哪个组件控制哪些功能。一旦理解了 CLI 的过程，再使用 Dashboard 就是小菜一碟了。

使用第 2 章中介绍的 DevStack 本章介绍的例子都是基于第 2 章中 DevStack 部署的 OpenStack 实例进行操作。如果已经有了第 2 章设置好的 OpenStack 实例，那么可以准备运行本章的例子。

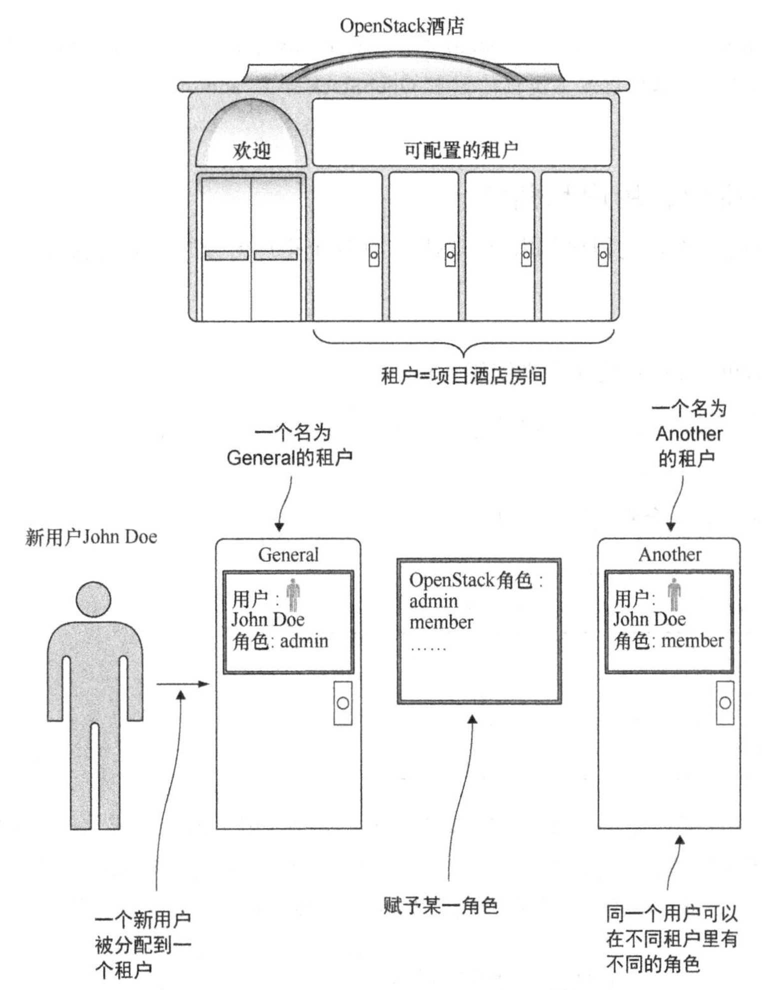

图 3-1 OpenStack 身份认证服务（Keystone）里租户、用户和角色的关系。租户可以看成是项目或者部门。就像酒店房间，有不同的配置

在代码清单 3-1 中，设置了环境变量为 Demo 租户内的 Demo 用户。因为将会创建一个新租户，所以要把环境变量设置为 Admin 租户内的 Admin 用户，如代码清单 3-5 所示。

代码清单 3-5 设置 shell 会话为 admin

为 shell 自动完成设置变量，在输入“something /bo”后按 Tab 键就能完成“something /boot”

```
source /opt/stack/python-novaclient/tools/nova.bash_completion
source openrc admin admin
```

从目录~/devstack 运行这条命令。该命令将设置环境变量，以便当你运行 OpenStack CLI 命令时，你的身份将是<租户：admin>里的<用户：admin>

admin 或 demo 前一节中设置了 demo 用户。在 Linux 下，没有必要以 root 用户操作，因为这样很容易造成意外崩溃。类似的，在 OpenStack 里以 admin 用户运行命令也不是一个好习惯。

3.3.2 创建租户、用户和角色

本节将会创建一个新的租户和用户。然后，在这个租户内分配一个角色给这个用户。

1. 创建租户

使用代码清单 3-6 所示的命令来创建新租户。

代码清单 3-6 创建新租户

```
keystone tenant-create --name General
```

执行上述命令后，会看到以下输出：

```
+-------------+----------------------------------+
|  Property   |              Value               |
+-------------+----------------------------------+
| description |                                  |
|   enabled   |               True               |
|     id      | 9932bc0607014caeab4c3d2b94d5a40c |
|    name     |             General              |
+-------------+----------------------------------+
```

创建的这个租户在创建其他 OpenStack 对象时要用到。记下这步生成的租户 ID，将会在接下来几步用到。图 3-2 展示了创建的租户。admin 和 Member 角色是 DevStack 部署 OpenStack 过程中创建的。“列举租户和角色”部分解释了如何列举某个 OpenStack 部署的所有租户和角色。

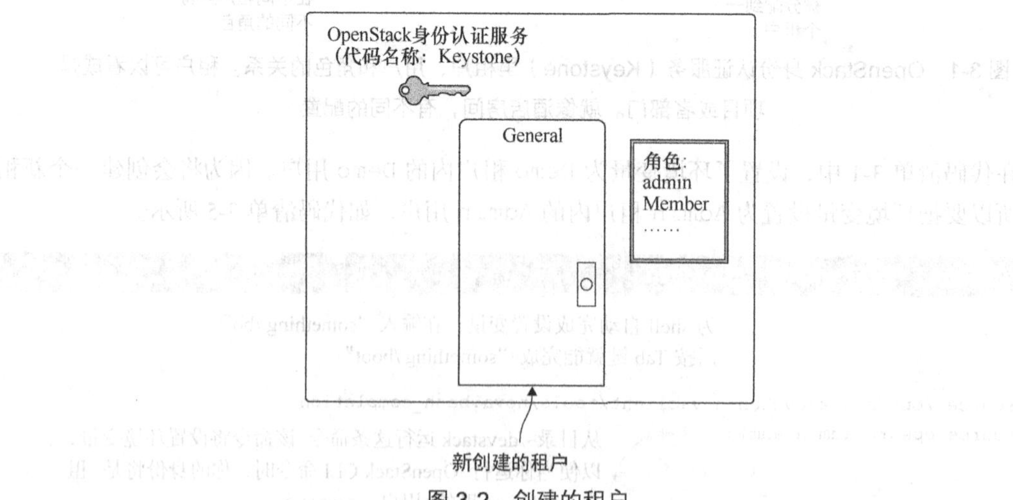

图 3-2 创建的租户

列举租户和角色

可以用以下命令列举系统上的所有租户：

```
devstack@devstack:~/devstack$ keystone tenant-list
+----------------------------------+--------------------+---------+
|                id                |        name        | enabled |
+----------------------------------+--------------------+---------+
| 9932bc0607014caeab4c3d2b94d5a40c |      General       |   True  |
| b1c52f4025d244f883dd47f61791d5cf |       admin        |   True  |
| 166c9cab0722409d8dbc2085acea70d4 |      alt_demo      |   True  |
| 324d7477c2514b60ac0ae417ce3cefc0 |        demo        |   True  |
| fafc5f46aaca4018acf8d05370f2af57 | invisible_to_admin |   True  |
| 81548fee3bb84e7db93ad4c917291473 |      service       |   True  |
+----------------------------------+--------------------+---------+
```

可以用下列命令列举系统上的所有角色：

```
devstack@devstack:~/devstack$ keystone role-list
+----------------------------------+---------------+
|                id                |      name     |
+----------------------------------+---------------+
| 4b303a1c20d64deaa6cb9c4dfacc33a9 |     Member    |
| 291d6a3008c642ba8439e42c95de22d0 | ResellerAdmin |
| 9fe2ff9ee4384b1894a90878d3e92bab |    _member_   |
| 714aaa9d30794920afe25af4791511a1 |     admin     |
| b2b1621ddc7741bd8ab90221907285e0 |  anotherrole  |
| b4183a4790e14ffdaa4995a24e08b7a2 |    service    |
+----------------------------------+---------------+
```

2. 创建用户

现在已经创建了租户，可以用代码清单 3-7 所示的命令创建新用户。

代码清单 3-7　创建新用户

```
keystone user-create
--name=johndoe
--pass=openstack1
--tenant-id 9932bc0607014caeab4c3d2b94d5a40c
--email=johndoe@testco.com
```

告诉 OpenStack 身份认证服务（Keystone）要创建新用户

设置用户名为 johndoe

设置 johndoe 的密码为 openstack1

设置 johndoe 的默认租户为 General

设置 johndoe 的 email 为 johndoe@testco.com

执行上述命令后，会得到如下输出：

```
+-----------+----------------------------------+
| Property  |              Value               |
+-----------+----------------------------------+
|   email   |        johndoe@testco.com        |
|  enabled  |               True               |
|    id     | 21b27d5f7ba04817894d290b660f3f44 |
|   name    |             johndoe              |
| tenantId  | 9932bc0607014caeab4c3d2b94d5a40c |
+-----------+----------------------------------+
```

图 3-3　创建的用户

现在已经创建了新用户。记下这步生成的用户 ID，因为在下一步要用到。如图 3-3 所示，租户 General 包含了刚创建的用户。

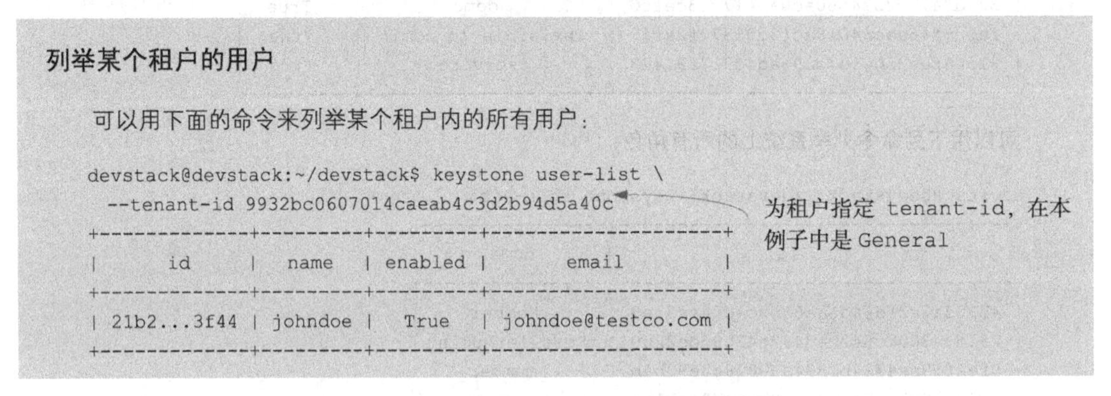

列举某个租户的用户

可以用下面的命令来列举某个租户内的所有用户：

```
devstack@devstack:~/devstack$ keystone user-list \
  --tenant-id 9932bc0607014caeab4c3d2b94d5a40c
+------------+---------+---------+--------------------+
|     id     |  name   | enabled |       email        |
+------------+---------+---------+--------------------+
| 21b2...3f44 | johndoe |  True   | johndoe@testco.com |
+------------+---------+---------+--------------------+
```

为租户指定 tenant-id，在本例子中是 General

现在需要分配角色给新租户内的新用户。接下来会进行这步操作。

3. 分配角色

为了在特定租户内分配角色给用户，需要用到 tenant-id、user-id 和 role-id。

现在可以使用本节开始创建的 General 租户和上一步骤创建的 johndoe 用户。想要允许用户 johndoe 在租户 General 内创建实例，必须在租户 General 里分配 Memberrole-id 给用户 johndoe。

要找到 Memberrole-id，需要查询 OpenStack Identity 角色，如代码清单 3-8 所示。

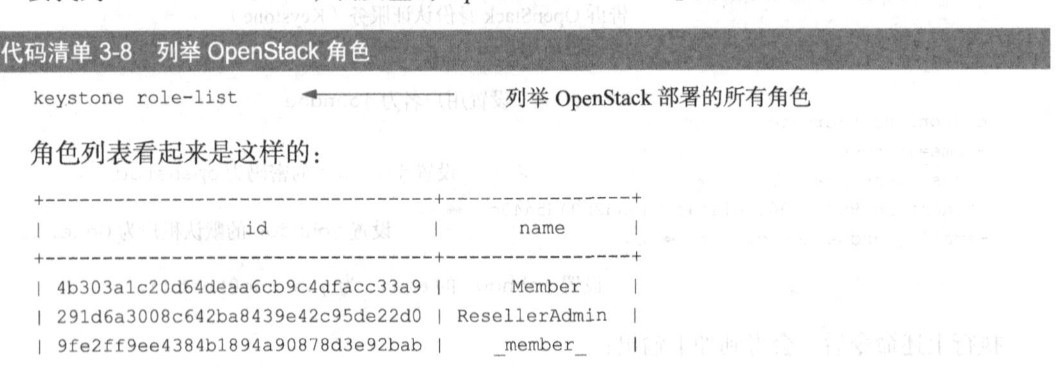

代码清单 3-8　列举 OpenStack 角色

```
keystone role-list
```

列举 OpenStack 部署的所有角色

角色列表看起来是这样的：

```
+----------------------------------+---------------+
|                id                |     name      |
+----------------------------------+---------------+
| 4b303a1c20d64deaa6cb9c4dfacc33a9 |    Member     |
| 291d6a3008c642ba8439e42c95de22d0 | ResellerAdmin |
| 9fe2ff9ee4384b1894a90878d3e92bab |   _member_    |
```

```
| 714aaa9d30794920afe25af4791511a1 |     admin      |
| b2b1621ddc7741bd8ab90221907285e0 |  anotherrole   |
| b4183a4790e14ffdaa4995a24e08b7a2 |    service     |
+----------------------------------+----------------+
```

现在已经有了全部条件，你需要将新创建的租户的 `Member` 角色分配给新创建的用户。执行代码清单 3-9 所示的命令，可以为你的系统替换合适的 ID。

代码清单 3-9 分配角色

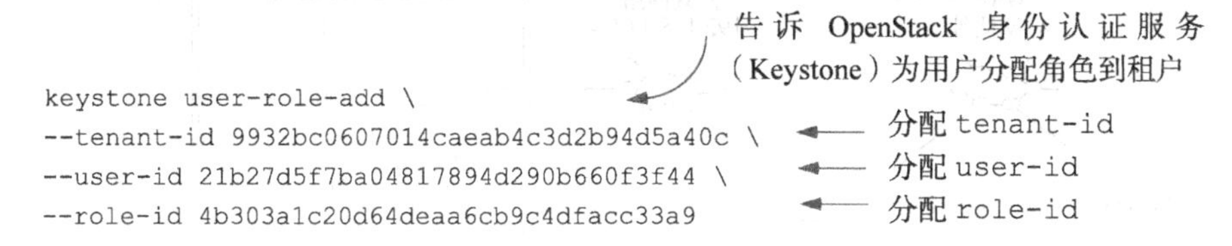

告诉 OpenStack 身份认证服务（Keystone）为用户分配角色到租户
keystone user-role-add \
--tenant-id 9932bc0607014caeab4c3d2b94d5a40c \
--user-id 21b27d5f7ba04817894d290b660f3f44 \
--role-id 4b303a1c20d64deaa6cb9c4dfacc33a9
分配 tenant-id
分配 user-id
分配 role-id

如果执行成功，这条命令是没有输出的。

现在，已经在租户里分配了角色给用户。图 3-4 展示了刚刚在 `General` 租户内分配给用户 `johndoe` 的角色。

到这里，可以访问 OpenStack Dashboard 和以用户 `johndoe` 和密码 `openstack1` 进行登录。登录后，可以看到租户/项目 `General` 的管理界面。如果试图创建新的实例，就会发现没有网络。接下来会创建一个新的租户网络。

图 3-4 分配角色

3.3.3 租户网络

OpenStack 网络（Neutron）让人既爱又恨。为了让爱比恨多，你应该尽早接触它。本节会介绍一些简单的租户网络配置。

首先，必须理解传统的为虚拟和物理机器配置的“扁平”网络和将被演示的 OpenStack 网络的基本差异。*扁平*这个术语说明了虚拟服务平台没有虚拟路由层这部分；在传统配置里，虚拟机可以直接访问一个网络，就像把一个物理设备插入到物理交换机一样。图 3-5 展示了连接到物理路由器的一个扁平网络。

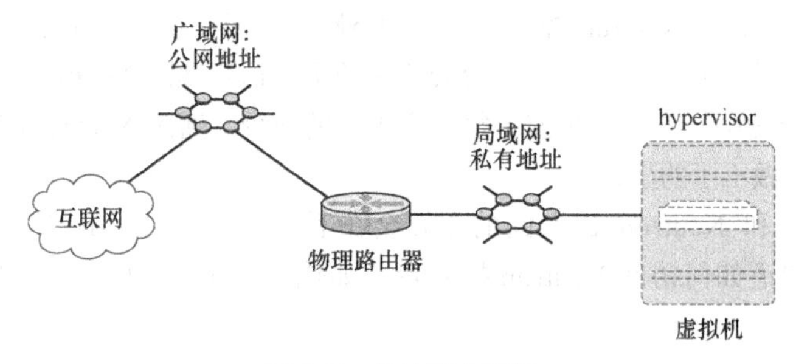

图 3-5 传统路由网络

在这种类型的部署中，所有简单交换（OSI 模型的 L2 层）之外的网络服务（DHCP、负载均衡和路由等），必须由虚拟环境外部提供。很多系统管理员对这种配置非常熟悉，但现在不会用这种类型来展示 OpenStack 的能力。你可以把 OpenStack 网络配置得跟传统扁平网络一样，但这样限制了 OpenStack 框架发挥其优势。

本节会从零开始创建 OpenStack 租户网络。图 3-6 展示了将要创建的网络类型和传统网络的区别。

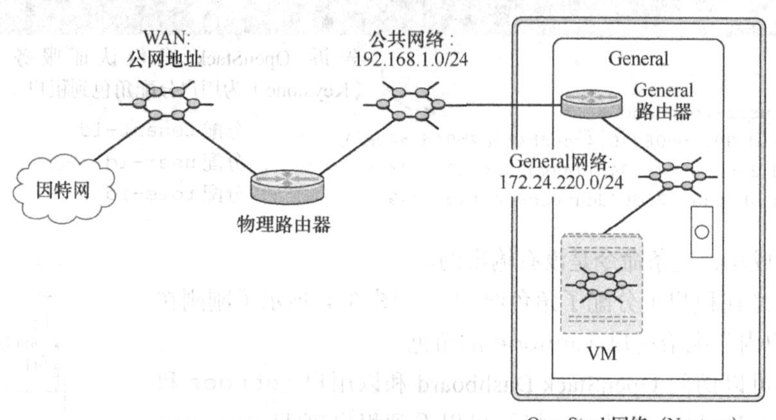

图 3-6 OpenStack 租户网络

注意，与传统扁平网络相比，OpenStack 租户网络在虚拟环境内部包含一个额外的路由器。这个租户内额外的虚拟路由器把图 3-6 中名为 General 网络的内部网络从名为公共网络的外部网络隔离开。虚拟机与其他虚拟机通信使用内部网络，图 3-6 中名为 General 路由器的虚拟路由器在租户外使用外部网络通信。

设置环境变量 下面各小节的配置都需要设置好 OpenStack CLI 环境变量。通过执行代码清单 3-5 中的命令来设置环境变量。

1. 网络（Neutron）控制台

Neutron 命令可以通过 Neutron 控制台（与网络路由器或交换机的命令行类似）或者直接通过 CLI 输入。如果知道要做什么，用控制台会非常顺手，适合熟悉 Neutron 命令设置的人使用。为清晰起见，本书会使用 CLI 命令来演示每一个单独的命令。通过 Neutron CLI 和控制台，可以做很多在 Dashboard 做不了的事情。

Neutron 控制台和 Neutron CLI 间的差异会在下一小节介绍。虽然本章的例子都是使用 CLI，但也有必要知道如何访问 Neutron 控制台。如代码清单 3-10 所示，使用命令 `neutron` 非常简单。

代码清单 3-10 访问 Neutron 控制台

```
devstack@devstack:~/devstack$ neutron
(neutron) help

Shell commands (type help <topic>):
===================================
...
(neutron)
```

使用不带参数的命令 neutron 会进入控制台

所有子命令会列在这里

现在可以访问 Neutron 交互式控制台了。任何 CLI 配置可以在这个交互式控制台或者直接在命令行上执行。下面将会通过它创建一个新的网络。

2. 创建内部网络

创建基于租户的网络的第一步，是在租户内配置直接被实例使用的内部网络。内部网络工作在 ISO 第 2 层（L2），因此这种网络类型是虚拟的，相当于专门在这个特定租户内提供网络交换。代码清单 3-11 展示了为租户创建网络的命令。

代码清单 3-11 创建一个内部网络

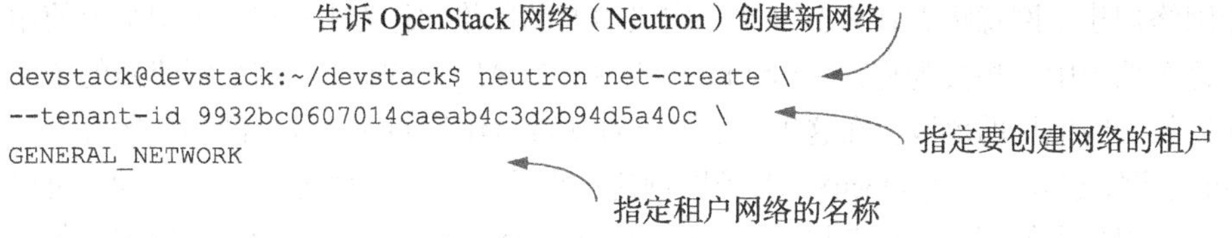
告诉 OpenStack 网络（Neutron）创建新网络
指定要创建网络的租户
指定租户网络的名称

```
devstack@devstack:~/devstack$ neutron net-create \
--tenant-id 9932bc0607014caeab4c3d2b94d5a40c \
GENERAL_NETWORK
```

网络创建后可以看到下面的输出：

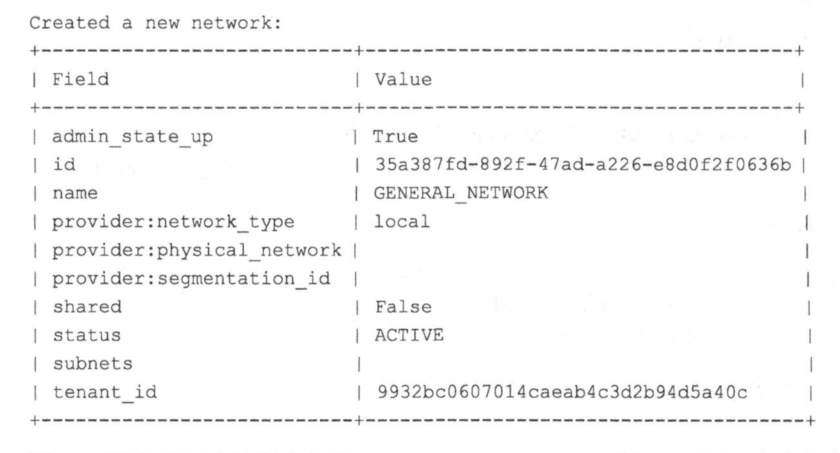

```
Created a new network:
+---------------------------+--------------------------------------+
| Field                     | Value                                |
+---------------------------+--------------------------------------+
| admin_state_up            | True                                 |
| id                        | 35a387fd-892f-47ad-a226-e8d0f2f0636b |
| name                      | GENERAL_NETWORK                      |
| provider:network_type     | local                                |
| provider:physical_network |                                      |
| provider:segmentation_id  |                                      |
| shared                    | False                                |
| status                    | ACTIVE                               |
| subnets                   |                                      |
| tenant_id                 | 9932bc0607014caeab4c3d2b94d5a40c     |
+---------------------------+--------------------------------------+
```

图 3-7 展示了创建的租户网络 GENERAL_NETWORK。图 3-7 中显示了这个网络连接到一个虚拟机，一旦创建一个新的实例并连接到这个网络，将会准确无误。

现在已经创建了一个内部网络，下一步是为这个网络创建内部子网。

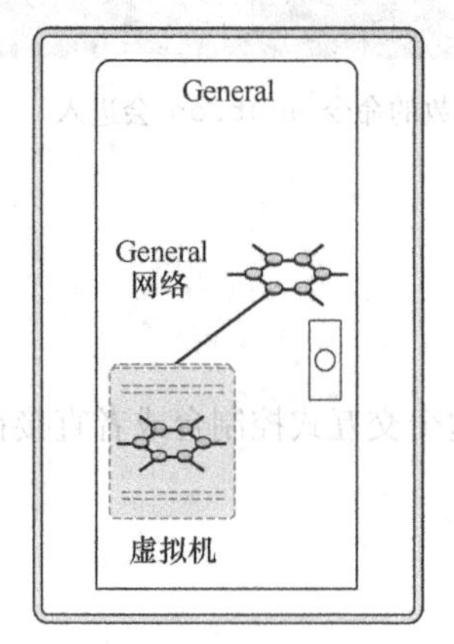
General
General
网络
虚拟机
OpenStack网络（Neutron）

图 3-7 新创建的内部网络

3. 创建内部子网

刚才在租户内创建的内部网络是完全与其他租户隔绝的。经常使用物理服务器或者甚至直接把虚拟机暴露到物理网络的读者可能会对这个概念感到陌生。绝大多数人是把服务器连接到由数据中心或者企业内部提供的网络或者网络服务。我们通常不会认为网络和计算可以被相同的框架来控制。

如上文所提，OpenStack 可以配置使用扁平网络，但让 OpenStack 管理网络栈还有很多好处。本节会介绍租户内子网的创建，可以把它想像成是为租户的 ISO 3 层（L3）服务。你可能会想，“你在说什么？你不能在网络里提供 L3 服务！”或者“我已经有 L3 服务集中在数据中心，我不想 OpenStack 为我提供这个！”阅读完本节，或者也许是阅读完本书，你会得到这些问题的答案。暂时只需要相信通过 OpenStack 网络可以提供更丰富的高级网络虚拟化功能，会让你受益匪浅。

为某个网络创建子网意味着什么？基本是定义需要的网络，定义计划在这个网络上使用的地址范围。在这个例子中，将会为租户 `General` 的 `GENERAL_NETWORK` 网络创建新的子网。创建时还必须提供子网地址的范围。在这里，术语子网既表示作为 OpenStack 网络一部分而被定义的 OpenStack 子网，也表示作为 OpenStack 子网创建过程的一部分而被定义的 IP 子网。可以使用租户内或者共享租户未使用的地址范围。OpenStack 比较有意思的是可以为每个租户的每个内部子网使用相同的地址范围。

代码清单 3-12 展示了创建子网的命令。

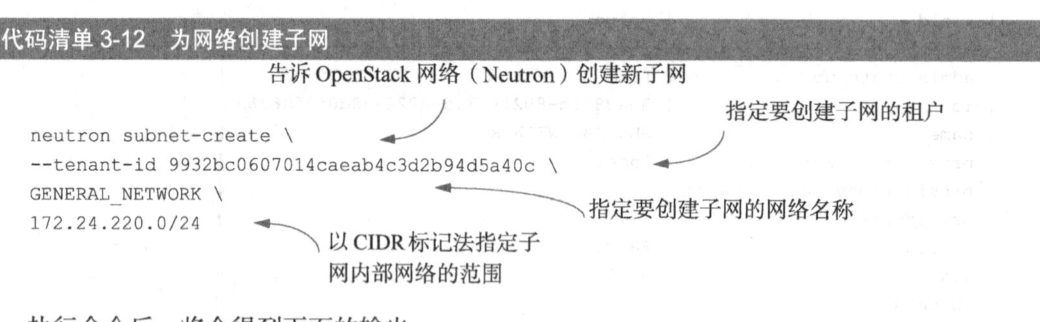
代码清单 3-12 为网络创建子网
告诉 OpenStack 网络（Neutron）创建新子网
指定要创建子网的租户
neutron subnet-create \
--tenant-id 9932bc0607014caeab4c3d2b94d5a40c \
GENERAL_NETWORK \
172.24.220.0/24
指定要创建子网的网络名称
以 CIDR 标记法指定子网内部网络的范围

执行命令后，将会得到下面的输出：

```
Created a new subnet:
+------------------+------------------------------------------------------+
| Field            | Value                                                |
+------------------+------------------------------------------------------+
| allocation_pools | {"start":"172.24.220.2","end":"172.24.220.254"}      |
| cidr             | 172.24.220.0/24                                      |
```

```
| dns_nameservers   |                                                  |
| enable_dhcp       | True                                             |
| gateway_ip        | 172.24.220.1                                     |
| host_routes       |                                                  |
| id                | 40d39310-44a3-45a8-90ce-b04b19eb5bb7             |
| ip_version        | 4                                                |
| name              |                                                  |
| network_id        | 35a387fd-892f-47ad-a226-e8d0f2f0636b             |
| tenant_id         | 9932bc0607014caeab4c3d2b94d5a40c                 |
+-------------------+--------------------------------------------------+
```

无类别域间路由

无类别域间路由（Classless Inter-Domain Routing，CIDR）是一种表现子网的紧凑方式。

对于内部子网，绝大多数用户用的是私有的 C 类地址范围，实际上就是原本公网分类里的 C 类范围。在 C 类范围里，使用 8 位的子网掩码，因此共有 2^8 = 256 个地址，但 CIDR 以<首地址>/<主机比特字段大小>的形式表现，本例中为 32 位 －8 位 ＝24 位。

如果你对二进制计算不熟悉的话，看起来可能有点难理解，但幸运的是有很多在线的子网计算器可以使用。

现在创建了 GENERAL_NETWORK 网络的子网。图 3-8 展示了子网到 GENERAL_NETWORK 的分配。这个子网还是孤立的，接下来的步骤可以把私有网络连接到公共网络。

下面添加一个路由器到刚创建的子网。记下子网的 ID，因为下一节会用到。

4. 创建路由器

简单来说，路由器就是对接口间的流量进行路由。在这个例子中，已经在租户内有一个独立的网络，然后想与其他租户网络或者 OpenStack 以外的网络通信。代码清单 3-13 展示了如何创建一个新的租户路由器。

代码清单 3-13 创建一个路由器

```
neutron router-create \
--tenant-id 9932bc0607014caeab4c3d2b94d5a40c \
GENERAL_ROUTER
```

- `neutron router-create`：告诉 OpenStack 网络（Neutron）创建新路由器
- `--tenant-id`：指定要创建路由的租户
- `GENERAL_ROUTER`：指定路由器的名称

路由器创建好后会得到下面的输出：

```
Created a new router:
+-----------------------+-------------------------------------+
| Field                 | Value                               |
+-----------------------+-------------------------------------+
| admin_state_up        | True                                |
| external_gateway_info |                                     |
```

```
| id                    | df3b3d29-104f-46ca-8b8d-50658aea3f24 |
| name                  | GENERAL_ROUTER                       |
| status                | ACTIVE                               |
| tenant_id             | 9932bc0607014caeab4c3d2b94d5a40c     |
+-----------------------+--------------------------------------+
```

图 3-9 展示了在租户内创建的路由器。

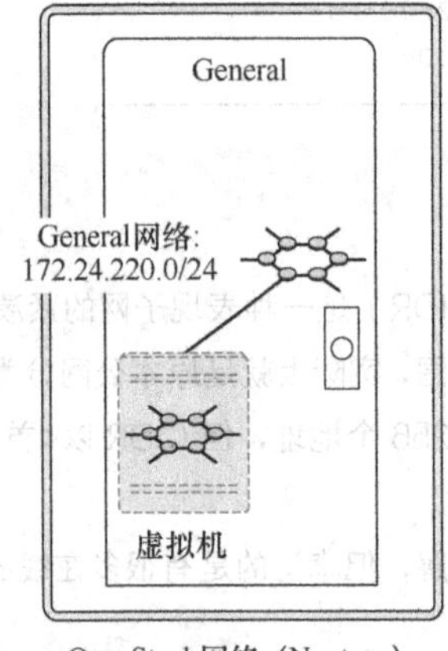

图 3-8　新创建的内部子网

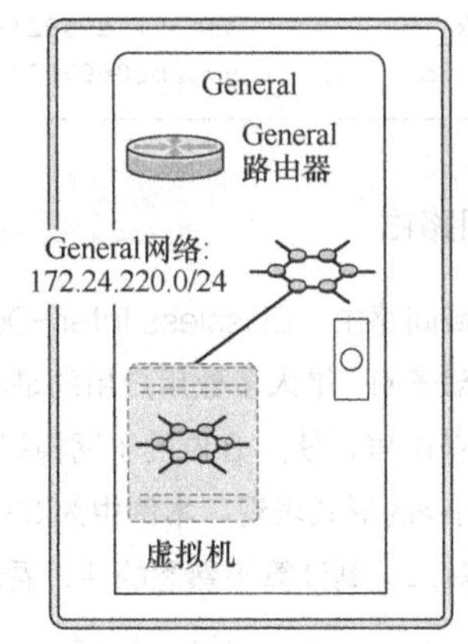

图 3-9　新创建的内部路由器

现在有了一个新的路由器，但租户路由器和子网还没有连接。代码清单 3-14 展示了如何连接子网到路由器。

代码清单 3-14　添加路由器到内部子网

```
neutron router-interface-add \                 ← 告诉 OpenStack 网络（Neutron）添加内部子网到路由器
df3b3d29-104f-46ca-8b8d-50658aea3f24 \         ← 指定路由器 ID
40d39310-44a3-45a8-90ce-b04b19eb5bb7           ← 指定子网 ID
```

添加路由器后，会得到下面的输出（ID 是自动生成的，因此与你的可能不一样）：

```
Added interface 0a1a97e3-ad63-45bf-a55f-c7cd6c8cf4b4 to
router df3b3d29-104f-46ca-8b8d-50658aea3f24
```

图 3-10 展示了连接到内部网络 GENERAL_ NETWORK 的路由器 GENERAL_ROUTER。

添加路由器到子网的过程实际上会在本地虚拟交换机增加一个端口（port）。可以把端口看成是插入到虚拟网络端口的设备。在本例中，这个设备是 GENERAL_ROUTER，网络是 GENERAL_NETWORK，子网是 172.24.220.0/24。

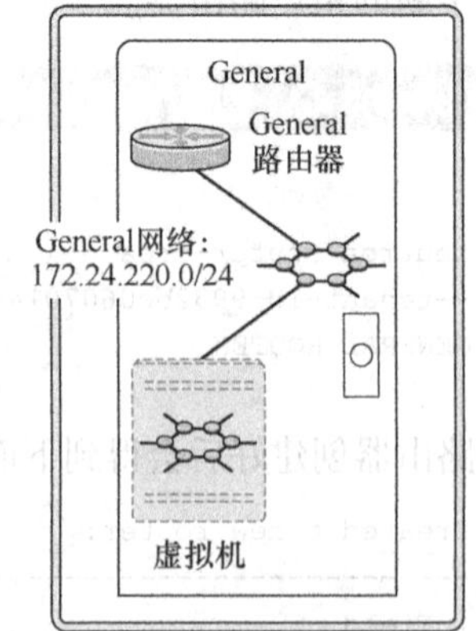

图 3-10　连接路由器到内部网络

DHCP 代理 在旧版本的 OpenStack 网络中，你必须手动添加 DHCP 代理到网络中——DHCP 代理为实例提供 IP 地址。在当前版本，这个代理会在首次创建实例时自动添加，但在高级配置里，这些代理（各种类型）也可以通过 Neutron 手动添加。

路由器使用创建子网时指定的地址（默认是第一个可用地址），在这个网络创建实例之前，这个路由器是这个网络的首个端口（设备）。创建实例后，可以与路由器地址 172.24.220.1 通信，但还是不能路由网络包到其他网络。路由器只连接到一个网络没有多大用处，因此下一步会把这个路由器连接到公共网络。

5. 连接路由器到公共网络

在添加公共网络接口前，必须找到它。在前面的步骤中，已经创建了一个内部网络、内部子网和路由器，因此可以找到它们的 ID。如果正在使用第 2 章中 DevStack 部署的 OpenStack 环境，就已经有了一个公共网络接口。代码清单 3-15 展示了如何列举外部网络。

代码清单 3-15 列举外部网络

```
neutron net-external-list
```

执行上述命令后会得到下面的输出。如果外部网络不存在，那么可以跳到下一小节“创建外部网络”来创建一个新的外部网络。

ID 和子网字段已缩减，以适应页面

```
(neutron) net-external-list
+----------------+--------+--------------------------------------+
| id             | name   | subnets                              |
+----------------+--------+--------------------------------------+
| 4eed3f..34b23d | public | e9643dc8...df4d34099109 192.168.1.0/24 |
+----------------+--------+--------------------------------------+
```

现在列举了所有公共网络；记下网络 ID。在本例中，只有一个公共网络，但在生产环境中经常有多个。可以在列举的网络中基于想要的子网选择适合的网络 ID。这个网络 ID 与前面的路由器 ID 一起用来添加现有公共网络到路由器。

在代码清单 3-14 中，使用命令 `router-interface-add` 来连接内部网络到路由器。可以用相同的命令来添加公共网络，但同时想要把这个公共网络作为路由器网关，因此将会使用命令 `router-gateway-set`。路由器网关将会用来转换（路由）从内部 OpenStack 网络到外部网络的流量。

使用代码清单 3-16 所示的命令来添加公共网络作为路由器的网关。

代码清单 3-16 添加现有的外部网络作为路由器网关

```
neutron router-gateway-set \        <- 告诉 OpenStack 网络（Neutron）添加现有的外部网络作为路由器网关
df3b3d29-104f-46ca-8b8d-50658aea3f24 \        <- 指定租户路由器的 ID
```

```
4eed3f65-2f43-4641-b80a-7c09ce34b23d
```

指定现有外部网络的 ID

执行上述命令后将会得到下面的输出：

```
Set gateway for router df3b3d29-104f-4
6ca-8b8d-50658aea3f24
```

图 3-11 展示了添加外部网络 PUBLIC_NETWORK 作为 GENERAL_ROUTER 路由器的网关。

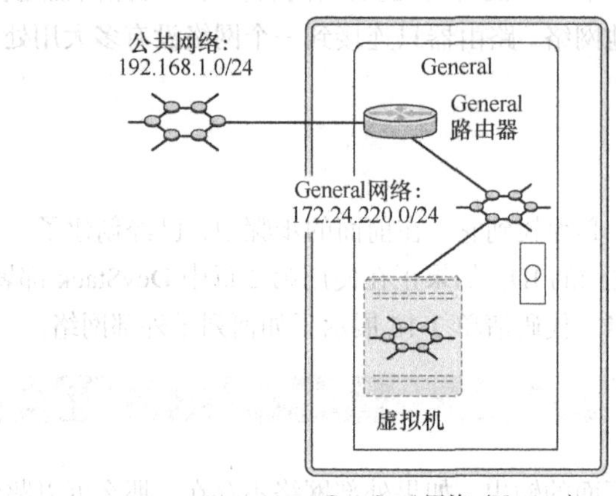

图 3-11 添加现有的网络作为路由器网关

6. 创建外部网络

下面小节的配置需要如代码清单 3-5 所示那样设置好 OpenStack CLI 的环境变量。

在前面的“创建内部网络”小节里为特定租户创建了一个网络。本小节将会创建一个可以被多个租户使用的公共网络。这个公共网络可以被添加到私有路由器上作为网关，如前面一节所述。

使用第 2 章中的 DevStack 网络

本节中的例子使用第 2 章中通过 DevStack 部署的 OpenStack 实例。在第 2 章的部署中，提供了必需的网络配置来允许额外的外部网络。如果正在使用第 2 章的 OpenStack 实例，那么可以完成本节的例子。

在接下来的几章中，将会介绍手动配置网络，之前都是 DevStack 部署帮我们配置的。

在代码清单 3-15 中，可以看到如何列举“外部”网络。如果使用第 2 章中通过 DevStack 部署的 OpenStack 环境，那么已经存在一个外部网络。这没问题，因为在 OpenStack 网络里可以有多个外部网络。

只有 admin 用户可以创建外部网络，如果不指定，新的外部网络会创建在 admin 租户里。通过代码清单 3-17 所示的命令可以创建一个新的外部网络。

代码清单 3-17 创建一个外部网络

```
neutron net-create \          ← 告诉 OpenStack 网络（Neutron）创建新网络
new_public                    ← 指定网络名称

--router:external=True        ← 指定这个网络为外部网络
```

当网络创建好后，可以看到下面的输出：

```
Created a new network:
+---------------------------+--------------------------------------+
| Field                     | Value                                |
+---------------------------+--------------------------------------+
| admin_state_up            | True                                 |
| id                        | 8701c5f1-7852-4468-9dae-ff8a205296aa |
| name                      | new_public                           |
| provider:network_type     | local                                |
| provider:physical_network |                                      |
| provider:segmentation_id  |                                      |
| router:external           | True                                 |
| shared                    | False                                |
| status                    | ACTIVE                               |
| subnets                   |                                      |
| tenant_id                 | b1c52f4025d244f883dd47f61791d5cf     |
+---------------------------+--------------------------------------+
```

确认网络的租户 如果想要确认这个网络是否创建在 admin 租户内，可以如 3.3.2 节的“创建租户”小节中的“列举租户和角色”部分所示来获取所有租户 ID。

现在已经创建一个外部网络，如图 3-12 所示。这个网络是在租户 admin 内创建的，现在在租户 General 内应该是看不到的。

在使用这个网络作为租户路由器网关之前，必须先添加一个子网到这个刚创建的外部网络。下面介绍这个过程。

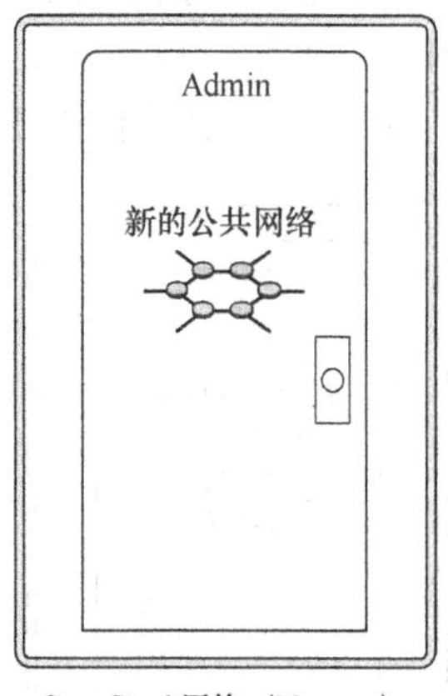

图 3-12 创建外部网络

7. 创建外部子网

现在，如代码清单 3-18 所示创建一个外部子网。

代码清单 3-18 创建一个外部子网

```
neutron subnet-create \          ← 告诉 OpenStack 网络（Neutron）创建新子网
--gateway 192.168.2.1 \          ← 设置网关地址为第一个可用地址
```

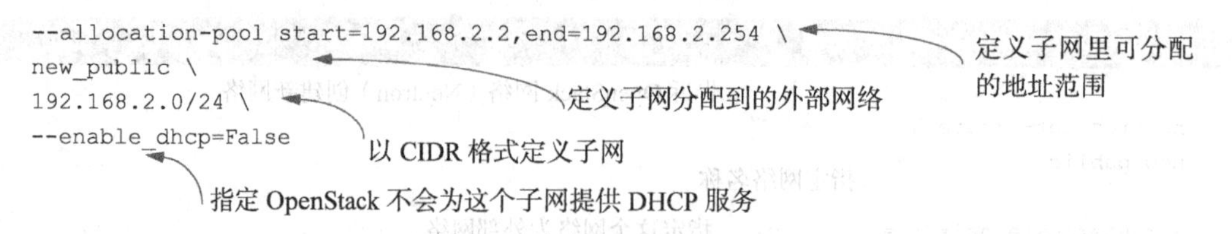

```
--allocation-pool start=192.168.2.2,end=192.168.2.254 \
new_public \
192.168.2.0/24 \
--enable_dhcp=False
```


子网创建好后，可以看到如下输出：

```
Created a new subnet:
+------------------+----------------------------------------------------+
| Field            | Value                                              |
+------------------+----------------------------------------------------+
| allocation_pools | {"start": "192.168.2.2", "end": "192.168.2.254"}  |
| cidr             | 192.168.2.0/24                                     |
| dns_nameservers  |                                                    |
| enable_dhcp      | False                                              |
| gateway_ip       | 192.168.2.1                                        |
| host_routes      |                                                    |
| id               | 2cfa7201-d7f3-4e0c-983b-4c9f3fcf3caa               |
| ip_version       | 4                                                  |
| name             |                                                    |
| network_id       | 8701c5f1-7852-4468-9dae-ff8a205296aa               |
| tenant_id        | b1c52f4025d244f883dd47f61791d5cf                   |
+------------------+----------------------------------------------------+
```

现在分配了子网 192.168.2.0/24 给外部网络 new_public。刚才创建的子网和外部网络，如图 3-13 所示，现在可以用来作为 OpenStack 网络路由器的网关了。

假如你一直跟着前面几节的例子操作，图 3-14 展现了你的环境当前的状态。

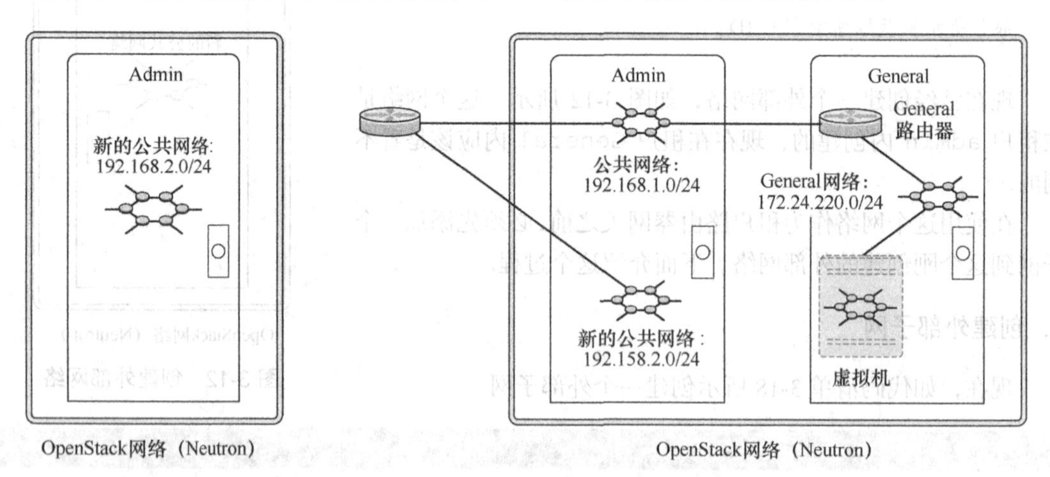

图 3-13　新创建的外部子网　　　图 3-14　租户的外部网关

可能你的网络与图 3-14 不一样，这里主要是要说明可以分配两个可能的外部网络给租户路由器作为网关。new_public 和 PUBLIC_NETWORKS 是两个隔离的虚拟网络，分别分配了两个不同的子网。当前分配 PUBLIC_NETWORK 作为路由器 GENERAL_ROUTER 的网关。这意味着发送给你的租户的任何没有直接网络连接的实例网络流量（如访问互联网或者其他租户）都会使用这个（网关）网络作为连接到外部世界。

列举路由器

可以用下面的 neutron router-list 命令列举系统中的所有路由器：

```
devstack@devstack:~/devstack$ neutron router-list
+--------+----------------+------------------------------------------+
| id     | name           | external_gateway_info                    |
+--------+----------------+------------------------------------------+
| df..24 | GENERAL_ROUTER | {"network_id": "4e..3d", "enable_snat": ..|
+--------+----------------+------------------------------------------+
```

移除浮动地址 浮动地址是与分配给实例的内部 IP 地址有一对一关系的外部 IP 地址。在移除路由器网关之前，必须从实例移除浮动 IP 地址并释放。浮动地址直接关联到外部网络，因此，如果这个关联关系还在的话，任何移除这个外部网络的尝试肯定会失败。

假设你想把当前的网关从 PUBLIC_NETWORK 换成 new_public。首先要移除旧的网关，然后添加新的。代码清单 3-19 展示了如何清除现有的网关。

代码清单 3-19 清除路由器网关

```
neutron router-gateway-clear \
df3b3d29-104f-46ca-8b8d-50658aea3f24
```

告诉 OpenStack 网络（Neutron）从路由器上清除当前指定的网关

指定你想清除网关的路由器 ID

网关成功移除后，可以看到如下输出：

```
Removed gateway from router df3b3d29-104f-46ca-8b8d-50658aea3f24
```

一旦现有的网关被移除，租户的配置状态就会如图 3-15 所示，没有外部网络连接到这个租户。

现在租户的网络配置回到上文添加已有外部网络作为网关之前。现在可以添加外部网络 new_public 代替 PUBLIC_NETWORK 作为网关。代码清单 3-20 展示了完成这个网络配置用到的命令。

代码清单 3-20 添加一个新的外部网络作为路由器网关

```
neutron router-gateway-set \
df3b3d29-104f-46ca-8b8d-50658aea3f24 \
```

告诉 OpenStack 网络（Neutron）添加一个新的外部网络作为路由器网关

指定租户路由器 ID

```
8701c5f1-7852-4468-9dae-ff8a205296aa
```

指定作为网关的外部网络 ID

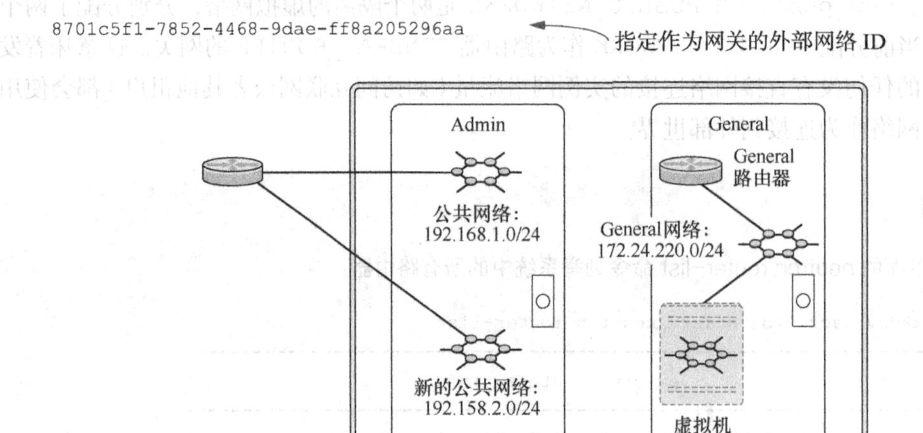

图 3-15 移除路由器网关

网关设置成功后，会看到下面的输出：

```
Set gateway for router
df3b3d29-104f-46ca-8b8d-50658aea3f24
```

图 3-16 展示了在租户 General 内分配新的网络 new_public 作为 GENERAL_ROUTER 路由器的网关。可以通过执行命令 neutron router-show <router-id>(<router-id>是路由器 GENERAL_ ROUTER 的 ID）确认这个设置。这条命令会返回 external_gateway_info，列举当前指定为网关的网络。或者，也可以登录到 OpenStack Dashboard 查看租户网络。此处不再是 PUBLIC_NETWORK，取而代之的是 new_public 网络。

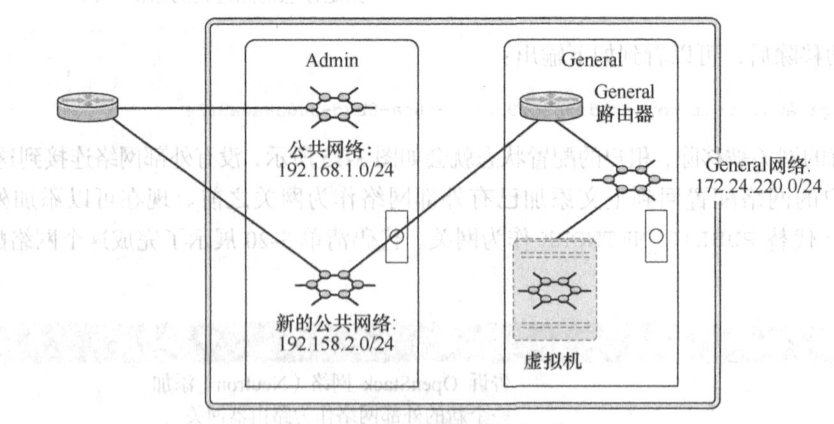

图 3-16 新的网络分配给路由器作为网关

现在，你已经学习如何创建租户、用户和网络。租户模型允许多个用户在相同的环境下操作而不互相影响。作为 OpenStack 管理员，你肯定不希望单个租户可以使用的资源超过所有租户总额，因此 OpenStack 多个核心组件都实现了配额管理，包括计算、块存储（Cinder）、对象存储（Swift）和网络服务。本书的例子只会使用块存储，不会使用对象存储，因此所有的存储都是指 Cinder，而不是 Swift。

接下来会介绍配额。

3.4 配额

配额是指应用到租户和租户—用户层面来限制各个租户可以使用的资源的数量。当创建新租户时，会以默认配额配置。同样，当添加用户到租户时，租户配额就应用到用户。默认所有用户拥有跟租户一样的配额，但也可以减少租户内某个用户的配额，独立于整个租户配额。

考虑这样的案例，一个项目内应用程序管理员和数据库管理员共享相同的租户。你也许想分配租户资源的一半给每个用户。但是，如果在租户内增加用户的配额超过了租户配额，那么租户的配额会相应增加以匹配新的用户配额。

配额管理是 OpenStack 管理员要掌握的一个重要操作组件。本节的剩余部分将会介绍通过计算组件使用 CLI 来显示和更新租户配额和租户用户配额。跟租户大多数配置一样，可以通过 Dashboard 或者直接使用 API 来操作。

3.4.1 租户配额

要修改配额设置，需要知道租户 ID 和当前租户的用户 ID。下面的例子展示了如何列举系统中的所有租户和找到租户 ID：

```
devstack@devstack:~/devstack$ keystone tenant-list
+----------------------------------+---------------------+---------+
|                id                |        name         | enabled |
+----------------------------------+---------------------+---------+
| 9932bc0607014caeab4c3d2b94d5a40c |       General       |  True   |
| b1c52f4025d244f883dd47f61791d5cf |        admin        |  True   |
| 166c9cab0722409d8dbc2085acea70d4 |      alt_demo       |  True   |
| 324d7477c2514b60ac0ae417ce3cefc0 |        demo         |  True   |
| fafc5f46aaca4018acf8d05370f2af57 | invisible_to_admin  |  True   |
| 81548fee3bb84e7db93ad4c917291473 |       service       |  True   |
+----------------------------------+---------------------+---------+
```

代码清单 3-21 展示了用来显示某个租户配额设置的命令。

代码清单 3-21 显示租户的计算配额

```
nova quota-show \                                   ← 告诉 OpenStack 计算（Nova）显示配额信息
  --tenant 9932bc0607014caeab4c3d2b94d5a40c        ← 指定查询配额的租户 ID
```

配额信息将会如下所示（参考 OpenStack 操作手册里的当前配额项和各单元值）。

```
+-----------------------------+-------+
| Quota                       | Limit |
+-----------------------------+-------+
| instances                   | 10    |
| cores                       | 10    |
| ram                         | 51200 |
| floating_ips                | 10    |
| fixed_ips                   | -1    |
| metadata_items              | 128   |
| injected_files              | 5     |
| injected_file_content_bytes | 10240 |
| injected_file_path_bytes    | 255   |
| key_pairs                   | 100   |
| security_groups             | 10    |
| security_group_rules        | 20    |
+-----------------------------+-------+
```

现在知道了分配给某个租户的配额。想要获取分配给新租户的默认配额，把命令中的租户 ID 去掉即可（nova quota-show）。

现在假设你是一个 OpenStack 管理员，已经为你公司的一个部门创建了一个租户。这个部门申请部署的新应用需要的资源超过了他们现有的租户配额。这种情况下，你想为整个租户提升配额。代码清单 3-22 所示命令可以实现这个需求。

代码清单 3-22 更新租户的计算配额

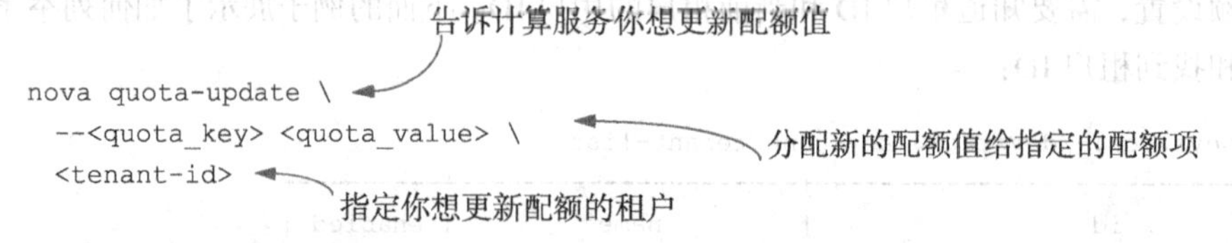

如上文代码清单 3-21 所示，可以获取显示配额项和值的列表。在下面的例子中，cores <quota_key>被更新了。

```
devstack@devstack:~/devstack$ nova quota-update \
  --cores 20 \
  9932bc0607014caeab4c3d2b94d5a40c
```

设置<quota-key>为 cores，<quota-value>为 20

指定 General 租户的 ID

现在已经成功更新了租户配额，用户现在就可以开始分配额外的资源。如果返回代码清单 3-21 所示的命令，就可以看到配额已经被更新了。

下面会介绍在租户用户层面管理配额。你很快就会看到对于某个租户在用户层面实施配额管理可以非常有效地管理资源。

3.4.2 租户用户配额

在某些场景下，可能一个租户只有一个用户。在这种场景下，只需要在租户层面管理配额。但如果一个租户有多个用户呢？OpenStack 提供了在租户层面管理每个用户的配额的功能。这意味着每个用户可以在作为成员的每个租户内有独立的配额。

假设在某个租户内有角色的一个用户只负责一个实例。除了只对一个实例负责外，这个用户多次给这个租户添加额外的实例。这些额外的实例数量超过了整个租户配额，因此，尽管这个用户应该只有一个实例，但也许事实上他们有多个。为了避免发生这样的事，可以在这个租户内调整用户的配额，而不是整个租户配额。代码清单 3-23 显示了某个用户的现有配额。

代码清单 3-23 显示租户某个用户的计算配额

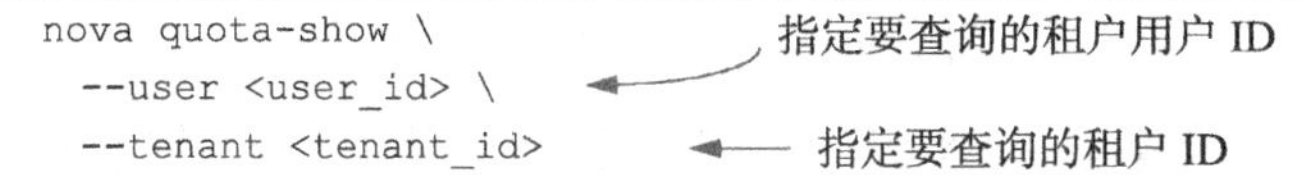
nova quota-show \
--user <user_id> \
--tenant <tenant_id>
指定要查询的租户用户 ID
指定要查询的租户 ID

下面的例子显示了在 3.3.2 节的“创建用户”小节创建的用户 johndoe 的用户 ID，以及在 3.3.2 节的“创建租户”小节创建的租户 `General` 的租户 ID。你的实际 ID 可能跟例子中显示的不一样。

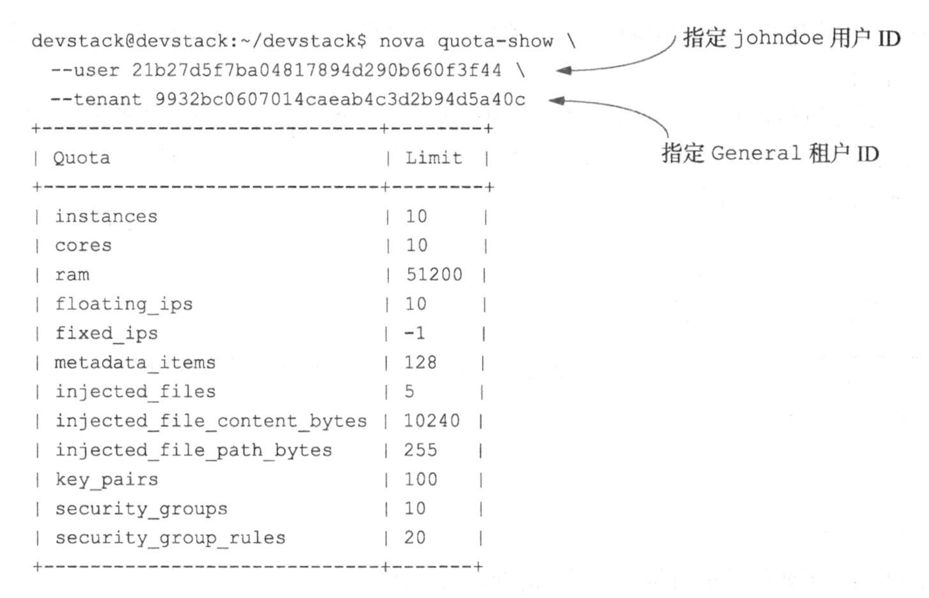

```
devstack@devstack:~/devstack$ nova quota-show \
  --user 21b27d5f7ba04817894d290b660f3f44 \
  --tenant 9932bc0607014caeab4c3d2b94d5a40c
+-----------------------------+--------+
| Quota                       | Limit  |
+-----------------------------+--------+
| instances                   | 10     |
| cores                       | 10     |
| ram                         | 51200  |
| floating_ips                | 10     |
| fixed_ips                   | -1     |
| metadata_items              | 128    |
| injected_files              | 5      |
| injected_file_content_bytes | 10240  |
| injected_file_path_bytes    | 255    |
| key_pairs                   | 100    |
| security_groups             | 10     |
| security_group_rules        | 20     |
+-----------------------------+-------+
```

指定 johndoe 用户 ID
指定 General 租户 ID

可以看到用户的配额大小跟原始的租户配额一样。默认添加到租户的用户可以使用租户分配的所有资源。对于这个租户，已经在前面的例子中更新了 `core` 的值，但那只更新了租户配额，没有自动增加用户的租户配额。

假如用户 `johndoe` 是一个问题用户，想要限制他在 `General` 租户里只能运行单一实例。代码清单 3-24 展示了可以实现这个需求的命令。

代码清单 3-24　更新租户用户的计算配额

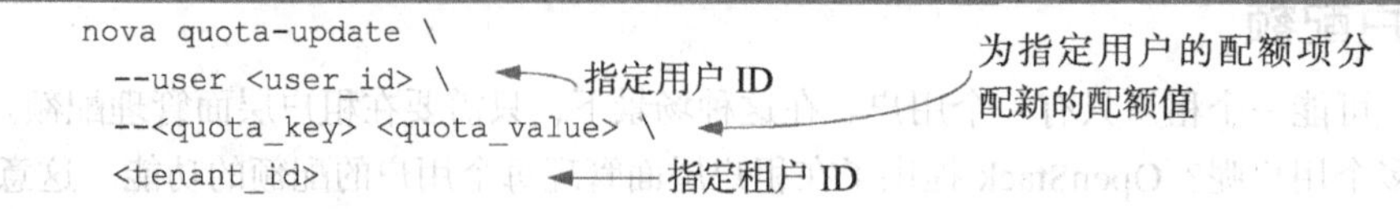

```
nova quota-update \
  --user <user_id> \
  --<quota_key> <quota_value> \
  <tenant_id>
```


下面的例子中，用户 johndoe 被设置在租户 General 里的实例配额限制为 1 个实例（实例配额=1）：

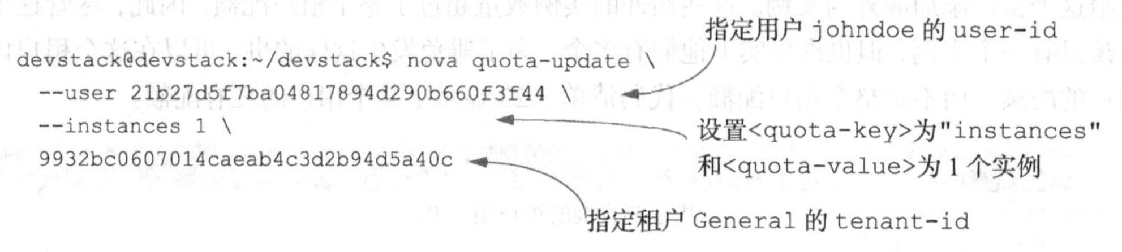

```
devstack@devstack:~/devstack$ nova quota-update \
  --user 21b27d5f7ba04817894d290b660f3f44 \
  --instances 1 \
  9932bc0607014caeab4c3d2b94d5a40c
```


现在已经限制了用户 johndoe 只能运行一个实例。将来你可能还想限制每个实例这个用户可以使用的资源，如限制 CPU 核心数量为 4。

3.4.3　额外配额

OpenStack 存储和网络还有其他额外的配额系统。这些配额系统的参数或多或少是相同的，但配额项将会不同。

可以通过相关系统组件 CLI 命令访问每个配额系统。对于 OpenStack 计算组件来说是 nova，对于存储来说是 cinder，对于网络来说是 neutron。代码清单 3-25 和代码清单 3-26 分别演示了如何访问 OpenStack 存储和网络的配额信息。

代码清单 3-25　显示租户存储配额

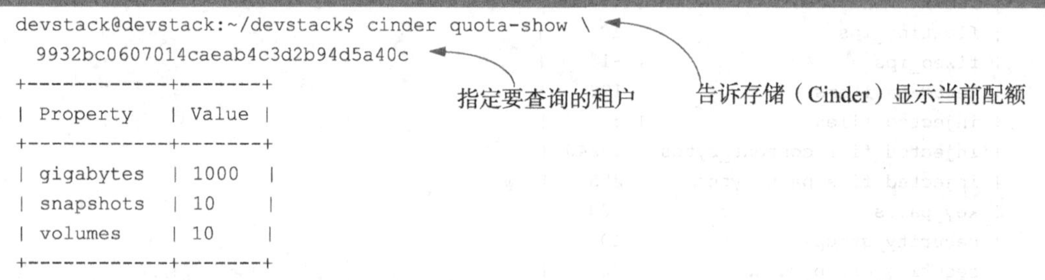

```
devstack@devstack:~/devstack$ cinder quota-show \
  9932bc0607014caeab4c3d2b94d5a40c
+------------+-------+
| Property   | Value |
+------------+-------+
| gigabytes  | 1000  |
| snapshots  | 10    |
| volumes    | 10    |
+------------+-------+
```


下面的例子演示了如何显示当前某个租户的 Neutron 配额。

代码清单 3-26　显示租户网络配额

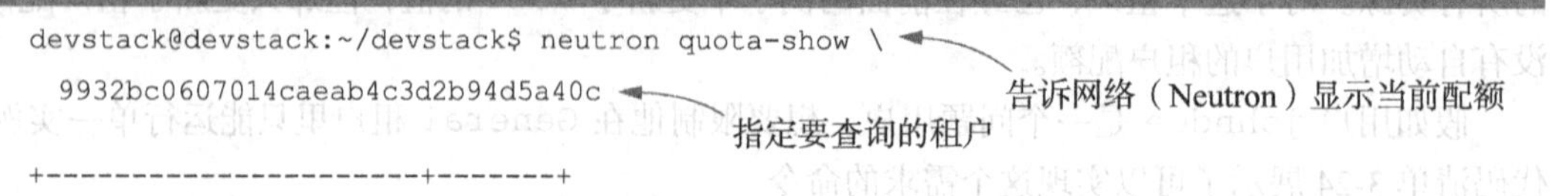

```
devstack@devstack:~/devstack$ neutron quota-show \
  9932bc0607014caeab4c3d2b94d5a40c
+---------------------+-------+
```

```
| Field                | Value |
+----------------------+-------+
| floatingip           | 50    |
| network              | 10    |
| port                 | 50    |
| router               | 10    |
| security_group       | 10    |
| security_group_rule  | 100   |
| subnet               | 10    |
+----------------------+-------+
```

可以看到存储和网络的配额管理 CLI 命令与前面使用的计算配额管理的命令非常相似。也可以使用 Dashboard 来对配额进行配置。

3.5 小结

- Dashboard 是为最终用户准备的。
- CLI 和 API 是为管理员、脚本和重复性任务准备的。
- 通过 Dashboard 可以做的事情，通过 CLI 或者 API 都可以做。
- CLI 可以配置成输出特定命令使用的 API 级别调用。
- OpenStack 管理的资源是基于租户（项目）来保留和提供的。
- 术语租户和项目在 OpenStack 是等价的，但与资源、用户和权限相关的项目，不应该和 OpenStack 项目（如计算、网络等）混淆。
- 角色决定了用户在某个租户的权限。
- 用户会分配一个主租户，但他们可以在其他租户拥有各种角色。
- 租户网络和子网通常是某个租户独立的私有网络。
- 公共网络和子网通常是所有租户共享的，可以被用来作为外部（公共）网络访问。
- 第三层（Layer 3）服务（DHCP 和 metadata 服务等）可以通过网络提供。
- 虚拟路由器用来把网络流量从租户（私有）网络路由到公共网络。
- 配额可以按租户和租户用户分配。

第4章　理解私有云构建模块

本章主要内容

- 理解 OpenStack 核心项目的交互操作
- 探索 OpenStack 与厂商硬件的关系
- 学习手动安装 OpenStack

第 1 章已经介绍了 OpenStack。你了解了 OpenStack 如何适用于云生态系统、技术采用的原因和这本书的焦点内容。在第 2 章里，从高层次的概念深入到使用 DevStack 来体验 OpenStack 框架。第 3 章介绍了作为 OpenStack 运维人员可能会遇到的场景，并深入介绍了框架的结构。

本章将会回到高层次的概念上来。如果第 1 章是介绍和告知给你，第 2 章是让你对这项技术感到兴奋，第 3 章是让你轻松地操作，那么第 4 章就是让你对 OpenStack 框架有本质上的理解。

本章不会像第 1 章那样发人深省，或第 2 章和第 3 章那样有趣。但无论你是系统管理员、开发者、IT 架构师或者 CTO，这是理解 OpenStack 框架最重要的一章。如果你准备战斗在 OpenStack 一线，那么本章会为你打好基础，接着在第 5 章～第 8 章深入。如果你准备做 OpenStack 相对高层面的工作，即使你只需要对厂商管理的方案负责，那么本章会帮助你理解构成 OpenStack 部署的各个互相交互的组件。

还等什么？现在就开始吧！

4.1　OpenStack 组件间如何关联

自从 2010 年 OpenStack 第 1 个公开发行版开始，这个框架的核心组件已经从少数几个增长到现在接近 10 个。现在有上百个 OpenStack 相关项目，它们之间有着各种不同程度的交互。这些项目包含从 OpenStack 库依赖到项目所在的 OpenStack 框架依赖。

为了更好地对这些多样化的项目分类，OpenStack 基金会创造了几种项目类型名称，包括核心项目、孵化项目、库项目、代码准入项目、支持项目和关联项目。这些项目类型名称和对应描述见表 4-1。

表 4-1 项目类型

项目类型	描述
核心（Core）	OpenStack 官方项目（绝大多会人会用到的）
孵化（Incubated）	正在开发的核心项目（即将成为核心项目）
库（Library）	核心项目的依赖库
代码准入（Gating）	集成测试套件和部署工具
支持（Supporting）	文档和社区基础设施的开发
关联（Related）	非官方项目（自相关的项目）

孵化项目一旦开发完成和被接纳后，就会跟核心项目一样进行运作。库项目是从核心项目交互中抽取出来的（用户不可见的）功能。代码准入和支持项目不会为部署系统提供资源，因此不用担心这两种项目。最后是关联项目，正如其名，是与 OpenStack 有关联的项目，即使这隶属关系是自我指定的。

4.1.1 理解组件间交互

人们经常说的“OpenStack”是指 OpenStack 的“核心项目”。核心项目可以使用 OpenStack 商标，但必须通过 OpenStack 基金会定义的所有“必检”测试。简单来说，核心组件就是几乎每个人在部署 OpenStack 时都会用到的组件，如表 4-2 所示的核心项目：计算、网络、存储、共享的服务和 Dashboard。

表 4-2 核心项目

项目	代码名称	描述
计算（Compute）	Nova	管理虚拟机资源，包括 CPU、内存、磁盘和网络接口
网络（Networking）	Neutron	提供虚拟机网络接口资源，包括 IP 寻址、路由和软件定义网络（SDN）
对象存储（Object Storage）	Swift	提供可通过 RESTful API 访问的对象级别存储
块存储（Block Storage）	Cinder	为虚拟机提供块级别（传统磁盘）存储
身份认证服务（Identity Service，共享服务）	Keystone	为 OpenStack 组件提供基于角色的访问控制（RBAC），提供授权服务
镜像服务（Image Service，共享服务）	Glance	管理虚拟机磁盘镜像，为虚拟机和快照（备份）服务提供镜像
计量服务（Telemetry Service，共享服务）	Ceilometer	集中为 OpenStack 各个组件收集计量和监控数据
编排服务（Orchestration Service，共享服务）	Heat	为 OpenStack 环境提供基于模板的云应用编排服务
数据库服务（Database Service，共享服务）	Trove	为用户提供关系型和非关系型数据库服务
仪表盘（Dashboard）	Horizon	为 OpenStack 提供基于网页的图形界面

除了这几种不同类型的项目外，还有其他技术可以用来部署项目组件。如果某种具体的资源（存储、计算和网络等）有需求，可以增加服务器来部署这些具体资源的组件。我们将会在 4.1.2 节中介绍这些项目类型和相关的组件。

1. Dashboard 身份认证过程

现在来看看核心组件是如何交互的。我们将会介绍访问 OpenStack Dashboard 的过程，回顾一下创建虚拟机的选项和创建一个虚拟机。

首先必须提供你的登录凭证信息给 Dashboard，然后它会去获取一个认证令牌（token）。这个认证令牌会以 cookie 的形式记录在浏览器上，以方便后续的操作。如图 4-1 所示，从身份认证服务那里获得一个认证令牌。这个过程可以通过 Dashboard（而不是 CLI 或者 API）向导来完成后续的操作，因此这里就不展开介绍 Dashboard 的交互了。在登录的过程中，Dashboard 只是显示了浏览器和 OpenStack API 之间的交互。我们主要关注 API 层面的组件交互。

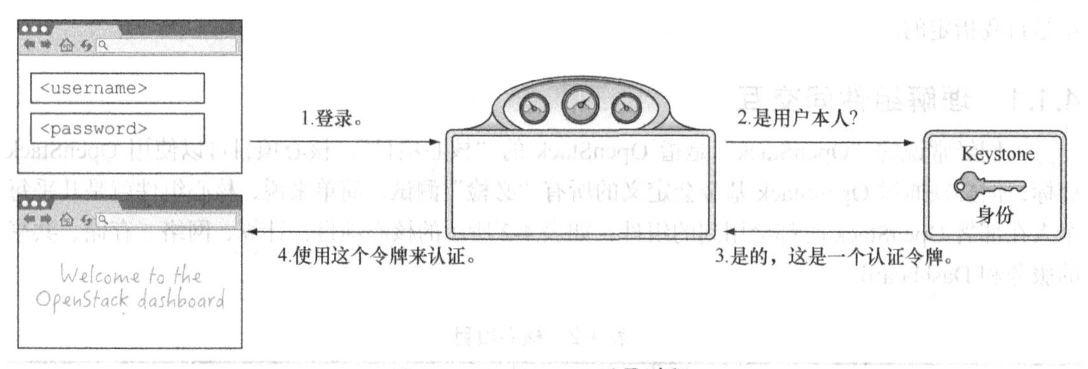

图 4-1　Dashboard 登录过程

一旦拥有认证令牌，就可以进行第 2 步和访问计算组件来创建虚拟机。

2. 资源查询和请求交互过程

正如第 3 章所描述的那样，OpenStack 运作在租户模型之上。如果 OpenStack 部署是资源的“一间酒店”，可以把租户想象成酒店的房间。每个租户（房间）都分配了一定额度的资源（一些手巾、床等）。OpenStack 用户（宾客）都通过角色来分配到某个租户（房间）。身份信息被身份认证组件管理，资源配额信息则由计算组件管理。

在 Dashboard 界面中单击“Launch Instance”，计算组件就会查询确定当前租户的可用资源和配置。基于可用的资源选项描述想要创建的虚拟机，然后提交用于创建的配置。

在虚拟机创建的请求期间，各个组件的交互如图 4-2 所示。因为创建虚拟机的过程不是瞬时完成的，这个过程被异步执行，因此，当提交提供虚拟机请求后，就会返回到 Dashboard。在 Dashboard 中，浏览器会定时更新虚拟机的状态信息。

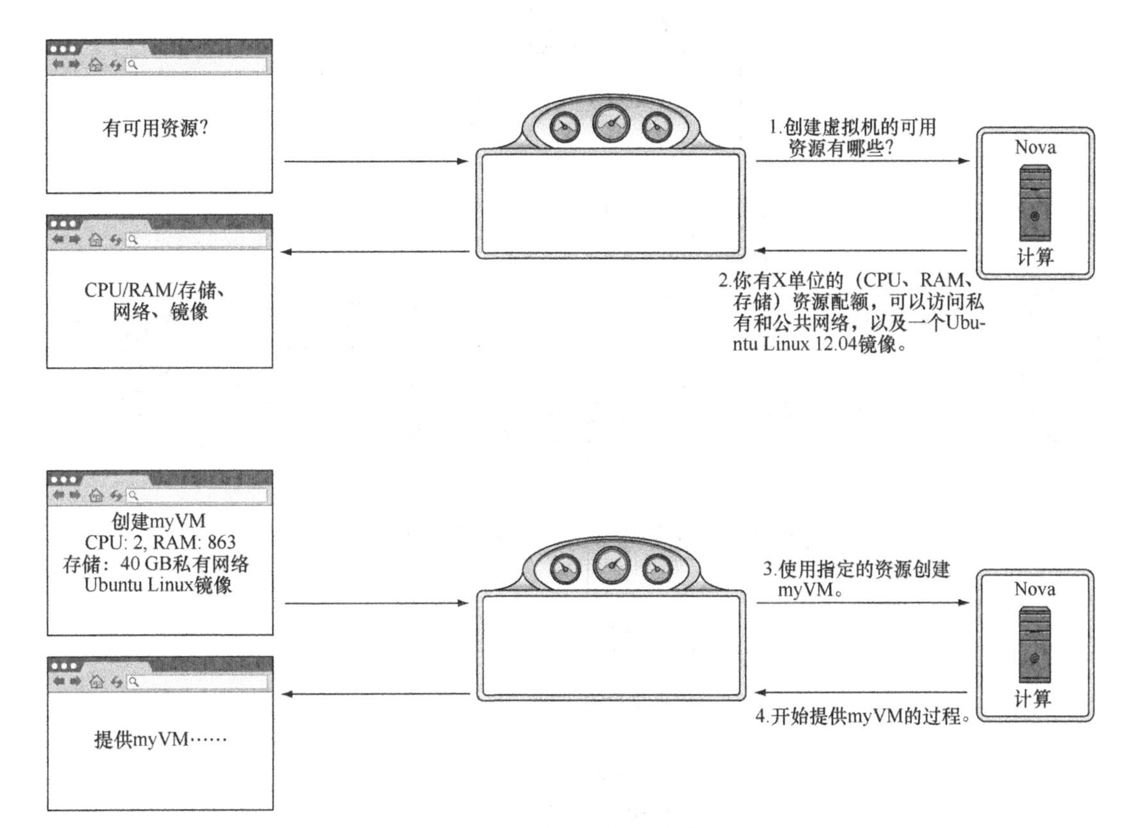
有可用资源?
1.创建虚拟机的可用资源有哪些?
Nova
计算
CPU/RAM/存储、网络、镜像
2.你有X单位的（CPU、RAM、存储）资源配额，可以访问私有和公共网络，以及一个Ubuntu Linux 12.04镜像。
创建myVM
CPU: 2, RAM: 863
存储：40 GB私有网络
Ubuntu Linux镜像
3.使用指定的资源创建myVM。
Nova
计算
提供myVM……
4.开始提供myVM的过程。

图 4-2 资源查询和请求

3. 资源供给的交互流程

当创建虚拟机的请求提交后，计算服务组件会与其他组件交互协作来完成供给虚拟机的流程。首先是这个虚拟机对象记录会被注册到计算服务组件。这条对象记录包含这个虚拟机的状态和配置信息——虚拟机对象不是虚拟机实例，仅仅是一条描述实例的记录。

当组件在虚拟机创建过程中交互时，各个组件会引用通用的对象，就像这个虚拟机对象。举个例子，计算服务组件会向存储服务组件发送一个分配存储的请求。存储服务组件随后会提供请求的存储，并提供一个存储对象的引用，然后将在虚拟机对象记录中被引用。

如图 4-3 所示，计算服务组件会与其他核心组件交互来提供和分配资源给虚拟机对象。计算服务首先请求像存储和网络这些基础组件。当这个虚拟机的虚拟基础资源分配好，并在虚拟机对象里引用后，镜像服务会准备请求的镜像或者快照的虚拟存储卷。到这里，虚拟机的创建过程就完成了，计算组件就可以“孵化”（spawn）这个虚拟机了。

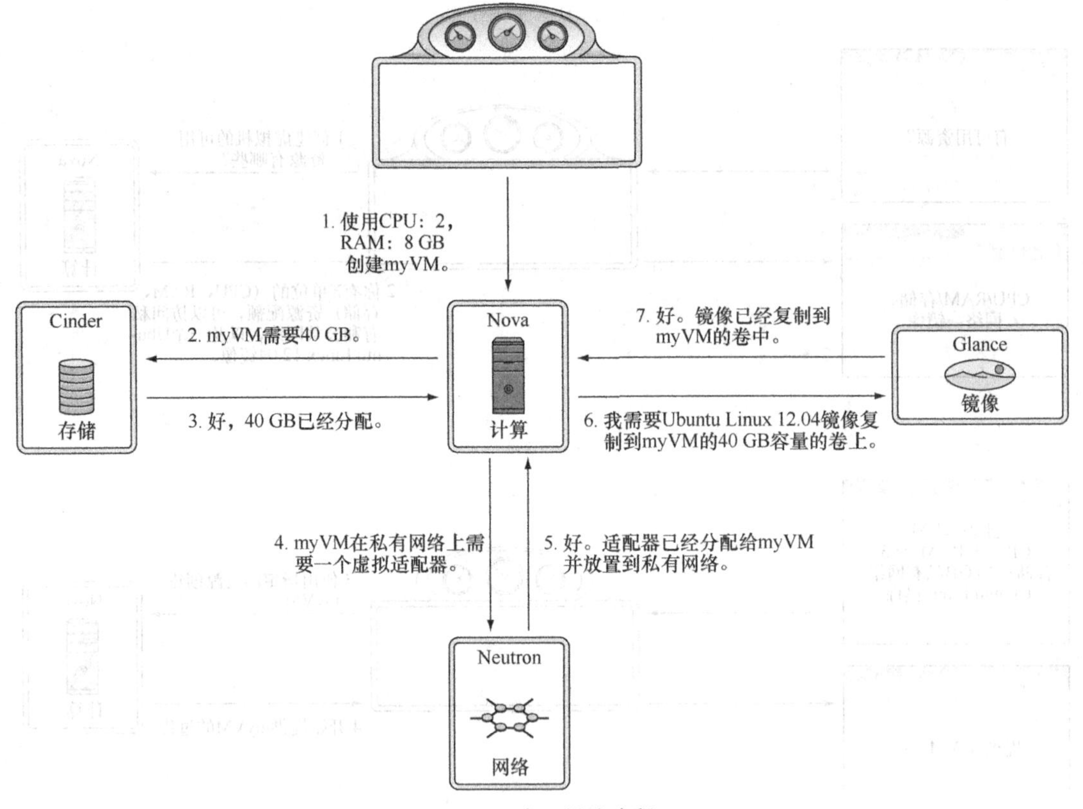

图 4-3 资源供给流程

正如前面的图所描述的那样，多个核心组件会协同工作来提供 OpenStack 服务。OpenStack 的交互，包括在 Dashboard 中的，最终都会调用 OpenStack API。

在这之后，你将会看到其他相关项目经常只会通过 API 调用来与 OpenStack 交互。

4. 相关项目的交互

现在可以看看 Ubuntu Juju 这个相关项目是怎样与 OpenStack 交互的。Juju 是一个使用 OpenStack 来提供虚拟基础设施资源的云自动化包。Juju 通过特定应用程序 charms 自动部署和配置虚拟基础设施上的应用。

Juju charms 是一组定义了服务和应用如何与虚拟基础设施整合的安装脚本。因为基础设施资源，包括网络和存储，都可以通过 OpenStack 程序化供应，Juju 可以用 charm 来部署整个应用套件。简单来说，就是 Juju 把新提供的虚拟机实例转变成运行的应用。我们将会在后面的章节中详细地介绍这个过程，但基本上就是告诉应用 charm 你想要部署的实例大小和数量，它就会按照这个配置部署你的应用。

想要在 OpenStack 部署中使用 Juju，首先要通过 Juju 命令行（CLI）部署它的 bootstrap 组件。

bootstrap 其实就是一个运行 Juju 的虚拟机，用来控制自动化流程。从组件角度来看，bootstrap 部署的过程与上面几幅图（见图 4-1～图 4-3）类似。差别在于不再使用浏览器发起请求，而是通过 Juju。

从 OpenStack 角度来看 Juju 节点 Juju 节点运行 Ubuntu 操作系统，包括一些 Juju 自动化工具。从 OpenStack 角度来看，一个 Juju 节点跟 OpenStack 提供的其他虚拟机没有区别。作为一个关联项目，Juju 只是利用 OpenStack 提供的资源，但这就是整合的目的。

一旦 bootstrap 节点启动后，Juju 的命令会发向 bootstrap 节点，而不是直接发给 OpenStack API。正如前面所提，供应资源的过程是异步的，经常要消耗一段时间。当 20 个虚拟机应用部署时，你肯定不想一直保持从你的计算机到 OpenStack 环境的连接。

在第 12 章中，我们将会使用 Juju 作为编排工具、OpenStack 作为后台来部署 WordPress。现在来看看 Juju 是如何通过 bootstrap 这个虚拟机编排应用部署的。思考一个例子，使用 Juju 和 OpenStack 部署带有 MySQL 后端集群的负载均衡的 WordPress。在这个例子中，有 3 种服务节点：负载均衡、WordPress（Apache/PHP）和 MySQL 数据库。使用 Juju charm 部署 WordPress，只需要描述好每种服务的节点数量、虚拟大小（CPU、RAM 等）和这些节点间的关系。提交这个 charm 给 bootstrap 节点，然后它就会与 OpenStack 交互进行应用的部署。这个过程如图 4-4 所示。

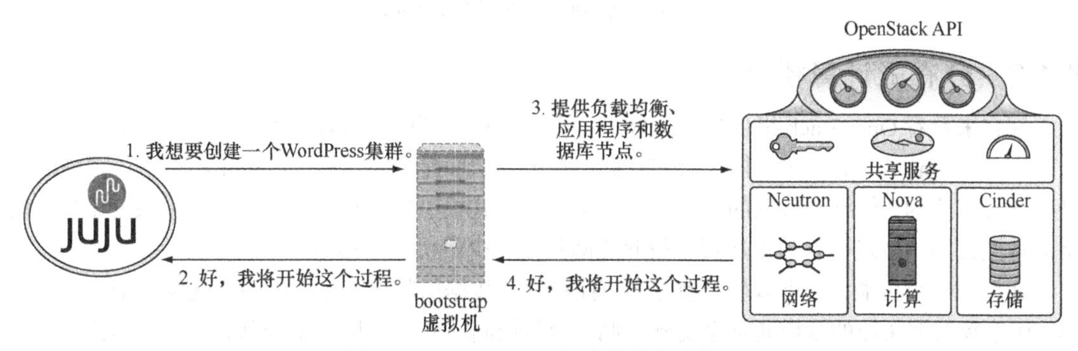

图 4-4 OpenStack 与关联项目的交互

假设在 OpenStack 平台上，直接通过 bootstrap 节点成功地提供了所需的虚拟基础设施。现在就有了一组虚拟机，但还没有应用。bootstrap 节点会轮询 OpenStack，看虚拟机是否完全启动好。一旦虚拟机正常运行，bootstrap 会在 OpenStack 框架之外完成对虚拟机上应用的安装。如图 4-5 所示，bootstrap 节点会直接与新提供的虚拟机交互。从这点可以看出，OpenStack 只是简单提供了虚拟基础设施，它对分配给每个虚拟机的应用角色是不知道的。

刚才已经在逻辑层面介绍了 OpenStack 组件间的交互。在图中，对于组件内交互，都把它当成是在一个单一的大型节点（物理节点）内部交互。但在实践中，OpenStack 都是多节点拓扑，组件分布在多个通用服务器上。

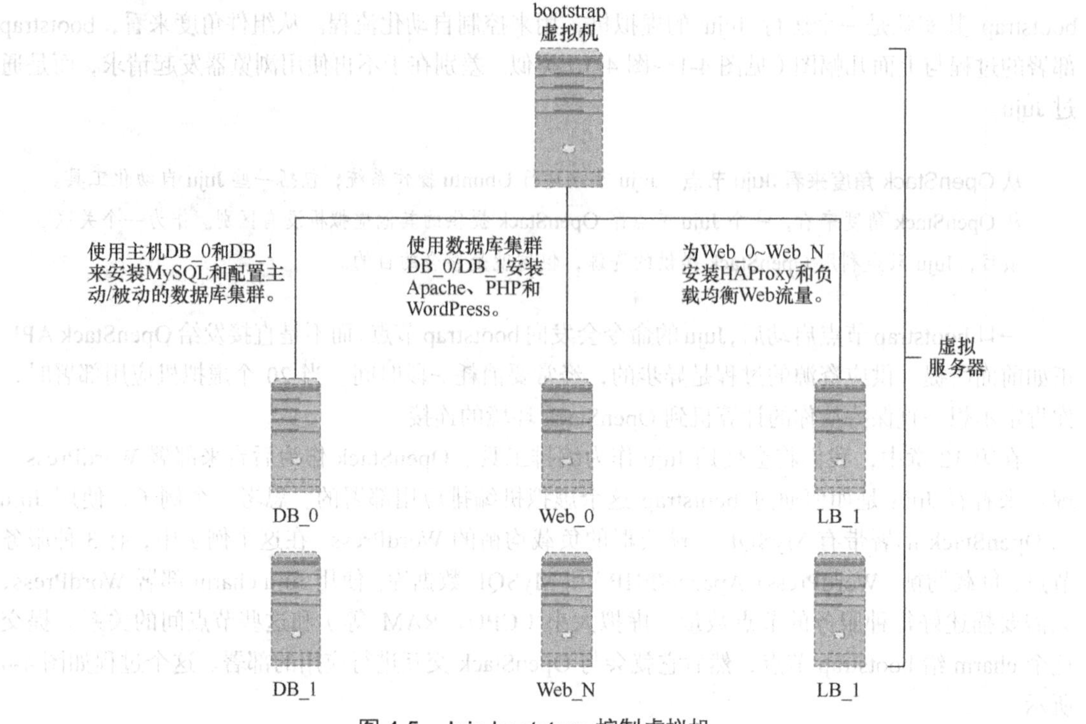

图 4-5 Juju bootstrap 控制虚拟机

4.1.2 分布式计算模型

现在来看看 OpenStack 组件分布式模型。在分布式计算中，有好几种组件分布方式。

在网格（mesh）分布中，控制层和数据层在节点层面是分布式的，没有中心节点。这种模型是完全分布式的，但维护节点的并发性就比集中控制式模型要难得多了。除了收集最终结果，网格分布经常用于节点可以独立运行、彼此之间只需要少量协作的情形。

在另外一个极端，是中心辐射型分布，控制层和数据层都放在中心节点，就像一个中心广播点。中心辐射型拓扑的规模通常会受到限制，因为控制层和数据层都聚合到一个中心节点。中心辐射型经常会在节点间需要高度交互和协作的场景下使用。

OpenStack 的分布式模型包含了上述两种类型的特征。跟网格一样，一旦 OpenStack 提供了虚拟基础设施，这些基础设施的运行不会受到中心控制节点的管理。但同时又像中心辐射型一样，组件间的交互是通过中心 API 服务来进行协调的。维护 API 服务的节点就是我们所说的 OpenStack 控制器。该控制器协调组件的请求，同时也是 OpenStack 环境的主要对外接口。

1. 通用分布式组件模型

现在不考虑 OpenStack 组件的功能，关注一下 OpenStack 实现的混合了网格和中心辐射型的分布式模型。图 4-6 描述了在 OpenStack 分布式模型里节点间的交互。客户端向控制器发送服务请求。控制器并不是一个操作依赖的节点，但它可以知道整个系统的状态和资源清单。控制器选择适合的节点把请求分配下去。

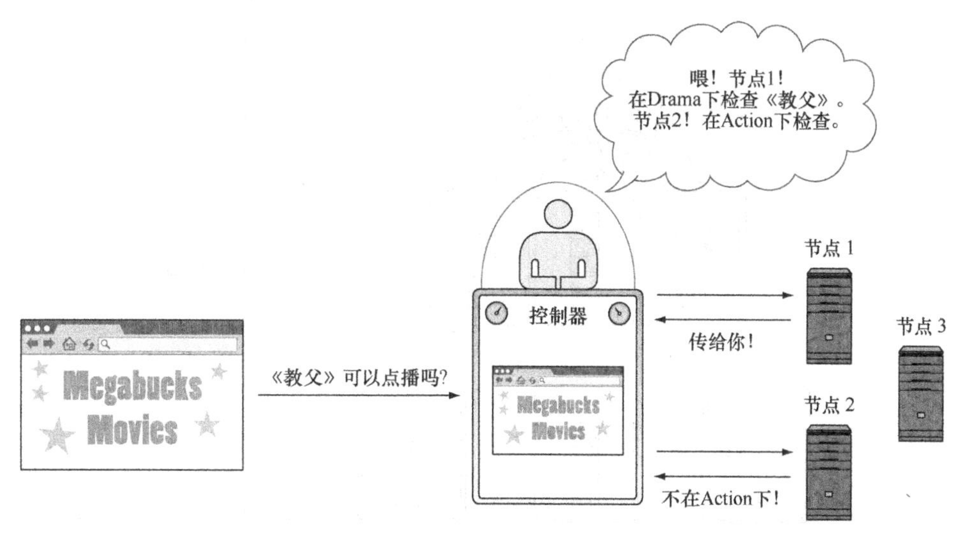

图 4-6 分布式组件模型

2. OpenStack 的分布式组件模型

图 4-6 所示的通用分布式组件模型代表了 OpenStack 组件间交互的方式。在深入介绍 OpenStack 细节之前，来看看这种模型的一个抽象例子。假如一个分布式组件模型，如图 4-6 所示，实现了一个内容管理系统，如电影点播。考虑有两部电影同时传送给两个用户的场景。一开始电影点播请求从客户端发送给控制器，控制器让两个节点发送电影视频流给这两个用户。现在假如在电影传送过程中，控制器出现严重故障。这些电影流不会中断，客户端和传播节点都对这个故障无感知。在这种类型的分布式模型中，在控制器恢复之前，新的请求不能被响应，但之前的请求操作会持续进行。

现在来看看 OpenStack 的组件是怎样运作的。在这里将会从 OpenStack 分布式模型的角度来了解它的组件。组件的控制部分会放到控制节点上，提供资源的组件会分布到各个资源节点。图 4-7 介绍了 OpenStack 组件的分布式模型。

3. 提供虚拟机过程中分布式组件的交互

在 OpenStack 分布式模型里，一个单一的控制器可以管理很多资源节点。OpenStack 组件实际上就是服务的集合。在前面介绍过，有些服务运行在控制器节点，也有些服务运行在资源节点。对于不同的组件，也许有些服务运行在控制器，而一些服务运行在资源节点。例如，计算组件在控制器运行 6 个服务，相比之下，计算资源节点通常运行一个单一的计算组件。

现在来看看当提供虚拟机的请求发送出去后发生了什么。图 4-8 在节点层面描述了创建虚拟机时分布式的 OpenStack 组件间的交互。从组件的角度来看，与图 4-7 相比是没有变化的。图 4-8 想要展示在多节点分布式部署时 OpenStack 组件间的交互。

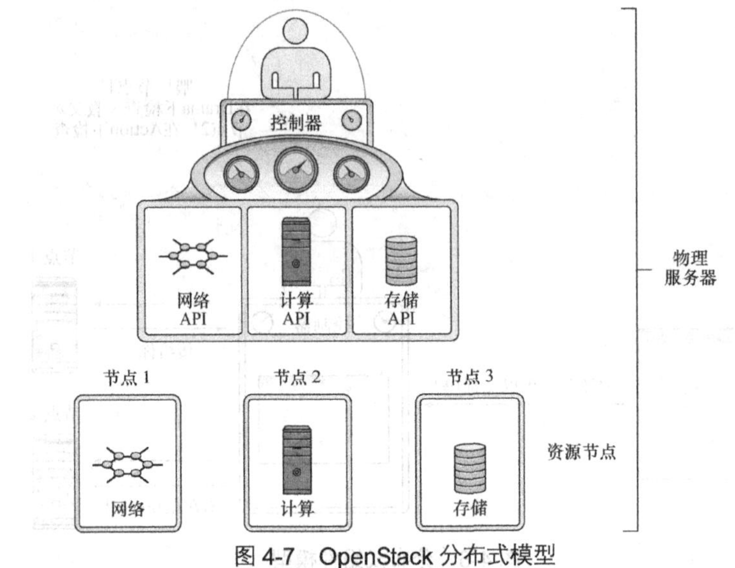

图 4-7 OpenStack 分布式模型

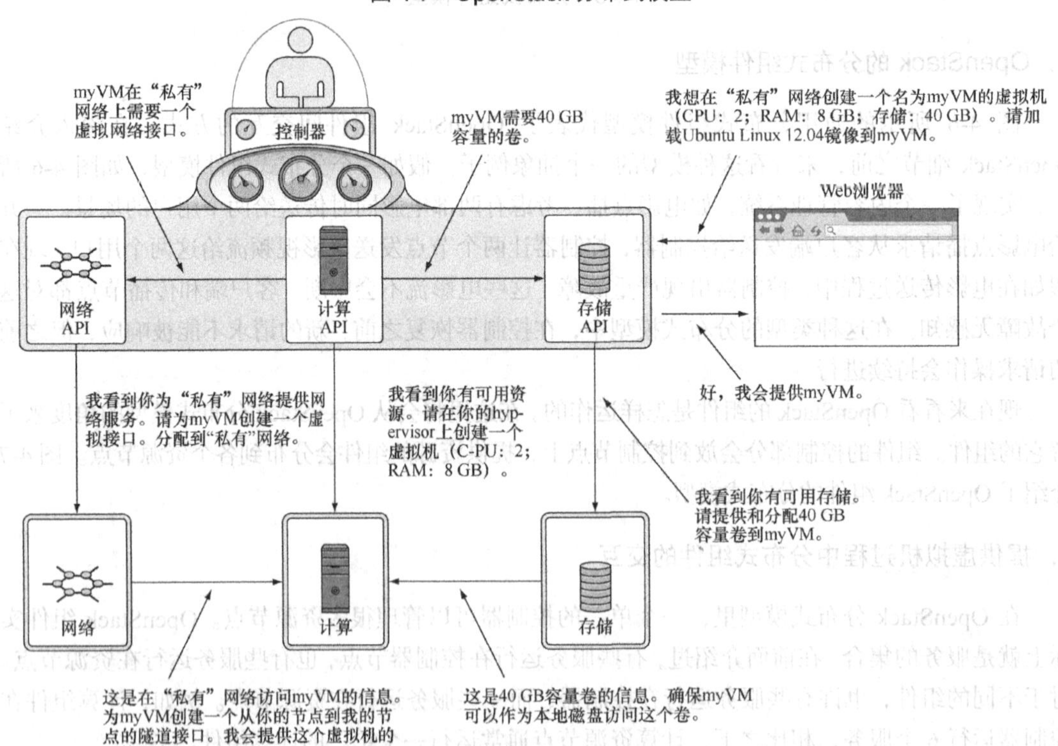

图 4-8 分布式组件间的交互

4. 虚拟机层面的组件交互

在多节点部署中，对于每种服务类型（计算、存储和网络），都会部署在多个节点上。计算、存储和网络节点数量的比例基于你对这些资源的需求。某些类型的服务可能还会连接到其他厂商提供的组件，如存储节点连接到厂商的存储系统，网络节点连接到厂商的网络设备。这些特定厂商资源在 OpenStack 中的使用将会在 4.2 节介绍。

我们已经从组件交互层面和分布式服务层面介绍了 OpenStack 组件的关系。现在从虚拟机的角度看看这些交互。

虚拟机，如名字所示，是物理服务器上的虚拟化资源。一个虚拟机里面运行着操作系统，就像一个物理系统，任何运行在通用虚拟机上的操作系统都希望虚拟硬件要表现得完全像物理硬件资源。也就是说，虚拟机里面的操作系统读写网络和存储设备，以同样的方式写入 CPU 寄存器或者内存。当物理服务器运行了 hypervisor，hypervisor 会把多个虚拟地址空间映射到同一个物理地址空间。在分布式的 OpenStack 组件里，你不仅有虚拟资源，而且这些虚拟资源分布在不同的物理节点上。你需要通过虚拟机理解这些分布式的资源的关系。

虽然虚拟机的资源是通过多个特定组件节点提供的，但站在虚拟机的角度看，这些资源就像是由一个硬件提供。图 4-9 描述了来自特定组件资源节点的资源如何协同创建一个单一的虚拟机。

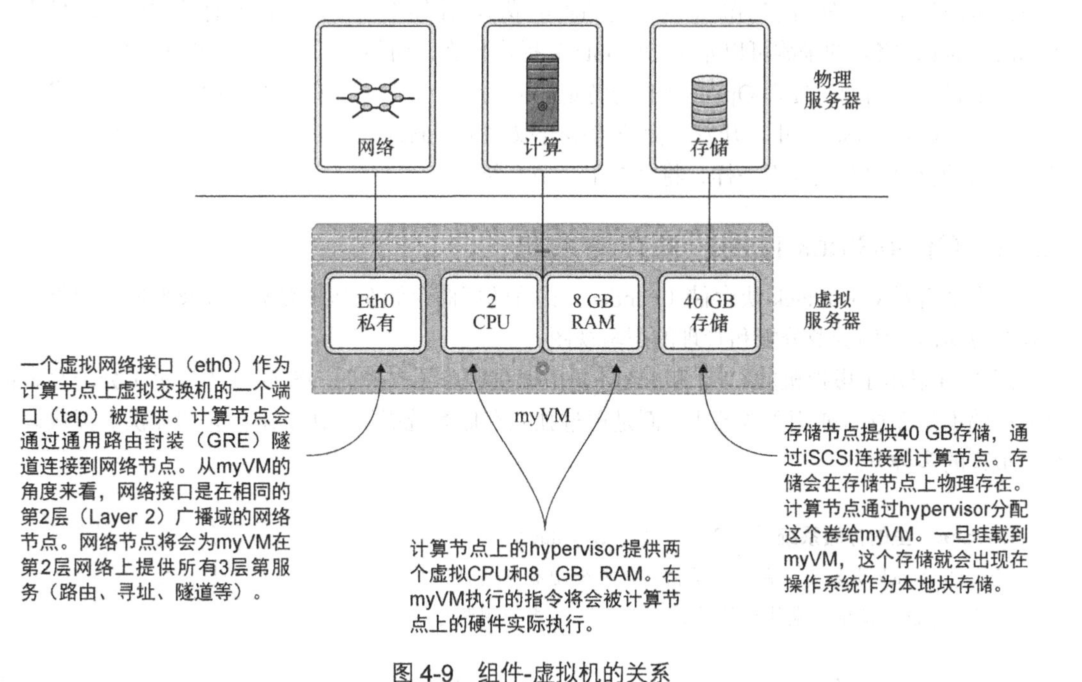

图 4-9 组件-虚拟机的关系

你可以认为虚拟机运行在一个特定的计算节点上，但实际上虚拟机的数据会放在存储节点，数据传送（第3层）会通过网络节点。

分布式虚拟路由（DVR） 在最近发布的OpenStack版本之前，第3层（L3）网络功能（如路由）都是通过少量的专用网络节点来实现。后来，Neutron/DVR子项目出现了，把路由功能分布到计算节点和专用网络节点中。

OpenStack这种分布式架构和组件设计可以非常有效地部署虚拟资源。OpenStack框架提供了管理来自一个单一系统的组件节点类型的多个节点的能力。

4.2 OpenStack与厂商技术的关系

多年来，提供计算、存储和网络硬件的厂商关注于出售更快和功能更强大的硬件。最近，硬件被当成是通用的，软件的互操作性更好了，厂商开始提供云计算这样的服务，而不只是提供硬件和软件，提供给客户更具弹性的选择。

OpenStack框架具备的最大的优势之一是厂商中立。通过OpenStack API接口可以确保所使用的底层硬件厂商对功能的影响降到最低水平。使用OpenStack并不是可以从厂商中解放出来，还是需要底层服务器、存储和网络资源。但OpenStack允许你基于性能和价格来对厂商做选择，而不是考虑特定厂商实现和功能集的锁定的既定成本。让你不只可以使用现有的硬件和软件来部署OpenStack，将来的采购可以基于OpenStack提供什么，而不是厂商特定功能来决定。

本节将会介绍如何处理OpenStack与特定厂商的整合。术语厂商在本书中既指开源技术也指商业产品。在OpenStack里，开发厂商技术整合取决于厂商或者支持的社区。 OpenStack不同组件处理这种整合的方式也不一样，将会在下一节介绍。

4.2.1 OpenStack使用厂商存储系统

现在来看看OpenStack块存储（Cinder）支持的厂商存储有哪些类型，以及如何实现整合。图4-10展示了存储资源分配和管理的逻辑视图。

图4-10显示了虚拟机的CPU和RAM是由通用服务器提供的。图4-10还显示了分配给虚拟机的存储不是在这台通用服务器上，而是通过独立存储系统提供。接下来会介绍提供虚拟块设备给虚拟机的多种方式。

DevStack里的存储系统 第2章介绍了DevStack的部署，但没有对存储做任何配置。在那个单节点DevStack部署中，存储资源由跟计算资源相同的计算机提供。然而，在多节点生产部署中，计算和存储资源由单独的存储及计算节点和/或者应用程序提供。

OpenStack 块存储（Cinder）对存储厂商和技术的使用没有限制，甚至能被OpenStack对象存储（Swift）使用。下面将会介绍 Cinder，因为它管理的这种存储作为虚拟机的一部分使用，本章还会关注 OpenStack 与厂商组件的整合。这也不是说 OpenStack 对象存储很简单，只是它更加独立和没有被一个运行的虚拟机直接使用（所以与本章内容关系不大）。

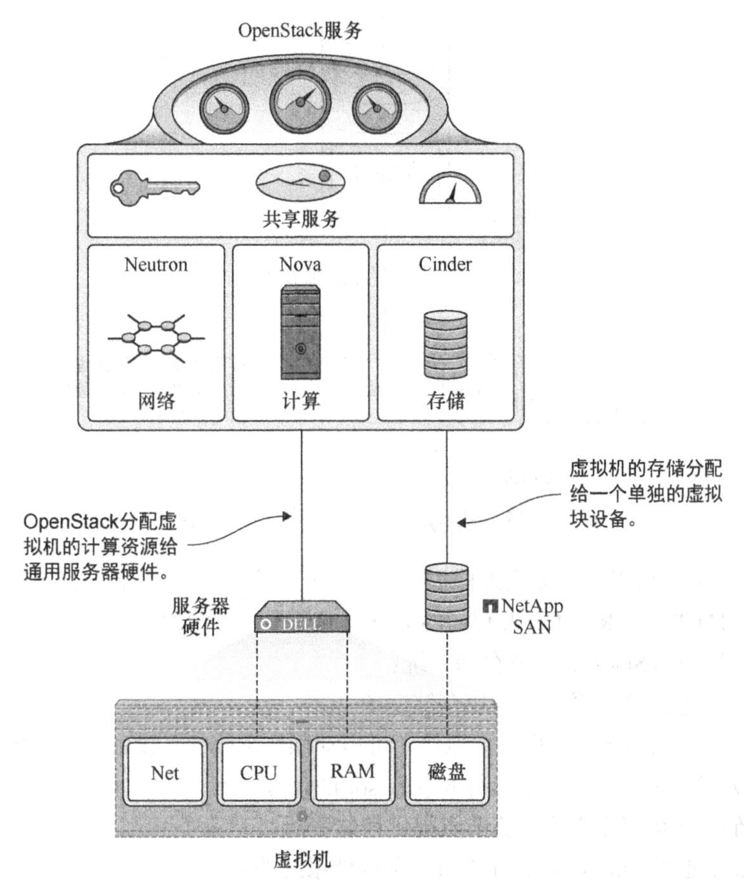

图 4-10 OpenStack 和厂商存储系统

1. 虚拟机如何使用存储

在 OpenStack 和其他提供 IaaS 的环境，虚拟块存储设备都是提供并分配给虚拟机。运行在虚拟机里的操作系统在它们的虚拟块设备或卷上管理文件系统。

读者可能会有疑问："如果虚拟机的计算部分由一台服务器提供，存储由另外单独的服务器或存储应用提供，那它们是怎样连接起来提供一个虚拟机的呢？"答案是所有这些资源最终都会作为虚拟机的虚拟硬件，然后在 hypervisor 层连接到一起。图 4-11 展示了图 4-10 中的逻辑视图的技术视图。

在图 4-11 中，厂商存储系统直接连接到计算节点（通过 PCI-E、以太网、光纤通道（FC）、以太网光纤通道（FCoE）或者厂商特定通信链接连接）。计算节点和存储系统交互通过存储传输协议，如 iSCSI、NFS 或者厂商特定协议。简单说就是存储可以以多种不同方式提供给运行 hypervisor 的计算节点，把这些资源呈现给虚拟机是计算节点的任务。

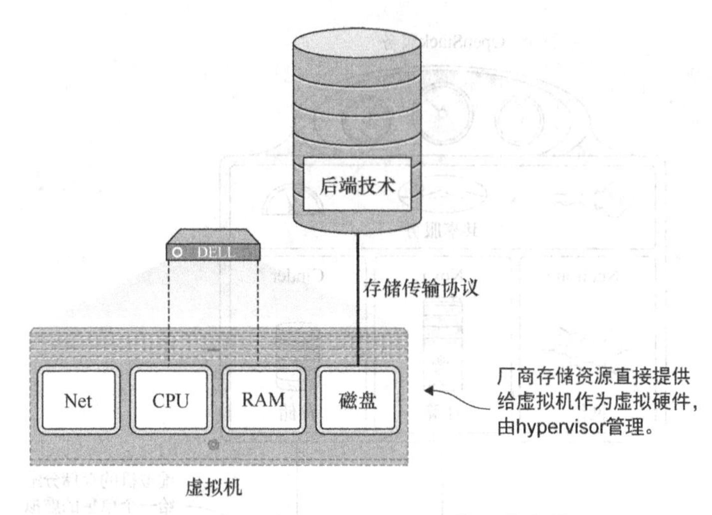

图 4-11 被 hypervisor 使用的厂商存储

再来看看图 4-11，可以看到无论怎样提供存储，分配给具体虚拟机的存储资源，最终还是被提供这个虚拟机的 CPU 和 RAM 资源相同的节点当成虚拟硬件管理。

现在总结一下 OpenStack 和厂商存储系统：

- 操作系统为它的文件系统使用块存储设备；
- 计算节点上的 hypervisor 提供虚拟块（可启动操作系统的）设备给虚拟机；
- 有多种方式提供存储资源给运行 hypervisor 的计算节点；
- 厂商存储系统可以用来为计算节点提供存储资源；
- OpenStack 处理 hypervisor、计算节点和存储系统的关系。

下一节将会介绍 OpenStack 如何管理这些资源。

2. OpenStack 如何支持厂商存储

你可能会想："好吧，我知道存储如何被使用，但如何被 OpenStack 管理呢？" Cinder 是一个模块化的系统，允许开发者创建插件（驱动）来支持任何存储技术和厂商。这些模块可能是被某个公司内部产品开发团队或者社区开发。

图 4-12 展示了 Cinder 使用插件管理厂商存储系统。

前面章节已经介绍了每个 OpenStack 组件都有自己的职责。例如，Cinder 的职责是把 OpenStack 计算服务的存储请求转换成使用存储系统的厂商特定 API 的可执行请求。

显然，如果想转换一种语言或 API 到另外一种，需要有最低数量要求的互相关联的定义功能。

对于每个 OpenStack 发行版，对每个插件都有最低数量要求的功能和统计报告。如果插件没有在版本间被维护，没有要求添加的功能和报告，那就会在下一个发行版中弃用。当前最少功能和报告的列表见表 4-3 和表 4-4（编写本书时）。最新的插件列表要求可以在 GitHub 仓库找到。然而，截至本书写作之时，Cinder 插件的最低功能要求列表自 Icehouse 版本后就没有改变。

表 4-3 最低功能要求

功能名称	描述
创建/删除卷	在后端存储系统为虚拟机创建/删除卷
挂载/卸载卷	在后端存储系统为/从虚拟机挂载/卸载卷
创建/删除快照	在后端存储系统为卷创建实时快照
从快照创建卷	在后端存储系统从之前的快照创建卷
获取卷状态	获取某个卷的统计报告
复制镜像为卷	复制镜像为虚拟机可以使用的卷
复制卷为镜像	复制虚拟机使用的卷为二进制镜像
复制卷	复制某个虚拟机的卷为另一个虚拟机的卷
扩展卷	扩展虚拟机的卷的尺寸而不破坏卷上现有的数据

表 4-4 最低统计报告要求

统计名称	样例	描述
driver_version	1.0a	厂商特定驱动版本的报告插件
free_capacity_gb	1000	可用的 GB 数量。如果是不清楚或无限，就报告“unknown”或者“infinite”
reserved_percentage	10	保留空间比例但没有使用（瘦供给卷分配，不是实际使用的）
storage_protocol	iSCSI	报告存储协议：iSCSI、FC、NFS 等
total_capacity_gb	102400	总共可用的 GB 数量。如果是不清楚或无限，就报告“unknown”或者“infinite”
vendor_name	Dell	提供后端存储系统的厂商
volume_backend_name	Equ_vol00	厂商后端的卷名称。在统计报告和问题排查时是必需的

OpenStack 里的厂商存储示例 如前面所述，厂商存储的支持是通过 Cinder 中的插件提供的。很多插件已经被/为了很多厂商开发，包括 Coraid、戴尔、EMC、GlusterFS、HDS、惠普、华为、IBM、NetApp、Nexenta、Ceph、Scality、SolidFire、VMware、微软、Zadara 和 Oracle。除了商业厂商外，Cinder 也支持 LVM（Linux 逻辑卷管理器）和 NFS 挂载存储。

未知或无限可用空间　在表4-4的free_capacity_gb项中，可以看到可用空间的值可以是unknown和infinite。有些场景下这些值是必需的，但从通用操作角度来看，需要理解对于存储驱动，这些值是有效的。

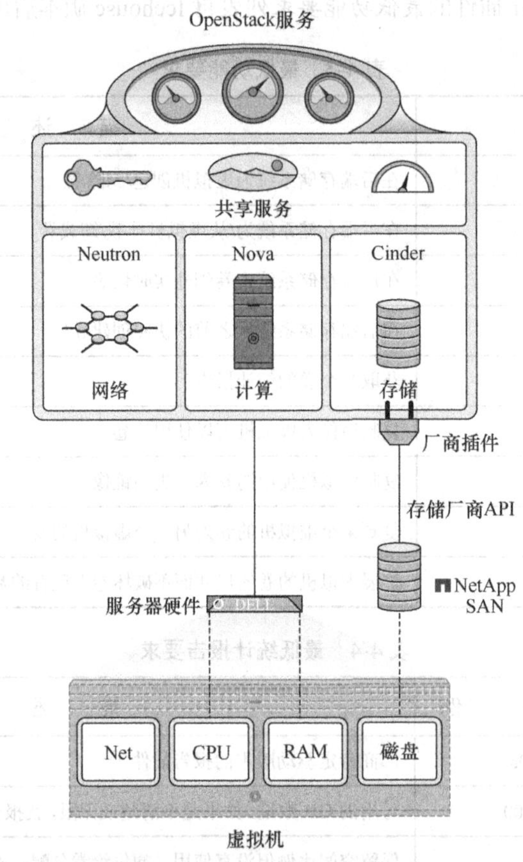

图4-12　Cinder管理厂商存储

4.2.2　OpenStack里使用厂商提供的网络系统

在OpenStack，通常是服务器硬件提供计算资源，厂商存储系统提供存储资源，同样网络资源由一个或多个厂商提供。显然，如果VM运行在某台服务器上，这台服务器为这个VM提供所有计算资源（CPU、RAM、I/O等）。因为一台服务器呆以同时支持多个VM，所以从服务器角度来看跟VM的关系是一对多的，从VM角度年跟服务器的关系是一对一的。这也就是说从计算角度看，消费的资源只会被托管VM的服务器提供。

如前一节所述，虽然存储资源从计算节点技术性移除了，但从虚拟机的角度看，还是一对一关系。通常，会在一个节点上连接虚拟硬件的一个容器作为虚拟机的一个卷。

图4-13展示了在第1章首次介绍的网络资源分配和管理的逻辑视图。

图 4-13 显示了网络的简化视图，表明网络资源跟计算和存储一样以相同的一对一的方式被消耗。很不幸，网络没有那么简单。图 4-13 没有显示用来连接网络两个端点的管理层。本节介绍 OpenStack 网络（Neutron）以及它如何管理厂商网络。

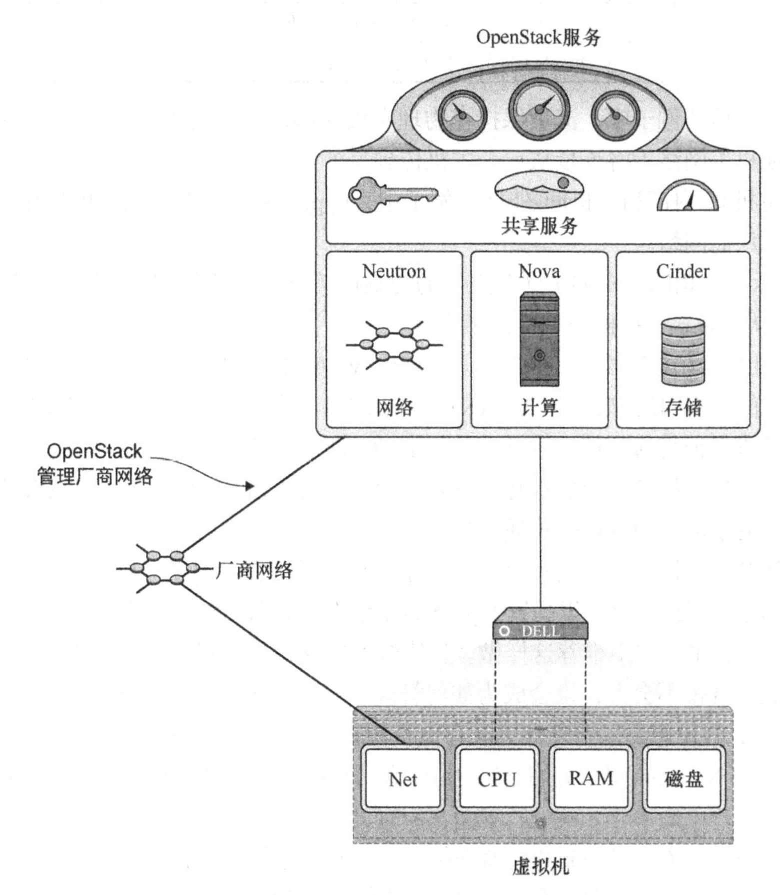

图 4-13 OpenStack 和厂商网络

下面首先看一下虚拟机是如何使用网络的。

1. 虚拟机如何使用网络

显然，对于单个虚拟机，网络没多大用处，因此假设至少有两个虚拟机/节点通信。这两个节点的通信方式取决于在整个网络中它们彼此间的关系。表 4-5 总结了传统虚拟环境中的几种通信场景。之所以说是传统案例，因为软件定义网络（SDN），无论是哪个厂商，都模糊了这些分类的划分。

表 4-5 节点通信场景

场　景	描　述
主机内部	在相同物理主机内的相同 VLAN（L2 网络）通信
主机间-内部	在相同 VLAN 的节点间的通信，但在不同主机间
主机间-外部	OpenStack 主机和未知外部网络（互联网）的端点通信

在主机内部通信的例子中，流量保持在物理主机内部，不会到达厂商网络。hypervisor 可以用它的虚拟交换机（网络）将流量从一个主机传到另外一个。

相反，在主机间-内部和主机间-外部的例子中，hypervisor 节点和整个虚拟化平台完全把节点的通信转移到厂商网络。

图 4-14 显示了在相同主机的不同节点间的传统通信方式。在写本书时，Nova 网络和 VMware vSphere 里的默认分布式交换机都是这样工作的。

图 4-14 中显示了在相同物理主机的 3 个节点。VLAN1 上的两个节点在主机内部通信，没有接触厂商网络。但在不同的 VLAN（VLAN1 和 VLAN2）的两个节点的通信转移到厂商网络。厂商网络会完全负责保证把通信传达到预期的目的地，即使通信两端都在相同的节点。在这些场景下，网络是如何工作的细节部分已经超出本章的范围。需要理解的是，OpenStack 把厂商网络的复杂性抽象了。复杂的厂商特定配置通过插件管理。

现在应该清楚厂商网络比厂商存储系统简单地供应资源更加复杂。图 4-15 显示了两个主机使用厂商网络通信。当然，也可以配置 OpenStack 跟传统虚拟化框架一样，简单地转移所有通信到厂商网络，但在云平台中不推荐这样做。为什么不推荐的详情超出本章介绍的范围，但可以肯定的是，这种做法规模不会大，也会成为如何管理和提供资源的限制因素。

在图 4-16 中，假设想要以管理计算和存储资源相同的粒度级别来管理网络。在这个模型里，OpenStack 网络（Neutron）接口直接连接到厂商网络组件，允许 Neutron 和它支持的主机自己做网络决策。

现在总结一下关于 OpenStack 和厂商网络系统已经介绍的内容：

- 传统 hypervisor 和虚拟化框架呆板地把很多功能转移到厂商网络；
- 传统 hypervisor 和虚拟化框架很少或完全不知道网络是怎样运行的，即使是它们自己的虚拟机；
- 管理厂商网络比控制一个类似厂商存储的一对一的关系复杂；
- Neutron 是 OpenStack 网络的代码名称；
- Neutron 整合厂商网络组件为 OpenStack 提供网络功能。

下一节将会介绍 Neutron 接口如何与厂商网络组件连接。

2. OpenStack 如何支持厂商网络

跟 Cinder 使用厂商特定插件与厂商存储系统交互一样， Neutron 也使用插件管理厂商网络。

如前面所述，插件在 OpenStack API 和厂商特定 API 之间做转换。 Neutron 和厂商网络间的关系如图 4-16 所示。

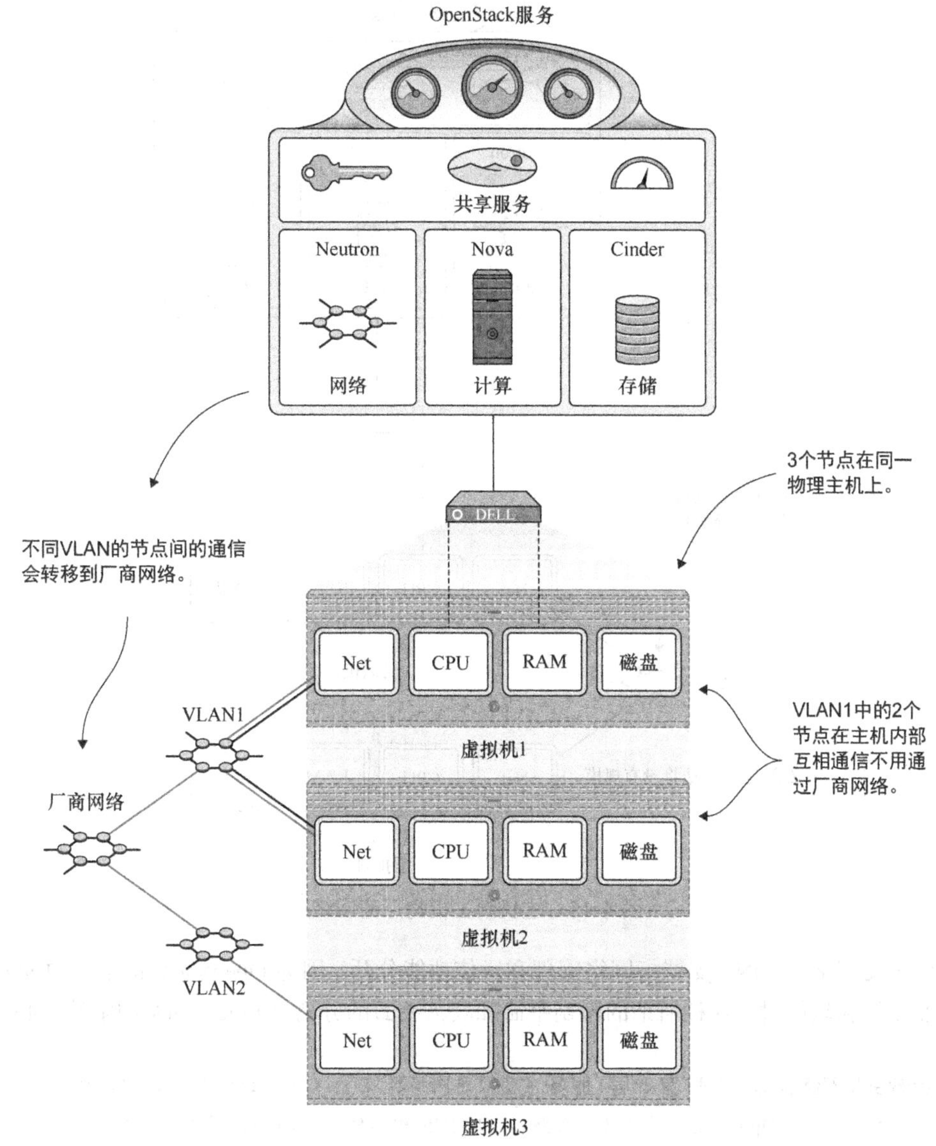

图 4-14 传统的主机内部通信

读者可能只是会好奇厂商网络管理什么。问题的答案是视情况而定。很多网络厂商提供了很多类型的网络设备。这些设备必须至少在网络层通信。总之，如果不能在网络和设备间通信，网络又有什么用呢？

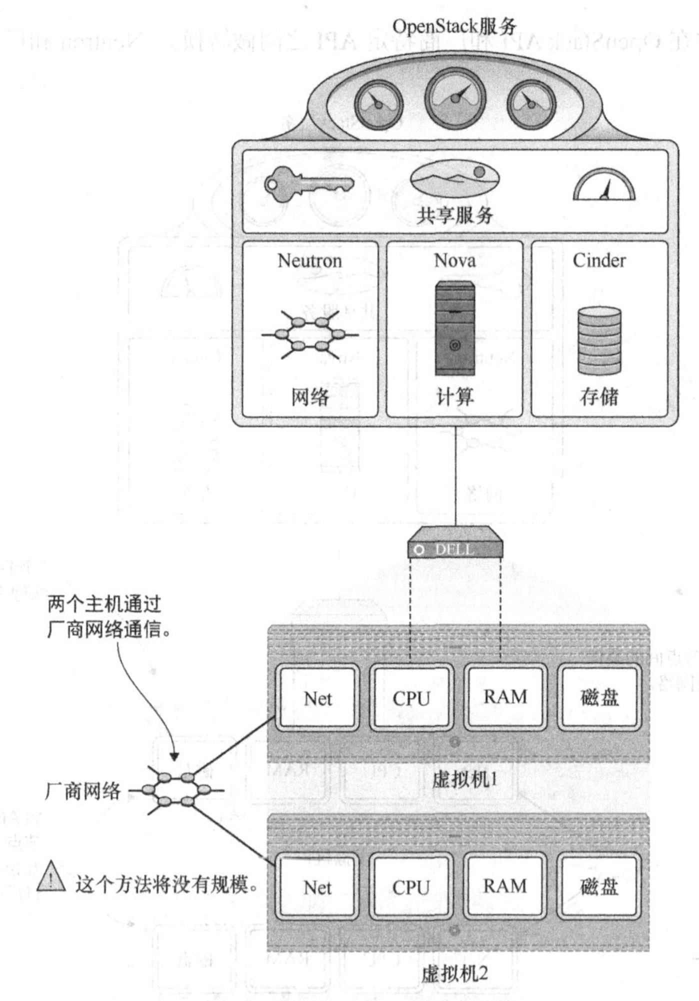

图 4-15 主机到主机的厂商网络

软件定义网络（SDN）支持把网络管理和通信功能分开。因为 OpenStack 也是一种 SDN，在处理厂商硬件和软件时，这种所谓的控制平面和数据平面的分离是 OpenStack 网络的核心。

OpenStack 网络也提供 L3（第 3 层）服务 在厂商网络环境下，OpenStack 功能作为网络控制器。但值得注意的是，OpenStack 网络以虚拟路由、DHCP 和其他服务的形式提供 L3 服务。

图 4-17 展示了 Neutron 在控制平面通过使用厂商特定插件管理网络设备。可以看到，数据平面不会接触到 Neutron。事实上，Neutron 无法在低层面洞悉两个节点是如何通信的。但 Neutron 知道这两个节点都在它管理的某个网络硬件上，因此 Neutron 可以配置端点通信，不管通信如何引导数据平面。

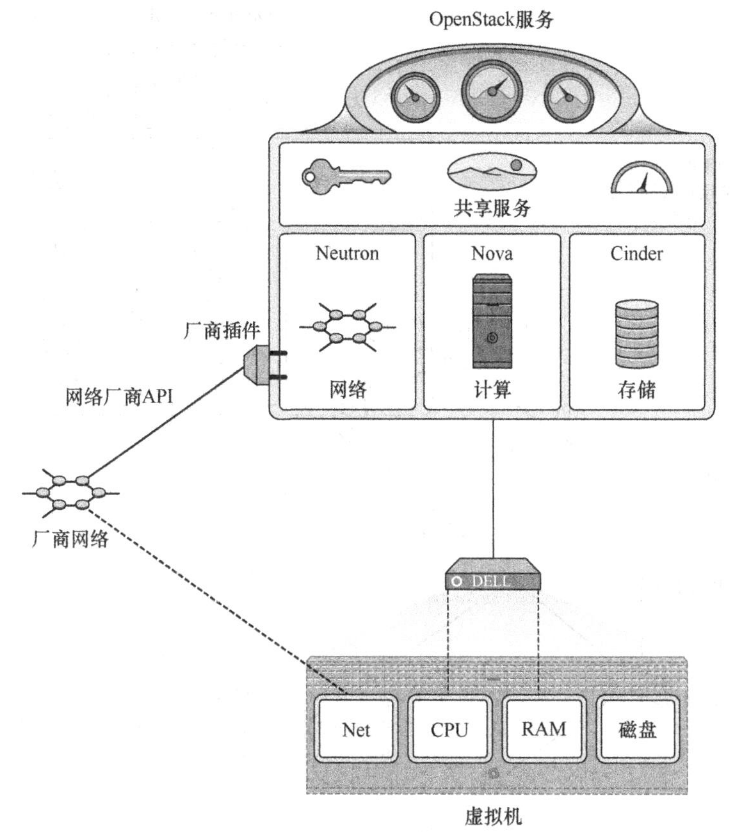

图 4-16 Neutron 管理厂商网络

理解 SDN 和 OpenStack 网络

这是个很复杂的话题，读者将来很可能会多次重温本节。不要希望阅读本书就可以完全理解 SDN，但理解涉及厂商网络时 Neutron 的基本角色非常重要。很有可能你本地的网络专家（除非是指你）不会比你更了解涉及 OpenStack 网络时的 SDN。OpenStack/Neutron 工作在控制平台来管理虚拟机间的通信，但它不控制与端点间通信相关的数据平面。

这种新的考虑网络的方式真正颠覆了传统网络。本节已经介绍过如何让 OpenStack 管理厂商网络而不用把企业或数据中心交给 OpenStack 控制。如前面所述，OpenStack 可以以传统的方式来做整合，但这个框架最好是充分利用 SDN 模型和技术。开放网络基金会（Open Networking Foundation，www.opennetworking.org）的创建就是用来促进 SDN 的发展，这也是深入理解 SDN 一个很好的起点。

下一节将会介绍 OpenStack 使用的厂商网络类型。

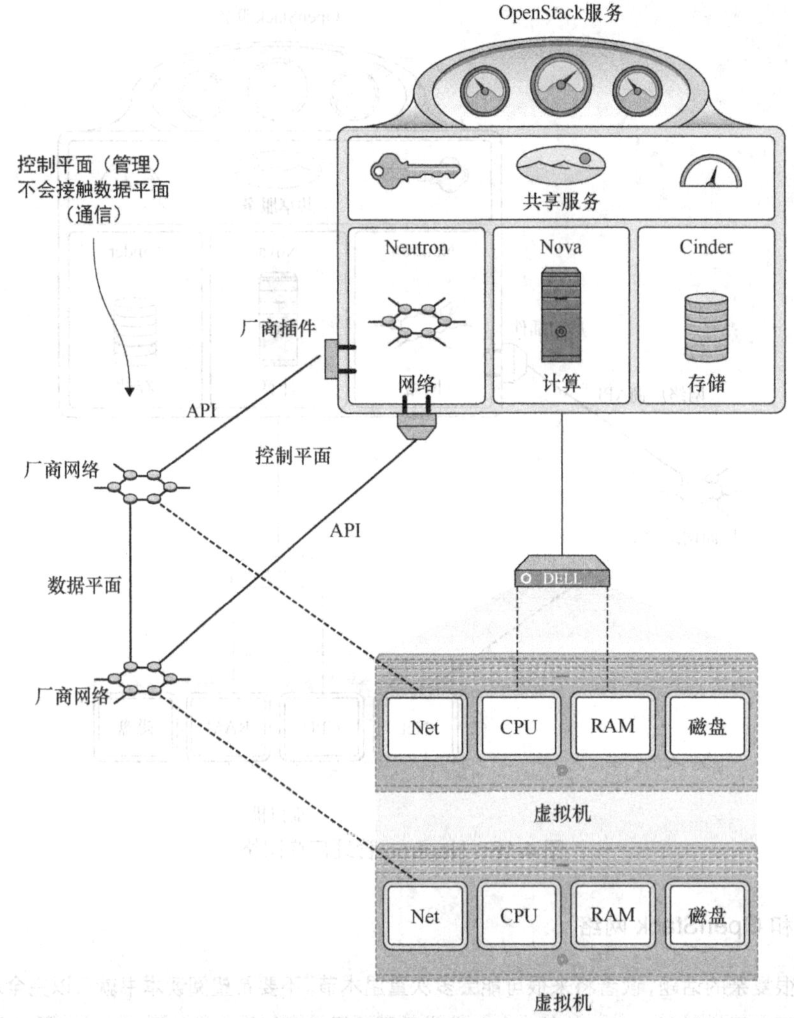

图 4-17　OpenStack 网络的控制平面和数据平面

3. OpenStack 使用的厂商网络的示例

在早期版本的 OpenStack 中，网络以传统方式提供，并由 OpenStack 计算（Nova）管理。随着 OpenStack 计算范围之外的网络管理需求的增长，OpenStack 网络（开始的名字是 Quantum，后来才改成 Neutron）以一个单独的项目开发。

如前面所述，Neutron 使用厂商特定插件管理厂商网络。随着社区增加了更多的厂商网络支持，通过标准插件模块来进一步模块化的需求出现了。模块化插件的好处包括减少冗余代码、易于厂商整合和标准化核心网络功能。

在 2013 年下半年发布的 OpenStack Havana 版本中，首次引入 Neutron 的 Modular Layer 2

（ML2）插件。ML2 插件分为类型（type）和实现机制（mechanism）驱动。图 4-18 展示了带类型驱动和实现机制驱动的 ML2 插件的层次结构。

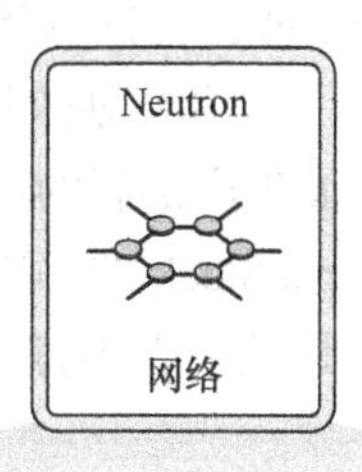

ML2 插件			API 扩展				
类型驱动			实现机制驱动				
GRE	VXLAN	VLAN	Arista	Cisco	Linux 桥	OVS	L2 pop

图 4-18 使用 Neutron 的 ML2 插件的网络管理

类型驱动，如名称所示，与插件管理的网络类型相关。可以把类型驱动想象成 Neutron 是如何管理端点的。例如，Neutron 可以在端点间创建指定的隧道，而不用知道端点间的网络。这又回到了关于控制平面和数据平面分离的讨论了。

实现机制驱动负责管理挂载到端点的虚拟和物理网络设备。这些设备创建、更新和删除网络与端口资源都是基于类型驱动的需求。

ML2 的目标是取代现有的很多庞大的插件。

OpenStack 里厂商网络的示例 Neutron 为很多厂商开发了插件，包括 Arista、Cisco、Nicira/VMware、NEC、Brocade、IBM 和 Juniper。另外，ML2 也为 Big Switch/Floodlight、Arista、Mellanox、Cisco、Brocade、Nicira/VMware 和 NEC 开发了驱动。

下一节将会接触在本书第一部分学到的内容和将会在第二部分介绍的内容。

4.3 为什么要手动部署

第 1 章介绍了 OpenStack。在第 1 章的介绍中，读者知道了 OpenStack 如何适合云生态系统、为什么可能想要采用这项技术和本书的关注点是什么。在第 2 章里，在第 1 章描述的各种精彩可能的驱使下，有限制地体验了 OpenStack 框架，进行了一些不需要深入了解这个框架知识的练习。第 3 章介绍了更多例子，但这次从操作的角度深入介绍了这个框架的结构。最后，在本章介绍了 OpenStack 框架的组件如何与厂商硬件和软件交互。

这 4 章向读者介绍了很多内容。如果读者完成所有的练习和使用了 DevStack 部署环境，祝贺你！你可能（很不幸）在很多组织里已经可以看成是 OpenStack 专家了。尽管通过本书的第一部分可能足够让你看起来像一个专家，但在跳到多节点生产部署之前还有很多需要学习的。

本书的第二部分介绍手动部署 OpenStack，尝试每条命令和配置，解释包含的步骤和这些步骤的含义。如果读者的目光只关注高层次，或者计划依赖于厂商来支持 OpenStack，那么可以跳到第三部分，第三部分会介绍与 OpenStack 生产部署的设计、实现甚至财务相关的内容。尽管如此，即使你希望由厂商提供完整的管理 OpenStack 的解决方案，了解这部分的内容还是有一定价值的。作者建议至少回顾一下第二部分，即使读者不打算自己部署 OpenStack 生产环境。

4.4 小结

- OpenStack 是一个包含多个项目的框架。
- OpenStack 项目指定范围从核心项目（OpenStack 必需部分）到关联项目（有一定关联的项目）。
- OpenStack 使用分布式核心组件集合来工作。
- 核心组件使用各自的 API 互相交互。
- OpenStack 可以管理厂商提供的硬件和软件。
- OpenStack 通过组件插件管理厂商提供的硬件和软件。

第二部分

手动部署

在本书的第二部分将会介绍手动部署 OpenStack 多个核心组件。虽然这部分内容对理解组成 OpenStack 的底层组件的交互很重要，但并不能把它当成 OpenStack 部署的蓝图。OpenStack 基金会在为每个软件的发行版提供详细文档这方面做得很好。本书的这部分内容主要是希望能通过在低层面介绍各个组件和配置，增加读者对底层系统的信心。通过这部分内容，希望能帮助读者足够好地理解 OpenStack 架构的底层，以便于将来在设计生产部署时做出明智的决定。

第 5 章　控制器部署

本章主要内容

- 安装控制器必备软件
- 部署共享服务
- 在控制器端配置块存储、网络、计算和 Dashboard 服务

本书前两章介绍了 OpenStack 和使用 Horizon 网页界面体验了这个框架。第 3 章介绍了使用命令行界面（CLI）时的基本操作任务。第 4 章介绍了 OpenStack 各组件间的关系和在多节点环境的分布。本书的第一部分是为了让读者理解 OpenStack 可以做什么，同时熟悉这个框架的操作和基本理解框架的组件间的交互。在本书的第二部分将会深入介绍各个组件。

阅读完本书这部分，读者会熟悉各个 OpenStack 核心组件的配置、使用和布局。

本书不会的目标　本书并不关注于 OpenStack 运维和架构的最佳实践。这些重要的主题非常依赖于 OpenStack 发行版和用户的需求。本书希望可以帮助读者理解 OpenStack 框架的基础，这些基础超过个人的需求和持续存在于将来多个版本的 OpenStack 中。

本书的第一部分基于 OpenStack 的一个单节点部署使用 DevStack 来安装和配置 OpenStack 组件和依赖。本书第二部分是基于 OpenStack 的多节点手动部署，因此不再用 DevStack。在本书第二部分，将使用 Linux 发行版提供的安装包管理系统安装组件软件和手动配置组件。通过这个过程中，读者会理解 OpenStack 各个组件的依赖、配置、关系和使用情况。

图 5-1 展示了在本书第二部分中读者将会重建的架构。在图 5-1 中可以看到以下 4 种节点。

- 控制器——这个节点包含控制器和其他共享服务。这个节点维护服务器端的 API 服务。控制器协调组件请求和作为 OpenStack 部署的主要接口。
- 网络——这个节点为虚拟机提供网络资源，这个节点连接了内部 OpenStack 网络和外部

网络。

- 存储——这个节点为虚拟机提供和管理存储资源。
- 计算——这个节点为虚拟机提供计算资源。代码的执行会出现在这些节点上。可以认为被 OpenStack 管理的虚拟机就是运行在这些节点上。

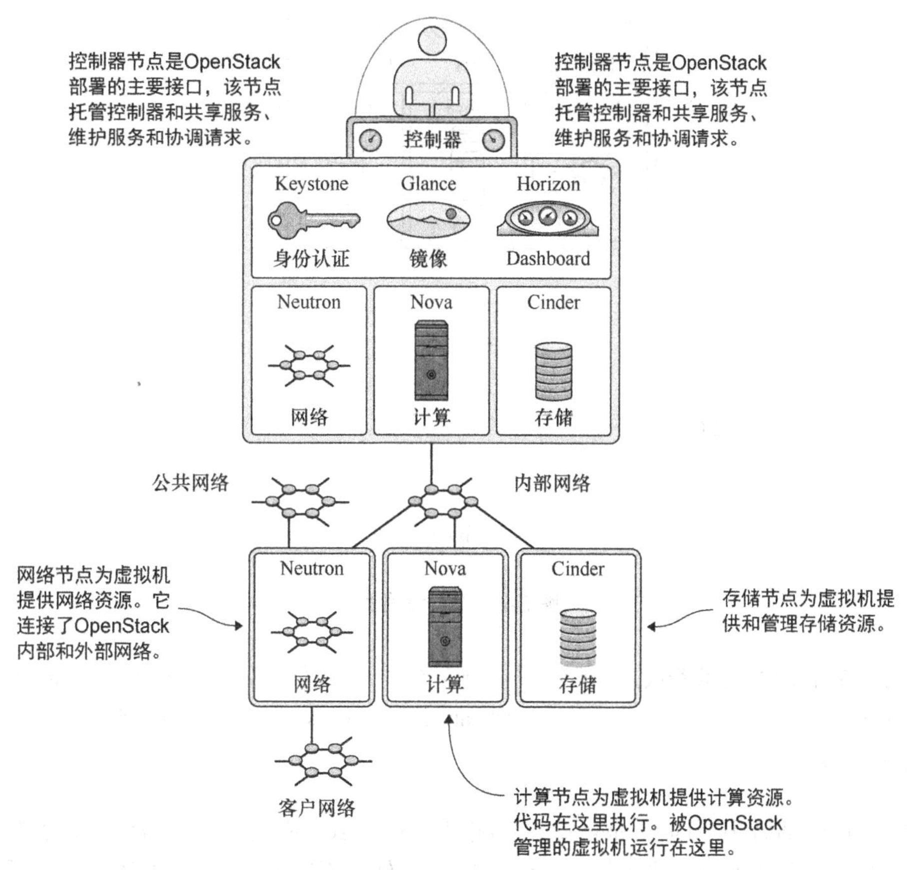

图 5-1　多节点架构

如第 4 章所述，在 OpenStack 分布式模型里，资源节点从控制器（见图 5-1）得到指令。可以从图 5-2 看到，将会在每章进行多节点部署的不同部分的构建。本章将会构建控制器节点（见图 5-2 的顶部）。在后续的章节里，将会构建其他节点（网络、存储和计算）来完成 OpenStack 多节点的手动部署。

5.1　部署控制器必备软件

继续本章之前，读者必须可以访问一个全新安装的 Ubuntu 14.04 的物理或虚拟节点。附录提供了安装 Ubuntu 14.04 的教程。

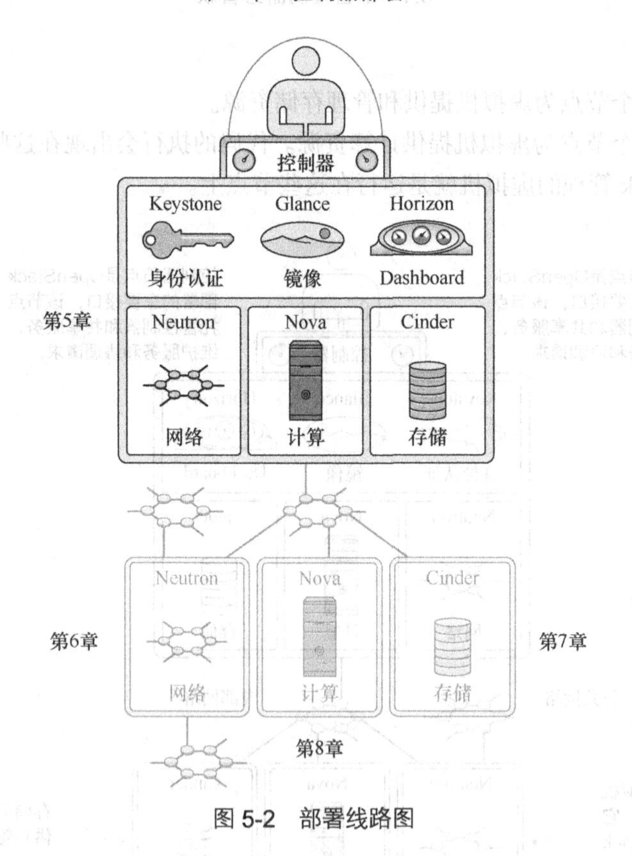

图 5-2 部署线路图

应该使用哪个操作系统发行版 本书第二部分（第 5 章～第 8 章）的例子都是使用 Ubuntu 14.04（Ubuntu 服务器长期支持版）。这个版本的 Ubuntu 包含 Icehouse 版本的 OpenStack，并保证支持到 2019 年 4 月。

在第 2 章的部署中，DevStack 安装和配置 OpenStack 依赖。本章需要手动安装这些依赖。幸运的是，可以使用安装包管理系统来安装软件（不需要编译），但还是需要手动配置这些组件。

小心进行 在多节点环境工作增加了部署和问题排查的复杂度。组件或依赖配置的一个看起来不相关的很小的错误，都有可能造成非常难以排查的问题。仔细阅读每节，确保理解要安装和配置的软件。

下面的多个例子都包含确认步骤，读者不应该跳过这些步骤。如果某个配置确认失败，读者应该回退到前面的确认点重新开始。这种做法可以大大降低用户的挫败感。

5.1.1 准备环境

除了网络配置外，所有节点的环境准备都相似。第 5 章～第 8 章描述手动部署时基于 4 种物理节点：控制器、网络、存储和计算。

如果有额外的可用节点，额外的资源节点（计算、网络和存储）可以简单通过重复资源的配置进行添加部署。如果想添加额外的计算节点，简单重复第 8 章介绍的配置计算节点的步骤。同样，如果没有这么多节点，可以组合服务，如把网络和计算部署在同一个节点上。为了清晰起见，本书这部分的例子都把 OpenStack 核心服务分开部署在独立节点上。从第 2 章可以看到，可以把 OpenStack 部署到单一节点上，但多节点更有趣（有好处）。

是时候开始了。在本章给自己多一些时间。控制器的安装需要一段时间，因为要配置所有后端服务来启动控制器。一旦部署好控制器，设置资源节点（网络、存储和计算）就不用消耗这么多时间了。

5.1.2 配置网络接口

需要配置控制器节点的网络接口，一个接口用于面向客户的流量，另一个用于 OpenStack 内部管理。从技术上来看，可以只使用控制器上的单个接口，但读者很快就会了解到 OpenStack 允许为操作指定多个网络（公网、内部和管理）。

1. 回顾网络

配置网络接口的第一步是检查服务器上的物理接口。然后，配置这些接口用于 OpenStack 环境。可以通过代码清单 5-1 所示的 `ifconfig -a` 命令来列举所有接口。

代码清单 5-1 列举接口

```
$ ifconfig -a
em1       Link encap:Ethernet HWaddr b8:2a:72:d3:09:46
          inet addr:10.33.2.50 Bcast:10.33.2.255
          inet6 addr: fe80::ba2a:72ff:fed3:946/64 Scope:Link
          UP BROADCAST RUNNING MULTICAST MTU:1500 Metric:1
          RX packets:950 errors:0 dropped:0 overruns:0 frame:0
          TX packets:117 errors:0 dropped:0 overruns:0 carrier:0
          collisions:0 txqueuelen:1000
          RX bytes:396512 (396.5 KB) TX bytes:17351 (17.3 KB)
          Interrupt:35

em2       Link encap:Ethernet HWaddr b8:2a:72:d3:09:47
          BROADCAST MULTICAST MTU:1500 Metric:1
          RX packets:0 errors:0 dropped:0 overruns:0 frame:0
          TX packets:0 errors:0 dropped:0 overruns:0 carrier:0
          collisions:0 txqueuelen:1000
          RX bytes:0 (0.0 B) TX bytes:0 (0.0 B)
          Interrupt:38
```

读者也许会看到很多个接口，但现在只需要关注 em1 和 em2，这两个接口将用于公网和内部网络。在这个示例控制器，em1 用作公网接口，em2 用作内部接口。em1 已经分配了作为 OpenStack 公网地址的一个地址，em2 接口作为内部接口被使用。具体的网络地址、VLAN 和接口功能将会在下一节介绍。

接下来需要在控制器节点配置物理接口。

2. 配置网络

在 Ubuntu 系统里，接口配置是通过文件/etc/network/interfaces 来维护的。如果使用其他 Linux 发行版本，则需要检查具体发行版本的网络接口配置。

我们将会基于表 5-1 中的斜体字体的地址来对控制器节点进行配置。

表 5-1　网络地址表

节　点	功　　能	接　口	IP 地址/子网掩码
控制器	*公网接口/节点地址*	*em1*	*10.33.2.50/24*
控制器	*OpenStack 内部*	*em2*	*192.168.0.50/24*
网络	节点地址	em1	10.33.2.51/24
网络	OpenStack 内部	em2	192.168.0.51/24
网络	虚拟机接口/网络	p2p1	保留：分配给 OpenStack 网络
存储	节点地址	em1	10.33.2.52/24
存储	OpenStack 内部	em2	192.168.0.52/24
计算	节点地址	em1	10.33.2.53/24
计算	OpenStack 内部	em2	192.168.0.53/24

“功能”列术语解释如下。

- 公网接口——被租户用户、Horizon 和公网 API 调用访问；
- 节点地址——节点的主地址（primary address）。这个地址并不是必须为公网地址，但为了简单起见，例子中会把控制器的公网接口和用于资源节点的节点接口放在同一个网络上；
- OpenStack 内部——OpenStack 组件间通信的接口，包括 AMQP 和内部 API 等。

网络接口名称　网络接口名称会基于硬件在服务器的顺序和位置而不同。例如，集成在主板的接口会以 em<端口编号>（主板上的以太网<1,2,…>）的形式显示，PCI 独立接口会以 p<插槽编号>p<端口编号>_<虚拟功能实例>的形式显示。

为了修改网络配置或其他特权配置，必须使用 sudo 特权（sudo vi /etc/network/interfaces）。读者应该知道，sudo 命令允许普通用户使用提升的特权来执行命令。

代码清单 5-2 展示了网络接口配置样例。基于表 5-1 的值或者你的地址模式，修改你的接口配置。

代码清单 5-2　在/etc/network/interfaces 中修改接口配置

```
# The loopback network interface
auto lo
iface lo inet loopback

# The Public/Node network interface
auto em1
iface em1 inet static
        address 10.33.2.50
        netmask 255.255.255.0
        network 10.33.2.0
        broadcast 10.33.2.255
        gateway 10.33.2.1
        dns-nameservers 8.8.8.8
        dns-search testco.com

# The OpenStack Internal Interface
auto em2
iface em2 inet static
        address 192.168.0.50
        netmask 255.255.255.0
```

现在应该刷新网络配置使更改的网络配置生效。首先，如果改变了主接口的地址，你应该现在就重启服务器，因为在刷新后会丢失与系统的连接。如果没有改变主接口的地址，在刷新后就不会出现连接中断。

代码清单 5-3 展示的命令用来刷新网络配置，同时会有输出。

代码清单 5-3　刷新网络配置

```
$ sudo ifdown em2 && sudo ifup em2
```

这些网络配置应该生效了。这些接口会基于配置自动上线。这个过程可以对每个需要刷新配置的接口重复进行。

为了确保配置已经生效，可以利用代码清单 5-4 所示的命令再次检查接口。

代码清单 5-4　检查网络的更新

```
$ifconfig -a
em1       Link encap:Ethernet HWaddr b8:2a:72:d3:09:46
          inet addr:10.33.2.50 Bcast:10.33.2.255 Mask:255.255.255.0
          inet6 addr: fe80::ba2a:72ff:fed3:946/64 Scope:Link
          UP BROADCAST RUNNING MULTICAST MTU:1500 Metric:1
          RX packets:3014 errors:0 dropped:0 overruns:0 frame:0
          TX packets:656 errors:0 dropped:0 overruns:0 carrier:0
          collisions:0 txqueuelen:1000
          RX bytes:2829516 (2.8 MB) TX bytes:94684 (94.6 KB)
          Interrupt:35

em2       Link encap:Ethernet HWaddr b8:2a:72:d3:09:47
```

```
inet addr:192.168.0.50 Bcast:192.168.0.255 Mask:255.255.255.0
inet6 addr: fe80::ba2a:72ff:fed3:947/64 Scope:Link
UP BROADCAST RUNNING MULTICAST MTU:1500 Metric:1
RX packets:1 errors:0 dropped:0 overruns:0 frame:0
TX packets:6 errors:0 dropped:0 overruns:0 carrier:0
collisions:0 txqueuelen:1000
RX bytes:64 (64.0 B) TX bytes:532 (532.0 B)
Interrupt:38
```

现在应该可以远程访问控制器服务器，该控制器服务器应该可以访问互联网。后续的安装可以远程使用 SSH 或者直接在控制台执行。

5.1.3 更新安装包

Ubuntu 14.04 LTS 包含 OpenStack Icehouse（2014 年 1 月）版本，包括以下组件：

- Nova——OpenStack 计算项目，作为 IaaS 云结构控制器；
- Glance——为虚拟机镜像、发现、获取和注册提供服务；
- Swift——提供高扩展性、分布式对象存储服务；
- Horizon——OpenStack Dashboard 项目，提供基于 Web 的管理员/用户 GUI（图形界面）；
- Keystone——为 OpenStack 套件提供身份认证、令牌、目录和策略服务；
- Neutron——为 OpenStack 组件提供网络管理服务；
- Cinder——为 OpenStack 计算提供块存储服务；
- Ceilometer——提供了资源使用度量的集中记录；
- Heat——为 OpenStack 资源提供了应用级别的编排。

想要使用一个不同的操作系统或 OpenStack 版本 读者可能会倾向于使用不同的 Linux 发行版或与当前版本不同 OpenStack 版本。但是，强烈推荐使用本书指定的版本。一旦从基础和操作层面理解了 OpenStack，可以随便迁移到新版本。

Ubuntu Linux 发行版为包管理使用 APT 系统。APT 包索引是定义在/etc/apt/sources.list 文件中所有可用包的数据库。你需要确保本地的数据库与指定的 Linux 发行版存储库中的最新可用包同步。在安装 OpenStack 前，需要先升级所有库项目，包括 Linux 内核，因为内核也可能不是最新的。

代码清单 5-5 展示了如何更新和升级服务器上的包。

代码清单 5-5 更新和升级包

```
sudo apt-get -y update
sudo apt-get -y upgrade
```

一旦更新和升级完这些包，就应该重启服务器来刷新任何可能改变的包或配置，如代码清单 5-6 所示。

代码清单 5-6 重启服务器

```
sudo reboot
```

现在可以安装 OpenStack 软件依赖了。

5.1.4 安装软件依赖

在 OpenStack 环境里，依赖指的是那些不是 OpenStack 项目的软件，但又是 OpenStack 组件必需的。这些软件用来运行 OpenStack 代码（Python 和相关模块）、队列系统（RabbitMQ）和数据库平台（MySQL）等。

本节将会介绍 OpenStack 软件依赖的部署。你将会以安装 RabbitMQ 开始。

1. 安装 RabbitMQ

RabbitMQ 是一个遵守高级消息队列协议（Advanced Message Queuing Protocol，AMQP）的队列系统，允许在大规模分布式系统中保证消息的传递和顺序。OpenStack 使用 RabbitMQ 消息服务作为它的默认队列系统，允许 OpenStack 组件间快速和有序消息的通信。

可以使用 APT 或者 Linux 发行版相应的软件包管理系统来安装 RabbitMQ。代码清单 5-7 展示了使用 APT 安装的过程。

代码清单 5-7 安装 RabbitMQ

```
sudo apt-get -y install rabbitmq-server
```

执行上述命令后，会有如下输出：

```
...
The following extra packages will be installed:
  erlang-asn1 erlang-base erlang-corba ...
  libltdl7 libodbc1 libsctp1 lksctp-tools ...
...
Setting up rabbitmq-server (3.2.4-1) ...
Adding group `rabbitmq' (GID 118) ...
Done.
Adding system user `rabbitmq' (UID 111) ...
Adding new user `rabbitmq' (UID 111) with group `rabbitmq' ...
Not creating home directory `/var/lib/rabbitmq'.
 * Starting message broker rabbitmq-server
```

如果看到`[* FAILED - check /var/log/rabbitmq/startup...]`这样的错误，需确保/etc/hostname 中的主机名匹配/etc/hosts 里相应的主机，有必要的话需要重启。

RabbitMQ 会自动创建名为 `guest` 并且有管理员权限的用户。可以更改 `guest` 账号的密码，代码清单 5-8 将密码更改为 openstack1。

代码清单 5-8 配置 RabbitMQ guest 的密码

```
$ sudo rabbitmqctl change_password guest openstack1
```

```
Changing password for user "guest" ...
...done.
```

现在必须验证 RabbitMQ 是否正常运行，如代码清单 5-9 所示。

代码清单 5-9 验证 RabbitMQ 的状态

```
$sudo rabbitmqctl status
Status of node rabbit@controller ...
[{pid,2452},
 {running_applications,[{rabbit,"RabbitMQ","3.2.4"},
                        {mnesia,"MNESIA CXC 138 12","4.11"},
                        {os_mon,"CPO CXC 138 46","2.2.14"},
                        {xmerl,"XML parser","1.3.5"},
                        {sasl,"SASL CXC 138 11","2.3.4"},
                        {stdlib,"ERTS CXC 138 10","1.19.4"},
                        {kernel,"ERTS CXC 138 10","2.16.4"}]},
...
...done.
```

现在已经有了准备给 OpenStack 使用的 RabbitMQ 完整功能的部署。

2．安装 MySQL

OpenStack 使用传统的关系型数据库来存储配置和状态信息。默认 OpenStack 被配置为所有组件使用一个内置的 SQLite 数据库，但由于 MySQL 的性能和通用性，这里会介绍配置组件使用 MySQL 来替代 SQLite。使用 MySQL 服务器来作为后端配置和状态的存储。第 5 章～第 8 章所有部署的 OpenStack 组件使用的数据库将使用这里部署的中心数据库。

可以使用 APT 或者 Linux 发行版相应的软件包管理系统来安装 MySQL。代码清单 5-10 展示了 APT 的安装方式。

代码清单 5-10 安装 MySQL

```
$ sudo apt-get -y install python-mysqldb mysql-server
Reading package lists... Done
Building dependency tree
Reading state information... Done
Suggested packages:
  python-mysqldb-dbg
  ...
The following NEW packages will be installed:
  ...
  mysql-server python-mysqldb
...
Setting up libaio1:amd64 (0.3.109-3) ...
Setting up libmysqlclient18:amd64 (5.5.29-0ubuntu1) ...
Setting up libnet-daemon-perl (0.48-1) ...
Setting up libplrpc-perl (0.2020-2) ...
Setting up libdbi-perl (1.622-1) ...
```

```
Setting up libdbd-mysql-perl (4.021-1) ...
Setting up mysql-client-core-5.5 (5.5.38-0ubuntu1) ...
Setting up libterm-readkey-perl (2.30-4build4) ...
Setting up mysql-client-5.5 (5.5.38-0ubuntu1) ...
Setting up mysql-server-core-5.5 (5.5.38-0ubuntu1) ...
Setting up mysql-server-5.5 (5.5.38-0ubuntu1) ...
Setting up libhtml-template-perl (2.91-1) ...
Setting up python-mysqldb (1.2.3-1ubuntu1) ...
Setting up mysql-server (5.5.38-0ubuntu1) ...
Setting up mysql-server (5.5.38-0ubuntu0.14.04.1) ...
Setting up python-mysqldb (1.2.3-1build1) ...
```

当出现输入提示时，输入 `openstack1` 作为 MySQL root 账号的密码。当然，读者可以使用任何喜欢的密码，但记得在本书所有的例子中使用相同的密码——所有例子都会使用这里设置的密码。

为了让本地的 MySQL 实例能被外部服务（使用内部网络的其他节点）访问，需要改变 MySQL 启动时绑定的地址。使用喜欢的文本编辑器，打开 /etc/mysql/my.cnf，然后如代码清单 5-11 所示修改绑定地址 bind-address 为 `0.0.0.0`。

代码清单 5-11 修改/etc/mysql/my.cnf

```
# Instead of skip-networking the default is now to listen
#only on localhost which is more compatible and is not
#less secure.

#bind-address            = 127.0.0.1
#Bind to Internal Address of Controller
bind-address             = 0.0.0.0
```

MySQL 的性能 介绍 MySQL 性能调优超出本书的范围，但读者应该认识到 MySQL 性能会影响 OpenStack 的性能。因为状态和配置信息都是通过 MySQL 来维护，所以 MySQL 服务器的性能差会对 OpenStack 性能有多方面的负面影响。在多用户和生产环境，推荐花时间来理解和配置 /etc/mysql/my.cnf 里与性能相关的设置。

现在需要重启 MySQL，然后检查它的操作，如代码清单 5-12 所示。

代码清单 5-12 重启和验证 MySQL 是否运行和可访问

```
sudo service mysql restart
sudo service mysql status
mysqladmin -u root -h localhost -p status
```

执行上述命令后，可以得到这样的输出：

```
$ sudo service mysql restart
[mysql stop/waiting
mysql start/running, process 17396
```

```
$ service mysql status
mysql start/running, process 17396

$ mysqladmin -u root -h localhost -p status
Enter password: <enter openstack1 as set in previous step>
Uptime: 193 Threads: 1 Questions: 571 Slow queries: 0
Opens: 421 Flush tables: 1 Open tables: 41
Queries per second avg: 2.958
```

现在有了正常运行的 MySQL 实例。如果 MySQL 安装过程没有出现错误，但实例启动失败，应该检查一下/etc/mysql/my.cnf 文件在修改[bind-address=0.0.0.0]时是否有手误。

3. 访问 MySQL 控制台

MySQL 控制台通常从 MySQL 客户端应用程序被访问。mysql 命令可以带上多个参数，包括-u <username>、-h <hostname>和 -p <password>。

可以让密码空白然后提示时再输入，或者作为命令的一部分输入。注意参数-p 和密码之间没有空格。如果读者也是用 openstack1 这个密码，那访问 MySQL 控制台的命令应该是这样 mysql -u root -popenstack1。

代码清单 5-13 展示了通过提示输入密码方式来登录。

代码清单 5-13　以 root 账号登录 MySQL 服务器

```
$ mysql -u root -p
Enter password: <enter mysql root password>
...
<verbose text removed>
...
mysql>
```

现在已经确认 MySQL 服务正常运行，也可以访问它的控制台，可以进行下一步组件的安装。在本书整个第二部分无论什么时候需要创建数据库和对用户授权，回来参考代码清单 5-13。

5.2　部署共享服务

OpenStack 共享服务是那些横跨计算、存储和网络服务，且被这些 OpenStack 组件共享的服务。下面是一些官方 OpenStack 共享服务：

- 身份认证服务（Keystone）——为 OpenStack 套件提供身份认证、令牌、目录和策略服务；
- 镜像服务（Glance）——为虚拟机镜像发现、获取和注册提供服务；
- 计量服务（Ceilometer）——为 OpenStack 套件的检测和测量信息提供中心服务；
- 编排服务（Heat）——使用来自由 OpenStack 管理的虚拟机资源的脚本使应用程序被部署；
- 数据库服务（Trove）——使用 OpenStack 提供基于云的关系型或非关系型数据库服务。

第 5 章～第 8 章将会有限度地介绍这些共享服务的前面两种（身份认证和镜像服务），这些是基本虚拟机供给必需的。通过这两种服务的部署，读者应该可以获得足够的了解去部署其他可选的服务。其中的一些可选服务将会在本书第三部分详细介绍。

5.2.1 部署身份认证服务（Keystone）

OpenStack 身份认证服务，如名字所示，是对 OpenStack 整个框架记录所有身份信息（用户、角色和租户等）的系统。它为所有 OpenStack 组件提供了认证、授权和资源目录这样一个共同分享的身份认证服务。这个服务可以配置来与现有的后端服务，如 Microsoft Active Directory（AD）和 Lightweight Directory Access Protocol（LDAP）整合，或者可以独立运行。它支持多种形式的认证方式：包括用户名和密码、基于令牌的凭证和 AWS 风格（REST）的登录。

管理员角色的用户使用身份认证服务（Keystone）来管理所有 OpenStack 的用户身份信息，包括下面这些任务：

- 创建用户、租户和角色；
- 基于角色访问控制（RBAC）策略分配资源权限；
- 配置认证和授权。

没有管理员权限的用户主要通过 Keystone 来进行认证和授权操作。

Keystone 维护下面的对象：

- *用户*——如你所想，是系统的用户，如 admin 和 guest 用户；
- *租户*——用来对资源、权限和用户分组的项目（租户）；
- *角色*——定义了一个用户在某个租户的权限；
- *服务*——在 Keystone 实例里注册的服务组件，如计算、网络、镜像和存储服务，可以把它们当成是 OpenStack 部署提供的服务列表；
- *端点*（endpoint）——在特定的 Keystone 服务器注册的具体服务 API 的 URL 地址，可以想象成是 OpenStack 部署提供的服务的连接信息。

下一节将会从软件仓库安装 Keystone 包和配置这个服务。

1. 安装身份认证服务（Keystone）

第一步是安装 Keystone 包和相关依赖，命令如代码清单 5-14 所示。

代码清单 5-14 安装 Keystone 包

```
sudo apt-get -y install keystone
```

执行上述命令后，可以得到这样的输出：

```
Reading package lists... Done
Building dependency tree
Reading state information... Done
The following extra packages will be installed:
```

```
    dbconfig-common python-keystone python-keystoneclient
    python-passlib python-prettytable
  Suggested packages:
    python-memcached
  The following NEW packages will be installed:
    dbconfig-common keystone python-keystone
    python-keystoneclient python-passlib python-prettytable
  0 upgraded, 6 newly installed, 0 to remove and 0 not
  upgraded. Need to get 751 kB of archives.
  After this operation, 3,682 kB of additional disk space will
  be used.
  Preconfiguring packages ...
  . . .
  keystone start/running, process 6692

  openstack@openstack1:~$ id keystone
  uid=114(keystone) gid=124(keystone) groups=124(keystone)
```

安装过程会获取 Keystone 二进制文件，为 Keystone 服务设置一个名为 keystone 的账户，把默认配置文件放在/etc/keystone 目录下。

2．配置 Keystone 数据存储

默认情况下，Keystone 会使用本地的 SQLite 数据库。在本例中，读者将会部署一个多节点的系统，而 SQLite 不适合，因为 SQLite 数据库不能被远程访问，性能也很有限。可以使用 MySQL 替代 SQLite。

首先要登录到数据库服务器，如 5.1.4 节的“访问 MySQL 控制台”小节所述。本书这部分的剩余部分使用的服务的 MySQL 账号定义形式为服务名加“_dbu”，如 keystone 服务的是 keystone_dbu。需要创建 keystone 数据库和 MySQL 用户 keystone_dbu，然后授予用户访问 keystone 数据库的权限。

在 MySQL 里，用户创建和权限授予功能可以在相同的步骤完成。keystone.* TO 'keystone_dbu'@'%'这条命令指定 MySQL 用户 keystone_dbu 可以从任何远程地址访问 keystone 数据库里的对象。

代码清单 5-15 展示了创建数据库、创建用户和授权访问的命令。

代码清单 5-15 创建数据库和授权访问

```
mysql> CREATE DATABASE keystone;
Query OK, 1 row affected (0.00 sec)

mysql> GRANT ALL ON keystone_dbu.* TO 'keystone'@'localhost' \
    -> IDENTIFIED BY 'openstack1';
Query OK, 0 rows affected (0.00 sec)
```

可以通过代码清单 5-16 所示的命令来验证数据库的创建。

代码清单 5-16 验证数据库和用户

```
show grants for 'keystone_dbu'@'localhost';
```

在下面的命令输出中可以看到，MySQL 用户 keystone_dbu 现在有了 keystone 数据库的访问权限：

```
+---------------------------------------------------------+
| Grants for keystone@%
+---------------------------------------------------------+
| GRANT USAGE ON *.* TO 'keystone_dbu'@'localhost' *removed password*
| GRANT ALL PRIVILEGES ON `keystone`.* TO 'keystone'@'localhost'
+---------------------------------------------------------+
2 rows in set (0.00 sec)
```

现在可以退出 MySQL shell。无论什么时候都可以通过在提示符 mysql>下输入 quit 并按回车键退出 shell。

SQL 访问和权限改变 在前面的数据库创建例子中，读者可能会注意到授予的数据库权限不但允许被 localhost 访问，而且可以被其他任何主机访问。这是为了允许在远程服务器上的组件直接访问数据库。在生产环境中，你可能想分配数据库资源给本地主机或者允许某些主机数据库级别的访问，而不是所有主机。

默认情况下，Keystone 的数据存储是 SQLite，因此现在需要配置它去使用 MySQL。Keystone 通过一个主要的配置文件/etc/keystone/keystone.conf 进行配置。为了改变数据存储到 MySQL，修改/etc/keystone/keystone.conf 文件中[sql]部分的 connection 行，如代码清单 5-17 所示。

代码清单 5-17 修改/etc/keystone/keystone.conf

```
[sql]
#connection = sqlite:////var/lib/keystone/keystone.db
connection = mysql://keystone_dbu:openstack1@localhost:3306/keystone
mysql_sql_mode=TRADITIONAL
```

MySQL 连接字符串的格式是 [*db_username*]:[*db_username_password*]@[*db_hostname*]: [*db_port*]/[*db_name*]。

改动在下一次 Keystone 重启时生效。重启 Keystone 过程如代码清单 5-18 所示。

代码清单 5-18 重启 Keystone

```
$ sudo service keystone restart
keystone stop/waiting
keystone start/running, process 7868
```

现在已经配置了 MySQL 用户和 Keystone 服务的数据库，还配置了 Keystone 使用 MySQL 作为数据库，重启了 Keystone 服务。但在开始使用 Keystone 前，还需要以 Keystone 模式初始化数据库，下一节将会介绍。

3. 初始化 Keystone 数据库

已经创建了 Keystone 数据库，也配置了服务使用它，但数据库是空的，因此需要对它进行初始化。初始化过程就是在配置文件/etc/keystone/keystone.conf 里构建本地数据库模式。

可以通过代码清单 5-19 所示的命令来初始化 Keystone 数据库。如果没有输出，则说明执行成功。

代码清单 5-19 初始化数据存储

```
sudo keystone-manage db_sync
```

现在 Keystone 服务可以使用 MySQL 作为后端数据存储运行了。下面需要使用 Keystone 创建 OpenStack 对象（用户、角色和租户等）。

4. 初始化 Keystone 变量

下一步是加入用户、租户和角色到 Keystone。要访问 Keystone 服务，必须先配置一些 Keystone 用来进行认证的临时环境变量。

使用喜欢的文本编辑器，在主（home）目录创建名为 keystone.auth 的文件，内容如代码清单 5-20 所示。

代码清单 5-20 创建 keystone.auth

```
#This file contains environmental variables used to access Keystone

# Host address
HOST_IP=192.168.0.50 #The Management Address

# Keystone definitions
KEYSTONE_REGION=RegionOne
ADMIN_PASSWORD=admin_pass
SERVICE_PASSWORD=service_pass
export SERVICE_TOKEN="ADMIN"
export SERVICE_ENDPOINT="http://192.168.0.50:35357/v2.0"
SERVICE_TENANT_NAME=service
```

文件创建好后，使用 `source` 命令来执行 keystone.auth 脚本，然后使用 `set` 命令来验证这些环境变量是否被设置。代码清单 5-21 展示了如何执行脚本和验证变量。

代码清单 5-21 设置和确认 keystone.auth 变量

```
$ source ~/keystone.auth
$ set | grep SERVICE
SERVICE_ENDPOINT=http://192.168.0.50:35357/v2.0
SERVICE_PASSWORD=service_pass
SERVICE_TENANT_NAME=service
SERVICE_TOKEN=ADMIN
```

现在可以做个快速检查以查看 Keystone 功能是否正常。执行命令 keystone discover 显示已知的 Keystone 服务器和 API 版本，如代码清单 5-22 所示。

代码清单 5-22　检查 Keystone 操作

```
$ keystone discover
Keystone found at http://localhost:35357
    - supports version v3.0 (stable) here http://localhost:35357/v3/
No handlers could be found for logger "keystoneclient.generic.client"
    - supports version v2.0 (stable) here http://localhost:35357/v2.0/
        - and s3tokens: OpenStack S3 API
        - and OS-EP-FILTER: OpenStack Keystone Endpoint Filter API
        - and OS-FEDERATION: OpenStack Federation APIs
        - and OS-KSADM: OpenStack Keystone Admin
        - and OS-SIMPLE-CERT: OpenStack Simple Certificate API
        - and OS-EC2: OpenStack EC2 API
```

应该可以看到刚刚安装的 Keystone 服务。如果没看到错误，就可以开始为 OpenStack 其他服务准备 Keystone。

5. 创建 Keystone 服务和端点

必须指定 Keystone 将会管理授权和认证的服务。因为创建 Keystone 服务和端点（endpoint）的过程对所有 OpenStack 组件一样，所以现在就为这些后面章节将会安装的组件创建 Keystone 服务和端点。

在 OpenStack 里，很多服务可以分布在多个节点上，但不是所有 OpenStack 部署都会运行所有 OpenStack 服务。要标识在具体部署中某个服务是可用的，必须在 Keystone 里注册这个服务，标识服务的类型和在部署的环境哪里可以找到它。

实际上，是通过创建（注册）一个新的服务到 Keystone 来标识一个服务。这个服务的地址通过在 Keystone 里为这个新服务创建一个端点来指定。Keystone 会维护所有激活的服务和它们的端点的列表。

首先通过代码清单 5-23 所示的命令来为 Keystone 本身创建服务和端点。

代码清单 5-23　创建 Keystone 服务

```
keystone service-create --name=keystone \
    --type=identity --description="Identity Service"
```

执行上述命令后，可以得到这样的输出：

```
+-------------+----------------------------------+
|  Property   |              Value               |
+-------------+----------------------------------+
| description |         Identity Service         |
|     id      | 541cffe246434a2e8d97653303df4ffd |
|    name     |             keystone             |
|    type     |             identity             |
+-------------+----------------------------------+
```

现在已经在 Keystone 里创建了服务，并且分配了一个服务 ID，在创建端点时会用到。

在 5.1.2 节中介绍了 OpenStack 允许为组件通信指定多个网络类型。在注册端点时，通过分配一个 URL（地址）来指定一个网络。这些端点的不同点是每个接口暴露的 API 功能不同。API 功能暴露基于具体服务分配而不同。这些可能的端点分配：

- publicurl——用于终端用户通信，如 CLI 和 Dashboard 的通信；
- internalurl——用于组件到组件的通信，如一个资源服务（nova-compute）与相应的控制器服务（nova-server）通信；
- adminurl——用于使用 admin 用户的服务的通信，如使用 admin 账号引导 Keystone 初始配置。

除了指定 publicurl、internalurl 或 adminurl，在创建端点时还必须提供区域。区域以独一无二的 API 端点和服务作为离散的 OpenStack 环境，但它们共享单个 Keystone 实例。图 5-3 展示了 OpenStack 部署如何分成几个区域，并共享一个中心 Keystone 实例。

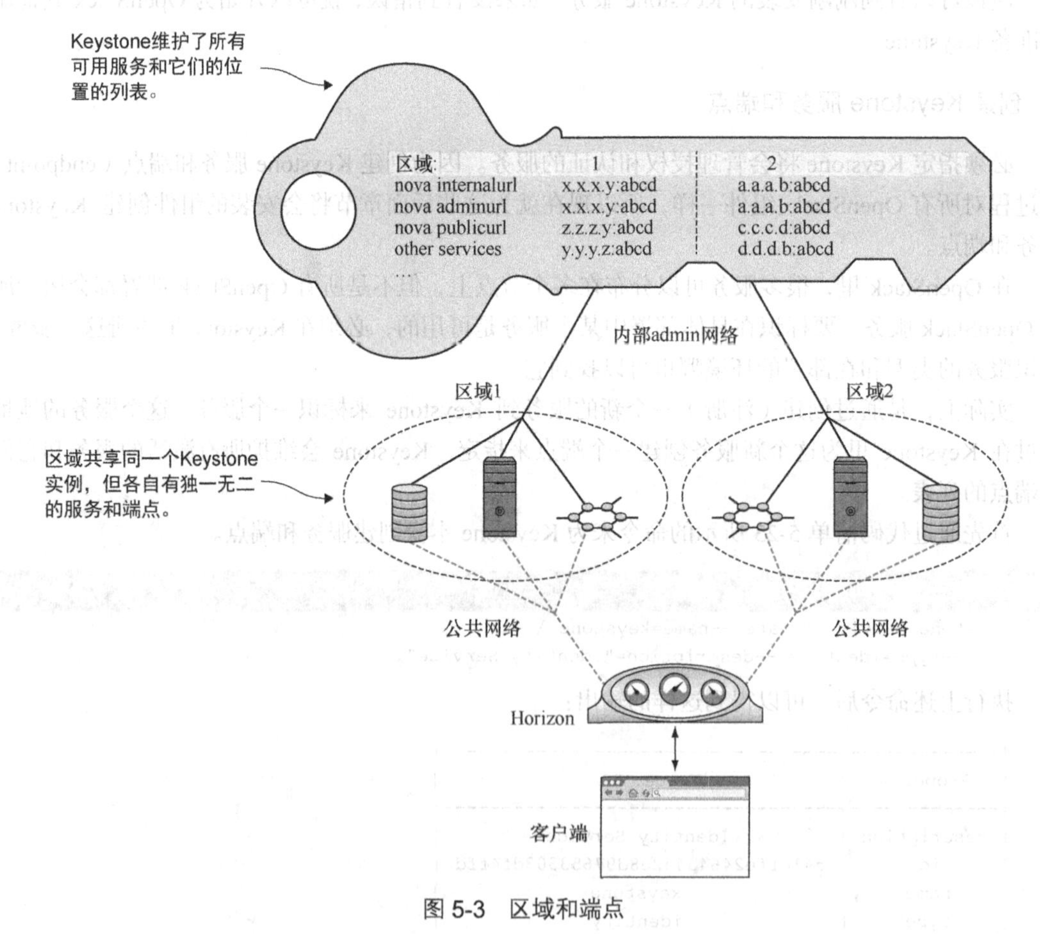

图 5-3　区域和端点

本书的例子都基于单个区域的部署。例子中都分配 RegionOne 作为所有 region 配置的名称。publicurl 对应表 5-1 列举的控制器的公网地址。internalurl 和 adminurl 对应表 5-1 中控制器的内部地址。

现在需要按代码清单 5-24 所示创建 Keystone 端点。

代码清单 5-24 创建 Keystone 端点

```
keystone endpoint-create \
  --region RegionOne \
  --service=keystone \
  --publicurl=http://10.33.2.50:5000/v2.0 \
  --internalurl=http://192.168.0.50:5000/v2.0 \
  --adminurl=http://192.168.0.50:35357/v2.0
```

执行上述命令后，可以得到这样的输出：

```
+-------------+----------------------------------+
|  Property   |              Value               |
+-------------+----------------------------------+
|   adminurl  |  http://192.168.0.50:35357/v2.0  |
|      id     | ad3ef29c0e2d40efb20e11eca2f2ff5d |
| internalurl |  http://192.168.0.50:5000/v2.0   |
|  publicurl  |   http://10.33.2.50:5000/v2.0    |
|    region   |            RegionOne             |
|  service_id | 8c066ff224a34d1aa354abe73708b804 |
+-------------+----------------------------------+
```

现在已经为 Keystone 服务创建了一个端点。下一步是创建一个租户，用来作为额外配置的容器。

6. 创建租户

首先要创建的是 admin 和 service 租户。admin 租户是 admin 用户的租户。service 租户是存储服务的用户和配置信息的租户。在安装过程中创建新服务时引用 service 租户。

按照代码清单 5-25 创建 admin 租户。

代码清单 5-25 创建 admin 租户

```
$ keystone tenant-create --name=admin --description "Admin Tenant"
+-------------+----------------------------------+
|  Property   |              Value               |
+-------------+----------------------------------+
| description |           Admin Tenant           |
|   enabled   |               True               |
|      id     | 55bd141d9a29489d938bb492a1b2884c |
|     name    |              admin               |
+-------------+----------------------------------+
```

代码清单 5-26 展示了如何创建 service 租户。

代码清单 5-26 创建 service 租户

```
$ keystone tenant-create --name=service \
--description="Service Tenant"
+-------------+----------------------------------+
|  Property   |              Value               |
+-------------+----------------------------------+
| description |          Service Tenant          |
|   enabled   |               True               |
|     id      | b3c5ebecb36d4bb2916fecd8aed3aa1a |
|    name     |             service              |
+-------------+----------------------------------+
```

现在已经创建了 admin 和 service 租户，下一步是创建用户。

7. 创建用户

创建好租户后，需要按代码清单 5-27 所示创建 admin 用户。

代码清单 5-27 创建 admin 用户

```
$ keystone user-create --name=admin \
              --pass=openstack1 \
              --email=admin@testco.com
+----------+----------------------------------+
| Property |              Value               |
+----------+----------------------------------+
|  email   |         admin@testco.com         |
| enabled  |               True               |
|    id    | 8f39caccce9b4a01b51bdef57460a76e |
|   name   |              admin               |
| username |              admin               |
+----------+----------------------------------+
```

现在已经创建了 admin 用户，在部署 OpenStack 服务过程中，将会使用这个账号作为部署的管理员。

8. 创建角色

Keystone 角色被分配给每个租户的各个用户，指定在具体租户内用户的权限。用户创建后，需要创建这些用户的角色。

代码清单 5-28 展示了如何创建 admin 角色。

代码清单 5-28 创建 admin 角色

```
$ keystone role-create --name=admin
+----------+----------------------------------+
| Property |              Value               |
+----------+----------------------------------+
|    id    | d566b73857234f45ab1b3cb90c560da3 |
```

```
|   name   |              admin               |
+----------+----------------------------------+
```

还需要创建一个 Member 角色来分配给用户，不让他们成为租户的管理员，如代码清单 5-29 所示。Member 角色还是 OpenStack Dashboard 使用的默认角色，因此必须配置。

代码清单 5-29　创建 Member 角色

```
$ keystone role-create --name=Member
+----------+----------------------------------+
| Property |              Value               |
+----------+----------------------------------+
|    id    | 45f75b4422774a25be07cbab055c50d8 |
|   name   |              Member              |
+----------+----------------------------------+
```

现在已经创建了这些角色，但它们还没分配给任何用户和租户。下一步是给具体租户内的用户分配角色。

9. 分配角色

现在需要分配 admin 角色给 admin 里的 admin 用户。可以按照代码清单 5-30 所示，使用 Keystone 的命令 user-role-add 并加上用户、角色和租户来执行。如果命令执行成功，则没有输出。

代码清单 5-30　分配 admin 角色

```
keystone user-role-add --user=admin --role=admin --tenant=admin
```

现在已经分配 Keystone 角色 admin 给 admin 租户里的 admin 用户了。不用担心，大多数分配会比 admin>admin>admin 更加清晰。

OpenStack 管理工具的发展　在之前的 OpenStack 发行版本，在分配角色时必须指定很长的 ID，而不是名称。确保检查每个 OpenStack 发行版的命令行工具，查看新的命令和命令的变化。

下一步是验证分配的角色。

10. 列举角色

要验证 admin 用户是否已经在 admin 租户内分配了适当的角色，可以使用 keystone user-role-list 命令来列举某个用户的所有角色，如代码清单 5-31 所示。

代码清单 5-31　验证 admin 租户里的 admin 角色

```
$ keystone user-role-list --user=admin --tenant=admin
+----------------------------------+----------------------+
|                id                |         name         |
+----------------------------------+----------------------+
```

```
| 42639ba997424e7d8fbf24353bff2a08 |         admin         |
+----------------------------------+-----------------------+
```

OpenStack 中的对象 ID 很长，在每个对象实例创建时都是独一无二的，因此 user_id 和 tenant_id 信息在显示输出时已经缩短了。

祝贺你！现在已经完成 Keystone 部署的所有手动步骤，也验证了操作的正确性。

检查 Keystone 服务日志 在继续下一步之前，检查 Keystone 日志文件（/var/log/keystone）查看任何错误或其他明显的问题（如记录了失败的输出）。还可以在/var/log/upstart/下查看所有 OpenStack 服务的日志。

如果在第 2 章中使用 DevStack 部署 OpenStack 时没遇到问题，在安装第一个组件后读者可能会赞赏 DevStack。如果在使用 DevStack 时遇到问题，本书这部分的手动部署的好处就更加明显了。

下一节将会安装最后一个共享服务组件——Glance。之后就开始核心组件的安装。

5.2.2 部署镜像服务（Glance）

虚拟机镜像是之前配置的虚拟机实例的副本。这些镜像在虚拟机创建后可以被复制和应用到新的虚拟机。这个过程免去了在部署虚拟机时用户必须部署操作系统和其他软件的麻烦。

Glance 是 OpenStack 环境里用来发现、部署和管理虚拟机镜像的 OpenStack 模块。默认情况下，Glance 会利用 RabbitMQ 服务，以允许 OpenStack 组件与 Glance 进行远程通信而不用通过控制器。

在下文中，将会在 Keystone 手动配置必需的 Glance 服务和 Glance 端点。还要创建 MySQL 表和授予 MySQL 权限，以便让 Glance 服务可以使用它作为中心数据存储。

1．创建 Glance 数据存储

现在需要创建 Glance 数据库，用来保存镜像的配置和状态信息。然后，授予 MySQL 的 glance_dbu 用户对这个新数据库的访问权限。

在 MySQL 中，用户创建和权限授予可以在同一步骤中完成。首先，以 root 用户登录到数据库服务器，如 5.1.4 节的“访问 MySQL 控制台”小节所述。然后，使用 MySQL GRANT 命令，如代码清单 5-32 所示。

代码清单 5-32 创建数据库和授予访问权限

```
CREATE DATABASE glance;
GRANT ALL ON glance.* TO 'glance_dbu'@'localhost' \
    IDENTIFIED BY 'openstack1';
```

现在可以检查授权是否已经成功：

```
mysql> SHOW GRANTS FOR 'glance_dbu'@'localhost';
+--------------------------------------------------------------------+
| Grants for glance_dbu@localhost                                    |
+--------------------------------------------------------------------+
| GRANT USAGE ON *.* TO 'glance_dbu'@'localhost' <removed password> |
| GRANT ALL PRIVILEGES ON `glance`.* TO 'glance_dbu'@'localhost'     |
+--------------------------------------------------------------------+
2 rows in set (0.00 sec)
```

输入 quit 并按回车键可退出 MySQL shell。

在该例中，glance.* TO 'glance_dbu'@'localhost'这部分意味着 MySQL 用户 glance 被授予从 localhost 访问 Glance 数据库下的所有对象的权限。

本地系统用户 glance 将会在后面的“安装 Glance”小节中创建，本小节中出现的账号是指 MySQL 内部账号。Glance 服务会以本地 glance 账号运行，而 MySQL glance_dbu 账号将会用来访问在 MySQL 下创建的 Glance 数据库表。

在接下来的部分，将会在 Keystone 中配置 Glance 用户、服务和端点。这样可以允许 Glance 组件被部署所识别和操作。

2. 配置 Glance 的 Keystone 用户

你必须为 Glance 创建一个 Keystone 服务用户账号。这个账号将会被 Glance 服务用来检验令牌以及认证与授权其他用户请求。要让 Glance 对系统可见，必须在 Keystone 创建一个服务和一个端点。

如代码清单 5-33 所示在 Keystone 创建 glance 用户。

代码清单 5-33 创建一个 glance 用户

```
$ keystone user-create --name=glance \
            --pass="openstack1" \
            --email=glance@testco.com
+----------+----------------------------------+
| Property |              Value               |
+----------+----------------------------------+
|  email   |        glance@testco.com         |
| enabled  |               True               |
|    id    | 2ec6f7d7fbc64da090770be764d9c6a8 |
|   name   |              glance              |
| username |              glance              |
+----------+----------------------------------+
```

现在可以分配 admin 角色给 glance 用户。代码清单 5-34 展示了如何用 Keystone 里的用户名 glance、租户名 service 和角色名 admin，来分配 admin 角色给 service 租户里的 glance 用户。

代码清单 5-34 分配 admin 角色给 service 租户中的 glance 用户

```
keystone user-role-add --user=glance --role-id=admin --tenant=service
```

如果上述命令执行成功，则没有输出。

接下来，检查以确保用户成功创建并分配了相应的角色。

```
keystone user-role-list --user=glance --tenant=service
+----------------------------------+-------+
|                id                | name  |
+----------------------------------+-------+
| 42639ba997424e7d8fbf24353bff2a08 | admin |
+----------------------------------+-------+
```

前面输出的 user_id 和 tenant_id 信息已经缩减。

现在可以准备创建服务和端点。

3. 创建 Glance 服务和端点

现在可以为 Glance 镜像服务创建服务和端点。端点和服务信息如 5.2.1 节所述，由 Keystone 维护。注册服务让 Glance 能被 OpenStack 部署所识别，注册端点指定服务的 API 的地址。

在服务创建过程中，必须提供描述服务的参数。例如，在代码清单 5-35 中，注意参数 --type=image，向 Keystone 指明这是个镜像服务。名称和描述的好处是可读性更好；类型用来区分不同服务。

代码清单 5-35 创建 Glance 服务

```
$ keystone service-create --name=glance --type=image \
--description="Image Service"
+-------------+----------------------------------+
|   Property  |              Value               |
+-------------+----------------------------------+
| description |          Image Service           |
|   enabled   |               True               |
|      id     | ff29dcdc693e4e55b3720a4da2771da8 |
|     name    |              glance              |
|     type    |              image               |
+-------------+----------------------------------+
```

要创建端点，必须提供刚刚生成的 Glance 服务名称、region、publicurl、internalurl 和 adminurl。如上文所述，本书假设只在单一区域部署，因此为所有 region 设置使用 RegionOne。publicurl 会设置成表 5-1 列举的控制器相应的公网地址。internalurl 和 adminurl 对应表 5-1 中控制器的 OpenStack 内部地址。执行的命令及其输出如代码清单 5-36 所示。

代码清单 5-36 创建 Glance 端点

```
$ keystone endpoint-create \
```

```
> --region RegionOne \
> --service=glance \
> --publicurl=http://10.33.2.50:9292 \
> --internalurl=http://192.168.0.50:9292 \
> --adminurl=http://192.168.0.50:9292
+-------------+----------------------------------+
|   Property  |              Value               |
+-------------+----------------------------------+
|   adminurl  |     http://192.168.0.50:9292     |
|      id     | aaeaaf52c3c94b2eaf3bc33bd16db0b3 |
| internalurl |     http://192.168.0.50:9292     |
|  publicurl  |      http://10.33.2.50:9292      |
|    region   |            RegionOne             |
|  service_id | ff29dcdc693e4e55b3720a4da2771da8 |
+-------------+----------------------------------+
```

现在关于 Glance 的 Keystone 配置已经完成，可以进行 Glance 软件包的安装。

4. 安装 Glance

现在可以在控制器上安装 Glance 软件。代码清单 5-37 展示了其安装过程。

代码清单 5-37 安装 Glance 软件

```
$ sudo apt-get -y install glance glance-api \
    glance-registry python-glanceclient \
    glance-common
The following extra packages will be installed:
  libgmp10 libyaml-0-2 python-amqplib python-anyjson
python-boto python-crypto python-dateutil python-glance
python-httplib2 python-json-patch python-json-pointer
  python-jsonschema python-kombu python-oslo-config
python-swiftclient python-warlock python-xattr python-yaml
...
Adding system user `glance' (UID 109) ...
Adding new user `glance' (UID 109) with group `glance' ...
...
ldconfig deferred processing now taking place
```

需要修改 etc/glance/glance-api.conf 和/etc/glance/glance-registry.conf 文件来设置 MySQL 信息。代码清单 5-38 展示了对文件/etc/glance/glance-api.conf 的改动。

代码清单 5-38 修改/etc/glance/glance-api.conf

```
[DEFAULT]                          <---- ❶ 配置后端设置
rpc_backend = rabbit
rabbit_host = 192.168.0.50
rabbit_password = openstack1

[database]                         <---- ❷ 配置 MySQL 信息
#sqlite_db = /var/lib/glance/glance.sqlite
```

```
connection = mysql://glance_dbu:openstack1@localhost/glance
mysql_sql_mode = TRADITIONAL
...
```

可以看到，在文件/etc/glance/glance-api.conf 中需要配置 MySQL 信息❶和 `rpc_backend` 设置❷。

Glance 在哪里存储数据？

Glance 可以配置使用多种后端进行数据存储，包括本地文件系统、Cinder 和 Swift（OpenStack 对象存储）。默认情况下，在文件/etc/glance/glance-api.conf 里的下列参数设置/var/lib/glance/images 目录作为 Glance 的存储：

```
# Directory that the Filesystem backend store
# writes image data to
filesystem_store_datadir = /var/lib/glance/images/
```

现在可以修改 glance-registry.conf 文件。这里只需要对`[database]`部分进行修改，如代码清单 5-39 所示。

代码清单 5-39 修改/etc/glance/glance-registry.conf

```
[database]
#sqlite_db = /var/lib/glance/glance.sqlite
connection = mysql://glance_dbu:openstack1@localhost/glance
mysql_sql_mode = TRADITIONAL
```

为了更新配置，必须重启 glance-api 和 glance-registry 服务，如代码清单 5-40 所示。

代码清单 5-40 重启 glance-api 和 glance-registry

```
$ sudo service glance-api restart
glance-api stop/waiting
glance-api start/running, process 5372

$ sudo service glance-registry restart
glance-registry stop/waiting
glance-registry start/running, process 5417
```

现在已经配置好 Glance 服务需要的数据库和账号信息，还需要通过代码清单 5-41 所示的命令初始化 Glance 数据库。如果命令执行成功，则没有输出。

代码清单 5-41 初始化数据存储

```
sudo glance-manage db_sync
```

Glance 模块现在已经初始化好了，可以用来管理镜像了。

UTF8 错误

如果在执行 db_sync 过程中出现 CRITICAL glance [-] ValueError: Tables "migrate_version" have non utf8 collation, please make sure all tables are CHARSET=utf8 这样的错误，进行下面的操作，转换数据表的编码方式（CHARSET）为 Unicode（utf8）:

```
$ mysql --user=root --password=openstack1 glance

mysql> alter table migrate_version convert to \
  character set utf8 collate utf8_unicode_ci;
Query OK, 1 row affected (0.25 sec)
Records: 1 Duplicates: 0 Warnings: 0
```

5. 镜像管理

为了测试 Glance，可以下载一个预先构建的镜像并注册到 Glance 中。为了测试目的，我们将会使用公开的可用的 Ubuntu 云镜像，它是专门为运行在类似 OpenStack 这样的云环境上而开发的。

下载预先构建的镜像的命令如代码清单 5-42 所示。读者可以使用任何 Glance 支持的镜像类型，但记住 KVM 半虚拟化驱动可能需要添加到任何现成的镜像中。

代码清单 5-42 下载预先构建的镜像

```
wget http://cdn.download.cirros-cloud.net/0.3.2/cirros-0.3.2-x86_64-disk.img
```

Ubuntu 镜像 可以按照代码清单 5-43 的介绍添加任何镜像，如一个 Ubuntu 镜像。

一旦镜像下载完成，可以使用它来创建 Glance 镜像，如代码清单 5-43 所示。有多种镜像容器和磁盘格式，这里使用 KVM 环境里常用的 qcow2 格式来存储镜像。镜像容器本身是 OVF，在命令行中指定。磁盘和容器格式可以基于磁盘镜像而不相同。截至 OpenStack 的 Grizzly 版本，所有容器都被当成是 bare，因此，如果不确定容器格式，bare 是一个安全做法。

表 5-2 和表 5-3 列举了 OpenStack 网站上支持的磁盘和容器格式。

表 5-2 磁盘格式

格式	描述
raw	非结构化的磁盘镜像格式
vhd	VHD 磁盘格式，被来自 VMware、Xen、Microsoft、VirtualBox 等虚拟机监视器使用的常见磁盘格式
vmdk	被很多常见的虚拟机监视器支持的另一种常见磁盘格式

续表

格　式	描　述
vdi	VirtualBox 虚拟机监视器和 QEMU 模拟器支持的磁盘格式
iso	光盘（如 CD-ROM）数据内容的归档格式
qcow2	QEMU 模拟器支持的磁盘格式，可以动态扩展和支持写时复制
aki	表明存储在 Glance 的是 Amazon 内核镜像
ari	表明存储在 Glance 的是 Amazon 内存（ramdisk）镜像
ami	表明存储在 Glance 的是 Amazon 机器（machine）镜像

表 5-3 容器格式

格　式	描　述
bare	表明没有容器或元数据封装在镜像里
ovf	OVF 容器格式
aki	表明存储在 Glance 的是 Amazon 内核镜像
ari	表明存储在 Glance 的是 Amazon 内存（ramdisk） 镜像
ami	表明存储在 Glance 的是 Amazon 机器（machine）镜像
ova	表明存储在 Glance 的是 OVA TAR 文件

Keystone 认证 前面执行的命令都是通过在 Keystone 安装过程中设置的环境变量提供的服务凭证来进行认证。下面的命令也需要通过命令行参数或者环境变量提供 Keystone 用户凭证来对用户进行认证。为了清晰起见，在本书剩余部分需要用户凭证的地方，我们将会使用命令行认证方式。

代码清单 5-43 展示了 Glance 镜像的创建。

代码清单 5-43 创建一个 Glance 镜像

```
$ glance --os-username=admin --os-password openstack1 \
> --os-tenant-name=admin \
> --os-auth-url=http://10.33.2.50:5000/v2.0 \
> image-create \
> --name="Cirros 0.3.2" \
> --is-public=true \
> --disk-format=qcow2 \
> --container-format=bare \
> --file cirros-0.3.2-x86_64-disk.img
+------------------+--------------------------------------+
| Property         | Value                                |
+------------------+--------------------------------------+
| checksum         | 64d7c1cd2b6f60c92c14662941cb7913     |
| container_format | bare                                 |
| created_at       | 2014-09-05T14:04:09                  |
| deleted          | False                                |
```

```
| deleted_at       | None                                 |
| disk_format      | qcow2                                |
| id               | e02a73ef-ba28-453a-9fa3-fb63c1a5b15c |
| is_public        | True                                 |
| min_disk         | 0                                    |
| min_ram          | 0                                    |
| name             | Cirros 0.3.2                         |
| owner            | None                                 |
| protected        | False                                |
| size             | 13167616                             |
| status           | active                               |
| updated_at       | 2014-09-05T14:04:09                  |
| virtual_size     | None                                 |
+------------------+--------------------------------------+
```

现在可以通过 Glance 服务上传、注册和让一个镜像变成可用状态。

现在除了列举可用的镜像外，没有一个好的方法像测试 Keystone 那样测试 Glance，因为现在还没安装好部署一个虚拟机需要的其他组件。很遗憾，要到第 8 章才能完全测试 Glance。

Glance 服务检查 继续学习之前，先看看 Glance 的日志文件（/var/log/glance）是否有任何错误或明显的问题（如跟踪失败的输出）。读者还可以在/var/log/upstart/下找到所有 OpenStack 服务的日志文件。在启动时，Glance API 可能会提示没配置的选项（sheepdog、rdb、gridfs、swift 等），这是正常的。密切注意启动后出现的重复性警告和错误。

祝贺你！完成了共享服务部分的安装。现在可以继续完成 OpenStack 部署的控制器的配置步骤。在接下来的小节中，将会开始其他核心服务控制器端（服务器端）的配置。以存储服务开始，然后是网络，最后是计算，完成整个控制器的部署。

5.3 部署块存储（Cinder）服务

Cinder 是在 OpenStack 环境里为虚拟机镜像提供块（卷）存储的 OpenStack 模块。它管理着提供远程可用存储到运行在计算节点的虚拟机的过程。这个关系如图 5-4 所示，虚拟机计算和虚拟机卷由两个单独的物理资源——计算硬件和 Cinder 资源节点提供。这种分离可能看起来有点奇怪，但暂时只能这样，因为在大多数案例中，弹性的好处大于复杂度和性能上的不足。

默认情况下，Cinder 会利用 RabbitMQ 服务，以允许其他客户端组件，如 Nova，与 Cinder 远程通信而不用通过控制器。下面将会手动创建 MySQL 数据库和数据表，分配 MySQL 权限以便数据库可以作为 Cinder 的中心数据存储。

5.3.1 创建 Cinder 数据存储

要创建 Cinder 数据存储，首先要在控制器以 root 用户登录 MySQL 数据库实例（如 5.1.4 节的“访问 MySQL 控制台”小节所述）。下一步是创建 Cinder 数据库然后授予 MySQL 用户

cinder_dbu 访问这个新数据库的权限。在 MySQL 里，用户创建和权限授予可以在同一步骤中完成，如代码清单 5-44 所示。MySQL GRANT 命令 cinder.* TO 'cinder_dbu'@'localhost' 授予了 MySQL 用户 cinder_dbu 从本地主机访问 Cinder 数据库下所有对象的权限。

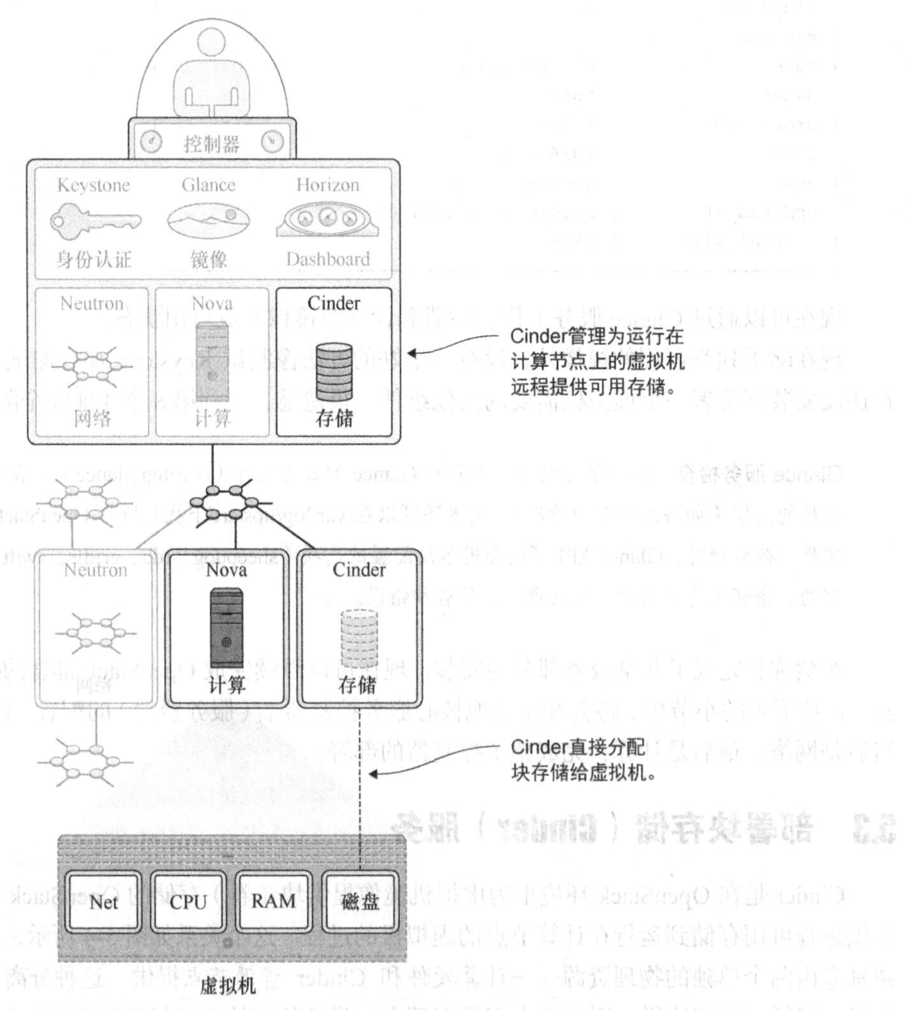

图 5-4 Cinder 提供虚拟机卷存储

代码清单 5-44 创建 Cinder 数据库和授予访问权限

```
CREATE DATABASE cinder;
GRANT ALL ON cinder.* TO 'cinder_dbu'@'%' \
  IDENTIFIED BY 'openstack1';
```

需要再次检查数据库是否创建以及用户 cinder_dbu 是否拥有合适的权限。可以通过 SHOW GRANTS 命令来检查权限：

```
mysql> SHOW GRANTS FOR 'cinder_dbu'@'%';
```

```
+---------------------------------------------------------------------+
| Grants for cinder_dbu@localhost                                     |
+---------------------------------------------------------------------+
|GRANT USAGE ON *.* TO 'cinder_dbu'@'%'<removed password>             |
|GRANT ALL PRIVILEGES ON `cinder`.* TO 'cinder_dbu'@'%'               |
+---------------------------------------------------------------------+
2 rows in set (0.00 sec)
```

输入 quit 然后按回车键可退出 MySQL shell。

5.3.2 配置 Cinder 的 Keystone 用户

你必须为 Cinder 创建 Keystone 服务用户账号。代码清单 5-45 创建了 Cinder 服务使用的 cinder 用户。记下对象创建后返回的 Keystone 用户 cinder 的 ID，因为在下一节中要用到它。

代码清单 5-45 创建 cinder 用户

```
$ keystone user-create --name=cinder \
              --pass="openstack1" \
              --email=cinder@testco.com
+-----------+----------------------------------+
| Property  |              Value               |
+-----------+----------------------------------+
|   email   |        cinder@testco.com         |
|  enabled  |               True               |
|    id     | 86f8b74446084fdfb44b66781cc72fa9 |
|    name   |              cinder              |
|  username |              cinder              |
+-----------+----------------------------------+
```

代码清单 5-46 将会用 Keystone 用户名 cinder、Keystone 租户名 service 和 Keystone 角色名 admin 来分配 admin 角色给 service 租户中的 cinder 用户。如果这条命令执行成功，则没有输出。

代码清单 5-46 分配 admin 角色给 service 租户中的 cinder 用户

```
keystone user-role-add --user=cinder --role-id=admin --tenant=service
```

现在检查以确保用户成功创建并分配了相应的角色：

```
keystone user-role-list --user=cinder --tenant=service
+----------------------------------+-------+
|                id                | name  |
+----------------------------------+-------+
| ae2a897f8a1e4762a7f0f8da596511ce | admin |
+----------------------------------+-------+
```

显示的输出中的 user_id 和 tenant_id 的信息已经被缩减。

现在可以准备继续创建服务和端点。

5.3.3　创建 Cinder 服务和端点

现在可以为 Cinder 服务创建服务和端点。在代码清单 5-47 中，使用参数--type=volume 指定这个服务的类型是存储卷。

代码清单 5-47　创建 Cinder 服务

```
$ keystone service-create --name=cinder --type=volume \
--description="Block Storage"
+-------------+----------------------------------+
|  Property   |              Value               |
+-------------+----------------------------------+
| description |          Block Storage           |
|   enabled   |               True               |
|     id      | 939010f014bf406693e70bfc4862e8cd |
|    name     |              cinder              |
|    type     |              volume              |
+-------------+----------------------------------+
```

要创建端点，必须提供刚刚生成的 Cinder 服务名称、region、publicurl、internalurl 和 adminurl。本书描述了一个单一区域部署，因此为所有 region 设置使用 RegionOne。publicurl 会设置成表 5-1 列举的相应的公网地址。internalurl 和 adminurl 对应表 5-1 中控制器的 OpenStack 内部地址。代码清单 5-48 展示了端点的创建过程。确保按下面的信息准确输入，包括百分号和反斜杠。

代码清单 5-48　创建 Cinder 端点

```
$ keystone endpoint-create \
> --region RegionOne \
> --service=cinder \
> --publicurl=http://10.33.2.50:8776/v1/%\(tenant_id\)s \
> --internalurl=http://192.168.0.50:8776/v1/%\(tenant_id\)s \
> --adminurl=http://192.168.0.50:8776/v1/%\(tenant_id\)s
+-------------+--------------------------------------------+
|  Property   |                   Value                    |
+-------------+--------------------------------------------+
|   adminurl  | http://192.168.0.50:8776/v1/%(tenant_id)s  |
|      id     |      2cf277bd14b94566b306ff303c2ab993      |
| internalurl | http://192.168.0.50:8776/v1/%(tenant_id)s  |
|  publicurl  |  http://10.33.2.50:8776/v1/%(tenant_id)s   |
|    region   |                 RegionOne                  |
|  service_id |      939010f014bf406693e70bfc4862e8cd      |
+-------------+--------------------------------------------+
```

现在关于 Cinder 的 Keystone 配置已经完成，可以进行 Cinder 软件包的安装。

5.3.4 安装 Cinder

现在可以在控制器上安装 Cinder 软件，如代码清单 5-49 所示。

代码清单 5-49 安装 Cinder

```
$ sudo apt-get -y install cinder-api cinder-scheduler \
Processing triggers for ureadahead (0.100.0-16) ...
Setting up python-concurrent.futures (2.1.6-3) ...
Setting up python-networkx (1.8.1-0ubuntu3) ...
Setting up python-taskflow (0.1.3-0ubuntu3) ...
...
INFO migrate.versioning.api [-] 21 -> 22...
INFO migrate.versioning.api [-] done
Setting up cinder-api (1:2014.1.1-0ubuntu2) ...
cinder-api start/running, process 16558
Setting up cinder-scheduler (1:2014.1.1-0ubuntu2) ...
cinder-scheduler start/running, process 16601
```

现在必须修改 Cinder 的主要配置文件（etc/cinder/cinder.conf），提供队列、数据库和 Keystone 信息，如代码清单 5-50 所示。

代码清单 5-50 修改/etc/cinder/cinder.conf

```
[DEFAULT]
rpc_backend = rabbit
rabbit_host = 192.168.0.50
rabbit_password = openstack1

[database]
connection = mysql://cinder_dbu:openstack1@localhost/cinder

[keystone_authtoken]
auth_uri = http://192.168.0.50:35357
admin_tenant_name = service
admin_password = openstack1
auth_protocol = http
admin_user = cinder
```

为了让配置生效，必须通过代码清单 5-51 所示的两条命令重启 Cinder。

代码清单 5-51 重启 Cinder

```
sudo service cinder-scheduler restart
sudo service cinder-api restart
```

现在已经配置好 Cinder 需要的队列、数据库和 Keystone 信息，接下来需要如代码清单 5-52 所示初始化 Cinder 数据库。

代码清单 5-52 初始化数据存储

```
$ sudo cinder-manage db sync
INFO migrate.versioning.api [-] 0 -> 1...
INFO migrate.versioning.api [-] done
...
INFO migrate.versioning.api [-] 21 -> 22...
INFO migrate.versioning.api [-] done
```

祝贺你！Cinder 模块已经初始化，可以用来管理块存储了。遗憾的是，要到第 8 章完成该服务的资源配置部分，准备使用手动部署启动虚拟机，才能进行完整的组件部署测试。

Cinder 服务检查 继续学习之前，先看看 Cinder 的日志文件（/var/log/cinder）是否有任何错误或明显的问题（如跟踪失败的输出）。读者还可以在/var/log/upstart/下找到所有 OpenStack 服务的日志文件。

好了！已经安装了基础共享服务和 Cinder 服务的控制器端部分。接下来需要继续为网络和计算安装控制器端组件。

5.4 部署网络（Neutron）服务

OpenStack Neutron 是云网络服务的核心。Neutron API 提供了在 OpenStack 里管理网络服务的主要接口。

图 5-5 展示了 Neutron 管理着虚拟机上的虚拟机网络接口，以及虚拟机网络连接到的网络的路由和交换。简单来说，就是 Neutron 管理所有必需的物理和虚拟组件在虚拟机与公共网络接口（OpenStack 网络之外的网关）之间连接、创建和扩展网络。

5.4.1 创建 Neutron 数据存储

再一次，需要以 `root` 用户身份登录 MySQL 控制台（如 5.1.4 节的“访问 MySQL 控制台”小节所述）。然后，创建 Neutron 数据库并授予 MySQL 用户 `neutron_dbu` 访问这个新数据库的权限。

在 MySQL 里，用户创建和权限授予可以通过同一步骤完成，如代码清单 5-53 所示。MySQL GRANT 命令 `neutron.* TO 'neutron_dbu'@'localhost'` 授予了 MySQL 用户 `neutron_dbu` 从本地主机访问 Neutron 数据库所有对象的权限。类似的情况，命令 `neutron.* TO 'neutron_dbu'@'%'` 意味着用户 `neutron_dbu` 被授予从任何主机访问的权限。

代码清单 5-53 创建数据库和授予访问权限

```
CREATE DATABASE neutron;
GRANT ALL ON neutron.* TO 'neutron_dbu'@'localhost' IDENTIFIED BY 'openstack1';
GRANT ALL ON neutron.* TO 'neutron_dbu'@'%' IDENTIFIED BY 'openstack1';
```

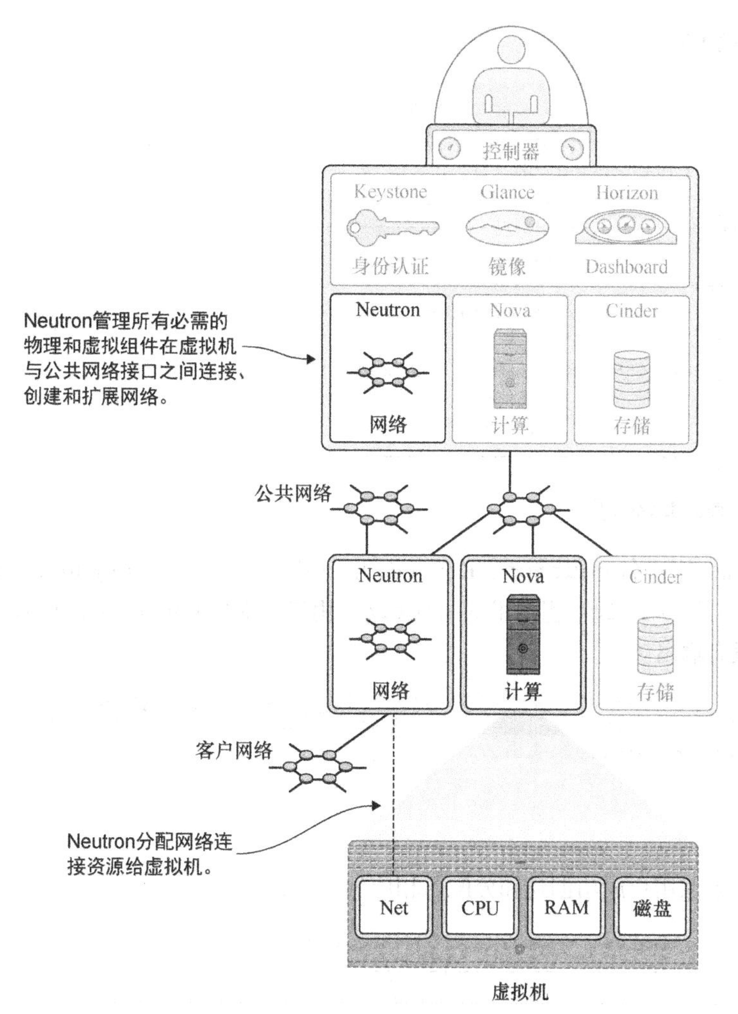

图 5-5 Neutron 管理 OpenStack 网络

需要再次检查数据库是否创建和用户 `neutron_dbu` 是否拥有适当的权限：

```
mysql> SHOW GRANTS FOR 'neutron_dbu'@'%';
+-----------------------------------------------------------------+
| Grants for neutron@%                                            |
+-----------------------------------------------------------------+
|GRANT USAGE ON *.* TO 'neutron_dbu'@'%'<removed password>        |
|GRANT ALL PRIVILEGES ON 'neutron'.* TO 'neutron_dbu'@'%'         |
+-----------------------------------------------------------------+
2 rows in set (0.00 sec)
```

5.4.2 配置 Neutron 的 Keystone 用户

现在创建 Keystone 用户 `neutron`，如代码清单 5-54 所示。记下对象创建后返回的 Keystone

用户 neutron 的 ID。

代码清单 5-54 创建 neutron 用户

```
$ keystone user-create --name=neutron \
              --pass="openstack1" \
              --email=neutron@testco.com
+----------+----------------------------------+
| Property |              Value               |
+----------+----------------------------------+
|  email   |        neutron@testco.com        |
| enabled  |               True               |
|    id    | e817903594c843f7a79e1404a6f2a82c |
|   name   |             neutron              |
| username |             neutron              |
+----------+----------------------------------+
```

1. 分配角色给 **neutron** 用户

利用 Keystone 用户名 neutron、Keystone 租户名 service 和 Keystone 角色名 admin 来分配 admin 角色给 service 租户里的 neutron 用户，如代码清单 5-55 所示。如果这条命令执行成功，则没有输出。

代码清单 5-55 分配 **admin** 角色给 **service** 租户中的 **neutron** 用户

```
keystone user-role-add \
--user=neutron \
--role=admin \
--tenant=service
```

现在检查以确保用户成功创建和分配了相应的角色：

```
keystone user-role-list --user=neutron --tenant=service
+----------------------------------+-------+
|                id                | name  |
+----------------------------------+-------+
| 42639ba997424e7d8fbf24353bff2a08 | admin |
+----------------------------------+-------+
```

显示的输出中的用户 ID 和租户 ID 的信息已经被缩减。

现在可以准备继续创建服务和端点。

2. 创建 Neutron 服务和端点

下一步是为 Neutron 网络服务创建服务和端点。在代码清单 5-56 中，使用参数 --type=network 指定这个服务的类型是网络服务。

代码清单 5-56 创建 Neutron 服务

```
$ keystone service-create --name=neutron --type=network \
```

```
--description="OpenStack Networking Service"
+-------------+----------------------------------+
|   Property  |              Value               |
+-------------+----------------------------------+
| description |   OpenStack Networking Service   |
|   enabled   |               True               |
|      id     | 7d92cd9f66c34cd882b88be2f486e123 |
|     name    |             neutron              |
|     type    |             network              |
+-------------+----------------------------------+
```

想要创建端点，必须提供刚刚生成的 Neutron 服务名称、region、publicurl、internalurl 和 adminurl。如前面提到，本书假设只在单一区域部署，因此所有 region 的设置都使用 RegionOne。publicurl 会设置成表 5-1 列举的相应的公网地址。internalurl 和 adminurl 对应表 5-1 中控制器相应的 OpenStack 内部地址。代码清单 5-57 展示了端点的创建过程。

代码清单 5-57 创建 Neutron 端点

```
$ keystone endpoint-create \
> --region RegionOne \
> --service=neutron \
> --publicurl=http://10.33.2.50:9696 \
> --internalurl=http://192.168.0.50:9696 \
> --adminurl=http://192.168.0.50:9696
+-------------+----------------------------------+
|   Property  |              Value               |
+-------------+----------------------------------+
|   adminurl  |     http://192.168.0.50:9696     |
|      id     | 678fa049587a4f9b8b758c6158b67599 |
| internalurl |     http://192.168.0.50:9696     |
|  publicurl  |      http://10.33.2.50:9696      |
|    region   |            RegionOne             |
|  service_id | 7d92cd9f66c34cd882b88be2f486e123 |
+-------------+----------------------------------+
```

现在关于 Neutron 的 Keystone 配置已经完成，可以进行 Neutron 软件包的安装。

5.4.3 安装 Neutron

本节将为操作准备 Neutron 网络服务。首先，如代码清单 5-58 所示安装 Neutron。

代码清单 5-58 安装 Neutron

```
$ sudo apt-get install -y neutron-server
...
Adding system user `neutron' (UID 115) ...
Adding new user 'neutron' (UID 115) with group 'neutron' ...
...
```

```
neutron-server start/running, process 8058
Processing triggers for ureadahead ...
```

下一步是配置。首先需要修改/etc/neutron/neutron.conf文件。需要依据部署参数改变默认的admin信息、日志冗余和RabbitMQ密码。不用删除整个/etc/neutron/neutron.conf文件。只需要把一些默认值换成代码清单5-59中指定的值即可。

代码清单5-59　修改/etc/neutron/neutron.conf

```
[DEFAULT]
core_plugin = neutron.plugins.ml2.plugin.Ml2Plugin
service_plugins = router,firewall,lbaas,vpnaas,metering
allow_overlapping_ips = True

...
nova_url = http://192.168.0.50:8774/v2
nova_admin_username = admin
nova_admin_password = openstack1
nova_admin_tenant_id = 55bd141d9a29489d938bb492a1b2884c
nova_admin_auth_url = http://10.33.2.50:35357/v2.0
...
[keystone_authtoken]
auth_uri = http://10.33.2.50:5000
auth_protocol = http
admin_tenant_name = service
admin_user = neutron
admin_password = openstack1
...
[database]
connection = mysql://neutron_dbu:openstack1@localhost/neutron
```

配置Neutron使用ML2插件

启用服务插件。作为最低要求，本例部署中路由器插件是必需的

告诉Neutron如何与Nova通信。可以使用在代码清单5-26中生成的服务tenant_id

现在Neutron核心组件已经配置好，还需要配置Neutron的ML2（Modular Layer 2）插件。ML2插件整合了几个已经不推荐使用的独立插件，是OpenStack部署中用来管理多个OSI L2技术常用的标准框架。在第6章的例子中，ML2插件允许Neutron在计算节点上控制Open vSwitch（虚拟交换）。下面的配置告诉Neutron/ML2如何管理L2（Layer 2）连接。

本步骤会在/etc/neutron/plugins/ml2/ml2_conf.ini文件里配置ML2插件，如代码清单5-60所示。

代码清单5-60　修改/etc/neutron/plugins/ml2/ml2_conf.ini

```
[ml2]
type_drivers = gre
tenant_network_types = gre
mechanism_drivers = openvswitch

[ml2_type_gre]
tunnel_id_ranges = 1:1000

[securitygroup]
```

```
firewall_driver =
neutron.agent.linux.iptables_firewall.OVSHybridIptablesFirewallDriver
enable_security_group = True
```

最后一步，以新的配置重启 Neutron，如代码清单 5-61 所示。

代码清单 5-61 重启 Neutron

```
$ sudo service neutron-server restart
neutron-server stop/waiting
neutron-server start/running, process 24590
```

现在检查 Neutron 日志以确保服务已启动并正在监听请求。Neutron 主要的日志在文件/var/log/Neutron/server.log 里。如果服务启动成功，在这个文件里可以看到包含“INFO [Neutron.service] Neutron service started, listening on 0.0.0.0:9696”的一行。如果服务没有产生日志文件 ，还可以检查/var/log/upstart/Neutron-server.log 文件中的服务的 upstart 日志，其中提供了额外的调试信息。

祝贺你！现在完成了 OpenStack 网络在控制器端的配置。在下一节将会配置控制器端的最后一个核心组件——OpenStack 计算。

5.5 部署计算（Nova）服务

可以把 OpenStack Nova 组件当成云框架控制器的核心。尽管每个组件都有一组自己的 API，Nova API 仍然可以作为管理资源池的主要接口。图 5-6 展示了 Nova 如何管理本地计算（CPU 和 MEM）资源和编排二级资源（网络和存储）的供给。

Nova 支持各种各样的 hypervisor 以及裸机配置。如图 5-6 所示，Nova 和它自己的资源节点共同工作，连同 Neutron 和 Cinder 一起汇集资源来运行虚拟机。

5.5.1 创建 Nova 数据存储

本节将会创建 Nova 数据库并授予 MySQL 用户 `nova_dbu` 访问这个新数据库的权限。再一次，需要以 `root` 用户身份登录 MySQL 控制台（如 5.1.4 节的“访问 MySQL 控制台”小节所述）。

回想一下，在 MySQL 里，用户创建和权限授予可以在同一步骤完成。MySQL GRANT 命令 `nova.* TO 'nova_dbu'@'localhost'`授予了 MySQL 用户 `nova_dbu` 在本地主机访问 Nova 下所有对象的权限。另外，将会授予 MySQL 用户 `nova_dbu` 访问任何主机的权限，因为这对于远程 Nova 节点访问中心数据库是必需的。代码清单 5-62 创建数据库和授予必需的访问权限。

代码清单 5-62 创建数据库和授予访问权限

```
CREATE DATABASE nova;
GRANT ALL ON nova.* TO 'nova_dbu'@'localhost' IDENTIFIED BY 'openstack1';
GRANT ALL ON nova.* TO 'nova_dbu'@'%' IDENTIFIED BY 'openstack1';
```

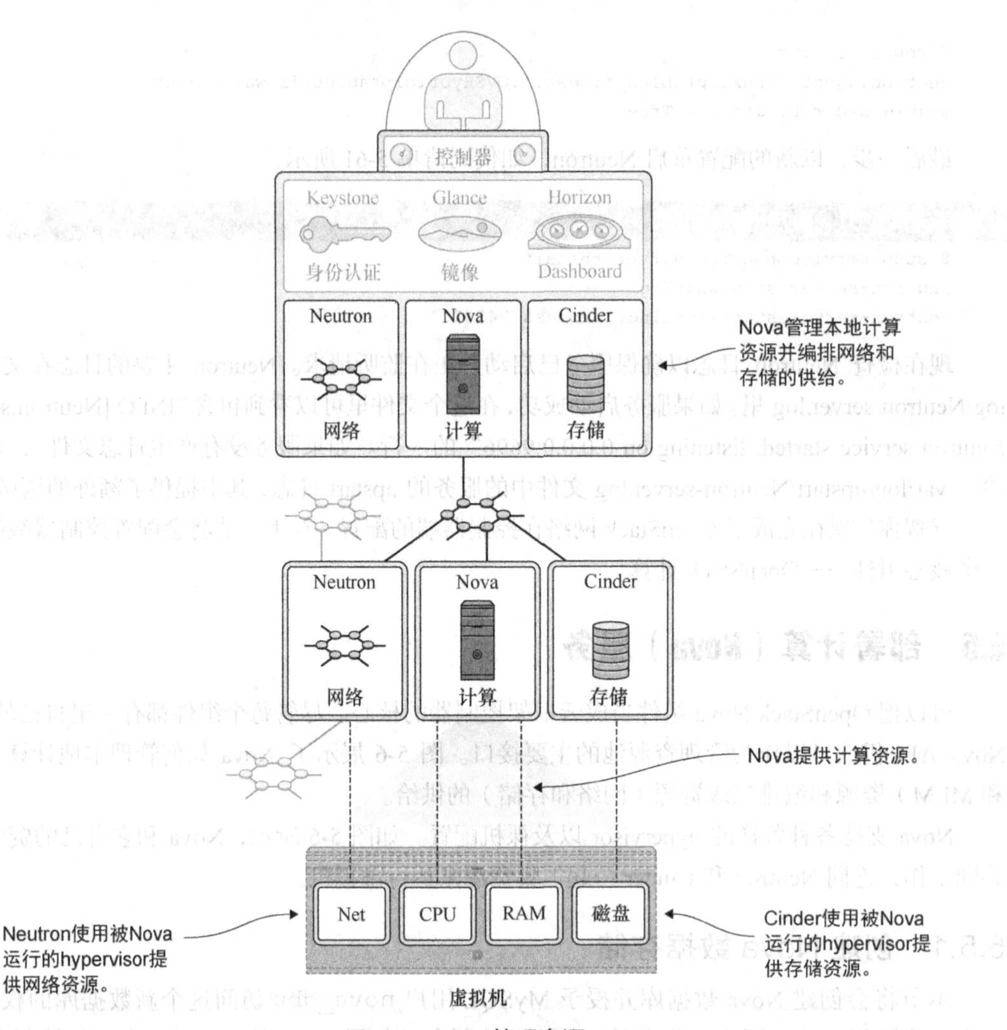

图 5-6　Nova 管理资源

5.5.2　配置 Nova 的 Keystone 用户

接下来需要创建 Keystone 用户 nova，如代码清单 5-63 所示。

代码清单 5-63　创建 nova 用户

```
$ keystone user-create --name=nova \
        --pass="openstack1" \
        --email=nova@testco.com
+----------+----------------------------------+
| Property |              Value               |
+----------+----------------------------------+
|  email   |         nova@testco.com          |
| enabled  |               True               |
```

```
|    id    | 44fe95fbaf524c09ae633f405d9d66ca |
|   name   |               nova               |
| username |               nova               |
+----------+----------------------------------+
```

5.5.3 分配角色给 nova 用户

你必须分配 admin 角色给 nova 用户。代码清单 5-64 展示了如何用 Keystone 用户名 nova、Keystone 租户名 service 和 Keystone 角色名 admin 来分配 admin 角色给 service 租户里的 nova 用户。如果这条命令执行成功，则没有输出。

代码清单 5-64 分配 admin 角色给 service 租户中的 nova 用户

```
keystone user-role-add --user=nova --role=admin --tenant=service
```

现在检查以确保用户成功创建和分配了相应的角色，如代码清单 5-65 所示。

代码清单 5-65 检查角色分配

```
$ keystone user-role-list --user=nova --tenant=service
+----------------------------------+-------+
|                id                |  name |
+----------------------------------+-------+
| 42639ba997424e7d8fbf24353bff2a08 | admin |
+----------------------------------+-------+
```

上面显示的输出的 user_id 和 tenant_id 的信息已经被缩减。

现在可以开始创建服务和端点。

5.5.4 创建 Nova 服务和端点

接下来需要为 Nova 服务创建服务和端点。在代码清单 5-66 中，使用参数--type=compute 指定这个服务的类型是计算服务。

代码清单 5-66 创建 Nova 服务

```
$ keystone service-create --name=nova --type=compute \
> --description="OpenStack Compute Service"
+-------------+----------------------------------+
|   Property  |              Value               |
+-------------+----------------------------------+
| description |    OpenStack Compute Service     |
|   enabled   |               True               |
|      id     | 122f7e4cbd4a48cc81018af2fd27f84c |
|     name    |               nova               |
|     type    |             compute              |
+-------------+----------------------------------+
```

想要创建端点，必须提供刚刚生成的 Nova 服务名称、region、publicurl、internalurl 和 adminurl。如前面所述，本书假设只在单一区域部署，因此会使用

RegionOne 作为所有 region 的设置。publicurl 会设置成表 5-1 列举的相应的公网地址。internalurl 和 adminurl 对应表 5-1 中控制器相应的 OpenStack 内部地址。代码清单 5-67 展示了端点的创建过程。

代码清单 5-67　创建 Nova 端点

```
$ keystone endpoint-create --region RegionOne \
> --service=nova \
> --publicurl='http://10.33.2.50:8774/v2/$(tenant_id)s' \
> --internalurl='http://192.168.0.50:8774/v2/$(tenant_id)s' \
> --adminurl='http://192.168.0.50:8774/v2/$(tenant_id)s'
+-------------+------------------------------------------+
|  Property   |                  Value                   |
+-------------+------------------------------------------+
|  adminurl   | http://192.168.0.50:8774/v2/$(tenant_id)s |
|     id      |     b9f064fdff014ada8c46814715082928     |
| internalurl | http://192.168.0.50:8774/v2/$(tenant_id)s |
|  publicurl  |  http://10.33.2.50:8774/v2/$(tenant_id)s  |
|   region    |                RegionOne                 |
| service_id  |     122f7e4cbd4a48cc81018af2fd27f84c     |
+-------------+------------------------------------------+
```

现在可以进行 Nova 核心组件的安装。

5.5.5　安装 Nova 控制器

本节将会通过安装和配置必需的包为操作准备 Nova 控制器，如代码清单 5-68 所示。

代码清单 5-68　安装 Nova 控制器

```
sudo apt-get -y install nova-api nova-cert nova-conductor nova-consoleauth \
  nova-novncproxy nova-scheduler python-novaclient
...
Adding system user `nova' (UID 114) ...
Adding new user `nova' (UID 114) with group `nova' ...
...
nova-api start/running, process 28367
nova-cert start/running, process 28433
nova-conductor start/running, process 28490
nova-consoleauth start/running, process 28558
nova-novncproxy start/running, process 28664
nova-scheduler start/running, process 28710
...
Processing triggers for libc-bin ...
ldconfig deferred processing now taking place
Processing triggers for ureadahead ...
```

接下来的配置是整个控制器安装过程中最关键的。因为 Nova 把一些核心和共享服务聚集到一起，需要提供关于部署的信息给 Nova。如果不小心，Nova 错误的配置可能导致组件在整个系统失败，即使核心组件可以正常运行。

参考 OpenStack 其他核心服务，添加配置到/etc/nova/nova.conf 文件。添加代码清单 5-69 所示的配置到现有的文件。

代码清单 5-69 修改/etc/nova/nova.conf

```
[DEFAULT]
rpc_backend = rabbit
rabbit_host = 192.168.0.50
rabbit_password = openstack1

my_ip = 192.168.0.50
vncserver_listen = 0.0.0.0
vncserver_proxyclient_address = 0.0.0.0

auth_strategy=keystone
service_neutron_metadata_proxy = true
neutron_metadata_proxy_shared_secret = openstack1

network_api_class = nova.network.neutronv2.api.API
neutron_url = http://192.168.0.50:9696
neutron_auth_strategy = keystone
neutron_admin_tenant_name = service
neutron_admin_username = neutron
neutron_admin_password = openstack1
neutron_admin_auth_url = http://192.168.0.50:35357/v2.0
linuxnet_interface_driver =
  nova.network.linux_net.LinuxOVSInterfaceDriver
firewall_driver = nova.virt.firewall.NoopFirewallDriver
security_group_api = neutron

[database]
connection = mysql://nova_dbu:openstack1@localhost/nova

[keystone_authtoken]
auth_uri = http://192.168.0.50:35357
admin_tenant_name = service
admin_password = openstack1
auth_protocol = http
admin_user = nova
```

下一步需要在数据库里创建 Nova 的数据表。提供的 nova-manage 脚本使用/etc/nova/nova.conf 文件进行配置。按照代码清单 5-70 所示执行 Nova 脚本。

代码清单 5-70 执行 nova-manage

```
$ sudo nova-manage db sync
INFO migrate.versioning.api [-] 215 -> 216...
...
```

```
INFO migrate.versioning.api [-] 232 -> 233...
INFO migrate.versioning.api [-] done
```

如果出现错误，检查前面步骤修改的数据库设置。

最后，必须重启所有Nova服务，如代码清单5-71所示。

代码清单5-71　重启服务

```
$ cd /usr/bin/; for i in $( ls nova-* ); \
  do sudo service $i restart; done
nova-api stop/waiting
nova-api start/running, process 5467
nova-cert stop/waiting
nova-cert start/running, process 5479
nova-conductor stop/waiting
nova-conductor start/running, process 5491
nova-consoleauth stop/waiting
nova-consoleauth start/running, process 5503
nova-novncproxy stop/waiting
nova-novncproxy start/running, process 5532
nova-scheduler stop/waiting
nova-scheduler start/running, process 5547
```

要确认所有服务正常运行,执行 nova-manage 命令来检查每个服务的Status和State。Status应该是 enabled，State应该显示为:-)，如代码清单5-72所示。

代码清单5-72　列举Nova服务

```
$ sudo nova-manage service list
Binary              Host          Zone         Status          State Updated_At
nova-cert           controller    internal     enabled         :-)    2014-08-
     08 15:34:24
nova-conductor      controller    internal     enabled         :-)    2014-08-
     08 15:34:24
nova-scheduler      controller    internal     enabled         :-)    2014-08-
     08 15:34:24
nova-consoleauth    controller    internal     enabled         :-)    2014-08-
     08 15:34:24
```

对于每个服务，都有相关的日志，可以在/var/log/nova/下找到。日志的格式是“服务员.log”（例如，/var/log/nova-api.log应该是nova-api的日志）。如果有服务没启动，应该检查相关日志的错误，然后检查/etc/nova/nova.conf配置文件（如代码清单5-69所示）。如果服务没生成日志文件，可以额外检查/var/log/upstart/目录下服务的upstart日志，跟前面的日志命名方式一样。

5.6　部署Dashboard（Horizon）服务

控制器安装的最后一步是部署基于Web的Dashboard。Horizon模块为用户和管理员提供了一个OpenStack组件功能相关的图形化的用户界面（GUI）。这可能是最终用户安装和配置资源时使用的主要接口。

5.6.1 安装 Horizon

Horizon 的安装非常简单，只要其余的组件配置适当，它就可以正常工作。Horizon 使用 Apache 网站服务和 Python 模块。在安装过程中，模块将会被添加，Apache 将会重启，如代码清单 5-73 所示。

代码清单 5-73 安装 Horizon

```
$sudo apt-get install -y openstack-dashboard memcached python-memcache
...
Starting memcached: memcached.
Processing triggers for ureadahead ...
Processing triggers for ufw ...
Setting up apache2-mpm-worker (2.2.22-6ubuntu5) ...
 * Starting web server apache2                                    [ OK ]
Setting up apache2 (2.2.22-6ubuntu5) ...
Setting up libapache2-mod-wsgi (3.4-0ubuntu3) ...
 * Restarting web server apache2 ... waiting .                    [ OK ]
Setting up openstack-dashboard (1:2013.1.1-0ubuntu1) ...
 * Reloading web server config                                    [ OK ]
Setting up openstack-dashboard-ubuntu-theme (1:2013.1.1-0ubuntu1) ...
 * Reloading web server config                                    [ OK ]
Processing triggers for libc-bin ...
ldconfig deferred processing now taking place
```

安装过程会添加网站 http://10.33.2.50/horizon。如果不能访问这个网址，检查/var/log/apache2/error.log 里的 Apache 错误日志，找到启动失败的问题。

当然，你可以移除 Ubuntu 主题，因为已经报告会造成某些模块出现问题：

```
sudo apt-get -y remove --purge openstack-dashboard-ubuntu-theme
```

5.6.2 访问 Horizon

OpenStack Dashboard 可以通过 http://10.33.2.50/horizon 进行访问。现在可以以用户 admin 和密码 openstack1 登录。

现在不能在 Dashboard 上做很多工作，因为资源节点还没添加，但可以尝试登录以确保组件出现在 Dashboard 中。一旦登录到 Horizon，在左侧工具栏里选择“Admin”标签。然后，单击“System Info”并查看其下的“Services”标签，应该看起来如图 5-7 所示。

5.6.3 调试 Horizon

如果使用 Horizon 时遇到问题，可以如代码清单 5-74 所示通过编辑 local_settings.py 文件启用 Horizon 调试。

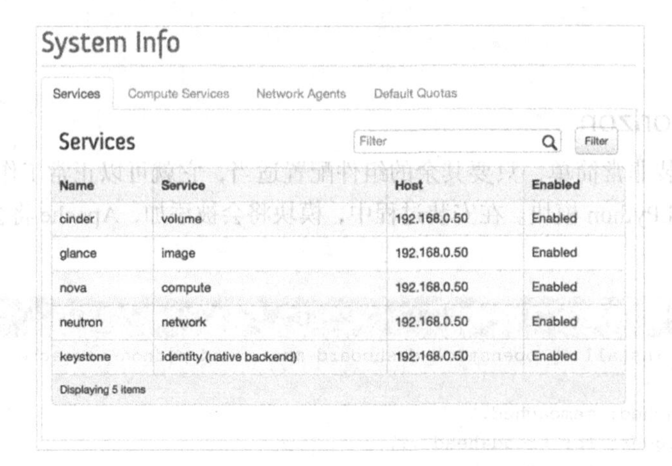

图 5-7　Dashboard 系统信息

代码清单 5-74　启用 Horizon 调试

```
Enable Debugging Dashboard
**/usr/share/openstack-dashboard/openstack_dashboard/local/local_settings.py

#DEBUG = False
DEBUG = True
$ sudo service apache2 restart
 * Restarting web server apache2
**
```

一旦 Dashboard 处于调试模式，错误日志会被记录到 Apache 日志文件：/var/log/apache2/error.log。

如果在这个过程中遇到问题，尝试回顾之前的步骤，验证该过程的服务和日志。

5.7 小结

- 每一个 OpenStack 服务都有一个相关的后端数据库作为后端配置和状态数据存储。
- OpenStack 服务有相关的 Keystone 用户账号。这些账号被服务用来验证令牌、认证和授权其他用户的请求。
- OpenStack 服务注册到 Keystone 来提供服务目录。服务端点注册到 Keystone 来提供服务的 API 地址信息。
- 介绍了如何手动部署 Keystone、Glance、Cinder、Neutron 和 Nova 控制器组件。
- 介绍了如何手动部署 Horizon Dashboard。

第 6 章　网络节点部署

本章主要内容

- 网络节点部署准备
- 部署 OpenStack 网络核心组件
- 设置 OpenStack 网络 ML2 插件
- 配置 OpenStack 网络 DHCP、元数据、L3 和 OVS 代理

第 5 章介绍了 OpenStack 控制器节点的部署，控制器节点提供了 OpenStack 服务的服务器端管理。在控制器部署过程中，对多个 OpenStack 核心服务，包括网络、计算和存储进行了控制器端的配置。我们还讨论了与控制器相关的每个核心服务的配置，但没有很详细介绍这些服务。

第 6 章～第 8 章将会介绍在资源节点部署 OpenStack 核心服务。资源节点为相关的 OpenStack 服务提供具体资源。例如，运行 OpenStack 计算（Nova）服务的服务器将被认为是计算资源节点。在第 2 章中介绍过，可以在某个节点上同时提供多种服务，包括计算（Nova）、网络（Neutron）和块存储（Cinder）。但就跟在第 5 章中专门的节点用于控制器一样，在第 6 章（网络）、第 7 章（块存储）和第 8 章（计算）中都会用专门的资源节点来演示。

再来看看在第 5 章中介绍的多节点架构，如图 6-1 所示。

本章将会在一个独立节点手动部署位于图 6-1 左下方的网络组件。

图 6-2 展示了进行手动部署的当前状态。本章首先要准备作为网络设备的服务器。然后，安装和配置 Neutron OSI 第 2 层（交换）组件。最后，安装和配置位于 OSI 第 3 层（DHCP、元数据等）的 Neutron 服务。本章配置的网络资源将会被 OpenStack 提供的虚拟机直接使用。

对很多人来说，本章可能会是最难的。即使对传统网络有很好的学习背景，也要停下来并思考一下 OpenStack 网络是如何工作的。覆盖网络（overlay network），或者在其他网络之上的网络，在很多方面跟虚拟机从裸机服务器上抽象出来相同。这可能是读者第一次接触网格网络（mesh network，也称为“多跳网络”）/覆盖网络/分布式网络，但这些技术并不是 OpenStack 特有的。读者将会在本章学到更多关于覆盖网络的内容，以及它们在 OpenStack 中的使用，但花时间理解

这些根本性的改变将会对跨越多种技术的学习非常有帮助。

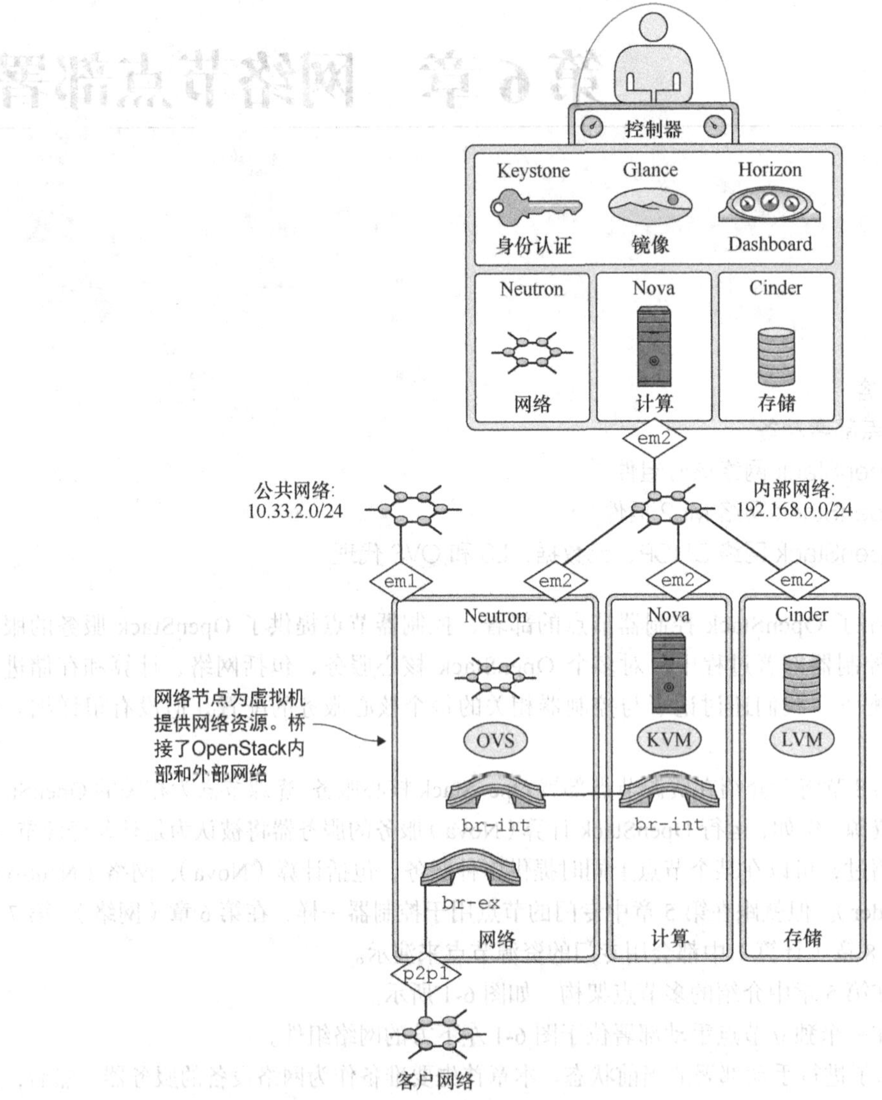

图 6-1 多节点架构

6.1 准备网络节点部署环境

在第 2 章的部署中，DevStack 安装和配置了 OpenStack 依赖。在本章中，将要手动安装这些依赖。幸运的是，可以使用安装包管理系统来安装这些软件：不需要编译，但仍然需要手动配置很多组件。

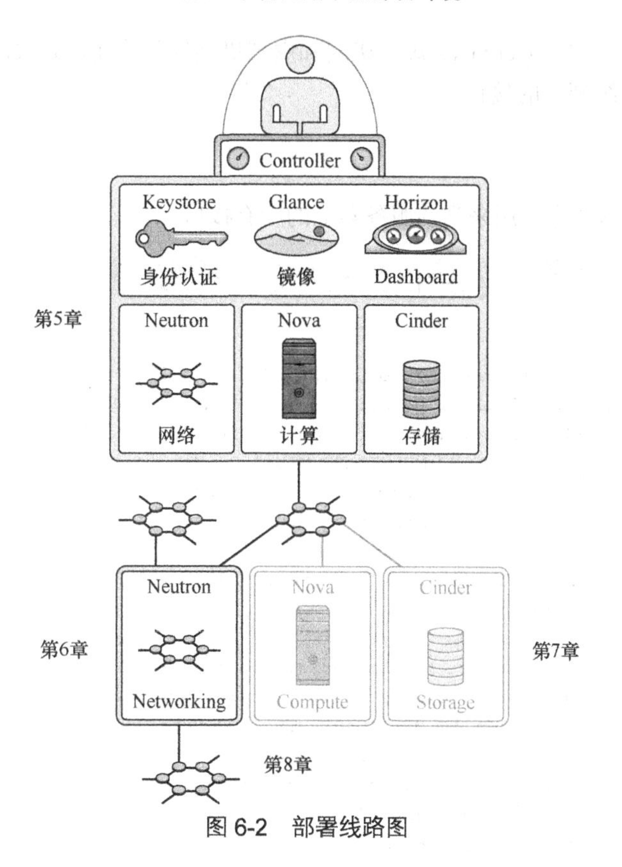

图 6-2 部署线路图

小心进行 在多节点环境工作增加了部署的复杂度。组件或依赖配置的一个看起来不相关的很小的错误，都有可能造成非常难以排查的问题。仔细阅读每节，确保理解进行的安装或配置。

本章的多个例子都包含确认步骤，读者不应该跳过这些步骤。如果某个配置确认失败，读者应该回退到前面的确认点重新开始。这种做法可以大大降低用户的挫败感。

6.1.1 准备环境

除了网络配置外，环境准备跟在第 5 章准备控制器节点部署类似。在配置过程中，要注意网络接口和地址。很容易手误，然后经常很难排查出这些问题。

6.1.2 配置网络接口

配置的网络有以下 3 种接口：

- 节点接口——传输与 OpenStack 不直接相关，这个接口用于管理性任务，如 SSH 终端访问、软件更新和节点级别的监控；
- 内部接口——与 OpenStack 组件间通信相关的传输，包括 API 和 AMQP 类型的传输；

■ 虚拟机接口——与 OpenStack 虚拟机间和虚拟机到外部的通信相关的传输。

首先需要清楚系统现有的接口。

1. 回顾网络

代码清单 6-1 所示的命令用来列举服务器上的所有接口。

代码清单 6-1　列举接口

```
$ ifconfig -a

em1        Link encap:Ethernet HWaddr b8:2a:72:d5:21:c3
           inet addr:10.33.2.51 Bcast:10.33.2.255 Mask:255.255.255.0
           inet6 addr: fe80::ba2a:72ff:fed5:21c3/64 Scope:Link
           UP BROADCAST RUNNING MULTICAST MTU:1500 Metric:1
           RX packets:9580 errors:0 dropped:0 overruns:0 frame:0
           TX packets:1357 errors:0 dropped:0 overruns:0 carrier:0
           collisions:0 txqueuelen:1000
           RX bytes:8716454 (8.7 MB) TX bytes:183958 (183.9 KB)
           Interrupt:35

em2        Link encap:Ethernet HWaddr b8:2a:72:d5:21:c4
           inet6 addr: fe80::ba2a:72ff:fed5:21c4/64 Scope:Link
           UP BROADCAST RUNNING MULTICAST MTU:1500 Metric:1
           RX packets:7732 errors:0 dropped:0 overruns:0 frame:0
           TX packets:8 errors:0 dropped:0 overruns:0 carrier:0
           collisions:0 txqueuelen:1000
           RX bytes:494848 (494.8 KB) TX bytes:680 (680.0 B)
           Interrupt:38
...
p2p1       Link encap:Ethernet HWaddr a0:36:9f:44:e2:70
           BROADCAST MULTICAST MTU:1500 Metric:1
           RX packets:0 errors:0 dropped:0 overruns:0 frame:0
           TX packets:0 errors:0 dropped:0 overruns:0 carrier:0
           collisions:0 txqueuelen:1000
           RX bytes:0 (0.0 B) TX bytes:0 (0.0 B)
```

你可能在初始化安装时配置过接口 em1。你将会使用 em1 接口来与这个节点通信。观察一下另外两个接口 em2 和 p2p1。在本书的示例系统中，接口 em2 将被用于 OpenStack 内部传输，附加的 10 GB 适配器 p2p1 将被用于虚拟机通信。

下面将会回顾为示例节点进行的网络配置，然后配置控制器接口。

2. 配置网络

在 Ubuntu 系统里，接口配置是通过文件/etc/network/interfaces 来维护的。我们将会基于表 6-1 中斜体表示的地址来进行配置。

表 6-1 网络地址表

节 点	功 能	接 口	IP 地址
控制器	公共接口/节点地址	em1	10.33.2.50/24
控制器	OpenStack 内部	em2	192.168.0.50/24
网络	*节点地址*	*em1*	*10.33.2.51/24*
网络	*OpenStack 内部*	*em2*	*192.168.0.51/24*
网络	*虚拟机网络*	*p2p1*	*保留：分配给 OpenStack 网络*
存储	节点地址	em1	10.33.2.52/24
存储	OpenStack 内部	em2	192.168.0.52/24
计算	节点地址	em1	10.33.2.53/24
计算	OpenStack 内部	em2	192.168.0.53/24

为了修改网络配置或其他特权配置，必须使用 sudo 特权（`sudo vi /etc/network/interfaces`）。这个过程可以使用任何文本编辑器。

如代码清单 6-2 所示修改接口文件。

代码清单 6-2 修改接口配置/etc/network/interfaces

```
# The loopback network interface
auto lo
iface lo inet loopback

# The OpenStack Node Interface
auto em1
iface em1 inet static
        address 10.33.2.51
        netmask 255.255.255.0
        network 10.33.2.0
        broadcast 10.33.2.255
        gateway 10.33.2.1
        dns-nameservers 8.8.8.8
        dns-search testco.com

# The OpenStack Internal Interface
auto em2
iface em2 inet static
        address 192.168.0.51
        netmask 255.255.255.0

# The VM network interface
auto p2p1
iface p2p1 inet manual
```

❶ em1 是用于节点管理的公共接口

❷ em2 主要用于资源节点和控制器之间的 AMQP 和 API 传输

❸ p2p1 用于资源节点和外部网络的虚拟机传输

在网络配置接口中，em1 将用于节点管理，如到实际服务器的 SSH 会话❶。OpenStack 不会直接使用 em1 接口。em2 接口主要用于资源节点和控制器之间的 AMQP 和 API 传输❷。p2p1

接口将由 Neutron 管理，这个接口主要用于资源节点与外部网络间传输虚拟机流量❸。

现在应该刷新网络接口使更改的配置生效。如果没有改变主接口的设置，在刷新后就不会出现连接中断。如果改变了主接口的地址，应该现在就重启服务器。

可以为特定的接口刷新网络配置，如代码清单 6-3 所示刷新了 em2 和 p2p1 接口配置。

代码清单 6-3　刷新网络配置

```
sudo ifdown em2 && sudo ifup em2
sudo ifdown p2p1 && sudo ifup p2p1
```

从操作系统的角度来看，这些网络配置现在应该生效了。接口会基于配置自动上线。这个过程可以对每个需要刷新配置的接口重复进行。为了确保配置生效，可以再次检查接口，如代码清单 6-4 所示。

代码清单 6-4　检查网络的更新

```
$ ifconfig -a
em1       Link encap:Ethernet HWaddr b8:2a:72:d5:21:c3
          inet addr:10.33.2.51 Bcast:10.33.2.255 Mask:255.255.255.0
          inet6 addr: fe80::ba2a:72ff:fed5:21c3/64 Scope:Link
          UP BROADCAST RUNNING MULTICAST MTU:1500 Metric:1
          RX packets:10159 errors:0 dropped:0 overruns:0 frame:0
          TX packets:1672 errors:0 dropped:0 overruns:0 carrier:0
          collisions:0 txqueuelen:1000
          RX bytes:8803690 (8.8 MB) TX bytes:247972 (247.9 KB)
          Interrupt:35
em2       Link encap:Ethernet HWaddr b8:2a:72:d5:21:c4
          inet addr:192.168.0.51 Bcast:192.168.0.255 Mask:255.255.255.0
          inet6 addr: fe80::ba2a:72ff:fed5:21c4/64 Scope:Link
          UP BROADCAST RUNNING MULTICAST MTU:1500 Metric:1
          RX packets:7913 errors:0 dropped:0 overruns:0 frame:0
          TX packets:8 errors:0 dropped:0 overruns:0 carrier:0
          collisions:0 txqueuelen:1000
          RX bytes:506432 (506.4 KB) TX bytes:680 (680.0 B)
          Interrupt:38
...
p2p1      Link encap:Ethernet HWaddr a0:36:9f:44:e2:70
          inet6 addr: fe80::a236:9fff:fe44:e270/64 Scope:Link
          UP BROADCAST RUNNING MULTICAST MTU:1500 Metric:1
          RX packets:0 errors:0 dropped:0 overruns:0 frame:0
          TX packets:8 errors:0 dropped:0 overruns:0 carrier:0
          collisions:0 txqueuelen:1000
          RX bytes:0 (0.0 B) TX bytes:648 (648.0 B)
```

现在应该可以远程访问网络服务器，而且这个服务器应该可以访问互联网。后面的安装可以直接在控制台或者使用 SSH 远程执行。

6.1.3 更新安装包

APT 包索引是定义在/etc/apt/sources.list 所有可用包的数据库。要确保本地的数据库与指定的 Linux 发行版最新可用的安装包库同步。在安装前，需要先升级所有库项目，包括 Linux 内核，因为内核也可能不是最新的。更新和升级包如代码清单 6-5 所示。

代码清单 6-5 更新和升级包

```
sudo apt-get -y update
sudo apt-get -y upgrade
```

现在需要重启服务器刷新任何可能改变的包或配置，如代码清单 6-6 所示。

代码清单 6-6 重启服务器

```
sudo reboot
```

对于 Ubuntu Server 14.04（Trusty Tahr），下面这些 OpenStack 组件是官方支持的，包含在基本发行版中：

- Nova——OpenStack 计算的项目名，作为 IaaS 云构造控制器；
- Glance——为虚拟机镜像、发现、获取和注册提供服务；
- Swift——提供高扩展性、分布式对象存储服务；
- Horizon——OpenStack Dashboard 项目名，提供基于 Web 的管理员/用户 GUI（图形用户界面）；
- Keystone——为 OpenStack 套件提供身份认证、令牌、目录和策略服务；
- Neutron——为 OpenStack 组件提供网络管理服务；
- Cinder——为 OpenStack 计算提供块存储服务。

6.1.4 软件和配置依赖

本节将会安装一些软件依赖和做一些配置上的改变，为后续的安装做好准备。

1. 安装 Linux 网桥和 VLAN 工具

需要安装包 bridge-utils，它在系统（操作系统）级别提供了与网桥工作的一组应用程序。系统级别的网桥（bridge）是 OpenStack 网络操作的关键。现在可以暂时把 Linux 下的网桥简单看成是在同一网络段（相同隔离的 VLAN）中放置多个接口。Linux 网桥的默认操作像一个交换机，因此当然可以这样认为。

另外，还必须安装 vlan 软件包，它提供网络子系统与 IEEE 802.1Q 定义的 VLAN 工作的能力。VLAN 允许在虚拟接口使用 VLAN ID 分离网络流量。这样就允许被操作系统管理的一个单一的物理接口使用虚拟接口去隔离多个网络。VLAN 配置不会在例子中使用，但读者应该了解这种技术。

Neutron使用VLAN 安装vlan包的指令包含在代码清单6-7中，因为绝大多数的部署会使用IEEE 802.1Q VLAN来为Neutron节点提供多个网络。但为了清晰起见，本书的例子不会使用VLAN接口。一旦理解了OpenStack网络，那在操作系统级别采用VLAN就是小菜一碟了。

总结一下，VLAN隔离网络传输和接口，而Linux网桥聚合网络传输和接口。

代码清单 6-7 安装 vlan 和 bridge-utils

```
$ sudo apt-get -y install vlan bridge-utils
...
Setting up bridge-utils (1.5-6ubuntu2) ...
Setting up vlan (1.9-3ubuntu10) ...
```

现在可以创建VLAN和Linux网桥了。

2. 服务器到路由器的配置

OpenStack为提供的虚拟机管理资源。其中一种资源就是网络，被虚拟机用来与其他虚拟机或物理机器通信。对于OpenStack网络提供网络服务来说，必须至少存在一个资源节点执行网络设备的功能（路由、交换等）。这个节点可以作为网络传输的路由器和交换机。

默认Linux内核是不允许接口间流量路由的。`sysctl`命令就是用来修改内核参数，如那些跟基本网络功能相关的。需要使用这个工具对内核设置做几处更改。

第一处修改涉及通过Linux内核在网络接口间流量的转发或路由（内核IP转发）。可以将到达一个接口的流量转发或路由到另外一个接口，如果内核确定目标网络可以在内核管理的另外一个接口找到。图6-3展示了有两个接口的服务器。

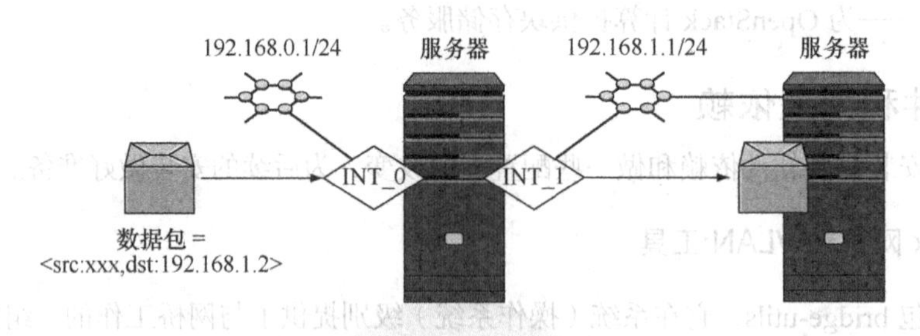

路由表

目标地址	用户接口
192.168.0.0	INT_0
192.168.1.0	INT_1

图 6-3 Linux IP 路由

默认情况下，图6-3中展示的传入的数据包将会被接口INT_0丢弃，因为这个接口的地址不是数据包的目标地址。但现在想要服务器检查数据包的目标地址，查看服务器的路由表，如果可以找到路由信息，就转发数据包到相应的接口。从代码清单 6-8 中可以看出，sysctl 设置 net.ipv4.ip_forward 告诉内核转发流量。

除了允许内核的 IP 转发，还需要做另外一些不常见的内核配置更改。在网络领域，有些技术称为非对称路由，流量传入和传出的路径/路由不相同。这样做有它合理的原因（如地面上传和卫星下载），但往往是这个能力被分布式服务拒绝（DDOS）攻击利用了。RFC 3704——“多归路网络入口过滤”，也就是反向路径过滤，引入来限制这种 DDOS 攻击造成的影响。默认如果 Linux 内核不能确定数据包的源路由，这个包就会被丢弃。OpenStack 网络是一个复杂的平台，包含多层的网络资源，而这些网络资源本身又不是网络的全貌。我们必须配置内核禁用反向路径过滤，让 OpenStack 来管理路径。

在代码清单 6-8 中，sysctl 设置的 net.ipv4.conf.all.rp_filter 用来设置对现有的所有接口不启动反向路径过滤。sysctl 设置的 net.ipv4.conf.default.rp_filter 用来设置对将来所有接口禁用反向路径过滤。

在 OpenStack 网络节点应用如代码清单 6-8 所示的这些设置。

代码清单 6-8 修改/etc/sysctl.conf

```
net.ipv4.ip_forward=1
net.ipv4.conf.all.rp_filter=0
net.ipv4.conf.default.rp_filter=0
```

可以通过执行 sysctl -p 命令来让 sysctl 内核更改生效而不用重启服务器，如代码清单 6-9 所示。

代码清单 6-9 执行 sysctl 命令

```
$ sudo sysctl -p
net.ipv4.conf.default.rp_filter = 0
net.ipv4.conf.all.rp_filter = 0
net.ipv4.ip_forward = 1
```

接口现在可以转发 IPv4 流量，反向路径过滤被禁用了。

下一节将会使用 Open vSwitch 包来为用户增加高级网络功能。

6.1.5 安装 Open vSwitch

OpenStack 利用了开源分布式虚拟交换软件包——Open vSwitch（OVS）。OVS 提供了跟物理交换机（端口 A 到端口 B 的 L2 流量会交换到端口 B）相同的数据交换功能，但它运行在服务器的软件里。

交换机做什么

要理解交换机做什么，必须先看看以太网集线器（读者可能在有线或无线设备上以某种形式使用以太网）。读者可能会问：“什么是集线器？”

大约在 20 世纪 90 年代，有几种相互竞争的 OSI 第 1 层（物理层）以太网拓扑。其中一种是 IEEE 10Base2，工作方式（和看起来）跟家里使用的有线电视相似，可以拿一根同轴电缆通过插入到 T 连接器（想想分离器）来添加网络连接。另一种常用的拓扑是 10BaseT（RJ45 连接器双绞线对），是我们今天常说的“以太网”的“祖先”。10BaseT 的好处是可以扩展网络而不用中断网络服务；不足是这种物理拓扑需要一台设备来终止电缆的分段。这种设备叫作集线器，它工作在 OSI 第 1 层（物理层）。如果数据从设备的端口 A 传输出来，它就会被物理地传送到集线器的所有其他端口。

关于传输所有数据到所有端口，除了明显的安全考虑外，集线器的运行不能是大规模的。想象一下上千台设备连接到上百台互连的交换机。所有流量泛洪到所有端口。为了解决这个问题，网络交换机被开发出来。网卡（NIC）制造商为每张网卡分配了独一无二的以太网硬件地址（EHA）。交换机在每个端口上保持跟踪 EHA 地址，该地址通常叫作媒体访问控制（MAC）地址。如果目的 MAC=xyz 的数据包传送到端口 A，并且交换机在端口 B 有 xyz 的记录，那么这个数据包就会传送（交换）到端口 B。交换机工作在 OSI 第 2 层（数据链路层），数据交换基于目的 MAC。

本书的例子，从网络交换的角度来看，只会使用 OVS 交换平台。

现在读者有了一台表现得像基本网络路由器（通过 IP 内核转发）和基本交换机（通过 Linux 网桥）的服务器。现在通过安装 OVS 给你的服务器添加高级交换功能。OVS 可以成为一整本书的主题，但可以肯定的是，独立网络厂商提供的 OVS 竞争对手的产品提供了交换功能。

OVS 不是严格的 OpenStack 网络依赖

毫无疑问，OpenStack 网络最常用的是 OVS。但并不是说它是这个框架必需的。下面的图片，在第 4 章介绍过，展示了 OVS 在 OpenStack 网络架构的位置。

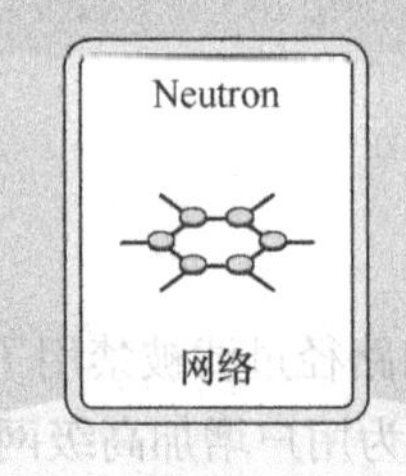

ML2插件			API扩展				
类型驱动			实现机制驱动				
GRE	VXLAN	VLAN	Arista	Cisco	Linux桥	OVS	L2 pop

OVS 是一个 L2 实现机制

只要有厂商特定的 Neutron 插件或模块支持，就可以使用基本的 Linux 网桥（前面介绍的虚拟交换）或甚至使用物理交换机替代 OVS。

通过代码清单 6-10 所示的 OVS 安装指令，可以把服务器变成高级交换机。

代码清单 6-10　安装 OVS

```
$ sudo apt-get -y install openvswitch-switch
...
Setting up openvswitch-common ...
Setting up openvswitch-switch ...
openvswitch-switch start/running
```

安装 Open vSwitch 的过程会安装一个新的 OVS 内核模块。另外，OVS 内核模块会引用和加载额外必需的内核模块（GRE、VXLAN 等）来构建网络覆盖功能。

什么是网络覆盖（overlay）

现在暂时忘记关于传统网络的知识。忘记在相同交换机的服务器在同一个“网络”的概念。想象一下，可以把任何虚拟机加入任何网络，无论它们的物理位置或者底层网络拓扑。这就是网络覆盖的价值定位。

现在可以把覆盖网络看成是一个所有参与端点的完全网状的 VPN（无论位置怎样，所有服务器都在相同的 L2 网络段上）。想要创建这样的网络，就必须在各个端点间使用隧道技术。GRE、VXLAN 和其他协议提供了覆盖网络使用的隧道传输。如往常一样， OpenStack 只管理这些组件。网络覆盖仅仅是一种“覆盖”在其他网络之上，扩展多个主机间 L2 网络的方法。

了解内核　Ubuntu 14.04 LTS 是第一个搭载 OVS 覆盖网络技术（GRE、VXLAN 等）内核支持的 Ubuntu 版本。在之前的版本，必须采用额外的步骤来构建合适的内核模块。如果读者正在使用其他版本的 Ubuntu 或者其他 Linux 发行版，要绝对确保 OVS 内核模块按代码清单 6-11 所示加载。

想要绝对确定 Open vSwitch 内核模块被加载，可以使用代码清单 6-11 所示的 `lsmod` 命令来确认 OVS 内核模块的存在。

代码清单 6-11　验证 OVS 内核模块

```
$ sudo lsmod | grep openvswitch
Module                       Size   Used by
openvswitch            66901   0
gre                    13796   1   openvswitch
vxlan                  37619   1   openvswitch
libcrc32c              12644   1   openvswitch
```

`lsmod` 命令的输出现在应该显示几个与 OVS 相关的内置模块。

- openvswitch——这就是 OVS 模块本身，提供了内核和 OVS 服务之间的接口。
- gre——指定为被 `openvswitch` 模块“使用”，它在内核级别提供了 GRE 功能。
- vxlan——跟 GRE 模块类似，`vxlan` 在内核级别提供了 VXLAN 功能。
- libcrc32c——为循环冗余校验（Cyclic Redundancy Check，CRC）算法提供内核级别的支

持，包括使用Intel的CRC32C CPU指令集进行硬件转移（Hardware offloading）。硬件转移对网络流散列的高性能计算以及网络头部和数据帧常见的其他CRC功能很重要。

有了GRE和VXLAN在内核级别的支持，意味着用来创建覆盖网络的传输可以被系统内核和相关Linux网络子系统识别。

没有内核模块的支持？用DKMS来拯救！

动态内核模块支持（Dynamic Kernel Module Support，DKMS）的开发让它可以在主线内核之外更轻松地提供内核级别的驱动。DKMS一直被OVS使用来对没有直接包含在Linux内核中的诸如覆盖网络设备（如GRE、VXLAN）提供内核驱动。Ubuntu 14.04搭载的内核包含对构建在内核的重叠设备的支持，但取决于你使用的发行版和具体版本号，可能有的内核没有包含这些网络覆盖技术必需的支持。

下面的命令会部署相应的依赖和使用DKMS框架来构建OVS的datapath模块：

```
sudo apt-get -y install openvswitch-datapath-dkms
```

只有不能通过代码清单6-11验证的模块才需要执行这条命令。

如果认为内核模块已经加载，但还没看到，就重启系统再看看它是否在重启后加载。另外，可以使用命令modprobe openvswitch来加载内核模块。如果出现任何跟加载OVS内核模块相关的错误，就去检查内核日志/var/log/kern/log。如果OVS没有相应的常驻的内核模块，那么所有期望的功能都不能实现。

6.1.6　配置Open vSwitch

现在需要添加一个内部的br-int网桥和一个外部的br-ex OVS网桥，分别如代码清单6-12和代码清单6-13所示。

br-int网桥接口将会用于Neutron管理的网络的内部通信。在OpenStack内部Neutron创建的网络上的虚拟机将会使用这个网桥来通信。这些接口不应该跟操作系统级别的内部网络接口混淆。

代码清单6-12　配置内部OVS网桥

```
sudo ovs-vsctl add-br br-int
```

现在已经创建了br-int，下面开始创建外部网桥接口br-ex。这个外部网桥接口可以用来桥接OVS管理的内部Neurton网络和外部的物理网络。

代码清单6-13　配置外部OVS网桥

```
sudo ovs-vsctl add-br br-ex
```

现在需要确认这些网桥都被成功添加到OVS，以及可以被底层的网络子系统感知。可以通过代码清单6-14和代码清单6-15所示的命令来确认。

代码清单 6-14 验证 OVS 配置

```
$ sudo ovs-vsctl show
8cff16ee-40a7-40fa-b4aa-fd6f1f864560
    Bridge br-int
        Port br-int
            Interface br-int
                type: internal
    Bridge br-ex
        Port br-ex
            Interface br-ex
                type: internal
    ovs_version: "2.0.2"
```

代码清单 6-15 验证 OVS 操作系统整合

```
$ ifconfig -a
br-ex     Link encap:Ethernet HWaddr d6:0c:1d:a8:56:4f    ← ❶ br-ex 网桥
          BROADCAST MULTICAST MTU:1500 Metric:1
          RX packets:0 errors:0 dropped:0 overruns:0 frame:0
          TX packets:0 errors:0 dropped:0 overruns:0 carrier:0
          collisions:0 txqueuelen:0
          RX bytes:0 (0.0 B) TX bytes:0 (0.0 B)

br-int    Link encap:Ethernet HWaddr e2:d9:b2:e2:00:4f    ← ❷ br-int 网桥
          BROADCAST MULTICAST MTU:1500 Metric:1
          RX packets:0 errors:0 dropped:0 overruns:0 frame:0
          TX packets:0 errors:0 dropped:0 overruns:0 carrier:0
          collisions:0 txqueuelen:0
          RX bytes:0 (0.0 B) TX bytes:0 (0.0 B)
...
em1       Link encap:Ethernet HWaddr b8:2a:72:d5:21:c3
          inet addr:10.33.2.51 Bcast:10.33.2.255 Mask:255.255.255.0
          inet6 addr: fe80::ba2a:72ff:fed5:21c3/64 Scope:Link
          UP BROADCAST RUNNING MULTICAST MTU:1500 Metric:1
          RX packets:13483 errors:0 dropped:0 overruns:0 frame:0
          TX packets:2763 errors:0 dropped:0 overruns:0 carrier:0
          collisions:0 txqueuelen:1000
          RX bytes:12625608 (12.6 MB) TX bytes:424893 (424.8 KB)
          Interrupt:35
...
ovs-system Link encap:Ethernet HWaddr 96:90:8d:92:19:ab   ← ❸ ovs-system 接口
          BROADCAST MULTICAST MTU:1500 Metric:1
          RX packets:0 errors:0 dropped:0 overruns:0 frame:0
          TX packets:0 errors:0 dropped:0 overruns:0 carrier:0
          collisions:0 txqueuelen:0
          RX bytes:0 (0.0 B) TX bytes:0 (0.0 B)
```

注意接口列表添加的 `br-ex`❶和 `br-int`❷网桥。新的网桥将会被 OVS 和 Neutron OVS 模块用来桥接内部和外部传输。另外，`ovs-system` 接口❸也被添加。这个是 OVS 的 datapath 接口，但不用担心要使用这个接口；它只是一个简单的 Linux 内核整合的伪接口。尽管如此，这个接口的出现表明了 OVS 内核模块是正常运行的。

现在有一个可操作的 OVS 部署和两个网桥。br-int（内部）网桥将会被 Neutron 用来连接虚拟接口到网桥。这些 tap 接口将会作为 GRE 隧道的端点。GRE 隧道是用来在 IP 协议之上的端点之间创建点到点的网络连接（类似 VPN），Neutron 会使用 OVS 配置计算和网络节点间的 GRE 隧道。这些隧道在所有可能的资源位置和拓扑中的网络管道之间提供网状的虚拟网络。这个网状网络为在同一个虚拟网络的虚拟机提供了跟单个独立 OSI L2 网络同等的功能。这个内部网桥不需要关联到物理接口或者设置操作系统级别的“UP”状态去工作。

br-ex（外部）网桥将会用来连接 OVS 网桥和 Neutron 衍生的虚拟接口到物理网络。你必须关联外部网桥和虚拟机接口，如代码清单 6-16 所示。

代码清单 6-16 添加 p2p1 接口（虚拟机）到 br-ex 网桥

```
sudo ovs-vsctl add-port br-ex p2p1
sudo ovs-vsctl br-set-external-id br-ex bridge-id br-ex
```

现在检查 p2p1 接口是否添加到网桥 br-ex，如代码清单 6-17 所示。

代码清单 6-17 验证 OVS 配置

```
$ sudo ovs-vsctl show
8cff16ee-40a7-40fa-b4aa-fd6f1f864560
    Bridge br-int
        Port br-int
            Interface br-int
                type: internal
    Bridge br-ex                          ◄──────❶ br-ex 网桥
        Port br-ex
            Interface br-ex
                type: internal
        Port "p2p1"
            Interface "p2p1" ◄────────❷ p2p1 接口
    ovs_version: "2.0.1"
```

注意，p2p1 接口❷作为一个端口显示在网桥 br-ex❶上。这意味着 p2p1 接口已经虚拟地连接到 OVS br-ex 网桥的接口。

当前 br-ex 和 br-int 网桥没有连接。Neutron 将会在内部和外部网桥配置端口，包括它们的 tap 接口。Neutron 将会从这里开始完成所有的 OVS 配置。

6.2 安装 Neutron

本节将会为操作准备 Neutron ML2 插件、L3 代理、DHCP 代理和元数据代理。ML2 插件需要安装在每个 Neutron 与 OVS 交互的物理节点上。

将会在所有计算和网络节点安装 ML2 插件和代理。ML2 插件将会用来创建 L2（数据链路层、以太网层等）配置和 OpenStack 管理的网络端点间的隧道。可以把这些隧道想象成虚拟网线，把分开的交换机或虚拟机连接到一起。

L3、元数据和 DHCP 代理只安装在网络节点。L3 代理会提供建立在 L2 网络上的 IP 传输的 L3 路由。同样，元数据和 DHCP 代理在 L2 网络上提供 L3 服务。

这些代理和插件提供以下服务。

- ML2 插件——ML2 插件是 Neutron 和 OSI L2 服务间的链路。这个插件管理本地端口和 tap，它通过 GRE 隧道创建远程连接。这个插件会被安装在网络和计算节点上。这个插件将会被配置来与 OVS 一起工作。
- L3 代理——这个代理提供了 L3 路由服务，部署在网络节点。
- DHCP 代理——这个代理使用 DNSmasq 为 Neutron 管理的网络提供 DHCP 服务。通常这个代理会安装在网络节点。
- 元数据代理——这个代理为启动虚拟机提供 cloud-init 之类的服务，通常安装在网络节点。

6.2.1　安装 Neutron 组件

现在可以如代码清单 6-18 所示安装 Neutron 软件。

代码清单 6-18　安装 Neutron 组件

```
$ sudo apt-get -y install neutron-plugin-ml2 \
neutron-plugin-openvswitch-agent neutron-l3-agent \
neutron-dhcp-agent
...
Adding system user `neutron' (UID 109) ...
Adding new user `neutron' (UID 109) with group `neutron' ...
...
Setting up neutron-dhcp-agent ...
neutron-dhcp-agent start/running, process 14910
Setting up neutron-l3-agent ...
neutron-l3-agent start/running, process 14955
Setting up neutron-plugin-ml2 ...
Setting up neutron-plugin-openvswitch-agent ...
neutron-plugin-openvswitch-agent start/running, process 14994
```

现在 Neutron 插件和代理已经安装好了，可以继续进行 Neutron 的配置操作。

6.2.2　配置 Neutron

下一步是配置。首先，必须修改文件/etc/neutron/neutron.conf 来定义服务的认证、管理通信、核心网络插件和服务策略。另外，还要提供配置和凭证来允许 Neutron 客户端实例与第 5 章部署的 Neutron 控制器通信。基于代码清单 6-19 所示的内容修改 neutron.conf 文件。如果文件里有不存在的值，就添加它。

代码清单 6-19 修改/etc/neutron/neutron.conf

```
[DEFAULT]
verbose = True
auth_strategy = keystone

rpc_backend = neutron.openstack.common.rpc.impl_kombu
rabbit_host = 192.168.0.50
rabbit_password = openstack1

core_plugin = neutron.plugins.ml2.plugin.Ml2Plugin
allow_overlapping_ips = True
service_plugins = router,firewall,lbaas,vpnaas,metering

nova_url = http://127.0.0.1:8774/v2
nova_admin_username = admin
nova_admin_password = openstack1
nova_admin_tenant_id = b3c5ebecb36d4bb2916fecd8aed3aa1a
nova_admin_auth_url = http://10.33.2.50:35357/v2.0

[keystone_authtoken]
auth_url = http://10.33.2.50:35357/v2.0
admin_tenant_name = service
admin_password = openstack1
auth_protocol = http
admin_user = neutron

[database]
connection = mysql://neutron_dbu:openstack1@192.168.0.50/neutron
```

现在核心 Neutron 组件已经配置好，还必须配置 Neutron 代理，允许 Neutron 控制网络服务。

6.2.3 配置 Neutron ML2 插件

Neutron OVS 代理允许 Neutron 控制 OVS 交换机。

这个配置可以在/etc/neutron/plugins/ml2/ml2_conf.ini 文件里进行。代码清单 6-20 提供了数据库信息和 ML2 具体交换机配置。

代码清单 6-20 修改/etc/neutron/plugins/ml2/ml2_conf.ini

```
[ml2]
type_drivers = gre
tenant_network_types = gre
mechanism_drivers = openvswitch
[ml2_type_gre]
tunnel_id_ranges = 1:1000

[ovs]
local_ip = 192.168.0.51
```

```
tunnel_type = gre
enable_tunneling = True

[securitygroup]
firewall_driver =
neutron.agent.linux.iptables_firewall.OVSHybridIptablesFirewallDriver
enable_security_group = True
```

现在已完成 Neutron ML2 插件的配置。清理日志文件，然后重启服务：

```
sudo rm /var/log/neutron/openvswitch-agent.log
sudo service neutron-plugin-openvswitch-agent restart
```

现在 Neutron ML2 插件代理的日志应该看起来如下：

```
Logging enabled!
Connected to AMQP server on 192.168.0.50:5672
Agent initialized
successfully, now running...
```

现在已经把 OSI L2 Neutron 和 OVS 整合在一起。下一节将会配置 OSI L3 Neutron 服务。

6.2.4　配置 Neutron L3 代理

接下来需要配置 Neutron L3 代理。这个代理为虚拟机提供 L3 服务，如路由。L3 代理将会配置使用 Linux 命名空间（namespace）。

什么是 Linux 命名空间隔离

有一个名为命名空间隔离的功能构建在 Linux 内核里。这个功能允许把线程和资源隔离成几个命名空间，以便它们不会干扰到彼此。这个功能通过分配命名空间标识码给每个线程和资源来内部实现。从网络的角度来看，命名空间可以用来隔离网络接口、防火墙规则和路由表等。这是在相同 Linux 服务器上，多租户网络可以有相同的地址范围的底层实现方式。

如代码清单 6-21 所示继续配置 L3 代理。

代码清单 6-21　修改/etc/neutron/l3_agent.ini

```
[DEFAULT]
interface_driver = neutron.agent.linux.interface.OVSInterfaceDriver
use_namespaces = True
verbose = True
```

现在已经配置好 L3 代理，它会使用 Linux 命名空间。

清理日志文件，然后重启服务：

```
sudo rm /var/log/neutron/l3-agent.log
sudo service neutron-l3-agent restart
```

现在 Neutron L3 代理日志应该看起来如下：

```
Logging enabled!
Connected to AMQP server on 192.168.0.50:5672
L3 agent started
```

6.2.5　配置 Neutron DHCP 代理

下一步是配置 DHCP 代理，它为虚拟机镜像提供 DHCP 服务。如代码清单 6-22 所示修改 dhcp_agent.ini 文件。

代码清单 6-22　修改/etc/neutron/dhcp_agent.ini

```
[DEFAULT]
...
interface_driver = neutron.agent.linux.interface.OVSInterfaceDriver
dhcp_driver = neutron.agent.linux.dhcp.Dnsmasq
use_namespaces = True
...
```

DHCP 代理已经配置好，将会使用 Linux 命名空间。清理日志文件，然后重启该服务：

```
sudo rm /var/log/neutron/dhcp-agent.log
sudo service neutron-dhcp-agent restart
```

现在 Neutron DHCP 代理日志应该看起来如下：

```
Logging enabled!
Connected to AMQP server on 192.168.0.50:5672
DHCP agent started Synchronizing state
Synchronizing state complete
```

6.2.6　配置 Neutron 元数据代理

下一步是配置元数据代理，它为虚拟机镜像提供环境信息。cloud-init 最初是由 Amazon 为它的 EC2 服务创建的，用来在虚拟机启动时注入系统级别的设置。要使用元数据服务，必须使用安装和启用了兼容 cloud-init 的代理的镜像。

cloud-init 被绝大多数现代 Linux 发行版支持。可以下载预先安装了 cloud-init 的镜像或者在自己使用的 Linux 发行版上安装这个包。

如代码清单 6-23 所示修改 metadata_agent.ini 文件。

代码清单 6-23　修改/etc/neutron/metadata_agent.ini

```
[DEFAULT]
auth_url = http://10.33.2.50:35357/v2.0
auth_region = RegionOne
admin_tenant_name = service
admin_password = openstack1
auth_protocol = http
```

```
admin_user = neutron
nova_metadata_ip = 192.168.0.50
metadata_proxy_shared_secret = openstack1
```

Neutron 元数据代理已经配置好，它将会使用 Linux 命名空间。清理日志文件，然后重启该服务：

```
sudo rm /var/log/neutron/metadata-agent.log
sudo service neutron-metadata-agent restart
```

现在 Neutron DHCP 代理日志应该看起来如下：

```
Logging enabled!
(11074) wsgi starting up on http:///:v/
Connected to AMQP server on 192.168.0.50:5672
```

6.2.7　重启和验证 Neutron 代理

最好是现在重启所有 Neutron 服务，如代码清单 6-24 所示。或者，可以重启服务器。

代码清单 6-24　重启 Neutron 代理

```
$ cd /etc/init.d/; for i in $( ls neutron-* ); \
do sudo service $i restart; done
neutron-dhcp-agent stop/waiting
neutron-dhcp-agent start/running, process 16259
neutron-l3-agent stop/waiting
neutron-l3-agent start/running, process 16273
neutron-metadata-agent stop/waiting
neutron-metadata-agent start/running, process 16283
neutron-ovs-cleanup stop/waiting
neutron-ovs-cleanup start/running
```

最好检查 Neutron 确保每个服务成功启动和正在监听请求。日志文件可以在/var/log/neutron 或/var/log/upstart/neutron-*目录下找到。

查看日志，检查到 AMQP（RabbitMQ）服务器的连接，确保没有错误。日志文件应该存在，即使它们是空的。确保没有关于 OVS 隧道不支持的错误出现在文件/var/log/neutron/openvswitch-agent.log 中。如果出现这样的错误，重启操作系统，然后重新加载内核模块和 OVS，看能否解决这个问题。

如果启动 Neutron 服务还继续遇到问题，可以通过修改/etc/neutron/neutron.conf 文件或相应的代理文件来增加服务的日志输出。

6.2.8　创建 Neutron 网络

在第 3 章中介绍了 OpenStack 网络。本节回顾在那一章出现的内容，因为它们跟本章部署的组件相关。

在使用 OpenStack 网络服务创建网络前，需要回忆一下经常用在虚拟和物理机器上的传统“扁平”网络间的基本区别，以及 OpenStack 网络是如何工作的。

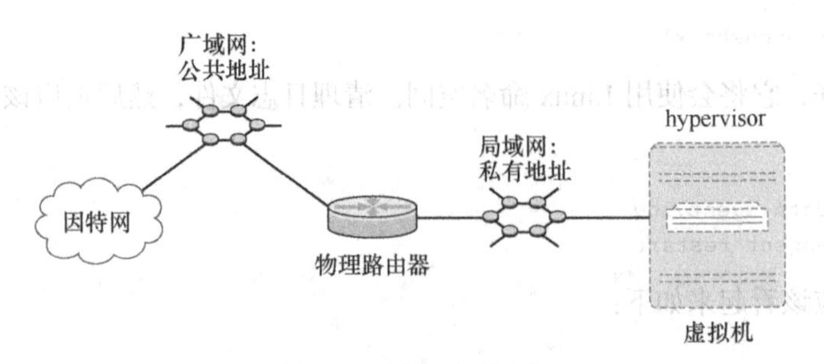

图 6-4　传统扁平网络

扁平网络中的术语扁平表示没有虚拟路由层；虚拟机直接访问一个网络，就像将一个物理设备插入到物理网络交换机上。图 6-4 展示了扁平网络连接到物理路由器的例子。

在这种类型的部署中，所有网络服务（DHCP、负载均衡、路由等）简单交换（OSI 模型、L2）之外的功能必须由虚拟环境外部提供。大多数系统管理员对这类配置很熟悉，但这不是我们将如何展示 OpenStack 的强大的地方。可以配置 OpenStack 网络跟传统扁平网络一样，但这样会限制 OpenStack 框架的优点。

本节将会从零开始创建一个租户网络。图 6-5 展示了一个 OpenStack 租户网络，与物理外部网络是虚拟隔离的。

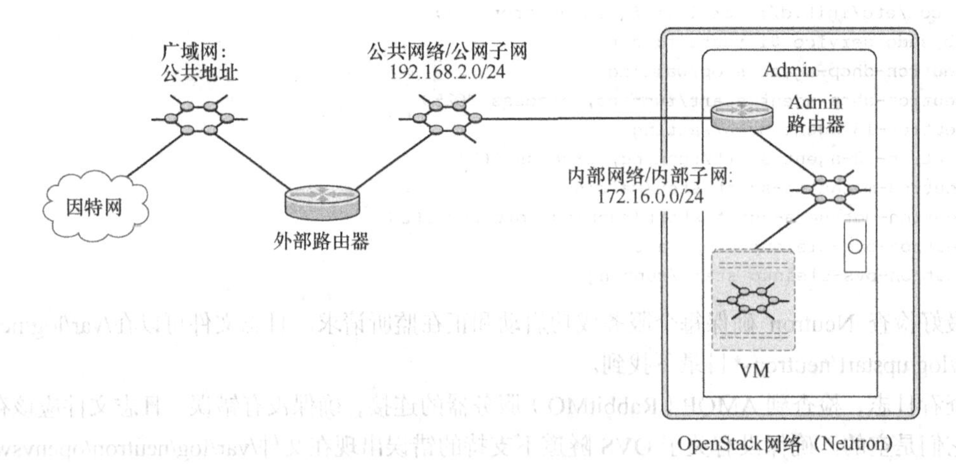

图6-5　OpenStack 租户网络

设置环境变量

下面小节的配置都需要 OpenStack 认证。在前面的例子中，提供命令行参数作为凭证。为了清晰起见，下面的例子将会使用环境变量来代替命令行参数。

设置环境变量，在 shell 终端执行下面的命令：

```
$ export OS_USERNAME=admin
$ export OS_PASSWORD=openstack1
```

```
$ export OS_TENANT_NAME=admin
$ export OS_AUTH_URL=http://10.33.2.50:5000/v2.0
```

1. 网络（Neutron）控制台

Neutron 命令可以通过 Neutron 控制台（与网络路由器和交换机的命令行类似）或直接通过 CLI 输入。如果知道要执行的操作，控制台非常方便，是熟悉 Neutron 命令集的用户的自然选择。然而，为了清晰起见，本书对每个操作的演示都用单独的命令，使用 CLI 命令。

Neutron 控制台和 Neutron CLI 间的差异将会在下面的小节中介绍。通过 Neutron CLI 和控制台可以做很多在 Dashboard 无法做的事情。虽然演示将会使用 CLI 执行，读者还是有必要知道如何访问 Neutron 控制台。从下文可以看出，相当简单。使用不带参数的 neutron 命令就可以进入控制台。使用代码清单 6-25 所示的命令，所有子命令都会列举出来。

代码清单 6-25　访问 Neutron 控制台

```
devstack@devstack:~/devstack$ neutron
(neutron) help

Shell commands (type help <topic>):
===================================
...
(neutron)
```

现在可以访问交互式的 Neutron 控制台了。任何 CLI 配置可以通过控制台或直接通过命令行操作。

下一小节将会创建一个新的网络。

2. 内部网络

提供基于租户的网络的第一步是配置内部网络。这个内部网络被租户内的实例直接使用。这个内部网络工作在 OSI L2 层，因此对于网络类型，这是专门为某个租户提供的网络交换机等效的虚拟对象。

要为租户创建一个内部网络，首先必须查明租户的 ID：

```
$ keystone tenant-list
+----------------------------------+---------+---------+
|                id                |   name  | enabled |
+----------------------------------+---------+---------+
| 55bd141d9a29489d938bb492a1b2884c |  admin  |   True  |
| b3c5ebecb36d4bb2916fecd8aed3aa1a | service |   True  |
+----------------------------------+---------+---------+
```

使用代码清单 6-26 所示的命令，可以为租户创建一个新网络。首先，告诉 OpenStack 网络（Neutron）要创建一个新网络。然后，在命令行中指定 admintenant-id。最后，指定租户网络的名称。

代码清单 6-26 创建内部网络

```
$ neutron net-create \                          ← 告诉 Neutron 创建一个新的网络
--tenant-id 55bd141d9a29489d938bb492a1b2884c \  ← 指定 admin 的 tenant-id
INTERNAL_NETWORK                                ← 指定网络名称
Created a new network:
+---------------------------+--------------------------------------+
| Field                     | Value                                |
+---------------------------+--------------------------------------+
| admin_state_up            | True                                 |
| id                        | 5b04a1f2-1676-4f1e-a265-adddc5c589b8 |
| name                      | INTERNAL_NETWORK                     |
| provider:network_type     | gre                                  |
| provider:physical_network |                                      |
| provider:segmentation_id  | 1                                    |
| shared                    | False                                |
| status                    | ACTIVE                               |
| subnets                   |                                      |
| tenant_id                 | 55bd141d9a29489d938bb492a1b2884c     |
+---------------------------+--------------------------------------+
```

图 6-6 展示了为租户创建的内部网络 INTERNAL_ NETWORK。图 6-6 中显示了刚刚创建的网络连接到一个虚拟机（如果租户里有一个虚拟机的话）。

现在已经创建了一个内部网络。下一小节将会为这个网络创建一个内部子网。

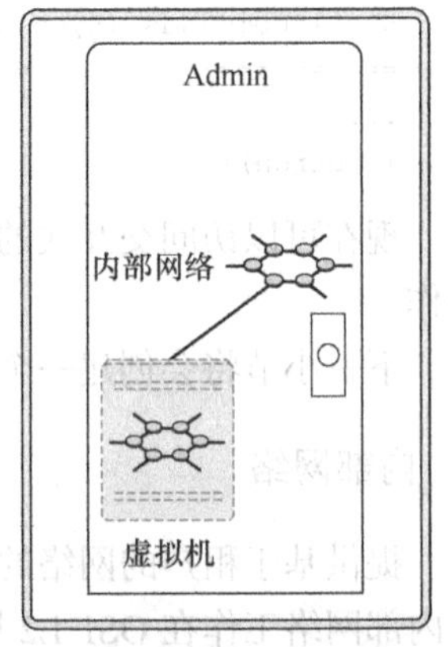

图 6-6 创建内部网络

3. 内部子网

在前一小节中，已经创建了一个内部网络。在租户内创建的这个内部网络与其他租户完全隔离。对于工作在物理服务器，或者通常直接将虚拟机暴露到物理网络的用户来说，对这个概念可能有些陌生。大多数人习惯于连接服务器到该网络，网络服务在数据中心或企业层次被提供。我们通常不会认为网络和计算可以在相同的框架下被控制。

如上文所述，OpenStack 可以配置成扁平网络模式。但 OpenStack 管理网络栈有很多好处。本小节将会为租户创建一个子网。可以把它当成是租户的 OSI L3 供应。读者可能会想，“你说什么？你不能在网络里提供 L3 服务！”或者“我已经有 L3 服务集中在数据中心，我不想 OpenStack 为我提供这个！”阅读完本节，或者也许是阅读完本书，读者会得到这些问题的答案。暂时只需要相信 OpenStack 带来的好处是通过这些特征变得更加丰富或者是必不可少的。

为某个网络创建子网意味着什么？基本是定义需要的网络，定义计划在这个网络上使用的地址范围。在这个例子中，将会为租户 ADMIN 的 ADMIN_NETWORK 网络分配新的子网。还必须提供的是子网地址范围。可以使用租户内或者共享租户未使用的地址范围。OpenStack 比较有意思的是通过使用 Linux 命名空间可以在每个租户内的每个内部子网使用相同的地址范围。

输入代码清单 6-27 所示的命令。

代码清单 6-27 为网络创建一个内部子网

```
$ neutron subnet-create \
--tenant-id 55bd141d9a29489d938bb492a1b2884c \
INTERNAL_NETWORK 172.16.0.0/24
Created a new subnet:
+------------------+--------------------------------------------------+
| Field            | Value                                            |
+------------------+--------------------------------------------------+
| allocation_pools | {"start": "172.16.0.2", "end": "172.16.0.254"}   |
| cidr             | 172.16.0.0/24                                    |
| dns_nameservers  |                                                  |
| enable_dhcp      | True                                             |
| gateway_ip       | 172.16.0.1                                       |
| host_routes      |                                                  |
| id               | eb0c84d3-ea66-437f-9d1a-9defe8cccd06             |
| ip_version       | 4                                                |
| name             |                                                  |
| network_id       | 5b04a1f2-1676-4f1e-a265-adddc5c589b8             |
| tenant_id        | 55bd141d9a29489d938bb492a1b2884c                 |
+------------------+--------------------------------------------------+
```

❶ 创建新子网
❷ 指定 admin 的 tenant-id
❸ 指定网络名称和子网地址范围

首先，告诉 OpenStack 网络（Neutron）要创建一个新子网❶。然后，在命令行指定 admintenant-id❷。最后，指定要创建子网的网络名称和使用 CIDR 标记法❸被用于内部网络的子网地址范围。不要忘记，如果需要查找 admintenant-id，使用 Keystone 的 tenant-id 命令。

现在创建了 INTERNAL_NETWORK 网络的子网。图 6-7 展示了子网分配到 INTERNAL_ NETWORK 的过程。遗憾的是，这个子网还是孤立的，接下来的步骤可以把私有网络连接到公共网络。

下一小节将添加一个路由器到刚创建的子网。记下 subnet-id，因为在随后的小节中会用到。

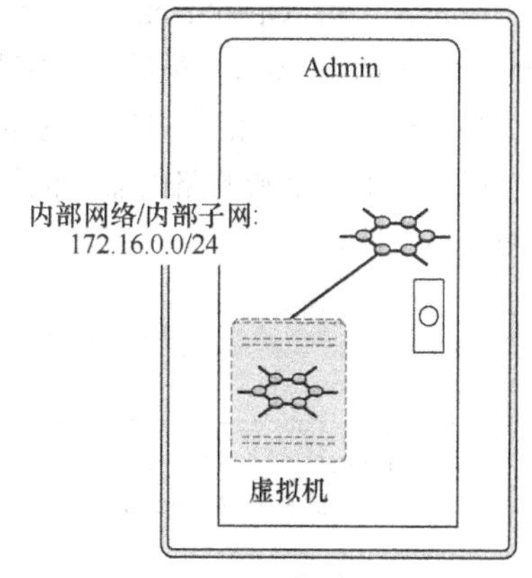

图 6-7 创建内部子网

CIDR 标记法 如上文所述，CIDR 是一种表示子网的紧凑方式。对于内部子网，通常是使用私有的 C 类地址范围。对于内部或私有网络最常使用的私有地址范围之一是 192.168.0.0/24，它提供的范围是 192.168.0.1～192.168.0.254。

4. 路由器

路由器简单来说就是路由接口间的流量。在这个例子中，在租户内已经有一个独立的网络，然后想与其他租户网络或者 OpenStack 以外的网络通信。代码清单 6-28 展示了如何创建一个新的租户路由器。

代码清单 6-28　创建路由器

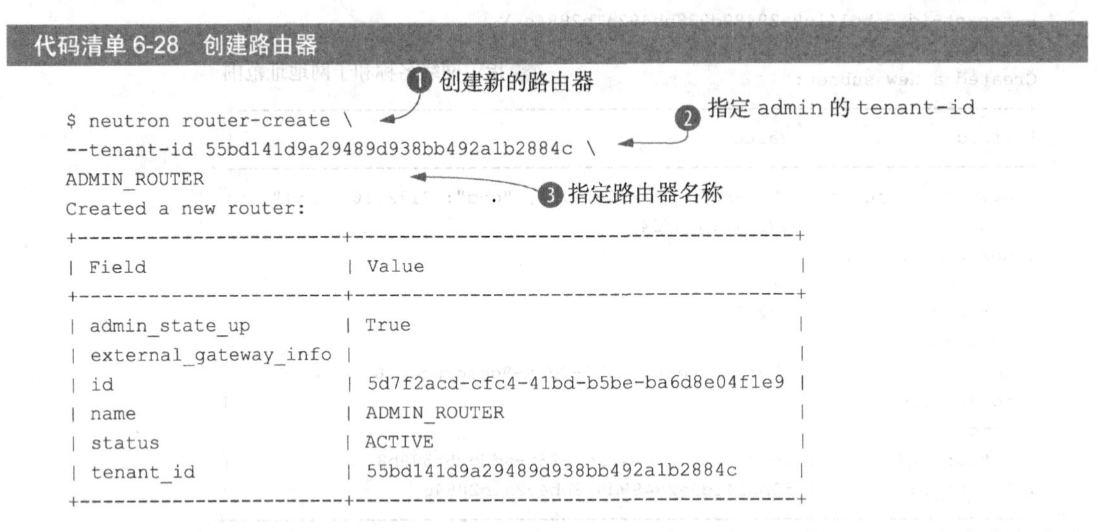
❶ 创建新的路由器
❷ 指定 admin 的 tenant-id
❸ 指定路由器名称

```
$ neutron router-create \
--tenant-id 55bd141d9a29489d938bb492a1b2884c \
ADMIN_ROUTER
Created a new router:
+-----------------------+--------------------------------------+
| Field                 | Value                                |
+-----------------------+--------------------------------------+
| admin_state_up        | True                                 |
| external_gateway_info |                                      |
| id                    | 5d7f2acd-cfc4-41bd-b5be-ba6d8e04f1e9 |
| name                  | ADMIN_ROUTER                         |
| status                | ACTIVE                               |
| tenant_id             | 55bd141d9a29489d938bb492a1b2884c     |
+-----------------------+--------------------------------------+
```

首先，告诉 OpenStack 网络（Neutron）要创建一个新的路由器❶。然后，在命令行指定 `admintenant-id`❷。最后，指定路由器的名称❸。

图 6-8 展示了在租户内创建的路由器。

现在有了一个新的路由器，但租户路由器和子网还没连接。代码清单 6-29 展示了如何连接子网到路由器。

代码清单 6-29　添加路由器到内部子网

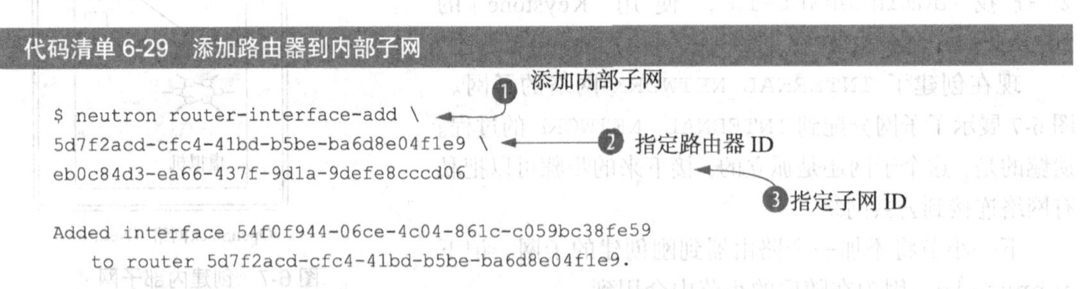
❶ 添加内部子网
❷ 指定路由器 ID
❸ 指定子网 ID

```
$ neutron router-interface-add \
5d7f2acd-cfc4-41bd-b5be-ba6d8e04f1e9 \
eb0c84d3-ea66-437f-9d1a-9defe8cccd06

Added interface 54f0f944-06ce-4c04-861c-c059bc38fe59
    to router 5d7f2acd-cfc4-41bd-b5be-ba6d8e04f1e9.
```

首先，告诉 OpenStack 网络（Neutron）要添加一个内部子网到路由器❶。然后，指定路由器的 router-id❷。最后，指定子网的 subnet-id❸。

如果需要查找 Neutron 相关的对象 ID，可以通过不带参数的命令 `neutron` 运行 Neutron CLI 应用程序访问 Neutron 控制台。进入 Neutron 控制台，可以使用 `help` 命令来浏览所有命令。

图 6-9 展示了连接到内部网络 `INTERNAL_NETWORK` 的路由器 `ADMIN_ROUTER`。

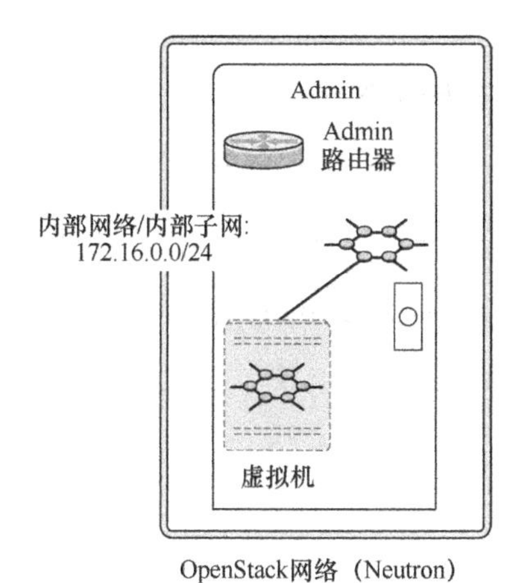

图 6-8 创建内部路由器

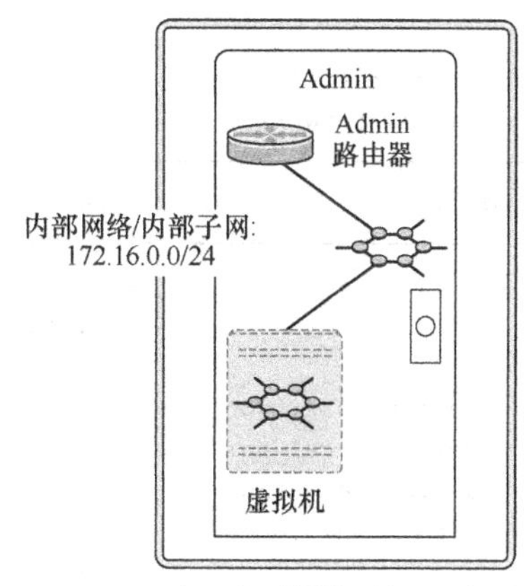

图 6-9 路由器连接到内部网络

添加路由器到子网的过程实际会在本地虚拟交换机增加一个端口（port）。可以认为虚拟交换机上的端口和物理交换机上的端口具有同样的方式。在本例中，这个设备是 `ADMIN_ROUTER`，网络是 `INTERNAL_NETWORK`，子网是 `172.16.0.0/24`。路由器使用创建子网时指定的地址（默认是第一个可用地址）。当创建实例（虚拟机）时，可以在实例与路由器地址 172.16.0.1 通信，但还是不能路由网络包到外部网络。

DHCP 代理 在旧版本的 OpenStack 网络中，你必须手动添加 DHCP 代理到网络中。DHCP 代理为实例提供 IP 地址。在当前版本，这个代理会在首次创建实例时自动添加。然而，在高级配置里，这些代理（各种类型）也是可以通过 Neutron 手动添加的。

路由器只连接到一个网络没有多大用处，因此下一步会把这个路由器连接到即将创建的公共网络。

5. 外部网络

在前面的“内部网络”小节，已经为某个租户指定了一个网络。这里将会创建一个可以被多个租户使用的公共网络。这个公共网络可以被添加到私有路由器上作为之前创建的内部网络的网关。

只有 `admin` 用户可以创建外部网络。如果不指定，新的外部网络会创建在 `admin` 租户里。代码清单 6-30 所示的命令创建了一个新的外部网络。

代码清单 6-30 创建一个外部网络

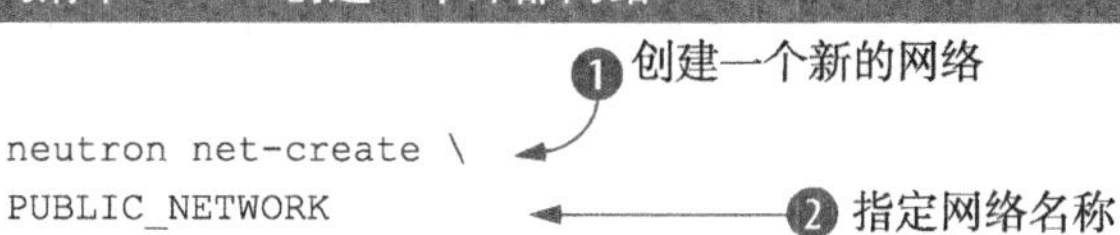

```
--router:external=True                    ❸ 指派为外部网络
Created a new network:
+---------------------------+--------------------------------------+
| Field                     | Value                                |
+---------------------------+--------------------------------------+
| admin_state_up            | True                                 |
| id                        | 64d44339-15a4-4231-95cc-ee04bffbc459 |
| name                      | PUBLIC_NETWORK                       |
| provider:network_type     | gre                                  |
| provider:physical_network |                                      |
| provider:segmentation_id  | 2                                    |
| router:external           | True                                 |
| shared                    | False                                |
| status                    | ACTIVE                               |
| subnets                   |                                      |
| tenant_id                 | 55bd141d9a29489d938bb492a1b2884c     |
+---------------------------+--------------------------------------+
```

首先，告诉 Neutron 要创建一个新网络❶，并指定网络名称❷。然后，指派这个网络为外部网络❸。

现在已经有一个网络指派为外部网络。如图 6-10 所示，这个网络是在租户 admin 内创建的。在使用这个网络作为租户路由器网关（如前面的“路由器”小节所示）之前，必须先添加一个子网到这个刚创建的外部网络。接下来进行这一步。

6. 外部子网

现在必须如代码清单 6-31 所示创建一个外部子网。

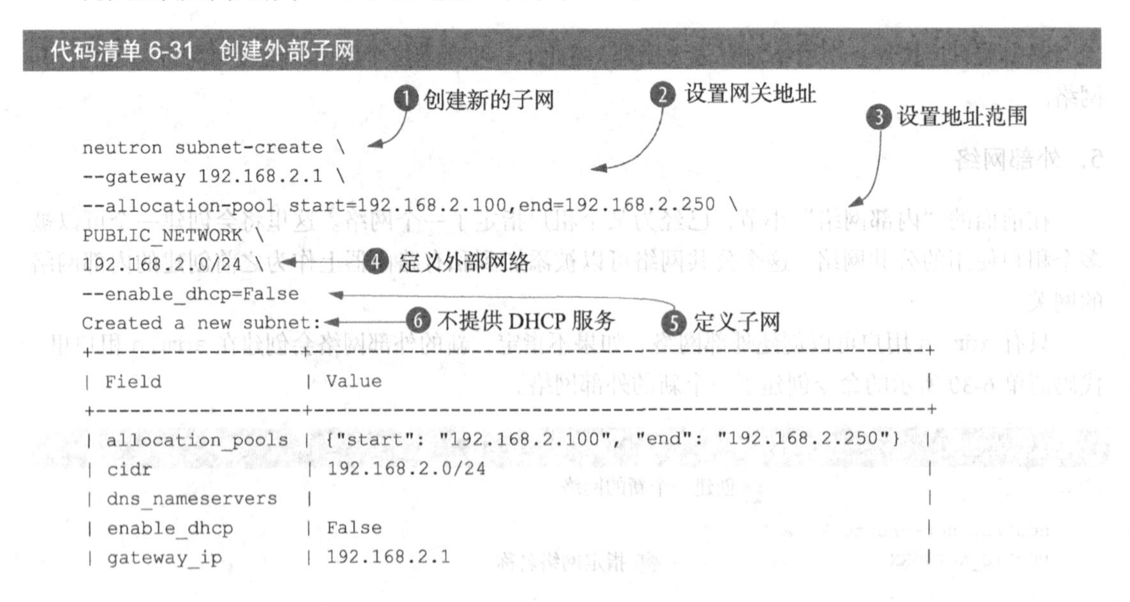


```
neutron subnet-create \
--gateway 192.168.2.1 \
--allocation-pool start=192.168.2.100,end=192.168.2.250 \
PUBLIC_NETWORK \
192.168.2.0/24 \
--enable_dhcp=False
Created a new subnet:
+-------------------+----------------------------------------------------+
| Field             | Value                                              |
+-------------------+----------------------------------------------------+
| allocation_pools  | {"start": "192.168.2.100", "end": "192.168.2.250"} |
| cidr              | 192.168.2.0/24                                     |
| dns_nameservers   |                                                    |
| enable_dhcp       | False                                              |
| gateway_ip        | 192.168.2.1                                        |
```

```
| host_routes        |                                                          |
| id                 | ee91dd59-2673-4bce-8954-b6cedbf8e920                     |
| ip_version         | 4                                                        |
| name               |                                                          |
| network_id         | 64d44339-15a4-4231-95cc-ee04bffbc459                     |
| tenant_id          | 55bd141d9a29489d938bb492a1b2884c                         |
+--------------------+----------------------------------------------------------+
```

首先，告诉 Neutron 要创建一个新子网❶。然后，设置网关地址为第一个可用地址❷，并定义分配给这个子网的可用地址范围❸。接着定义这个子网将会分配的外部网络❹。使用 CIDR 格式定义子网❺。最后，指定 OpenStack 不用为这个子网提供 DHCP 服务❻。

在图 6-11 中，可以看到现在有一个子网 192.168.2.0/24 分配到外部网络 `PUBLIC_NETWORK`。

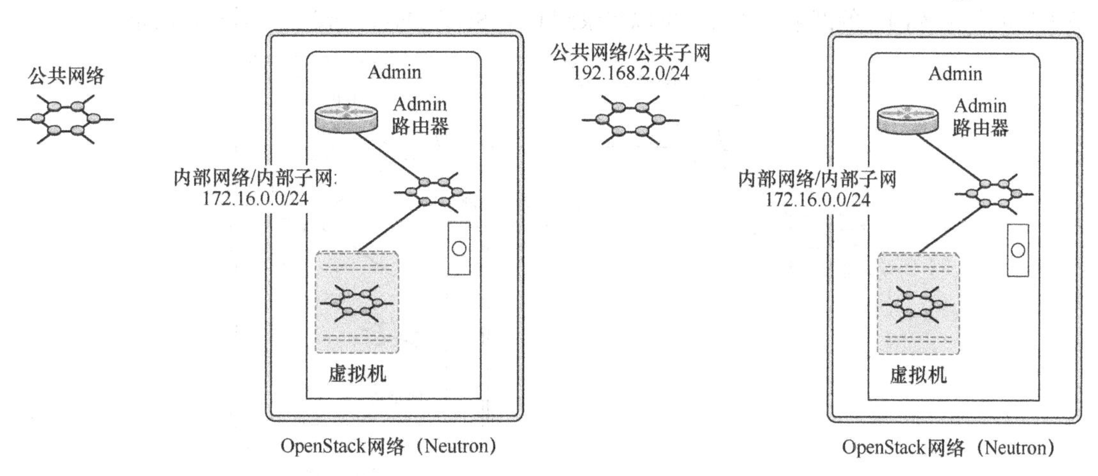

图 6-10　创建外部网络　　　图 6-11　创建外部子网

刚刚创建的子网和外部网络现在可以被 OpenStack 网络路由器用来作为网关网络。在下一步，将会分配新创建的外部网络作为内部网络的网关地址。

列举路由器获取路由器 ID

可以用 `neutron router-list` 命令列举系统中所有路由器：

```
devstack@devstack:~/devstack$ neutron router-list
+--------+----------------+-----------------------+
| id     | name           | external_gateway_info |
+--------+----------------+-----------------------+
| 5d..e9 | ADMIN_ROUTER   | null                  |
+--------+----------------+-----------------------+
```

可以如代码清单 6-32 所示分配一个外部子网作为网关。

代码清单 6-32 添加一个新的外部网络作为路由器网关

```
neutron router-gateway-set \                          ← 使用路由器网关设置命令
5d7f2acd-cfc4-41bd-b5be-ba6d8e04f1e9 \                ← 指定路由器 ID

64d44339-15a4-4231-95cc-ee04bffbc459                  ← 指定外部网络 ID

Set gateway for router
15d7f2acd-cfc4-41bd-b5be-ba6d8e04f1e9
```

图 6-12 展示了在租户 ADMIN 内分配网络 PUBLIC_NETWORK 作为 ADMIN_ROUTER 路由器的网关。可以通过执行命令 neutron router-show <router-id>（<router-id>是路由器 ADMIN_ROUTER 的 ID）来确认这个设置。这条命令会返回 external_gateway_info，列举了当前分配为网关的网络。或者，可以登录到 OpenStack Dashboard 来查看租户网络。

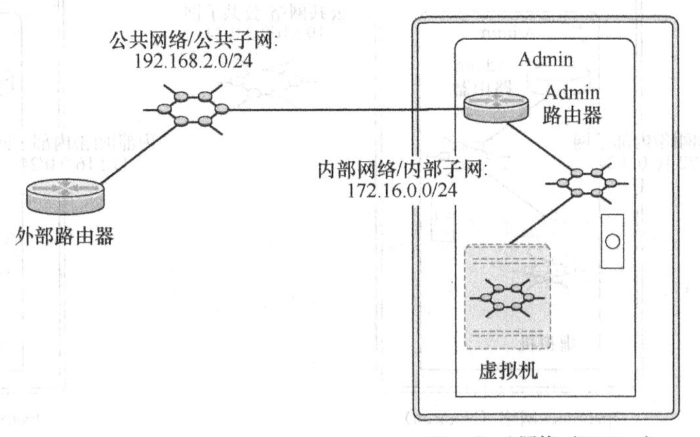

图 6-12 分配公共网络作为路由器网关

6.2.9 关联 Linux、OVS 和 Neutron

现在读者应该有一个正常运行的 Neutron 环境和一个或两个可用的网络。但将不可避免地出现某些问题，需要排查。自然，读者会对怀疑的 Neutron 组件调高日志级别。如果幸运的话，可能只是一个明显的错误。但如果不幸运，可能会是 Neutron 依赖的底层系统的问题。在本章中，已经介绍了这些依赖和组件的关系。在很多例子中，创建的网络都是通过利用 Linux 命名空间来实现的，可能读者之前没用过它。现在使用 Linux 命名空间来把创建在网络的组件和系统层关联起来。

在 Neutron 节点查看 Linux 网络命名空间：

```
$ sudo ip netns list
qrouter-5d7f2acd-cfc4-41bd-b5be-ba6d8e04f1e9
```

结果建议应该查看命名空间 qrouter-5d7f2acd-cfc4-41bd-b5be-ba6d8e04f1e9。引用命名空间，

可以显示所有网络接口适配器：

```
sudo ip netns exec qrouter-5d7f2acd-cfc4-41bd-b5be-ba6d8e04f1e9\
   ifconfig -a

qg-896674d7-52 Link encap:Ethernet HWaddr fa:16:3e:3b:fd:28
          inet addr:192.168.2.100 Bcast:192.168.2.255 Mask:255.255.255.0
          inet6 addr: fe80::f816:3eff:fe3b:fd28/64 Scope:Link
          UP BROADCAST RUNNING MTU:1500 Metric:1
          RX packets:0 errors:0 dropped:0 overruns:0 frame:0
          TX packets:9 errors:0 dropped:0 overruns:0 carrier:0
          collisions:0 txqueuelen:0
          RX bytes:0 (0.0 B) TX bytes:738 (738.0 B)

qr-54f0f944-06 Link encap:Ethernet HWaddr fa:16:3e:e7:f3:35
          inet addr:172.16.0.1 Bcast:172.16.0.255 Mask:255.255.255.0
          inet6 addr: fe80::f816:3eff:fee7:f335/64 Scope:Link
          UP BROADCAST RUNNING MTU:1500 Metric:1
          RX packets:0 errors:0 dropped:0 overruns:0 frame:0
          TX packets:9 errors:0 dropped:0 overruns:0 carrier:0
          collisions:0 txqueuelen:0
          RX bytes:0 (0.0 B) TX bytes:738 (738.0 B)
```

❶ 接口 qr-54f0f944-06

❷ 接口 qg-896674d7-52

无论读者知道与否，这个功能存在于 Linux 发行版中已有一段时间了。注意，接口 qg-896674d7-52❶与 Neutron PUBLIC_INTERFACE 有相同的地址范围，接口 qr-54f0f944-06❷和 Neutron INTERNAL_INTERFACE 有相同的地址范围。事实上，对于各自的网络，有相应的路由器接口。

> **使用 Linux 网络命名空间**
>
> 要使用网络命名空间，必须在每条命令前添加 ip netns <function> <namespace_id>：
>
> ```
> sudo ip netns <function> <namespace_id> <command>
> ```
>
> 更多关于 ip netns 的信息，可以查阅在线手册网页（以“ip-netns”列出）。

好了。现在在命名空间里有了一些接口，这些接口与本章前面创建的路由器接口相关。在某些时刻，读者可能想在 OpenStack Neutron 网络上的虚拟机实例间通信，或者进行外部网络到 OpenStack Neutron 的通信。这就是 OVS 发挥作用的时候了。

查看 OVS 实例：

```
$ sudo ovs-vsctl show
    Bridge br-int
...
        Port "qr-54f0f944-06"
            tag: 1
```

```
            Interface "qr-54f0f944-06"
                type: internal
...
    Bridge br-ex
        Port br-ex
            Interface br-ex
                type: internal
        Port "p2p1"
            Interface "p2p1"
        Port "qg-896674d7-52"
            Interface "qg-896674d7-52"
                type: internal
...
```

自从在代码清单 6-4 看到后，有新的东西添加到 OVS 了。注意接口 qr-54f0f944-06，显示为内部网桥 br-int 的一个 Port "qr-54f0f944-06"。同样，接口 qg-896674d7-52 显示为外部网桥 be-ex 的一个 Port "qg-896674d7-52"。

这意味着什么？在配置里创建的路由器外部接口跟物理接口 p2p1 在同一个网桥 be-ex 上。这意味着 OpenStack Neutron 网络 PUBLIC_NETWORK 会使用物理接口 br-ex 来与 OpenStack 外部的网络通信。

现在所有这些部分都联系在一起了，读者可以移到下一节，通过图形化界面查看新创建的网络。

6.2.10 检查 Horizon

在第 5 章已经部署了 OpenStack Dashboard。Dashboard 现在应该可以通过 http://<controller address>/horizon 访问。

现在最好登录以确保这些组件出现在 Dashboard 上。以用户名 admin 和密码 openstack1 登录。一旦登录到 Horizon，在左边工具栏里选择“Admin”标签。然后，单击“System Info”并查看下面的“Network Agents”标签内容，应该看起来如图 6-13 所示。如果读者一直跟着前面的指南进行，网络应该出现在 Dashboard 上。

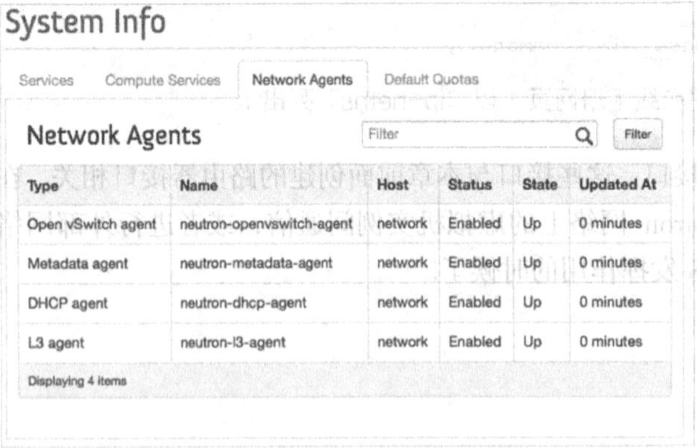

System Info

Services　Compute Services　Network Agents　Default Quotas

Network Agents

Type	Name	Host	Status	State	Updated At
Open vSwitch agent	neutron-openvswitch-agent	network	Enabled	Up	0 minutes
Metadata agent	neutron-metadata-agent	network	Enabled	Up	0 minutes
DHCP agent	neutron-dhcp-agent	network	Enabled	Up	0 minutes
L3 agent	neutron-l3-agent	network	Enabled	Up	0 minutes

Displaying 4 items

图 6-13 Dashboard 系统信息

现在确保在 admin 租户内，并在左边工具栏里选择“Project”标签。然后，依次单击“Network”和“Network Topology”。“Network Topology”界面应该跟图 6-14 类似。

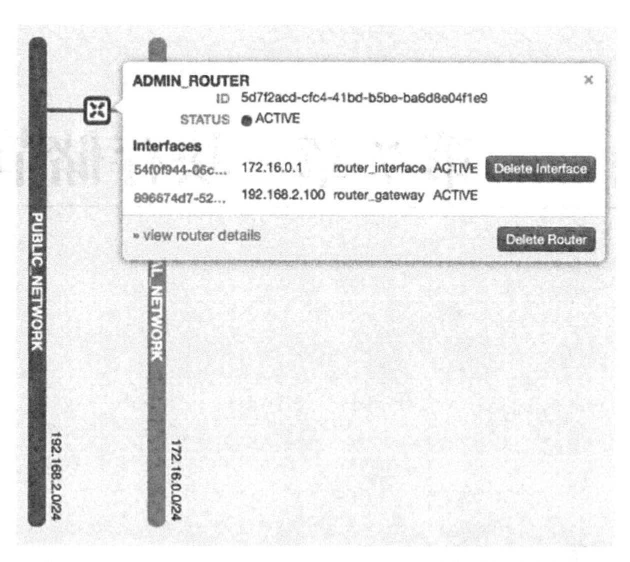

图 6-14 PUBLIC/INTERNAL/ADMIN 网络的网络拓扑

图 6-14 中显示了公共网络、租户路由器，以及租户网络与租户的关系。如果能做到跟图 6-14 中显示的一样，说明读者已经成功手动部署网络节点了。

6.3 小结

- 一个单独的物理网络接口用于虚拟机通信。
- Neutron 节点在功能上充当路由器和交换机。
- Open vSwitch 可以用来在通用服务器上启用高级交换功能。
- 网络路由是 Linux 内核的一部分。
- 覆盖网络使用 GRE、VXLAN 和其他这种隧道来连接像虚拟机和其他 Neutron 路由器实例这样的端点。
- OpenStack 网络可以为在分开的 hypervisor 上的虚拟机间通信构建覆盖网络。
- Neutron 提供 OSI L2 和 L3 服务。
- Neutron 代理可以被配置提供 DHCP、元数据和在 Neutron 网络的其他服务。
- Neutron 可以配置使用 Linux 网络命名空间与 OVS 结合提供完整的虚拟化网络环境。
- 所有租户可以在内部使用相同的网络 IP 范围，不会有冲突，因为它们通过使用 Linux 命名空间进行隔离。
- Neutron 路由器可以用来路由内部和 Neutron 外部网络的流量。

第 7 章　块存储节点部署

本章主要内容

- 存储节点部署准备
- 理解逻辑卷管理器（LVM）
- 部署 OpenStack 块存储
- 通过 OpenStack 块存储管理 LVM 存储
- 测试 OpenStack 块存储

第 5 章介绍了 OpenStack 控制器节点的部署，控制器节点提供了 OpenStack 服务的服务器端管理。在控制器部署过程中，对多个 OpenStack 核心服务，包括网络、计算和存储进行了控制器端的配置。我们还讨论了与控制器相关的每个核心服务的配置，但没有详细介绍这些服务。

第 6 章部署了第一个独立的资源节点。这个节点为部署提供 OpenStack 网络服务。本章将会手动部署另外一个独立资源节点来提供 OpenStack 块存储服务。

如图 7-1 所示，已经完成手动部署 OpenStack 的一半了。

再看看在第 5 章介绍的多节点架构，如图 7-2 所示。本章将会手动部署位于图 7-2 右下方的 OpenStack 块存储组件。读者将会在一个独立节点上手动部署它们。如果读者之前工作在虚拟化环境，本章介绍的基础概念应该不会觉得陌生。

首先，读者需要准备服务器来作为提供存储功能的设备。在这个过程中，读者需要保留一块原始的物理磁盘，准备好它被系统级别的卷管理器管理。然后，将会配置 OpenStack 块存储使用这个卷管理器来管理存储资源。本章配置的存储资源将会直接被 OpenStack 提供的虚拟机使用。直接被虚拟机使用的存储资源通常叫作虚拟机卷（volume）。

在本书展示的多节点例子中，将会使用作为 OpenStack 块存储节点的同一台服务器提供的存储，但正如第 4 章所介绍的，这样做不是必需的。除了使用存储节点（如物理上挂载了磁盘）上的存储，存储节点可以用来管理由厂商存储系统（SAN、Ceph 等）提供的存储。为了简单起见，本书的例子将会使用物理上位于存储节点的存储，不会引入厂商存储系统。

现在开始吧！

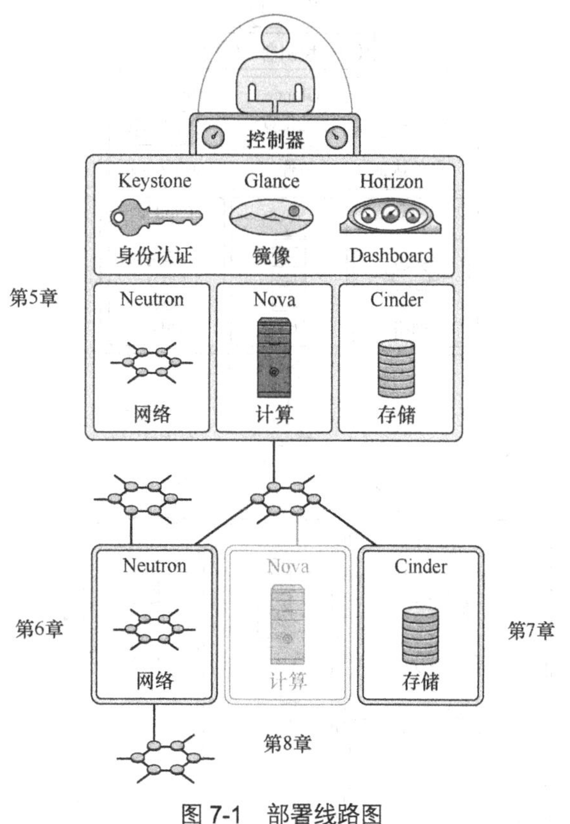

图 7-1 部署线路图

7.1 准备块存储节点部署环境

正如本书第二部分的所有章节一样，本章会介绍手动安装和配置依赖及 OpenStack 核心软件包。

小心进行 在多节点环境工作增加了部署的复杂度。组件或依赖配置的一个看起来不相关的很小的错误，都有可能造成非常难以排查的问题。仔细阅读每节，确保理解进行的安装或配置。

本章的多个例子通常会包含确认步骤，读者不应该跳过这些步骤。如果某个配置确认失败，读者应该回退到前面的确认点重新开始。这种做法可以大大降低用户的挫败感。

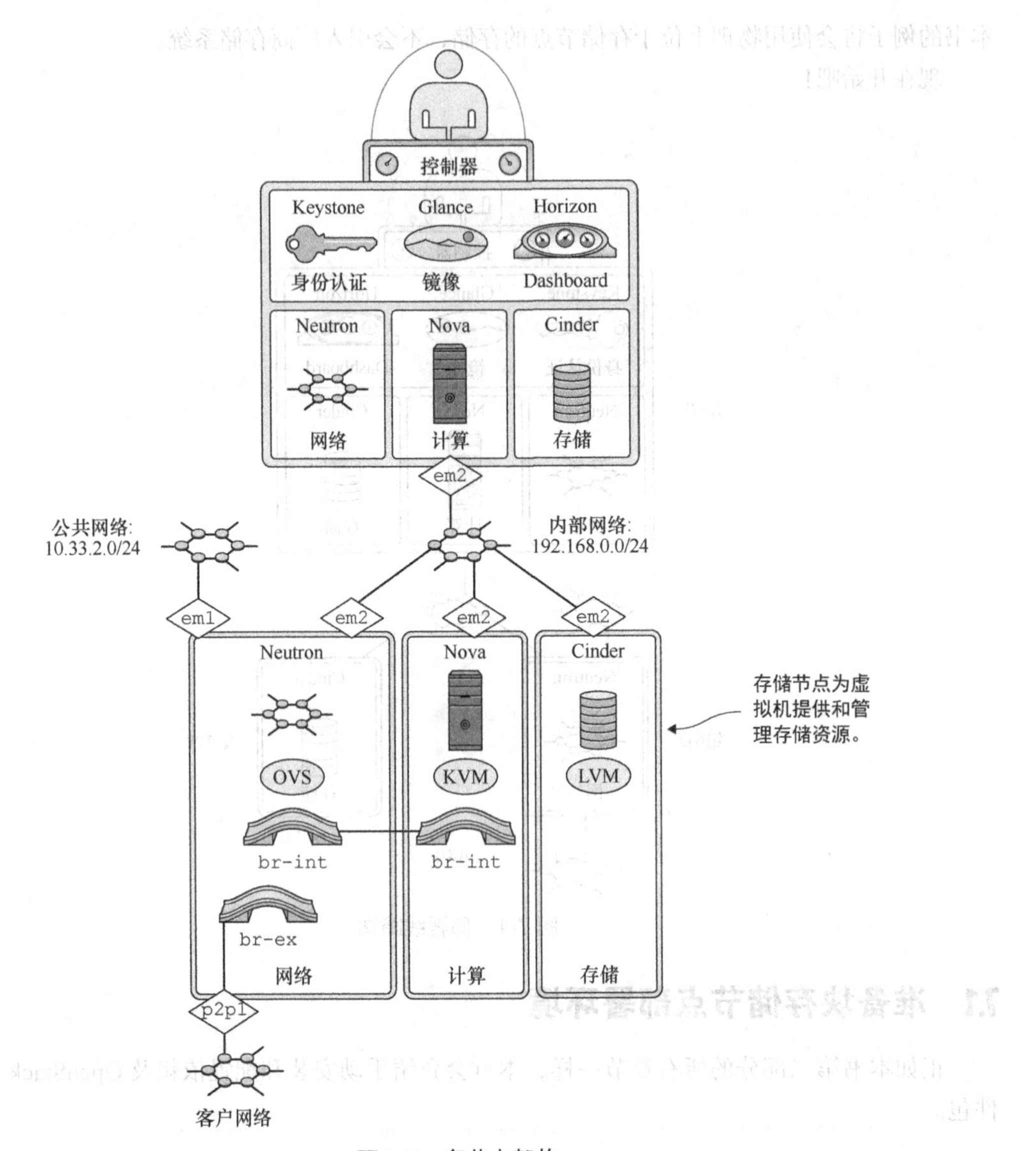

图 7-2 多节点架构

7.1.1 准备环境

除了网络配置外，环境准备跟在第 5 章和第 6 章部署控制器节点和网络节点时的准备类似。按照讨论中的说明，在配置过程中，要注意网络接口和地址。很容易手误，从而导致很难排查出这些问题。

7.1.2 配置网络接口

要配置的网络有以下两种接口。

- 节点接口——传输与 OpenStack 不直接相关。这个接口用于管理性任务，如 SSH 终端访问、软件更新和节点级别的监控。
- 内部接口——与 OpenStack 组件间通信相关的传输。包括 API 和 AMQP 类型的传输。

首先，需要弄清楚系统现有的接口。

1. 回顾网络

代码清单 7-1 所示的命令用来列举服务器上的所有接口。

代码清单 7-1 列举接口

```
$ ifconfig -a
em1       Link encap:Ethernet HWaddr b8:2a:72:d4:52:0f
          inet addr:10.33.2.62 Bcast:10.33.2.255 Mask:255.255.255.0
          inet6 addr: fe80::ba2a:72ff:fed4:520f/64 Scope:Link
          UP BROADCAST RUNNING MULTICAST MTU:1500 Metric:1
          RX packets:44205 errors:0 dropped:0 overruns:0 frame:0
          TX packets:7863 errors:0 dropped:0 overruns:0 carrier:0
          collisions:0 txqueuelen:1000
          RX bytes:55103938 (55.1 MB) TX bytes:832282 (832.2 KB)
          Interrupt:35

em2       Link encap:Ethernet HWaddr b8:2a:72:d4:52:10
          BROADCAST MULTICAST MTU:1500 Metric:1
          RX packets:0 errors:0 dropped:0 overruns:0 frame:0
          TX packets:0 errors:0 dropped:0 overruns:0 carrier:0
          collisions:0 txqueuelen:1000
          RX bytes:0 (0.0 B) TX bytes:0 (0.0 B)
          Interrupt:38
```

你可能在初始化安装时配置过节点接口 em1。你将会使用 em1 接口来与这个节点通信。看一下另一个接口 em2。在本书的示例系统中，接口 em2 将被用作 OpenStack 内部传输。

下面将会再次展示为示例节点进行的网络配置，然后配置控制器接口。

2. 配置网络

在 Ubuntu 系统里，接口配置是通过文件/etc/network/interfaces 来维护的。我们将会基于表 7-1 中斜体表示的地址来进行配置。

表 7-1 网络地址表

节 点	功 能	接 口	IP 地址
控制器	公共接口/节点地址	em1	10.33.2.50/24

续表

节　点	功　能	接　口	IP 地址
控制器	OpenStack 内部	em2	192.168.0.50/24
网络	节点地址	em1	10.33.2.51/24
网络	OpenStack 内部	em2	192.168.0.51/24
网络	虚拟机网络	p2p1	保留：分配给 OpenStack 网络
存储	*节点地址*	*em1*	*10.33.2.52/24*
存储	*OpenStack 内部*	*em2*	*192.168.0.52/24*
计算	节点地址	em1	10.33.2.53/24
计算	OpenStack 内部	em2	192.168.0.53/24

为了修改网络配置或其他特权配置，必须使用 sudo 特权（`sudo vi /etc/network/interfaces`）。这个过程可以使用任何文本编辑器。

如代码清单 7-2 所示修改接口文件。

代码清单 7-2　修改接口文件配置/etc/network/interfaces

```
# The loopback network interface
auto lo
iface lo inet loopback

# The OpenStack Node Interface
auto em1                                  ◄──── ❶ em1 接口
iface em1 inet static
       address 10.33.2.62
       netmask 255.255.255.0
       network 10.33.2.0
       broadcast 10.33.2.255
       gateway 10.33.2.1
       dns-nameservers 8.8.8.8
       dns-search testco.com

# The OpenStack Internal Interface
auto em2                                  ◄──── ❷ em2 接口
iface em2 inet static
       address 192.168.0.62
       netmask 255.255.255.0
```

在网络配置中，em1 接口❶将用于节点管理，如到实际服务器的 SSH 会话。OpenStack 不会直接使用 em1 接口。em2 接口❷主要用于资源节点和控制器之间的 AMQP 和 API 传输。

为什么有一个存储接口

在实践中，因为各种原因，不只是性能问题，用户想要把存储传输和虚拟机网络传输隔离。不像一个物理服务器有本地磁盘，这些虚拟机的本地卷在其他服务器上，它们通过网络通信。虽然网络可以用来为存储传输，网络性能（延迟、丢包等）的变化对存储网络的影响远大于虚拟机网络。例如，一个小延迟对于 OpenStack 组件间获取 API 响应是可以忽略不计的，但相同的延迟，对于一个操作系统试图从 RAM 获取交换页，存放到一个网络挂载的卷上的存储来说是“致命”的。

为了简单起见，本章的例子不分开存储和 OpenStack 内部传输。在生产环境，不推荐这样做。

现在应该刷新网络接口使更改的配置生效。如果没有改变主接口的设置，在刷新后就不会出现连接中断。如果改变了主接口的地址，应该现在就重启服务器。

如果改变了网络配置，那么可以为特定的接口刷新网络配置，代码清单 7-3 所示刷新了 em2 接口配置。

代码清单 7-3 刷新网络配置

```
sudo ifdown em2 && sudo ifup em2
```

从操作系统的角度来看，这些网络配置现在应该生效了。接口会基于配置自动上线。这个过程可以对每个需要刷新配置的接口重复进行。

为了确保配置生效，可以再次检查接口，如代码清单 7-4 所示。

代码清单 7-4 检查网络的更新

```
$ ifconfig -a
em1       Link encap:Ethernet HWaddr b8:2a:72:d4:52:0f
          inet addr:10.33.2.62 Bcast:10.33.2.255 Mask:255.255.255.0
          inet6 addr: fe80::ba2a:72ff:fed4:520f/64 Scope:Link
          UP BROADCAST RUNNING MULTICAST MTU:1500 Metric:1
          RX packets:44490 errors:0 dropped:0 overruns:0 frame:0
          TX packets:8023 errors:0 dropped:0 overruns:0 carrier:0
          collisions:0 txqueuelen:1000
          RX bytes:55134915 (55.1 MB) TX bytes:863478 (863.4 KB)
          Interrupt:35

em2       Link encap:Ethernet HWaddr b8:2a:72:d4:52:10
          inet addr:192.168.0.62 Bcast:192.168.0.255 Mask:255.255.255.0
          inet6 addr: fe80::ba2a:72ff:fed4:5210/64 Scope:Link
          UP BROADCAST RUNNING MULTICAST MTU:1500 Metric:1
          RX packets:1 errors:0 dropped:0 overruns:0 frame:0
          TX packets:6 errors:0 dropped:0 overruns:0 carrier:0
          collisions:0 txqueuelen:1000
          RX bytes:64 (64.0 B) TX bytes:532 (532.0 B)
          Interrupt:38
```

现在应该可以远程访问网络服务器，而且这个服务器应该可以访问互联网。后续的安装可以直接在控制台或者使用 SSH 远程执行。

7.1.3 更新安装包

正如第 5 章和第 6 章所述，APT 包索引是被/etc/apt/sources.list 文件中远程目录定义的所有可用包的数据库。要确保本地的数据库与指定的 Linux 发行版最新可用的安装包库同步。在安装前，需要先升级所有库项目，包括 Linux 内核，因为内核也可能不是最新的。更新和升级包如代码清单 7-5 所示。

代码清单 7-5 更新和升级安装包

```
sudo apt-get -y update
sudo apt-get -y upgrade
```

现在需要重启服务器刷新任何可能改变的包或配置，如代码清单 7-6 所示。

代码清单 7-6 重启服务器

```
sudo reboot
```

7.1.4 安装和配置逻辑卷管理器

本节将会安装一些软件依赖和做一些配置上的改变，为 OpenStack 组件的安装做好准备。

逻辑卷管理器（LVM）是 Linux 内核的一个卷管理器。一个卷管理器是一个简单的管理层，提供了物理设备的分区和逻辑设备间的系统级别的抽象。可以把 LVM 当成一个硬件 RAID 适配器。LVM 位于 Linux 内核和存储设备之间，提供管理存储卷的软件层。这个软件层提供了以下几个比直接使用存储设备的关键优势：

- 调整卷大小——物理和虚拟卷都可以用来扩展或缩小一个 LVM 卷；
- 快照——LVM 可以用来创建卷的读/写快照（克隆或者复制）；
- 自动精简配置技术——LVM 可以创建一个在系统级别指定大小的卷，但这些存储直到它要使用时，才实际分配，自动精简配置技术是一个常用的存储资源超额配置技术；
- 启用缓存的卷——利用 SSD（快）存储创建的 LVM 卷可以作为更慢的卷的缓存。

LVM 严格来说不是 OpenStack 块存储依赖 在示例中，将会使用原始存储（物理磁盘）挂载到运行 OpenStack 块存储（Cinder）的相同的物理节点。Cinder 将会配置使用一个特定的 LVM 卷——cinder-volumes。如果 Cinder 配置成管理厂商提供设备上的存储卷，那就不用配置 LVM。

1. 安装 LVM

如果你正在使用 Ubuntu 14.04 操作系统，那么在安装过程中可以选择使用 LVM 来管理你的系统磁盘。如果在这个过程中选择了使用 LVM，就不需要下面的步骤，但也无妨。然而，如果 LVM 没有被安装，那现在就应该如代码清单 7-7 所示安装它。

代码清单 7-7 安装 LVM

```
$ sudo apt-get install lvm2
Reading package lists... Done
Building dependency tree
Reading state information... Done
The following extra packages will be installed:
  libdevmapper-event1.02.1 watershed
The following NEW packages will be installed:
  libdevmapper-event1.02.1 lvm2 watershed
...
```

现在已经安装好 LVM 工具，可以创建 LVM 卷了。

2. 使用 LVM

在本节中，读者需要识别可以用来作为存储的物理设备，然后创建一个被 Cinder 使用的 LVM 卷。

例子中使用的设备

预期读者会使用专门的节点（物理或虚拟）来进行第 5 章～第 8 章的例子。如果可以访问的资源配置与这几章的架构匹配，那么一切正常。另外，如果资源有限（一个磁盘、一个网络适配器等），读者可以按照自己的工作环境进行修改。

下面的例子对于一个或多个磁盘都是可以的。这些例子甚至可以使用磁盘分区而不是整个磁盘。

大多数现代 Linux 发行版都将 udev(一种动态设备管理器)用于内核设备管理。在使用 udev 的系统，如我们使用的 Ubuntu14.04 系统，磁盘设备会在硬件路径/dev/disk/by-path 下罗列和管理。这个目录如代码清单 7-8 所示。

代码清单 7-8 列举磁盘设备

```
$ ls -la /dev/disk/by-path
pci-0000:03:00.0-scsi-0:2:2:0 -> ../../sda
pci-0000:03:00.0-scsi-0:2:2:0-part1 -> ../../sda1
pci-0000:03:00.0-scsi-0:2:2:0-part2 -> ../../sda2
pci-0000:03:00.0-scsi-0:2:2:0-part3 -> ../../sda3
pci-0000:03:00.0-scsi-0:2:3:0 -> ../../sdb
pci-0000:03:00.0-scsi-0:2:4:0 -> ../../sdc
pci-0000:03:00.0-scsi-0:2:5:0 -> ../../sdd
```

代码清单显示了 4 个物理磁盘设备：sda、sdb、sdc 和 sdd。可以看到卷 sad 有 3 个分区：sda1、sda2 和 sda3。虽然没有在代码清单 7-8 中显示出来，但是在这个存储节点上物理设备 sda 作为系统卷正在被使用。余下的设备 sdb、sdc 和 sdd，将会用来创建 LVM 卷。

现在知道哪些磁盘设备是你的目标，可以开始使用 LVM 了。

了解设备或风险数据丢失

确保用来作为目标的存储设备（驱动）可以在操作系统内部和外部被识别。很多服务器使用存储适配器来连接物理磁盘和服务器。存储适配器可以简单作为一块原始磁盘在操作系统内的表示，或者它们可以用来表示多块磁盘作为一个逻辑卷。就操作系统而言，物理磁盘和逻辑磁盘看起来是完全相同的（内存可寻址的存储），因为存储适配器抽象了这个关系。存储适配器将会报告物理和逻辑（如 RAID 阵列）磁盘的 SCSI ID。代码清单 7-8 显示了如何匹配 SCSI ID `scsi-0:2:2:0` 到 `sda` 设备的映射，来确保对适当的磁盘操作。

3. LVM 的关系和命令

本书不是关于 LVM 的，但在开始创建卷前，读者应该对 LVM 组件和命令有基本的理解。LVM 分为以下 3 个功能组件：

- 物理卷（physical volume）——物理设备的一个或多个分区（或者整个设备）；
- 卷组（volume group）——一个或多个物理卷代表一个或多个逻辑卷；
- 逻辑卷（logical volume）——一个卷组里的一个卷。

有很多 LVM 工具和命令，但这里只介绍 Cinder 创建卷时需要使用的。下面的命令是为 Cinder 创建一个 LVM 卷必需的：

- `pvcreate <device>`用来从 Linux 存储设备创建物理卷；
- `pvscan` 用来显示物理卷的列表；
- `pvdisplay` 用来显示物理卷的属性，如大小、状态和系统级别的标识；
- `vgcreate <name> <device>`用来分配物理卷到一个名为`<name>`的存储池。

4. 物理卷操作

将会使用 `pvcreate` 来创建物理 LVM 设备。这个过程在引用的磁盘的开始创建了一个卷组描述符。

代码清单 7-9 显示了如何从 3 个 Linux 系统设备 `sdb`、`sdc` 和 `sdd` 创建一个 LVM 物理卷。

代码清单 7-9 使用 pvcreate 创建一个物理卷

```
$ sudo pvcreate /dev/sdb /dev/sdc /dev/sdd
  Physical volume "/dev/sdb" successfully created
  Physical volume "/dev/sdc" successfully created
  Physical volume "/dev/sdd" successfully created
```

现在，需要按代码清单 7-10 所示使用 `pvscan` 命令来验证设备是否成功创建。

代码清单 7-10 使用 pvscan 命令验证物理卷

```
$ sudo pvscan
  PV /dev/sda3    VG storage-vg        lvm2 [835.88 GiB / 24.00 MiB free]
  PV /dev/sdb                          lvm2 [4.55 TiB]
```

```
  PV /dev/sdc                    lvm2 [4.55 TiB]
  PV /dev/sdd                    lvm2 [4.55 TiB]
  Total: 4 [14.45 TiB] / in use: 1 [835.88 GiB] / in no VG: 3 [13.64 TiB]
```

代码清单 7-10 显示了刚创建的物理卷和代码清单 7-8 显示的 sda 卷。sda 卷是在 Linux 安装过程中创建的，现在已经分配到 storage-vg 卷组。

查看物理卷的更多详情，可以如代码清单 7-11 所示使用命令 pvdisplay。

代码清单 7-11 使用 pvdisplay 来显示物理卷属性

```
$ sudo pvdisplay
  --- Physical volume ---
  PV Name               /dev/sda3
  VG Name               storage-vg
  PV Size               835.88 GiB / not usable 2.00 MiB
  Allocatable           yes
  PE Size               4.00 MiB
  Total PE              213986
  Free PE               6
  Allocated PE          213980
  PV UUID               XKAbeN-MI3p-kD9h-qHAS-ZXDZ-nzuh-echFIZ

  "/dev/sdb" is a new physical volume of "4.55 TiB"
  --- NEW Physical volume ---
  PV Name               /dev/sdb
  VG Name
  PV Size               4.55 TiB
  Allocatable           NO
  PE Size               0
  Total PE              0
  Free PE               0
  Allocated PE          0
  PV UUID               nUNvkZ-ggd7-8GA2-IS2n-7lxr-wk0W-qdUL84
  ...
```

现在已经从系统级别的设备 sdb、sdc 和 sdd 创建出 LVM 物理卷。读者可以进行下一步，即卷组的操作。OpenStack 块存储（Cinder）将会与 LVM 在卷组级别交互。

5. 卷组操作

下一步是创建一个卷组。简单来说，卷组就是包含前面步骤创建的物理卷的存储池。

如代码清单 7-12 所示创建名为 cinder-volumes 的新卷组。

代码清单 7-12 使用 vgcreate 创建卷组

```
$ sudo vgcreate cinder-volumes /dev/sdb /dev/sdc /dev/sdd
 Volume group "cinder-volumes" successfully created
```

接着，需要确保卷组被成功创建。如果重复代码清单 7-10 所示的 pvscan 命令，将会看到物理卷已经被分配到一个卷组。

代码清单 7-13 使用命令 vgdisplay 显示所有卷组。

代码清单 7-13　使用 vgdisplay 验证卷组

```
$ sudo vgdisplay
  --- Volume group ---
  VG Name               cinder-volumes
...
  VG Size               13.64 TiB
  PE Size               4.00 MiB
  Total PE              3575037
  Alloc PE / Size       0 / 0
  Free PE / Size        3575037 / 13.64 TiB
  VG UUID               1On40i-fPAS-EsHf-WbH7-P6M5-1U0f-TcBrX2

  --- Volume group ---
  VG Name               storage-vg
...
```

代码清单 7-13 显示了刚创建的 cinder-volumes 卷组，以及在操作系统安装过程中创建的 storage-vg 卷组。

好了。现在得到系统级别的设备和创建了 LVM 物理卷。下一步，分配这些物理卷到名为 cinder-volumes 的卷组。如果读者之前使用过 LVM，可能会想下一步是创建逻辑卷（从 cinder-volumes 池中创建一个虚拟卷），但本例中不是这样。取而代之的是 Cinder 将会配置来管理这个 cinder-volumes 池。Cinder 将会基于虚拟机的需要来创建逻辑卷。

重启存储节点。重启后，检查卷组 cinder-volumes 是否还在，如代码清单 7-13 所示。

7.2　部署 Cinder

Cinder 在块存储资源和计算服务（Nova）之间提供了一个抽象层。通过 Cinder API，块存储可以被管理（创建、销毁和分配等），而不需要知道提供存储的底层资源。

考虑一个组织历来由分开的小组来管理存储和计算资源。在这种场景下，存储组应该暴露 Cinder 服务给计算组，提供 OpenStack Nova 使用的存储。换句话说，Cinder 的块存储服务消费者不需要知道管理后端存储的底层系统。Cinder 翻译了底层存储系统的 API 来提供存储资源和相关统计报告。跟 OpenStack 网络一样，后端存储子系统的底层支持由基于厂商的 Cinder 插件提供。

对于每个 OpenStack 发行版，对每个插件都有最低数量要求的功能和统计报告。如果插件没有持续维护，也没有添加要求的功能和报告，那就会在下一个发行版中弃用。当前版本最低要求的功能和报告列表见表 7-2 和表 7-3。最新的插件要求列表可以在 GitHub 仓库中找到。

表 7-2 最低功能要求

功 能 名 称	描 述
创建/删除卷	在后端存储系统为虚拟机创建/删除卷
挂载/解除卸载卷	在后端存储系统为虚拟机挂载/解除卸载卷
创建/删除快照	在后端存储系统实时为卷创建/删除快照
从快照创建卷	在后端存储系统从之前的快照创建新卷
获取卷状态	获取某个卷的统计报告
复制镜像为卷	复制镜像为虚拟机可以使用的卷
复制卷为镜像	复制虚拟机使用的卷为二进制镜像
克隆卷	克隆一个虚拟机卷为另一个虚拟机卷
扩展卷	扩展虚拟机的卷的尺寸而不破坏卷上现有的数据

表 7-3 最低统计报告要求

统 计 名 称	样例	描 述
driver_version	1.0a	为报告插件或驱动的厂商特定驱动的版本
free_capacity_gb	1000	可用的 GB 数量。如果是不清楚或无限，就报告“unknown”或者“infinite”
reserved_percentage	10	保留空间比例，当卷扩展被使用时需要它
storage_protocol	iSCSI	报告存储协议：iSCSI、FC 和 NFS 等
total_capacity_gb	102400	总共可用的 GB 数量。如果是不清楚或无限，就报告“unknown”或者“infinite”
vendor_name	Dell	提供后端存储系统的厂商名称
volume_backend_name	Equ_vol00	厂商后端的卷名称。在统计报告和问题排查时是必需的

在本书展示的多节点设计中，插件（LVM）的相关实现将会作为底层存储子系统。但还有来自于很多厂商平台和技术的插件可以被 Cinder 使用。

下一节将会继续进行 Cinder 的部署过程。首先，将会安装 Cinder 组件，然后配置这些组件。

7.2.1 安装 Cinder

不像在第 6 章部署的多个 Neutron 组件，这里只有一个 Cinder 组件需要安装和配置。可以按代码清单 7-14 所示安装 cinder-volume 组件。

代码清单 7-14 安装 Cinder 组件

```
$ sudo apt-get install -y cinder-volume
[sudo] password for sysop:
Reading package lists... Done
Building dependency tree
Reading state information... Done
The following extra packages will be installed:
  alembic cinder-common libboost-system1.54.0 libboost-thread1.54.0
```

```
...
Adding system user `cinder' (UID 105) ...
Adding new user `cinder' (UID 105) with group `cinder' ...
...
tgt start/running, process 3913
```

虽然在安装过程只需要引用 cinder-volume，但可以看到这个服务有很多依赖。其中一个基础依赖是 Linux 小型计算机系统接口（small computer system interface，SCSI）target 框架（tgt）。

关于 OpenStack 和 Linux 内核的关系，可以把 tgt 想象成跟 Open vSwitch 一样。当然，在功能层面，它们完成非常不同的任务，但它们在内核级别和用户可访问功能之间搭建起一座“桥梁”。这两个框架被 OpenStack 插件使用来实现系统级别的任务，而 OpenStack 不用直接与 Linux 内核打交道。完全可以把 tgt 当成 Cinder 的助手。

现在 cinder-volume 软件包已经安装好，助手服务也已经启动，可以继续 Cinder 的配置。

tgt 是什么

Linux SCSI target 框架（tgt）简化了在 Linux 环境里整合多协议 SCSI target 的过程。支持下面的 target 驱动：

- iSCSI（基于 IP 协议的 SCSI）；
- FCoE（基于以太网的光纤通道）；
- iSER（基于 RDMA 的 iSCSI，使用 Infiniband）。

值得注意的是 tgt 的一个竞争对手——Linux-IO Target，它声称将在 Linux 2.6.38 内核中取代 tgt，但 OpenStack 对这个框架的支持自 OpenStack Grizzly 版本以来都没更新过。

7.2.2　配置 Cinder

下一步是配置。首先，必须修改/etc/cinder/cinder.conf 文件。用户将会定义服务认证、管理通信、存储助手和 LVM 卷组的名称。代码清单 7-15 中黑体字显示的行是需要添加或修改的。

代码清单 7-15　修改/etc/cinder/cinder.conf

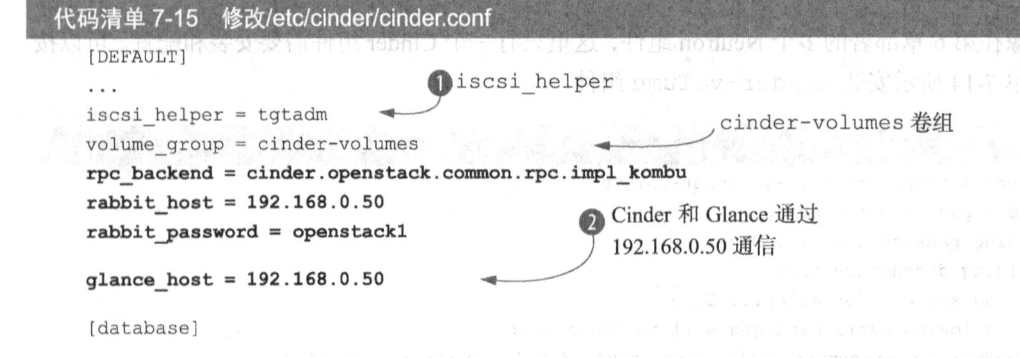

[DEFAULT]
...
iscsi_helper = tgtadm
volume_group = cinder-volumes
rpc_backend = cinder.openstack.common.rpc.impl_kombu
rabbit_host = 192.168.0.50
rabbit_password = openstack1
glance_host = 192.168.0.50
[database]
1 iscsi_helper
cinder-volumes 卷组
2 Cinder 和 Glance 通过
192.168.0.50 通信

```
connection = mysql://cinder_dbu:openstack1@192.168.0.50/cinder

[keystone_authtoken]
auth_uri = http://10.33.2.50:35357/v2.0
admin_tenant_name = service
admin_password = openstack1
auth_protocol = http
admin_user = cinder
```

iscsi_helper tgtadm 是 7.2.1 节讨论的 tgt 框架的一部分❶。

在上文“使用 LVM”小节创建了 cinder-volumes 卷组。现在读者应该知道如何创建新卷组和在何处配置 Cinder，读者可以使用任何喜欢的名称。

Cinder 将会通过 OpenStack 内部网络 192.168.0.50 和 Glance 直接通信❷，见表 7-1 的定义。应用到虚拟机卷的镜像将会直接从 Glance 应用到 Cinder。

现在已经安装了 Cinder 和配置它去使用在前面章节创建的 LVM 池。现在继续下一节来验证 Cinder 部署。

7.2.3　重启和验证 Cinder 代理

最后一步是重启 cinder-volume 服务来启用新的配置。另外，读者还需要重启 tgt 助手服务。

代码清单 7-16　重启 Cinder

```
sudo service cinder-volume restart
cinder-volume stop/waiting                          ← 重启 Cinder 卷服务
cinder-volume start/running, process 13822

sudo service tgt restart                ← 重启 tgt 服务
tgt stop/waiting
tgt start/running, process 6955
```

最好检查 Cinder 日志，确保服务成功启动和正在监听请求。日志可以在/var/log/cinder-volume.log 文件找到。

ERROR [-] No module named MySQLdb

如果在 cinder-volume.log 出现“[-] No module named MySQLdb”这个错误，说明在你的系统中用于 Python 的 MySQL 接口没有作为依赖被安装。安装 python-mysqldb 软件包来解决这个问题：

```
$ sudo apt-get install python-mysqldb
Reading package lists... Done
Building dependency tree
Reading state information... Done
The following extra packages will be installed:
  libmysqlclient18 mysql-common
...
```

cinder-volume 日志（/var/log/upstart/cinder-volume.log）看起来应该如下：

```
Starting cinder-volume node (version 2014.1.2)
Starting volume driver LVMISCSIDriver (2.0.0)
Updating volume status
Connected to AMQP server on 192.168.0.50:5672
```

查看日志，检查到 AMQP（RabbitMQ）服务器的连接，确保没有出错。日志文件应该存在，即使它们是空的。如果日志良好，继续下一节测试 Cinder 操作。

7.3 测试 Cinder

虽然现在还没安装所有组件来通过虚拟机测试 Cinder，但还是可以并且应该测试一些 Cinder 的基本功能。本章介绍如何通过命令行工具和 Dashboard 来创建卷。

7.3.1 创建 Cinder 卷：命令行

首先，必须如代码清单 7-17 所示安装 Cinder 命令行工具。

代码清单 7-17 安装 Cinder 命令行工具

```
sudo apt-get install -y python-cinderclient
```

python-cinderclient 软件包提供了 cinder 命令行应用程序。要使用 cinder 命令，需要提供应用程序认证凭证，包括一个认证地址。可以把凭证信息设置为 shell 变量的一部分，或者把这些信息通过命令行参数传递给应用。为了提供创建卷过程的详细信息，这里的例子将会使用命令行参数。

代码清单 7-18 展示了如何列举所有的 Cinder 卷。跟着例子，虽然知道现在还没有卷。这一步确认客户端和服务端交互正常。

代码清单 7-18 列举 Cinder 卷

```
$ cinder \
--os-username admin \
--os-password openstack1 \
--os-tenant-name admin \
--os-auth-url http://10.33.2.50:35357/v2.0 \
list
+----+--------+--------------+------+-------------+----------+-------------+
| ID | Status | Display Name | Size | Volume Type | Bootable | Attached to |
+----+--------+--------------+------+-------------+----------+-------------+
+----+--------+--------------+------+-------------+----------+-------------+
```

如果一切正常，那么可以看到类似代码清单 7-18 所示的输出。如果遇到错误，查看 Cinder 日志（/var/log/cinder/cinder-volume.log）里出现的明显错误。

如果一切正常，那么可以按代码清单 7-19 所示创建一个卷。

代码清单 7-19 创建 Cinder 卷

```
$ cinder \
--os-username admin \
--os-password openstack1 \
--os-tenant-name admin \
--os-auth-url http://10.33.2.50:35357/v2.0 \
 create \
--display-name "My First Volume!" \
--display-description "Example Volume: OpenStack in Action" \
1
+--------------------+-------------------------------------+
|      Property      |                Value                |
+--------------------+-------------------------------------+
|    attachments     |                  []                 |
| availability_zone  |                 nova                |
|      bootable      |                false                |
|     created_at     |      2014-09-07T16:53:03.998340     |
| display_description | Example Volume: OpenStack in Action |
|    display_name    |           My First Volume!          |
|     encrypted      |                False                |
|         id         | a595d38f-5f32-48e5-903b-9559ffda06b1 |
|      metadata      |                  {}                 |
|        size        |                  1                  |
|    snapshot_id     |                 None                |
|    source_volid    |                 None                |
|       status       |               creating              |
|    volume_type     |                 None                |
+--------------------+-------------------------------------+
```

用 GB 指定卷大小

在卷创建的过程中，会生成一个卷名称。这个卷名称会与系统提供的 LVM 逻辑卷的名称匹配。查看/var/log/cinder/cinder-volume.log 文件，可以看到类似这样的内容：

```
           卷名称=volume-a595d38f-5f32-48e5-903b-9559ffda06b1
cinder.volume.flows.manager.create_volume ... _create_raw_volume
..
'volume_name': u'volume-a595d38f-5f32-48e5-903b-9559ffda06b1'
..
cinder.volume.flows.manager.create_volume ... created successfully
```

在 7.1.4 节中创建了 `cinder-volumes` 卷组，在 7.2.2 节中配置了 Cinder 使用创建的卷组。作为 Cinder 卷创建过程的一部分，从 `cinder-volumes` 卷组创建了一个逻辑卷。在代码清单 7-20 中，逻辑卷命令 `lvdisplay` 用来显示在存储节点的逻辑卷。

代码清单 7-20 显示逻辑卷

```
$ sudo lvdisplay
  --- Logical volume ---
...
  LV Name                volume-a595d38f-5f32-48e5-903b-9559ffda06b1
  VG Name                cinder-volumes
```

```
...
  LV Size                1.00 GiB
```

在代码清单 7-20 中，逻辑卷（LV）名称 volume-a595d38f-5f32-48e5-903b-9559ffda06b1 与在 Cinder 卷创建时的 volume_name 匹配。

对于创建的每个 Cinder 卷，都相应有一个 LVM 卷被创建。记住，可以在 LVM 和系统级别来追踪 Cinder 卷问题。下一节将会使用 OpenStack Dashboard 重复这个过程。两种方法都可以，但 OpenStack 管理员经常会使用命令行，而最终用户会选择 Dashboard。理解这两种过程是有帮助的。

7.3.2　创建 Cinder 卷：Dashboard

在第 5 章已经部署了 OpenStack Dashboard。Dashboard 现在应该可以通过 http://<controller address >/horizon 访问。以用户名 admin 和密码 openstack1 登录。

一旦登录到 Dashboard，单击“Project”栏下的“Volumes”，如图 7-3 所示。

在“Volumes & Snapshots”界面，单击“Create Volume”按钮，如图 7-4 所示。

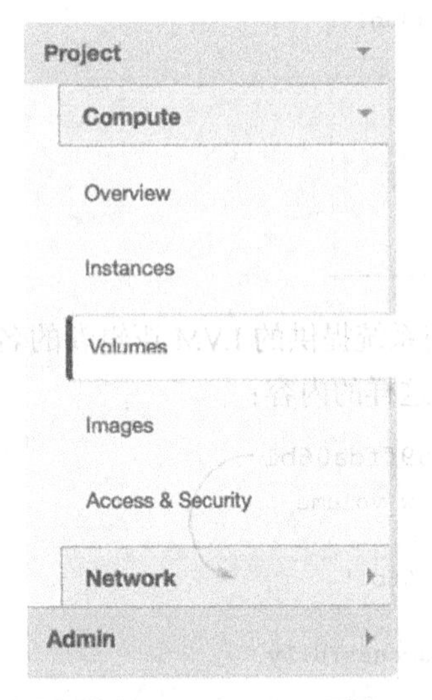

图 7-3　Dashboard 工具栏

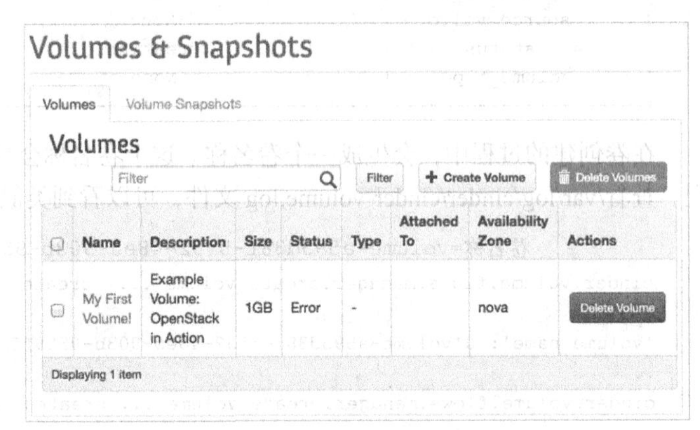

图 7-4　“Volumes & Snapshots”界面

在“Create Volume”界面，指定如何创建卷。在第 5 章已经添加了 Cirros 0.3.2 镜像到 Glance。不像前面的命令行例子，图 7-5 指定 Glance 镜像 Cirros 0.3.2 应该被应用到这个卷。当完成了卷的定义，单击此界面中的“Create Volume”按钮。

一旦提交将要创建的卷，将会回到“Volumes & Snapshots”界面。卷创建状态将会在这个页面更新（见图 7-6）。

Create Volume

Volume Name: *

My First Volume!

Description:

Example Volume: OpenStack in Action

Type:

Size (GB): *

1

Volume Source:

Image

Use image as a source:

Cirros 0.3.2 (12.6 MB)

Availability Zone

Any Availability Zone

Description:

Volumes are block devices that can be attached to instances.

Volume Limits

Total Gigabytes (0 GB)

1,000 <django.utils.functional.__proxy__ object at 0x7f912f771f50> Available

Number of Volumes (0) 10 Available

Cancel Create Volume

图 7-5 “Create Volume”界面

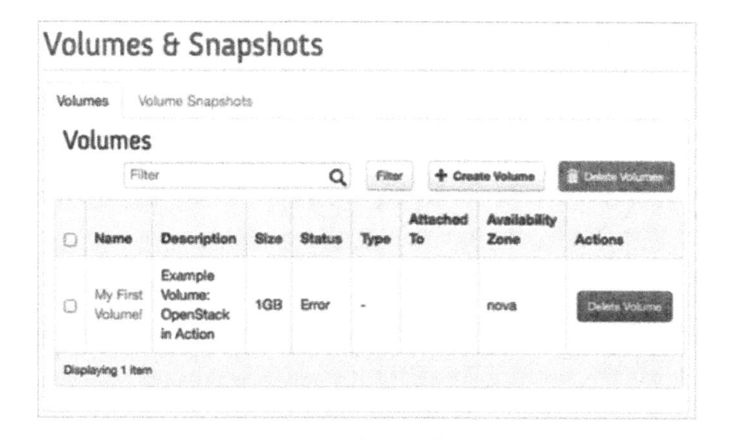

图 7-6 卷创建错误

发生了什么？除了指定一个镜像应用到卷，其他跟在命令行例子中完全一样。错误来自哪里？最好是查看一下/var/log/cinder/cinder-volume.log，看看究竟发生了什么：

```
ERROR cinder.volume.flows.manager.create_volume
...
 is unacceptable: qemu-img is not installed and image is of type qcow2.
Only RAW images can be used if qemu-img is not installed.
```

cinder-volume.log 里面的 ERROR 看起来与在卷创建过程中添加指定镜像相关。安装 qemu-utils 软件包，如代码清单 7-21 所示，它包含了镜像转换的工具。

代码清单 7-21 安装镜像管理工具

```
sudo apt-get install -y qemu-utils
```

Cinder 卷现在有了创建一个卷和应用 Glance 镜像到卷的所有工具。重新执行本节的步骤。通过镜像创建卷的过程应该可以成功完成。这个过程测试了 Cinder 和 Glance 服务。

7.4 小结

- 一个独立的物理网络将会用于存储传输。
- 有很多厂商插件提供多种类型的存储技术。
- 逻辑卷管理器（LVM）是 Cinder 存储插件的接口。
- LVM 存储池将会被 Cinder 用来分配块存储。
- Linux SCSI target 框架（tgt）用来作为 Cinder 分配块存储的助手。
- Glance 镜像可以应用到 Cinder 卷创建过程。

第 8 章　计算节点部署

本章主要内容

- 在计算节点安装 Open vSwitch（OVS）
- 在 OpenStack 计算节点部署 OpenStack 网络组件
- 在计算节点整合 OVS 组件与 OpenStack 网络
- 设置 KVM 作为 OpenStack 计算的 Hypervisor
- 在计算节点整合 OpenStack 计算支持组件

在第 5 章部署了 OpenStack 控制器节点，它提供了 OpenStack 服务的服务器端管理。在第 6 章和第 7 章中，为网络和存储服务部署了独立的资源节点。

本章将会部署另外一个独立资源节点来消耗存储和网络节点提供的资源。在随后开始的第 8 章，将会在一个资源节点部署 OpenStack 计算服务。第 5 章曾经介绍过的多节点架构，如图 8-1 所示，本章的计算组件显示在图的中下部。

图 8-2 显示了手动部署的当前进度。本章将会完成手动部署的最后一步——将会添加计算能力（hypervisor、网络等）。

首先，准备服务器充当 KVM hypervisor（虚拟机主机），然后将会配置 OpenStack 来管理计算资源。第 6 章的 OVS、第 7 章的 LVM 和第 8 章的 KVM 之间的关系与 OpenStack 组件类似。OpenStack 作为一个管理框架协调这些资源管理器。在本章中，OpenStack 计算把这些资源关联起来创建虚拟机。

如果读者之前已经操作过虚拟化环境，那么本章介绍基础概念读者应该不会觉得陌生。事实上，如果读者曾经部署过虚拟机集群，就会对本章介绍的 hypervisor 步骤熟悉。

本章是手动 OpenStack 部署的最后一步。小心跟着例子操作，记住 OpenStack 计算（Nova）依赖于在第 5 章～第 7 章安装的服务。如果在那几章的服务出现错误，根据相应章节的描述，花费一些时间确保这些服务正常运行。如果一切正常运行，才可以开始手动部署的最后一步。

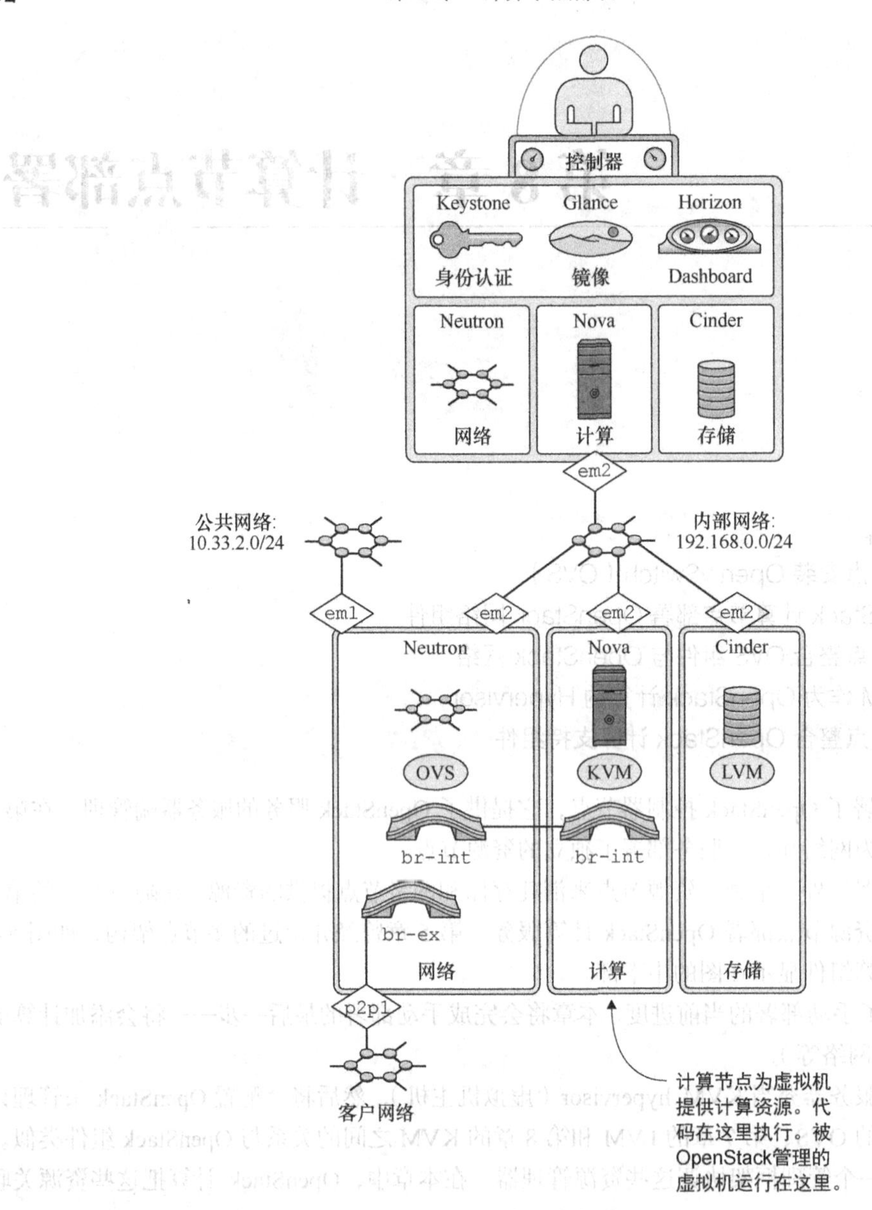

图 8-1　多节点架构

8.1　准备计算节点的部署环境

正如本书第二部分的所有章一样，本章会介绍手动安装和配置依赖及 OpenStack 核心软件包。

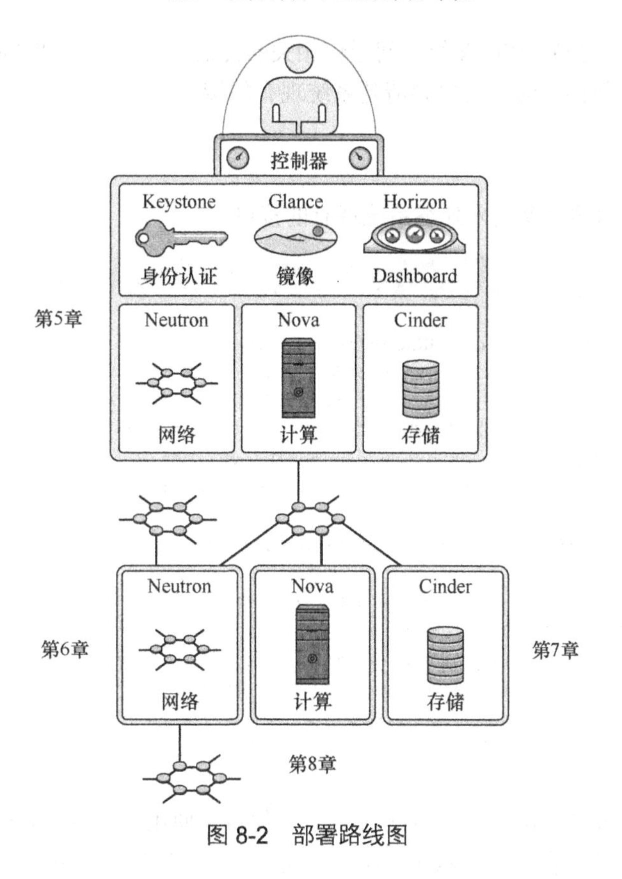

图 8-2 部署路线图

小心进行 在多节点环境工作增加了部署的复杂度。组件或依赖配置的一个看起来不相关的很小的错误，都有可能造成非常难以排查的问题。仔细阅读每节，确保理解进行的安装或配置。

本章的多个例子都包含确认步骤，读者不应该跳过这些步骤。如果某个配置确认失败，读者应该回退到前面的确认点重新开始。这种做法可以大大降低用户的挫败感。

8.1.1 准备环境

除了网络配置外，环境准备跟在第 5 章～第 7 章控制器节点的部署准备类似。根据讨论的说明，确保注意配置中的网络接口和地址。很容易手误，经常导致很难排查出这些问题。

8.1.2 配置网络接口

要配置的网络有以下两种接口。

- 节点接口——传输与 OpenStack 不直接相关。这个接口用于管理性任务，如 SSH 终端访问、软件更新和节点级别的监控。

■ 内部接口——与 OpenStack 组件间通信相关的传输。包括 API 和 AMQP 类型的传输。

在开始配置这些新接口前，需要弄清楚系统现有的接口。

1. 回顾网络

代码清单 8-1 所示的命令用来列举系统现有的接口。

代码清单 8-1　列举接口

```
$ ifconfig -a
em1       Link encap:Ethernet HWaddr b8:2a:72:d4:ff:88
          inet addr:10.33.2.53 Bcast:10.33.2.255 Mask:255.255.255.0
          inet6 addr: fe80::ba2a:72ff:fed4:ff88/64 Scope:Link
          UP BROADCAST RUNNING MULTICAST MTU:1500 Metric:1
          RX packets:60708 errors:0 dropped:0 overruns:0 frame:0
          TX packets:7142 errors:0 dropped:0 overruns:0 carrier:0
          collisions:0 txqueuelen:1000
          RX bytes:54254314 (54.2 MB) TX bytes:962977 (962.9 KB)
          Interrupt:35
em2       Link encap:Ethernet HWaddr b8:2a:72:d4:ff:89
          BROADCAST MULTICAST MTU:1500 Metric:1
          RX packets:0 errors:0 dropped:0 overruns:0 frame:0
          TX packets:0 errors:0 dropped:0 overruns:0 carrier:0
          collisions:0 txqueuelen:1000
          RX bytes:0 (0.0 B) TX bytes:0 (0.0 B)
          Interrupt:38
```

你可能在初始化安装时配置过节点接口 em1。你将会使用 em1 接口来与这个节点通信。查看一下另外的接口 em2。在本书的示例系统中，接口 em2 将用于 OpenStack 内部传输。

下面将会回顾为示例节点进行的网络配置，然后配置控制器接口。

2. 配置网络

在 Ubuntu 系统里，接口配置是通过文件/etc/network/interfaces 来维护的。在本章中，我们将会基于表 8-1 中斜体表示的地址来进行配置。

表 8-1　网络地址表

节　点	功　　能	接　口	IP 地址
控制器	公共接口/节点地址	em1	10.33.2.50/24
控制器	OpenStack 内部	em2	192.168.0.50/24
网络	节点地址	em1	10.33.2.51/24
网络	OpenStack 内部	em2	192.168.0.51/24
网络	虚拟机网络	p2p1	保留：分配给 OpenStack 网络
存储	节点地址	em1	10.33.2.52/24
存储	OpenStack 内部	em2	192.168.0.52/24

续表

节　点	功　　能	接　口	IP 地址
计算	*节点地址*	*em1*	*10.33.2.53/24*
计算	*OpenStack 内部*	*em2*	*192.168.0.53/24*

为了修改网络配置或其他特权配置，必须使用 sudo 特权（`sudo vi/etc/network/interfaces`）。这个过程可以使用任何文本编辑器。

如代码清单 8-2 所示修改接口文件。

代码清单 8-2　修改接口配置/etc/network/interfaces

```
# The loopback network interface
auto lo
iface lo inet loopback

# The OpenStack Node Interface
auto em1
iface em1 inet static
        address 10.33.2.53
        netmask 255.255.255.0
        network 10.33.2.0
        broadcast 10.33.2.255
        gateway 10.33.2.1
        dns-nameservers 8.8.8.8
        dns-search testco.com
```

❶ em1 接口

```
# The OpenStack Internal Interface
auto em2
iface em2 inet static
        address 192.168.0.53
        netmask 255.255.255.0
```

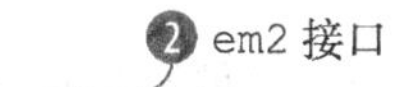

在网络配置中，`em1` 接口❶将用于节点管理，如到主机服务器的 SSH 会话。OpenStack 不会直接使用 `em1` 接口。`em2` 接口❷主要用于资源节点和控制器之间的 AMQP 和 API 传输。

现在应该刷新网络接口设置使更改的配置生效。如果没有改变主接口的设置，在刷新后就不会出现连接中断。如果改变了主接口的地址，应该现在就重启服务器。

可以为特定的接口刷新网络配置，如代码清单 8-3 所示刷新了 `em2` 接口配置。

代码清单 8-3　刷新网络设置

```
sudo ifdown em2 && sudo ifup em2
```

从操作系统的角度来看，这些网络配置现在应该生效了。接口会基于配置自动上线。这个过程可以对每个需要刷新配置的接口重复进行。

为了确认配置生效，应该再次检查接口以查看配置情况，如代码清单 8-4 所示。

代码清单 8-4 检查网络的更新

```
$ifconfig -a
em1       Link encap:Ethernet HWaddr b8:2a:72:d4:ff:88
          inet addr:10.33.2.53 Bcast:10.33.2.255 Mask:255.255.255.0
          inet6 addr: fe80::ba2a:72ff:fed4:ff88/64 Scope:Link
          UP BROADCAST RUNNING MULTICAST MTU:1500 Metric:1
          RX packets:61211 errors:0 dropped:0 overruns:0 frame:0
          TX packets:7487 errors:0 dropped:0 overruns:0 carrier:0
          collisions:0 txqueuelen:1000
          RX bytes:54305503 (54.3 MB) TX bytes:1027531 (1.0 MB)
          Interrupt:35

em2       Link encap:Ethernet HWaddr b8:2a:72:d4:ff:89
          inet addr:192.168.0.53 Bcast:192.168.0.255 Mask:255.255.255.0
          inet6 addr: fe80::ba2a:72ff:fed4:ff89/64 Scope:Link
          UP BROADCAST RUNNING MULTICAST MTU:1500 Metric:1
          RX packets:4 errors:0 dropped:0 overruns:0 frame:0
          TX packets:8 errors:0 dropped:0 overruns:0 carrier:0
          collisions:0 txqueuelen:1000
          RX bytes:256 (256.0 B) TX bytes:680 (680.0 B)
          Interrupt:38
```

现在应该可以远程访问网络服务器，而且这个服务器应该可以访问互联网。后续的安装可以直接在控制台或者使用 SSH 远程执行。

8.1.3 更新安装包

正如前面章节所述，APT 包索引是被/etc/apt/sources.list 文件中远程目录定义的所有可用包的数据库。要确保本地的数据库与指定的 Linux 发行版最新可用的安装包库同步。在安装前，需要先升级所有库项目，包括 Linux 内核，因为内核也可能不是最新的。更新和升级包如代码清单 8-5 所示。

代码清单 8-5 更新和升级安装包

```
sudo apt-get -y update
sudo apt-get -y upgrade
```

现在需要重启服务器刷新任何可能改变的包或配置，如代码清单 8-6 所示。

代码清单 8-6 重启服务器

```
sudo reboot
```

8.1.4 软件和配置依赖

本节将会安装一些软件依赖和做一些配置上的改变，为后续的 OpenStack 组件安装做好准备。

服务器到路由器的配置

OpenStack 管理资源用于提供虚拟机。其中一种资源就是网络，被虚拟机用来与其他虚拟或物理机器通信——第 6 章部署的 OpenStack 网络。为了让 OpenStack 计算使用 OpenStack 网络提供的资源，必须配置 Linux 内核允许网络流量转移给 OpenStack 网络。

sysctl 命令用于修改内核参数，如那些跟基本网络功能相关的。用户需要使用这个工具对内核设置做一些修改。

在第 6 章中，已经配置了 OpenStack 网络节点作为路由器，以及在虚拟和物理接口之间转发流量。

对于 OpenStack 计算节点，不需要做这样的配置，因为 OpenStack 网络会提供这些服务。但还是需要修改配置以允许 Linux 内核对传输转发进行转移。

正如第 6 章所述（6.1.4 节的“服务器到路由器的配置”小节），反向路径过滤的引入是用来限制 DDOS 攻击造成的影响。默认情况下，如果 Linux 内核不能决定数据包的源路由，这个包就会被丢弃。用户必须配置内核禁用反向路径过滤，让 OpenStack 来进行路径管理。

在 OpenStack 计算节点应用代码清单 8-7 所示的设置。

代码清单 8-7 修改/etc/sysctl.conf

```
net.ipv4.conf.all.rp_filter=0          ← 对所有现有的接口禁用反向路径过滤
net.ipv4.conf.default.rp_filter=0      ← 对所有未来的接口禁用反向路径过滤
```

通过执行 sysctl -p 命令可以确保 sysctl 内核更改生效而不用重启服务器，如代码清单 8-8 所示。

代码清单 8-8 执行 sysctl 命令

```
$ sudo sysctl -p
net.ipv4.conf.all.rp_filter = 0
net.ipv4.conf.default.rp_filter = 0
```

现在反向路径过滤在内核级别被禁用了。

下一节将会使用 Open vSwitch 包为节点增加高级网络功能。

8.1.5 安装 Open vSwitch

OpenStack 计算利用了开源分布式虚拟交换软件包 Open vSwitch（OVS）。OVS 提供了跟物理交换机（端口 A 到端口 B 的 L2 流量会交换到端口 B）相同的数据交换功能，但它是通过服务器上的软件实现的。OVS 还用来作为 OpenStack 计算节点和 OpenStack 网络节点间的隧道传输的路由和其他 L3 服务。从网络交换的角度来看，本书的例子只会使用 OVS 交换平台。更多关于交换机如何工作的内容，可以查看 6.1.5 节中“交换机做什么”部分。

现在有一台服务器可以作为交换机（通过 Linux 网络桥接）。现在将会通过 OVS 的安装为服务器增加高级交换功能。独立网络提供商提供了 OVS 竞争对手提供的交换功能。

通过代码清单 8-9 所示的命令，可以把服务器变成高级交换机。

代码清单 8-9　安装 OVS

```
$ sudo apt-get -y install openvswitch-switch
...
Setting up openvswitch-common ...
Setting up openvswitch-switch ...
openvswitch-switch start/running
```

安装 Open vSwitch 的过程会安装一个新的 OVS 内核模块。另外，OVS 内核模块将引用和加载额外必要的内核模块（GRE、VXLAN 等）来构建网络覆盖。

用户必须完全确保 Open vSwitch 内核模块被加载。可以使用 `lsmod` 命令，如代码清单 8-10 所示来确认 OVS 内核模块被加载。

代码清单 8-10　验证 OVS 内核模块

```
$ sudo lsmod | grep openvswitch
Module                  Size    Used by
openvswitch            66901    0
gre                    13796    1 openvswitch
vxlan                  37619    1 openvswitch
libcrc32c              12644    1 openvswitch
```

`lsmod` 命令的输出应该显示几个与 OVS 相关的内置模块：

- `openvswitch`——它是 OVS 模块本身。该模块提供内核和 OVS 服务之间的接口。
- `gre`——被 `openvswitch` 模块使用，在内核级别提供 GRE 功能。
- `vxlan`——跟 gre 模块类似，vxlan 在内核级别提供 VXLAN 功能。
- `libcrc32c`——为循环冗余码校验（Cyclic Redundancy Check，CRC）算法提供内核级别的支持，包括使用 Intel 的 CRC32C CPU 指令集进行硬件转移（hardware offloading）。硬件转移对网络流散列和其他网络头部与数据帧常见的 CRC 功能的高性能运算很重要。

有了 GRE 和 VXLAN 在内核级别的支持，意味着用来创建覆盖网络的传输可以被系统内核和相关 Linux 网络子系统识别。

如果用户认为内核模块应该已经加载，但还没看到，那么重启系统再看看它是否在重启后加载。读者还可以查阅 6.1.5 节中“没有内核模块的支持？使用 DKMS 来拯救！”部分。另外，可以尝试使用命令 `modprobe openvswitch` 来加载内核模块。如果出现任何与加载 OVS 内核模块相关的错误，就检查内核日志/var/log/kern/log。如果 OVS 没有合适的内置的内核模块，那么所有期望的功能都不能实现。

8.1.6　配置 Open vSwitch

现在需要添加一个内部的 OVS 网桥 `br-int`。

br-int 网桥接口将会用于 Neutron 管理的网络的内部通信。在 OpenStack Neutron 创建的内部网络中沟通的虚拟机（不要跟操作系统级别的内部接口混淆）将会使用这个网桥通信。配置内部 OVS 网桥如代码清单 8-11 所示。

代码清单 8-11　配置内部 OVS 网桥

```
sudo ovs-vsctl add-br br-int
```

现在同样需要确认这个网桥是否被成功添加到 OVS，是否可以被底层的网络子系统感知。可以通过代码清单 8-12 所示的命令显示 OVS 配置。

代码清单 8-12　显示 OVS 配置

```
sudo ovs-vsctl show
ff149266-a259-4baa-9744-60e7680b928d
   Bridge br-int
      Port br-int
         Interface br-int
            type: internal
   ovs_version: "2.0.2"
```

现在已经确认在 OVS 配置了 br-int，确保可以在操作系统级别看到网桥接口。验证 OVS 操作系统整合如代码清单 8-13 所示。

代码清单 8-13　验证 OVS 操作系统整合

```
$ ifconfig -a
                                                ❶ br-int 网桥
br-int
    Link encap:Ethernet HWaddr c6:6a:73:f4:5f:41
          BROADCAST MULTICAST MTU:1500 Metric:1
          RX packets:0 errors:0 dropped:0 overruns:0 frame:0
          TX packets:0 errors:0 dropped:0 overruns:0 carrier:0
          collisions:0 txqueuelen:0
          RX bytes:0 (0.0 B) TX bytes:0 (0.0 B)
...
em1       Link encap:Ethernet HWaddr b8:2a:72:d5:21:c3
          inet addr:10.33.2.53 Bcast:10.33.2.255 Mask:255.255.255.0
          inet6 addr: fe80::ba2a:72ff:fed5:21c3/64 Scope:Link
          UP BROADCAST RUNNING MULTICAST MTU:1500 Metric:1
          RX packets:13483 errors:0 dropped:0 overruns:0 frame:0
          TX packets:2763 errors:0 dropped:0 overruns:0 carrier:0
          collisions:0 txqueuelen:1000
          RX bytes:12625608 (12.6 MB) TX bytes:424893 (424.8 KB)
          Interrupt:35
...
                                                ❷ ovs-system 接口
ovs-system
  Link encap:Ethernet HWaddr 96:90:8d:92:19:ab
```

```
BROADCAST MULTICAST MTU:1500 Metric:1
RX packets:0 errors:0 dropped:0 overruns:0 frame:0
TX packets:0 errors:0 dropped:0 overruns:0 carrier:0
collisions:0 txqueuelen:0
RX bytes:0 (0.0 B) TX bytes:0 (0.0 B)
```

注意接口列表增加的 br-int 网桥❶。新的网桥将会被 OVS 和 Neutron OVS 模块用于内部和外部传输。另外，ovs-system 接口❷也被添加，它是 OVS 的 datapath 接口，但不用担心要使用这个接口，它只是一个简单的 Linux 内核整合的伪接口。然而，这个接口的出现表明了 OVS 内核模块是正常运行的。

现在有了可操作的 OVS 部署和网桥。如第 6 章中的介绍，br-int(内部)网桥将会被 Neutron 用来添加虚拟接口到网桥。这些虚拟接口将在网络和计算节点之间作为 GRE 隧道的端点使用。这个内部网桥不需要关联到物理接口或者给它一个操作系统级别的“UP”状态来工作。

回顾一下在第 6 章创建的 OVS 网桥 br-ex。这个网桥用来连接 OVS 和关联的 OpenStack 网络节点的物理（外部）接口及网络。这一步在 OpenStack 计算节点不需要，因为外部流量（不是指定的源节点的流量）会发送到 OpenStack 网络。

现在可以准备在 OpenStack 计算节点配置 hypervisor。

8.2　安装 hypervisor

正如上文所述，在 OpenStack 下有多种 hypervisor 甚至容器可以选择。由于它的流行程度，我们将会使用 KVM hypervisor。在初始安装后，KVM 将会被 Nova、Neutron 和 Cinder 管理。

8.2.1　验证作为 hypervisor 平台的主机

首先需要确认硬件上的 CPU 虚拟化扩展功能可用和已经启用。有一个名为 cpu-checker 的很好的工具可以检查能被 KVM 使用的扩展功能的状态。可以使用这个工具来验证作为 hypervisor 平台的主机，如代码清单 8-14 所示。

代码清单 8-14　验证处理器虚拟化扩展

```
$ sudo apt-get install cpu-checker
...
Setting up cpu-checker (0.7-0ubuntu1) ...
...
$ sudo kvm-ok
INFO: /dev/kvm exists
KVM acceleration can be used
```

虚拟硬件扩展　虚拟化扩展提供的硬件辅助让完全隔离的虚拟机在很多工作负载上可以有接近原生的速度。没有这个扩展，hypervisor 的 CPU 密集型功能必须由软件执行，整个系统的性能会大打折扣。不推荐在 OpenStack 计算使用不支持 KVM 加速的硬件。

如果收到的信息是“INFO: Your CPU does not support KVM extensions”，仍然可以运行 OpenStack，不过 hypervisor 的性能会非常差。虚拟化扩展为 hypervisor 提供硬件辅助来进行处理器迁移、优先级管理和内存处理。

如果收到的信息是“KVM acceleration can NOT be used”，并且没有前面的警告，那么处理器可能支持虚拟化扩展，但扩展也许没有在 BIOS 启用。确认处理器模型支持扩展和检查 BIOS 关于虚拟化扩展的设置。

检查处理器扩展

另一个判断硬件加速能力的方法是检查处理器扩展在 Linux 内核的报告。使用下面的命令：

```
egrep -c '(vmx|svm)' /proc/cpuinfo
```

如果命令执行的结果大于 0，说明硬件支持加速。

这个方法列举在 OpenStack 文档中。

下一步，将会安装 KVM 和 Libvirt 包。

8.2.2 使用 KVM

在安装 KVM 之前，快速回顾一下这些将要安装的组件。

- Libvirt——这是一个用来在操作系统和 API 层面控制多种 hypervisor 的管理层。
- QEMU（快速模拟，Quick Emulator）——QEMU 是一个完全硬件虚拟化平台（主机监视器）。全虚拟化意味着 QEMU 能够通过软件模拟硬件设备甚至跨越多个支持架构平台的处理器。
- KVM（基于内核的虚拟机，Kernel-based Virtual Machine）——KVM 本身不执行硬件的模拟。KVM 是一个 Linux 内核模块，直接与处理器具体的虚拟化扩展交互来暴露标准的 \dev\kvm 设备。这个设备被主机监视器（如 QEMU）使用，作为模拟功能的硬件转移。

KVM 是什么 当你听到有人说他们正在使用 KVM，事实上他们正在使用 KVM 进行虚拟化指定硬件的转移，利用 QEMU 进行设备模拟。当 KVM 扩展不可用时，QEMU 会回到软件模拟，虽然这样会比较慢，但还是可以工作。

除非特别指出，本书涉及的 Libvirt、QEMU 和 KVM 软件套件统称为 KVM。

1. 安装 KVM 软件

现在可以使用 apt-get 来安装 KVM 以及它的相关包，如代码清单 8-15 所示。

代码清单 8-15 安装 KVM 软件

```
$ sudo apt-get -y install qemu-kvm libvirt-bin
```

```
...
libvirt-bin start/running, process 13369
Setting up libvirt-bin dnsmasq configuration.
Setting up qemu-kvm (2.0.0+dfsg-2ubuntu1.3) ...
```

KVM 现在应该已经安装到系统中，内核模块应该被加载了。

2. 验证加载的 KVM 内核模块

现在 KVM 套件已经安装，必须验证 Intel-或 AMD-具体内核模块加载了。如果 KVM 扩展模块没有加载，QEMU 会回到软件模拟，性能会下降。验证 KVM 加速如代码清单 8-16 所示。

代码清单 8-16 验证 KVM 加速

```
$sudo lsmod|grep kvm
kvm_intel              132891   0
kvm                    443165   1 kvm_intel
```

如果看不到列举的 kvm_intel 或 kvm_amd，那么说明处理器具体 KVM 扩展模块没有被加载。

3. 加载 KVM 扩展模块

如果幸运的话，可以跳过这一步。但是，如果 KVM 模块没有出现在前面代码清单 8-16 所示的输出中，就要如代码清单 8-17 所示进行操作。

代码清单 8-17 卸载和重新加载 KVM 内核扩展

```
$ sudo modprobe -r kvm_intel
$ sudo modprobe -r kvm              <-- 如果你使用 AMD 处理器，就使用 kvm_amd
$ sudo modprobe -v kvm_intel
insmod /lib/modules/<kernel version>/kernel/arch/x86/kvm/kvm.ko
insmod /lib/modules/<kernel version>/kernel/arch/x86/kvm/kvm-intel.ko nested=1
```

4. 验证 KVM 加速的 QEMU 环境

现在可以检查以确保有一个功能正常的 KVM 加速的 QEMU 环境，如代码清单 8-18 所示。

代码清单 8-18 验证 libvirt/qemu/kvm 的可用性

```
$ sudo virsh --connect qemu:///system capabilities

<capabilities>

  <host>
    <uuid>44454c4c-5700-1035-8057-b8c04f583132</uuid>
    <cpu>
      <arch>x86_64</arch>
      <model>SandyBridge</model>
      <vendor>Intel</vendor>
```

```
...
<domain type='kvm'>
        <emulator>/usr/bin/kvm-spice</emulator>
...
</capabilities>
```

如果连接时遇到像“Error: Failed to connect socket to /var/run/libvirt/libvirt-sock”这样的错误，重启服务器。如果重启也不能解决这个问题，那么检查位于/var/log/libvirt/libvirtd.conf 的 libvirtd 日志。libvirtd 服务依赖的 dubs 服务可能需要重启。

如果问题还没有解决，那么检查 syslog 寻找可能失败的依赖。

5. 清理 KVM 网络

因为将会使用 OpenStack 网络（Neutron）来管理网络，所以需要移除 KVM 安装过程中自动生成的默认网桥，如代码清单 8-19 所示。

代码清单 8-19 移除 KVM 默认虚拟网桥

```
$sudo virsh net-destroy default
Network default destroyed

$ sudo virsh net-undefine default
Network default has been undefined
```

现在有了 Libvirt 提供 API 级别支持的 KVM 硬件加速的 QEMU 环境。OpenStack 计算（Nova）将会使用这些软件堆栈组件来运行计算环境。

8.3 在计算节点安装 Neutron

本节将会为计算节点安装和配置 Neutron 组件。这些步骤只包含 6.2 节的一部分。对于一个 OpenStack 计算节点，只需要安装和配置跟 ML2 插件和 OVS 代理相关的软件包。OpenStack 网络节点会完成余下的功能。

8.3.1 安装 Neutron 软件

通过代码清单 8-20 所示的 apt-get 安装 Neutron 软件。

代码清单 8-20 安装 Neutron 软件

```
$ sudo apt-get -y install neutron-common \
  neutron-plugin-ml2 neutron-plugin-openvswitch-agent
...
Setting up neutron-common (1:2014.1.2-0ubuntu1.1) ...
Adding system user `neutron' (UID 108) ...
Adding new user `neutron' (UID 108) with group `neutron' ...
Not creating home directory `/var/lib/neutron'.
Setting up neutron-plugin-ml2 (1:2014.1.2-0ubuntu1.1) ...
```

```
Setting up neutron-plugin-openvswitch-agent (1:2014.1.2-0ubuntu1.1) ...
```

8.3.2 配置 Neutron

下一步是配置。首先，必须修改文件/etc/neutron/neutron.conf 来定义服务认证、管理通信、核心网络插件和服务策略。另外，还要提供配置和凭证来允许 Neutron 客户端实例与第 5 章部署的 Neutron 控制器通信。修改文件/etc/neutron/neutron.conf 如代码清单 8-21 所示。

代码清单 8-21 修改/etc/neutron/neutron.conf

```
[DEFAULT]
verbose = True
auth_strategy = keystone

rpc_backend = neutron.openstack.common.rpc.impl_kombu
rabbit_host = 192.168.0.50
rabbit_password = openstack1

core_plugin = neutron.plugins.ml2.plugin.Ml2Plugin
allow_overlapping_ips = True
service_plugins = router,firewall,lbaas,vpnaas,metering

[keystone_authtoken]
auth_url = http://10.33.2.50:35357/v2.0
admin_tenant_name = service
admin_password = openstack1
auth_protocol = http
admin_user = neutron

[database]
connection = mysql://neutron_dbu:openstack1@192.168.0.50/neutron
```

现在核心 Neutron 组件已经配置好，还必须配置 Neutron ML2 插件，它将提供 OVS 和 L2 服务的整合。

8.3.3 配置 Neutron ML2 插件

Neutron OVS 代理允许 Neutron 控制 OVS 交换机。

Neutron 配置在/etc/neutron/plugins/ml2/ml2_conf.ini 文件里，如代码清单 8-22 所示。我们将提供数据库信息和 ML2 具体交换配置。

代码清单 8-22 修改/etc/neutron/plugins/ml2/ml2_conf.ini

```
[ml2]
type_drivers = gre
tenant_network_types = gre
mechanism_drivers = openvswitch

[ml2_type_gre]
```

```
tunnel_id_ranges = 1:1000

[ovs]
local_ip = 192.168.0.53
tunnel_type = gre
enable_tunneling = True

[securitygroup]
firewall_driver =
neutron.agent.linux.iptables_firewall.OVSHybridIptablesFirewallDriver
enable_security_group = True
```

现在已完成 Neutron ML2 插件的配置。清理日志文件，然后重启服务：

```
sudo rm /var/log/neutron/openvswitch-agent.log
sudo service neutron-plugin-openvswitch-agent restart
```

现在 Neutron ML2 插件代理的日志应该看起来如下：

```
Logging enabled!
Connected to AMQP server on 192.168.0.50:5672
Agent initialized
successfully, now running...
```

现在已经把 OSI L2 Neutron 和 OVS 整合在一起。没有其他 OpenStack 网络配置需要在 OpenStack 计算节点上进行。下一节将会安装具体 Nova 软件包。

8.4 在计算节点安装 Nova

本节将会在计算节点安装和配置 Nova 组件。Nova 组件不只是控制 KVM hypervisor，还把其他 OpenStack 服务连接到一起，协调启动虚拟机实例需要的资源。

8.4.1 安装 Nova 软件

通过代码清单 8-23 所示的 `apt-get` 命令安装 Nova 软件组件。

代码清单 8-23 安装 Nova 计算软件

```
$ sudo -y apt-get install nova-compute-kvm
...
Adding user `nova' to group `libvirtd' ...
Adding user nova to group libvirtd
Done.
Setting up nova-compute-kvm (1:2014.1.2-0ubuntu1.1) ...
Setting up nova-compute (1:2014.1.2-0ubuntu1.1) ...
```

现在在计算节点上安装了所有的 Nova 软件组件。

8.4.2　配置核心 Nova 组件

下面的配置是安装过程中最关键的地方之一。参考 OpenStack 其他核心服务，添加配置到/etc/nova/nova.conf 文件。添加代码清单 8-24 所示的配置到现有的文件。

代码清单 8-24　修改/etc/nova/nova.conf

```
[DEFAULT]
auth_strategy = keystone

rpc_backend = rabbit
rabbit_host = 192.168.0.50
rabbit_password = openstack1

my_ip = 192.168.0.5
vnc_enabled = True                          <-- 计算节点的地址
vncserver_listen = 0.0.0.0
vncserver_proxyclient_address = 192.168.0.53      <-- 计算节点代理的地址
novncproxy_base_url = http://10.33.2.50:6080/vnc_auto.html

neutron_region_name = RegionOne
auth_strategy=keystone

network_api_class = nova.network.neutronv2.api.API
neutron_url = http://192.168.0.50:9696
neutron_auth_strategy = keystone                 <-- Neutron 控制器的 URL
neutron_admin_tenant_name = service
neutron_admin_username = neutron
neutron_admin_password = openstack1
neutron_admin_auth_url = http://192.168.0.50:35357/v2.0
linuxnet_interface_driver = nova.network.linux_net.LinuxOVSInterfaceDriver
firewall_driver = nova.virt.firewall.NoopFirewallDriver
security_group_api = neutron

neutron_metadata_proxy_shared_secret = openstack1
service_neutron_metadata_proxy = true

glance_host = 192.168.0.50

[libvirt]
virt_type = kvm

[database]
connection = mysql://nova_dbu:openstack1@192.168.0.50/nova
 [keystone_authtoken]
 auth_url = http://10.33.2.50:35357/v2.
 admin_tenant_name = service               <-- Keystone 服务的 URL
 admin_password = openstack1
 auth_protocol = http
```

```
admin_user = nova
```

Nova 配置现在已经完成。清理日志文件，然后重启服务：

```
sudo rm /var/log/nova/nova-compute.log
sudo service nova-compute restart
```

Nova 计算日志看起来应该跟下面类似：

```
Connected to AMQP server on 192.168.0.50:5672
Starting compute node (version 2014.1.2)
Auditing locally available compute resources
Free ram (MB): 96127
Free disk (GB): 454
Free VCPUS: 40
Compute_service record updated for compute:compute.testco.com
```

现在 nova-compute 服务正常运行。没有其他 OpenStack 计算配置需要在这个节点上进行。下一节将会验证配置。

8.4.3　检查 Horizon

在第 5 章已经部署了 OpenStack Dashboard。Dashboard 现在应该可以通过 http://<public controller address>/horizon/访问。以用户名 admin 和密码 openstack1 登录，确保 OpenStack 计算组件出现在 Dashboard 上。

一旦登录到 Dashboard，在左边工具栏里选择“Admin”标签。然后，单击“System Info”并查看“Compute Services”标签下的内容，应该看起来如图 8-3 所示。注意在 compute 主机上的 nova-compute 服务的添加。

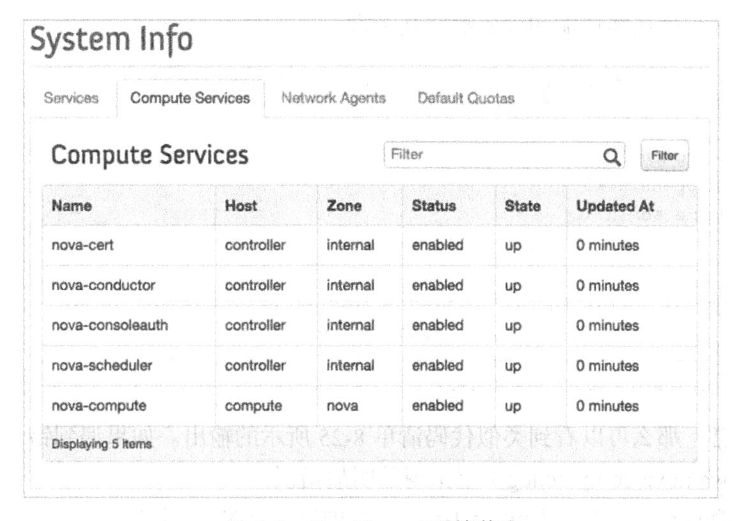

Name	Host	Zone	Status	State	Updated At
nova-cert	controller	internal	enabled	up	0 minutes
nova-conductor	controller	internal	enabled	up	0 minutes
nova-consoleauth	controller	internal	enabled	up	0 minutes
nova-scheduler	controller	internal	enabled	up	0 minutes
nova-compute	compute	nova	enabled	up	0 minutes

图 8-3　Dashboard 系统信息

现在，再次从"Admin"标签开始，单击"Hypervisors"。"Hypervisors"界面看起来应该如图 8-4 所示。

Hypervisors

Hostname	Type	VCPUs (total)	VCPUs (used)	RAM (total)	RAM (used)
compute.testco.com	QEMU	40	0	94GB	512MB
Displaying 1 item					

图 8-4 Dashboard hypervisor 总览

前面小节添加的计算节点应该显示在列举的 Hypervisors 下。图 8-4 中显示了名为 compute 的计算节点。本章的这些步骤可以重复来添加额外的 OpenStack 计算节点到你的手动部署中；当然，需要修改网络地址，但其他过程是一样的。

有很多 OpenStack 核心和孵化组件没有在本书这部分介绍，但有了对这个框架的认知，读者应该有能力探索额外的组件，甚至贡献自己的组件。

如果一切按预期运行，现在可以继续下一节，测试完整的部署。

8.5 测试 Nova

现在已经安装好了创建一个虚拟机需要的所有 OpenStack 组件。本节介绍使用命令行工具创建一个实例。

创建一个实例（虚拟机）：命令行

为了使用 nova 命令，需要提供应用程序认证凭证，包括一个认证地址。可以把凭证信息设置为 shell 变量的一部分，或者通过命令行参数将信息传递给应用。为了提供创建实例过程的详细信息，这里的例子将会使用命令行参数。

代码清单 8-25 显示了如何列举 admin 租户里的所有 Nova 实例。跟着例子，虽然知道现在还没有实例。这一步确认客户端和服务端交互正常。

代码清单 8-25 列举 Nova 实例

```
$ nova \
--os-username admin \
--os-password openstack1 \
--os-tenant-name admin \
--os-auth-url http://10.33.2.50:35357/v2.0 \
list
+----+------+--------+------------+-------------+----------+
| ID | Name | Status | Task State | Power State | Networks |
+----+------+--------+------------+-------------+----------+
+----+------+--------+------------+-------------+----------+
```

如果一切正常，那么可以看到类似代码清单 8-25 所示的输出。如果遇到错误，就查看 Nova 日志（/var/log/nova/nova-compute.log）里出现的明显错误。

用来创建实例的 nova 命令是 nova boot。要创建一个 Nova 实例，必须至少提供 4 个参数：

- flavor——实例的大小；
- image——应用到被实例使用的卷的镜像的 ID，这个镜像应该包含实例用来启动的操作系统；
- nic net-id——希望实例连接的网络的网络 ID；
- <instance name>——希望使用的实例的名称。

代码清单 8-26 至代码清单 8-28 展示了前 3 个参数可用的选项。

首先是 Nova flavor。

代码清单 8-26 列举 Nova flavor

```
$ nova \
--os-username admin \
--os-password openstack1 \
--os-tenant-name admin \
--os-auth-url http://10.33.2.50:35357/v2.0 \
flavor-list
+----+-----------+-----------+------+-----------+
| ID | Name      | Memory_MB | Disk | Ephemeral |
+----+-----------+-----------+------+-----------+
| 1  | m1.tiny   | 512       | 1    | 0         |
| 2  | m1.small  | 2048      | 20   | 0         |
| 3  | m1.medium | 4096      | 40   | 0         |
| 4  | m1.large  | 8192      | 80   | 0         |
| 5  | m1.xlarge | 16384     | 160  | 0         |
+----+-----------+-----------+------+-----------+
```

基于定义的实例大小选择一个 flavor。在本例中，将会使用 m1.medium 这个 flavor，flavor ID 是 3。

然后，寻找一个应用到实例的镜像。

代码清单 8-27 列举 Nova 镜像

```
$ nova \
--os-username admin \
--os-password openstack1 \
--os-tenant-name admin \
--os-auth-url http://10.33.2.50:35357/v2.0 \
image-list
+--------------------------------------+--------------+--------+
| ID                                   | Name         | Status |
+--------------------------------------+--------------+--------+
| e02a73ef-ba28-453a-9fa3-fb63c1a5b15c | Cirros 0.3.2 | ACTIVE |
+--------------------------------------+--------------+--------+
```

这里只可以看到一个镜像——在第 6 章安装 Glance 过程中上传的镜像。在启动实例时，需要引用镜像的 ID：e02a73ef-ba28-453a-9fa3-fb63c1a5b15c。

接着，列举 Nova 网络。

代码清单 8-28 列举 Nova 网络

```
$ nova \
--os-username admin \
--os-password openstack1 \
--os-tenant-name admin \
--os-auth-url http://10.33.2.50:35357/v2.0 \
net-list
+--------------------------------------+------------------+
| ID                                   | Label            |
+--------------------------------------+------------------+
| 5b04a1f2-1676-4f1e-a265-adddc5c589b8 | INTERNAL_NETWORK |
| 64d44339-15a4-4231-95cc-ee04bffbc459 | PUBLIC_NETWORK   |
+--------------------------------------+------------------+
```

这里可以看到两个网络，即内部网络和公共网络。在本例中，我们使用 INTERNAL_NETWORK，通过网络 ID：5b04a1f2- 1676-4f1e-a265-adddc5c589b8 引用。

现在已经选择好参数，可以准备创建一个实例，如代码清单 8-29 所示。

代码清单 8-29 创建虚拟机实例

```
$ nova \
--os-username admin \
--os-password openstack1 \
--os-tenant-name admin \
--os-auth-url http://10.33.2.50:35357/v2.0 \
boot \
--flavor 3 \
--image e02a73ef-ba28-453a-9fa3-fb63c1a5b15c \
--nic net-id=5b04a1f2-1676-4f1e-a265-adddc5c589b8 \
MyVM
+--------------------------------------+-----------|
| Property                             | Value     |
+--------------------------------------+-----------|
...
| OS-EXT-STS:vm_state                  | building  |
...
| name                                 | MyVM      |
...
```

实例的属性 vm_state 现在应该是 building 状态。再次列举实例，如代码清单 8-30 所示。

代码清单 8-30 列举 Nova 实例

```
$ nova \
--os-username admin \
--os-password openstack1 \
--os-tenant-name admin \
--os-auth-url http://10.33.2.50:35357/v2.0 \
list
+--------+------+--------+-------------+--------------------------------+
| ID     | Name | Status | Power State | Networks                       |
```

```
+--------+------+--------+------------+----------------------------+
| 82..3f | MyVM | ACTIVE | Running    | INTERNAL_NETWORK=172.16.0.23 |
+--------+------+--------+------------+----------------------------+
```

幸运的话，实例现在应该是运行状态并分配了一个网络。如果状态是 ERROR，或者实例处在 SPAWNING 状态超过几分钟，就查看 Nova 日志（/var/log/nova/nova-compute.log）。如果没有错误出现在 Nova 日志，就查看控制器的日志。

假如一切正常，祝贺你！你已经成功完成了 OpenStack 的手动部署。可以回顾第 3 章关于 OpenStack 的基本操作，为新部署创建新租户和新网络。

想要尝试更新版本的 OpenStack 吗

正如上文所述，Ubuntu 14.04 默认使用 OpenStack Icehouse 版本。但通过使用 Ubuntu CloudArchive，可以在 Ubuntu 旧版本上安装 OpenStack 的向后兼容发行版。

本书介绍的一些例子也许不能（有些也许可以）在新版本的 OpenStack 上运行，但现在读者已经掌握了部署过程，当然可以更好地对升级时会遇到的问题进行排查。

虽然这是组件级别的部署，但是读者获得了对 OpenStack 框架及其相关依赖更深的理解。但要记住，本书的例子只是为了让读者认识这个框架，不应该作为最佳实践引用。我们将会在本书的第三部分和附录部分讨论 OpenStack 的生产部署。

8.6 小结

- OpenStack 计算远程地从 Neutron 消耗网络资源、从 Cinder 消耗卷资源、从 Glance 消耗镜像资源，以及从本地计算资源消耗 hypervisor 资源来提供虚拟机。
- 在计算节点，虚拟机网络传输不能直接从计算节点访问外部（OpenStack 之外）网络。
- 计算节点为它们自己的传输充当交换机。
- Open vSwitch 可以用来在通用服务器上启用高级交换功能。
- OpenStack 计算使用 OpenStack 网络来提供 OSI L2 和 L3 服务。
- OpenStack 计算与 OpenStack 网络通过覆盖网络通信。
- OpenStack 计算虚拟机与其他 OpenStack 计算虚拟机通过覆盖网络通信。
- 覆盖网络使用 GRE、VXLAN 和其他隧道来连接像虚拟机和其他 OpenStack 网络服务这样的端点。
- Cinder 为虚拟机提供卷存储。
- Glance 为虚拟机卷提供镜像。
- KVM 可以作为 OpenStack 计算的 hypervisor。
- 确保对 KVM 的硬件加速支持是体现良好性能的关键。

第三部分

构建生产环境

本书的第三部分和附录介绍在生产环境中部署和应用 OpenStack 的相关主题，特别是企业环境中，典型的系统管理员会管理各种各样的基础设施和应用。在企业环境中，系统工程师经常推动基础设施的设计、部署和采用。本书这一部分的几章将会帮你为你的环境建立成功的 OpenStack 部署。

第 9 章　设计自己的 OpenStack 架构

本章主要内容

- 使用 OpenStack 来替换现有的虚拟服务器平台
- 为什么要构建私有云
- 构建私有云时的选择

本书的第一部分，已经通过 DevStack 体验过了 OpenStack。第一部分的目的是向读者介绍如何使用和为什么使用 OpenStack，以激发读者对深入理解其底下工作原理的兴趣。

本书第二部分，进行了多个 OpenStack 核心组件的手动部署。虽然这对理解组成 OpenStack 的底层组件是如何交互的非常重要，但第二部分不是部署 OpenStack 的蓝图。通过剖析底层组件和配置，增强了对底层系统理解的信心，但这并不是鼓励在生产环境手动安装这些组件。

本书的第三部分和附录介绍在生产环境中部署和应用 OpenStack 的相关主题，特别是企业环境中，典型的系统管理员会管理各种各样的基础设施和应用。在企业环境中，系统工程师经常推动基础设施的设计、部署和采用。本书这一部分的几章旨在帮你为你的环境建立成功的 OpenStack 部署。

本章会介绍计划部署时要考虑的问题——架构、财务和运维。本章并不是操作手册，反而更多的是构建成功的架构的起步参考。为了规范架构设计，参考"OpenStack 架构设计指南"（OpenStack Architecture Design Guide）。一旦决定适合自己的 OpenStack 部署架构类型，这个在线的设计指南对于配置和规模调整是非常宝贵的财富。

很多企业系统人员都是通过传统虚拟和物理基础设施平台了解 OpenStack。本章首先会介绍使用 OpenStack 替换现有的虚拟服务器平台，包括部署 OpenStack 时获得最大利益的战略设计选择。

9.1　替换现有的虚拟服务器平台

在 2015 年 Gartner 的《x86 服务器虚拟化基础设施魔力象限》（Magic Quadrant for x86 Server

Virtualization Infrastructure）报告中指出，占主导地位的企业厂商 VMware 大约占据了 x86 工作负载虚拟化 75%的份额[①]。本节会解释如何使用 OpenStack 来替换或者增加现有的虚拟机环境。另外，本节还会引入一个 OpenStack 不只是传统虚拟服务器平台替代品的思考案例。

在一定程度上，可能你的被设计用来提供虚拟机的传统虚拟环境在操作上很像物理机。这也是一个好机会，在你的环境中引入虚拟化技术作为现有工作负载的基础设施的节省成本措施。将工作负载从物理服务器迁移到虚拟服务器都会经过一个 P2V（Physical to Virtual）过程，物理服务器的完全复制（clone）通过 P2V 工具实现。通常，物理和虚拟服务器运行在相同的网络上，P2V 工具可以完成服务无中断迁移。对于很多环境来说，加强在虚拟服务器上的负载的过程会节省一大笔费用。除了资源可以更有效率地使用，新功能包括管理镜像和虚拟机镜像快照变成软件开发和升级过程的一部分，可以减少很多软件和硬件故障类型。无论虚拟环境为用户提供了多少新功能，系统管理员仍然管理操作系统和虚拟机的应用层面，跟之前管理物理机基本相同。

如果如前面段落所述，只是想把虚拟环境当做物理环境使用，那么 OpenStack 为你的环境带来的好处就非常有限了。也就是说，如果还是通过 IT 部门来手动部署虚拟机而不是使用自动化工具，那么你必须评估 OpenStack 这样的云框架如何能更有效运用。

假设你一直在使用 VMware vSphere 作为服务器虚拟化平台，现在想通过使用 OpenStack 替代 VMware 来节省成本。如果只是把 OpenStack 简单当成 VMware 的“免费”替代品，那你可能走向了误区。虽然在大多数情况下，可以部署 OpenStack 来以你实际的运维兼容的方式，提供跟很多类似虚拟环境同等的功能。回到前面 VMware 替代的例子，你只是想把全部现有的 VMware 工作负载迁移到 OpenStack。虽然 OpenStack 存储可以处理 VMDK（VMware 镜像格式）文件，但没有像 VMware 提供的图形化的虚拟到虚拟（V2V）的迁移工具，将来应该也不会提供。

现在，考虑经常用于创建基于 VMware 的机器镜像的过程。通常，使用一个桌面客户端，用户从他们的工作站挂载一个 CD 或者 DVD 到虚拟硬件，然后跟在物理机上一样执行安装。然而，OpenStack Dashboard 并没有提供远程挂载 CD 和 DVD 镜像的功能。不应该把这些当成是 OpenStack 不完整的迹象，但有一个迹象表明 OpenStack 的使用跟传统虚拟服务器环境不一样。

OpenStack 作为一个不错的 VMware 和商业 hypervisor 的替代品体现在何处？为了回答这个问题，首先必须从战略上思考如何与基础设施资源互动。表 9-1 列出了基于你的基础设施管理策略 OpenStack 可能的影响。

表 9-1 基于环境的 OpenStack 的影响

环境	描述	影响
孤立的硬件和手动管理虚拟机	硬件管理是孤立的，资源是共享的。虚拟硬件通过 IT 人员手动分配给最终用户，最终用户只对系统级别操作负责	低到几乎没有
孤立的硬件和自动化的虚拟机	硬件管理是孤立的，资源是共享的。虚拟基础设施是 IT 人员通过自动化的方式部署的，最终用户只对应用级别操作负责	中等

① 参见 Thomas J. Bittman、Philip Dawson 和 Michael Warrilow 的《x86 服务器虚拟化基础设施魔力象限》（2015-7-14）。

续表

环 境	描 述	影 响
具体应用程序后端	硬件是专用的，被云框架管理。基础设施和应用由 IT 人员为具体应用自动化部署	高到非常高
私有云	硬件是专用的，被云框架管理。应用和标准（大小和操作系统）虚拟机通过自动化的自助方式提供给最终用户	非常高

对于表 9-1 中的孤立硬件和手动管理虚拟机，通过集中式小组手动分配虚拟机而不是通过自动方式，他们就会把 OpenStack 看成是不完整的和不必要的。没有自动化的加入，OpenStack 不必为他们当前工作提供帮助。

孤立硬件和自动化虚拟机环境与前面的手动环境类似，除了管理基础设施的 IT 部门在一定程度上会使用基础设施编排。例如，使用动态自动化提供资源作为请求工作流一部分的部门就属于这一类。跟他们的手动同类相似，归为这一类型的组织经常把 OpenStack 当成是他们现在使用的产品的低成本替代品。虽然 OpenStack 可以节省成本是事实，但这类组织的运作和业务流程必须改变以完全地利用这个框架。

现在，正如在具体应用后端的场景，假设集中式手动提供虚拟机被重新定位为基础设施或应用资源顾问。

假设通过这个战略切换，不但在基础设施使用自动化，而且用于应用层面的供给。更进一步假设资源按租户分配，部门级别的人员可以为自己供给资源。这就是私有云，IT 部门通过代理式服务实现部门级别的敏捷，而不是直接处理这些资源。在很多方面，以这种方式来运作会改变你对环境中基础设施的角色的看法。应用和基础设施层面的自动化，将不再需要于 P2V 和 V2V 工具，因此也不需要迁移镜像了。在这种运作模式里，基础设施资源更加短暂，更加像是一个应用功能而不是一个静态的资源分配。

OpenStack 真正的价值是框架提供的自动化和平台抽象。下面几节将会讨论开发 OpenStack 设计时必须考虑的架构注意事项。

9.1.1 部署选择

如果你习惯于使用类似 VMware vSphere 或者 Hyper-V 这样的虚拟服务器平台，你可能需要重新考虑硬件的购买和支持服务。尽管不像过去那么普遍，企业的物理资源，如网络交换机和集中存储池，是可以在物理和虚拟资源间共享的。即使某种资源仅分配给一个虚拟服务器平台，但你通常会考虑通过这个平台使用供给资源而不需要平台本身管理资源。例如，经常会有人分配一个新的 VLAN 或者创建一个共享的逻辑单元号（Logical Unit Number，LUN）给一组 Hypervisor。但如果你需要创建新的 VLAN 或者新的共享 LUN，这些系统的管理员要通过他们自己的供给流程。经常是“网管”来进行所有网络配置、“存储人员”来进行所有存储的分配，以及“虚拟机人员”把物理服务器资源整合到一起来创建虚拟机。每个人在这个过程中都必须要执行手动供给步骤，他们经常都不会去想这些资源是如何整合成完整的基础设施的。

从共享的中心基础设施碎片部署 OpenStack 通常是一种误区。OpenStack 发现、配置和提供基础设施资源，而不是用其他方式来做这些。即使你的共享的中心基础设施提供多租户（不要与 OpenStack 的租户混淆）操作，可以自动隔离 OpenStack，但你还是必须考虑依赖于共享资源进行 OpenStack 资源供给会有什么影响。例如，因为 OpenStack 之外的原因要软件升级都可能会影响到服务。另外，当没有提供 OpenStack 服务存在问题的指示时，OpenStack 资源范围之外的资源利用将影响性能。

在很多案例中，虚拟环境都没有被设计去充分利用程序化管理基础设施带来的好处。在这些案例中，很多操作实践都被开发用于垂直管理这些孤立的资源，如计算、存储、网络和负载均衡等。相反，OpenStack 就是设计用来把这些物理基础设施在逻辑上全部抽象出来。通常，把资源完全分配给 OpenStack，可以减少很多麻烦，同时可以通过插件和服务让框架管理资源，而不是使用其他的方式。

在接下来的一节中，假定你希望使用 OpenStack 扩张或者增加新服务来管理你的资源。在你的环境，你想充分利用 OpenStack 的管理能力，甚至想用 OpenStack 管理硬件，但又想最终效果跟现有的资源供给类似。特别地，为了更高效你可能想改变操作和部署的方式，但你主要还是想部署虚拟机，就像现在你可能正在使用 VMware 或者微软公司做的那样。9.2 节会介绍更深层次的 IaaS 实现。

9.1.2 使用何种类型的网络

如果你想利用 OpenStack，但你又不想 OpenStack 管理 L3（即网络层）服务，如路由、DHCP 和 VPN 等，那么你必须要评估基于 L2（交换）服务管理的选项。

例如，图 9-1 显示了一个虚拟机直接连接到公共的 L2 网络。这个例子并不是 OpenStack 特有的，很多虚拟服务器平台包括 VMware vSphere 和 Microsoft Hyper-V 也有类似这样的网络部署。在这种网络部署场景下，hypervisor 的工作就是把 L2 网络流量直接发送到一个交换机，这个交换机通常是在 hypervisor 掌控范围之外的物理交换机。不像本书很多其他网络例子，这种场景下不存在“内部”网络或者 hypervisor 网络这种概念，因为虚拟服务器平台不提供 L2 服务。在这种类型的部署下，所有的 L3 服务都是由 hypervisor 之外的系统提供。正如你想象的那样，把主要的网络服务从虚拟服务器平台分离出来会限制平台的优势，但这种简化也不是一无是处。基于你的 IT 战略、现有的资源和支持结构，这种操作模式可能是最适合你的。

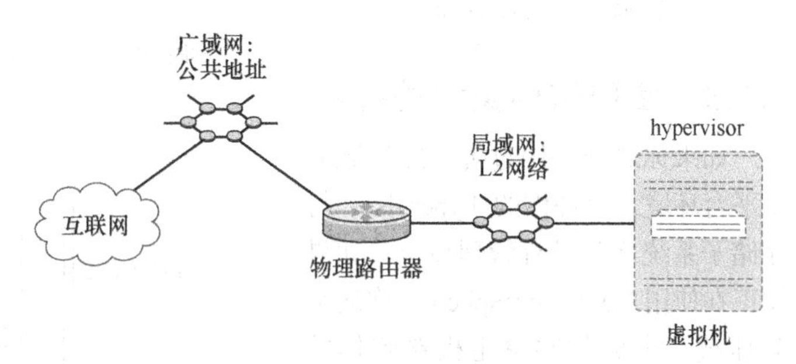

图 9-1 L2 网络与虚拟机和 hypervisor

本书主要关注于通过 OpenStack 网络（Neutron）来提供 L2 和 L3 服务。如前面章节所述，

Neutron 被创建是为了管理 OpenStack 环境内部的复杂网络和服务，而不只是简单地把 L2 流量推送到外部网络。但是 Neutron 之前的 OpenStack 计算（Nova）项目提供基本的 L2 服务。如果你想限制 OpenStack 部署只使用 L2 服务，你会想为网络使用 Nova，而不是 Neutron。

> **网络硬件**
>
> 如果你正在为网络使用 Nova，那么基本上不用为 OpenStack 和网络硬件的整合担心。在 OpenStack 项目早期，很多硬件厂商都为他们的硬件编写与 Nova 整合的驱动，但现在大多数这种驱动的开发工作已经迁移到 Neutron 项目了。

Nova 网络可以在 3 种不同的拓扑进行操作：扁平、扁平 DHCP 和 VLAN。

在*扁平*拓扑中，所有网络服务都是从 OpenStack 之外获得。你可以认为扁平拓扑跟你的办公室或者家庭网络连接的工作模式一样。当你连接计算机到扁平网络，你的计算机依靠现有的网络服务，如 DHCP 和 DNS。在这种操作模式下，OpenStack 简单地把虚拟机连接到现有的网络，就跟你的物理机器一样。

扁平 DHCP 拓扑与扁平拓扑类似，除了 OpenStack 提供了 DHCP 服务器来分配虚拟机的网络地址。

VLAN 拓扑跟扁平拓扑的运作方式一样，但是它允许基于 VLAN ID 的 VLAN 划分。简单来说，在扁平网络里，所有虚拟机的流量发送到相同的 L2 网络段，但在 VLAN 拓扑里，你可以分配具体的 L2 网络段给一个特定的虚拟机。

下一节将会介绍存储的选择。

9.1.3　使用何种类型的存储

如果你之前使用过传统虚拟服务器平台环境，也许你的 hypervisor 与存储子系统之间没有管理整合。如果你正在使用 VMware vSphere，你通常会挂载一个大的共享主机卷到你的 Hypervisor，如显示在图 9-2 的共享卷所示。

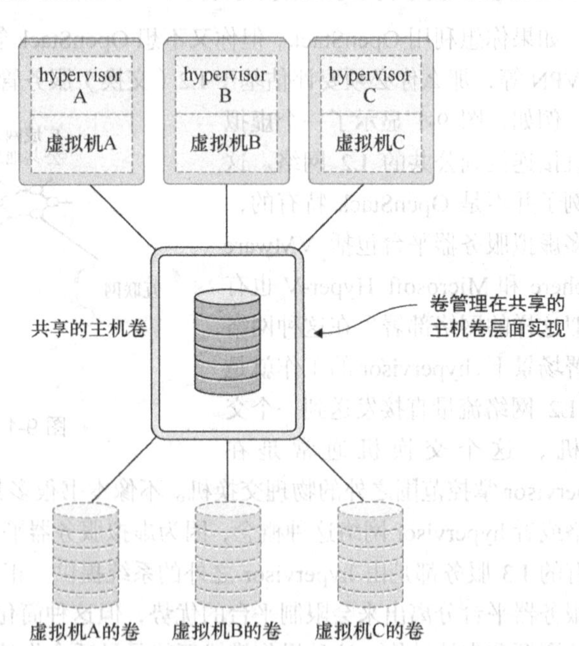

图 9-2　共享卷与多个 hypervisor 交互

在图 9-2 中，你可以看到一个单一的主机卷通过所有的 hypervisor 共享。这个共享的主机卷被集群文件系统格式化，允许 hypervisor A 使用相同的底层主机卷为虚拟机 A 存储数据，

hypervisor B 使用同样的方式为虚拟机 B 存储数据。如果虚拟机 B 迁移到 hypervisor A 上，不需要转移存储的数据，因为数据已经可以通过 hypervisor A 访问。在这种场景下，虚拟机卷管理在共享主机卷层面实现，因此，从底层存储子系统的角度来看，除了把这个大的共享主机卷挂载到 hypervisor 之外，没有什么可以管理了。

相反，微软公司的 Hyper-V 推出“不共享”模型，每个 hypervisor 维护自己的存储和自主为虚拟机提供存储。一个独立主机卷模型如图 9-3 所示。

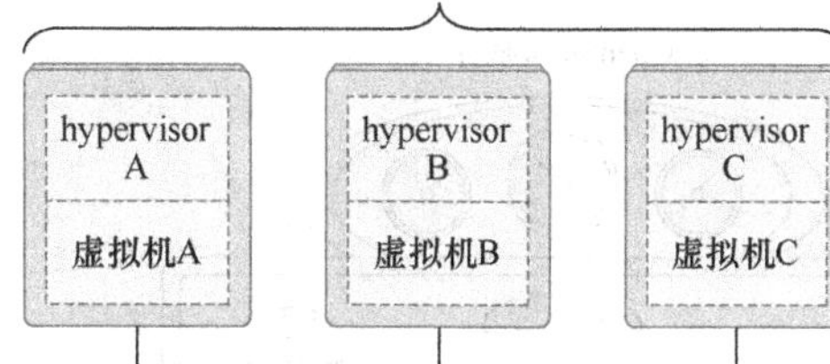
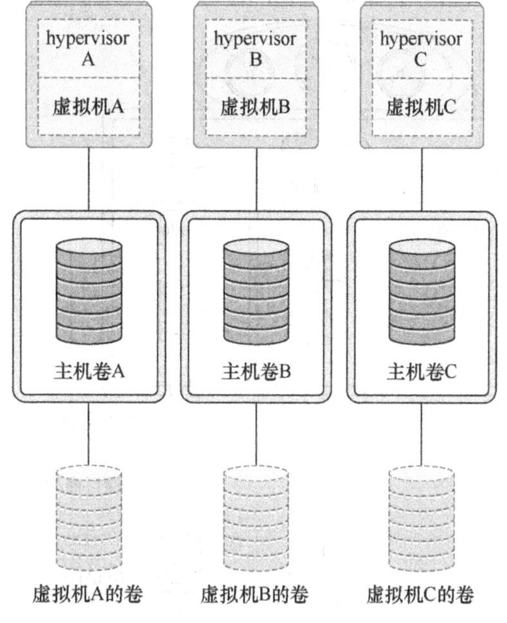

图 9-3 独立主机卷

在图 9-3 中，hypervisor A 使用主机卷 A 为虚拟机 A 存储数据。如果虚拟机 B 被迁移到 hypervisor A，卷信息将需要迁移到新的 hypervisor。这种不共享的架构的好处是失效域减少了，但迁移的成本增加了。就跟共享主机卷模型一样，hypervisor 为它维护的虚拟机管理卷，因此存储子系统也不算是虚拟服务器平台的一部分。这也并不是说没有存储厂商与 vSphere 和 Hyper-V 集成，简单地说，一个高层次的集成不是它们操作的基础。

前面介绍过，OpenStack 里有两种类型的存储：对象和块。OpenStack Swift 提供了对象存储服务，可以为虚拟机镜像和快照提供后端存储。如果你作为一个管理员使用过虚拟服务器平台，你可能没有使用过对象存储。尽管基于对象的存储非常强大，但它不是提供虚拟基础设施必需的，也不在本书的讨论范围之内。相反，块存储是一个必需的虚拟机组件，在本书多个章节会涉及。

本书主要通过 OpenStack 块存储服务（Cinder）来介绍块存储。使用 OpenStack 计算服务（Nova），可以不使用 Cinder 就能启动虚拟机。但这个用来启动虚拟机的卷是临时性的，这意味着虚拟机终止后，这个虚拟机卷上面的数据也没有了。与临时存储相反的是永久存储，可以从一个虚拟机解除挂载，然后挂载到另一个虚拟机。hypervisor、永久虚拟机卷、Cinder 和存储子系统之间的关系如图 9-4 所示。

如图 9-4 所示，虚拟机直接与底层存储子系统交互，而不是 hypervisor。相比之下，在 VMware vSphere 和微软 Hyper-V 的例子中，虚拟机的存储都是由 hypervisor 提供。这种操作的根本不同使得 OpenStack 可以在更高层次对存储子系统进行管理。其他虚拟服务器平台可能在 hypervisor 层面管理虚拟机卷，Cinder 通过与硬件和软件存储系统交互来提供如卷的创建、扩容、迁移、删除等功能。存储系统和支持功能可以通过 Cinder 支持列表查看。

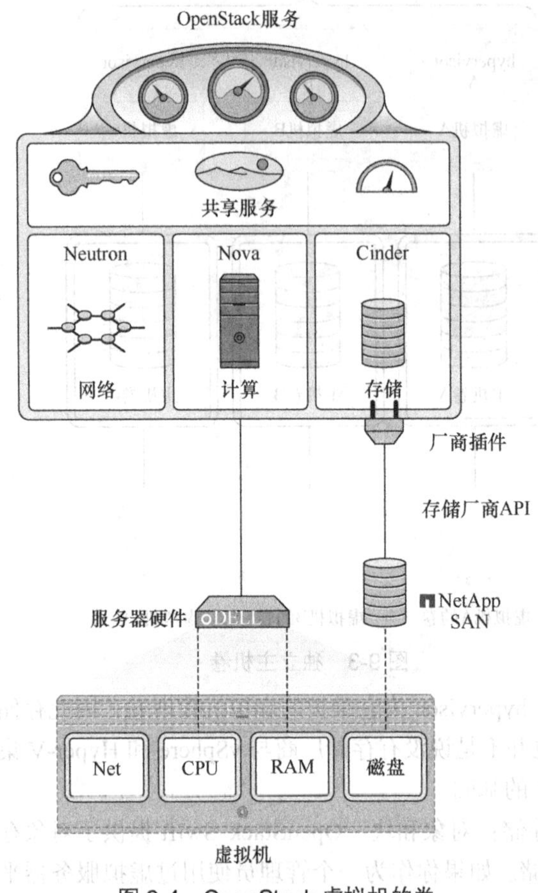

图 9-4　OpenStack 虚拟机的卷

除了非常少见的案例，绝大多数的 OpenStack 部署都会使用 Cinder 来管理卷存储。但还有个问题，Cinder 应该管理哪种类型的存储硬件或软件平台？

底层存储子系统的问题需要综合考虑几个因素，包括你现在使用的存储厂商、是否分配存储系统给 OpenStack 和你对环境的风险容忍度。例如，假如你想模仿 vSphere 或者 Hyper-V 的操作，你的存储是由一个大型的中心存储区域网络（SAN）来提供。在这个例子中，你想使用这个系统的存储，但又不想 Cinder 直接与你的共享中心系统交互。在这种情况下，你可以通过直接挂载独立的卷到计算或者存储节点来抽象底层存储子系统，与图 9-3 所示类似。然后，使用 LVM 管理你的独立主机卷。LVM 将被 Cinder 管理，于是抽象底层存储子系统。使用 LVM 管理一个独立的卷没有使图 9-4 所示的存储模型失效，事实上，在第 7 章中，Cinder 会使用 LVM 作为其底层存储子系统。当然，在其他配置中，中心存储软件和硬件也可以被直接使用，但 LVM 是人们使用共享中心存储服务常见的选择。

下一节将会介绍服务器的选择。

9.1.4　使用何种服务器

前面的几节介绍了为虚拟机提供网络和存储资源的选择。多数情况下，你关于网络和存储做出的选择要基于你当前的和将来倾向的运营情况来考虑。无论提没提到网络底层配置或者存储硬件或软件，在某种程度上与你现在正在做的有本质上的不同。事实上，到目前为止，我们在本章所讨论的架构都是用来模拟一个传统的虚拟服务器平台环境。当讨论到 OpenStack 计算（Nova）时，支持列表没有列举任何服务器硬件厂商，它只列举了支持的 hypervisor 类型。

裸机和容器

尽管它们在本书的讨论范围之外，使用 OpenStack 也可以提供裸机服务器和 LXC/Docker 容器。特别是那些对使用 OpenStack 来提供应用感兴趣的人，会在 OpenStack 环境里使用容器。

如果你购买了一台带有 Intel 或者 AMD x86_64 处理器的服务器，在市场化的服务器硬件市场，x86_64 指令集可以保证运行所有类型的 hypervisor。尽管一些硬件配置和厂商提供的高级功能可能不尽相同，但 OpenStack 计算服务在这方面对硬件是无感知的。真正面临的问题是你想用哪种 hypervisor。

你必须首先考虑部署 OpenStack 的动机。如果你的目的是替换现有的商业虚拟服务器平台，在某种程度上模仿那个平台的操作，然后你可能还不想维护商业 hypervisor 的许可成本。

免费版的 VMware ESXi 和微软 Hyper-V 近来，VMware 和微软公司发行了它们的核心虚拟化平台的免费版本。这种在许可方面的改变也让社区对在 OpenStack 里使用这些 hypervisor 产生了深厚的兴趣。但与 KVM 比较，缺点至少包括缺少社区支持。

基于 OpenStack 用户调查，KVM 是 OpenStack 部署使用最多的 hypervisor 类型，大部分的社区支持也放在 KVM 上。总的来说，你应该基于当前的商业实践来来选择服务器硬件，同时使用 KVM，除非你有很好的理由要使用其他 hypervisor。

本节介绍了部署 OpenStack 来替换现有的虚拟服务器平台的架构决策。下一节会介绍为定制私有云部署全新环境的架构。

9.2 为什么要构建私有云

OpenStack 被一些大型公有云服务使用，包括 DreamHost DreamCompute。这些公司利用 OpenStack 项目，以及它们自己的定制集成服务，管理比大多数企业客户规模大得多的资源。服务器和管理员的比例变化很大，取决于组织基础设施的规模、复杂度，以及相关工作负载。例如，对于小型和中等规模的企业，物理服务器和管理员的比例通常是 30:1 或者更低，然而对于中等到大型的企业，虚拟服务器和管理员的比例可能是 500:1。但当你想到 Amazon 和 Google 在全球实现物理服务器和管理员的比例为 10,000:1，就会开始体会到大规模提供商先进的基础设施管理效率。

当企业利用企业专用资源提供类似公有云的服务，我们称为*私有云*。通过采用相关技术和大规模提供商的操作实践来构建私有云，企业可以基于工作负载发展混合云战略。为什么私有云会存在？为什么不是所有的工作负载都放到公有云上？关于公有、私有和混合云的 IT 战略的详细研究超出本书的范围。但本节介绍关于为企业部署私有云和采用混合云策略的几个观点。

9.2.1 公有云规模经济的观念

云计算经常描述为电力网络的计算领域等价物。考虑到经济学里面定义的效用，即一件商品满足人类需求的能力，就很容易看出云计算是如何获得这个声誉的。

但与电力网络对比是有本质的错误的。电力网络，跟云计算很像，生产的商品必须实时被消费，但这个比较在这里就结束了。规模经济和商品的生产之间的关系有很大的不同。核设施批量产生的电力跟一大堆消费级别的发电机产生的电力相比，在成本效益上完全不是一个量级。在计算机方面，没有任何量子或其他类型的计算机能够产生比商业集群更具成本效益的计算能力，因此规模经济不是可比较的。事实上，在商业服务器上的利润率如此之低，以至于企业和公有云提供商为相同硬件支付的成本差异是可以忽略不计的。

这并不是说大规模提供商没有优势。例如，大规模不同类型的工作负载在很多资源之间保持平衡应该比它的小规模且没有优化的环境要更加有效率。但企业客户可以利用与公共提供商相同的基础组件，可以得到几乎相同的价位。

9.2.2 全球规模或严格控制

公有云提供商提供了IaaS以外的各种服务，但为了讨论的目的，本书讨论的公有云只限于IaaS。

可以认为 IaaS 提供由不相关联的组件（CPU、RAM、存储和网络）组成的虚拟机。公有云客户对提供公有云 IaaS 的物理基础设施是无感知的。确切地说，用户无法知道他们是为最新最好的技术还是过时的技术付费。更深入点，客户无法决定某种具体类型的共享服务的超配级别。不知道底层的平台和共享用户的数量，就没有被动的定量的方法来测量这些不同的公共提供商的 IaaS 价值。考虑这样一个案例，提供商 A 有每单元 X 的成本，超配比例是 20:1，而提供商 B 有每单元 2X 的成本，超配比例是 10:1。总成本明显是相同的，但在客户眼里，提供商 B 的成本是提供商 A 的两倍。

在很多行业中，定义服务等级协议（Service Level Agreement，SLA）以便客户可以评估服务提供商的预期质量。通常，公有云 SLA 是基于正常运行时间，而不是性能。毫无疑问，公有云资源的大客户会与他们的公共提供商一起开发性能 SLA，但这在中小型企业并不常见。没有定量的方式，你只能基于主动测量来评估质量。虽然在计算领域不缺基准测试，但被普遍接受的云服务工作负载测量标准至今还没出现。

由于缺乏清晰定义的 SLA 和验证方法，因此很难比较不同提供商的公有云服务价值。另外，随着时间的推移，价值比较可以会随着提供商的工作负载改变而改变。对于很多工作负载，全球需求的 IaaS 的好处远大于资源性能的变化。但对于其他工作负载，通过私有云来严格控制性能是有必要的。

9.2.3 不公开的数据引力

Dave McCrory 创造了术语“数据引力”（data gravity）来描述应用程序和其他服务如何被数

据来源吸引，类似于物体在宇宙中的引力与它们的质量成正比。公有云提供商意识到这个现象，通常会让迁移数据到它们的服务比迁移出去更加有经济吸引力。例如，迁移数据到 Amazon EC3 服务不收费，但把数据从这个服务迁移出去就有分级定价结构。类似的定价结构存在于 Amazon EC2 实例和其他 IaaS 提供商的服务中，“引诱”用户迁移数据到具体的云提供商，然后保持下去。

云提供商能够通过它们的传输速率价格结构利用数据引力现象为客户创建云厂商锁定。考虑这样的案例，一个组织决定基于资源（不考虑传输）的单元价格的成本效益，把它所有的存储和相关的计算迁移到公有云提供商。即使这些数据绝大部分是在云提供商外部产生的，不断添加数据到公共提供商维护的存储也不会有传输处罚。现在假设这个组织想要使用第二个公有云提供商作为冗余。虽然新提供商可能也对传输进来的数据不收取传输费用，但现有的提供商会对传输出去的数据收费，这大大增加了成本。

如果你想在本地处理这些数据或想要利用成本更低的提供商来处理，这同样是正确的。当你的数据绝大部分被公有云维护，服务就很难逃脱你和提供商间的数据引力。

保持你的数据绝大部分在私有云，允许在需要时把数据移进和移出公有云。对于很多工作负载和组织，来自多个提供商的消费服务的能力，包括本地资源，好处大于纯公有云服务。

9.2.4 混合云

按使用收费（pay as you go）的原则是公有云和私有云之间的关键差异。这很容易理解，当及时信息至关重要时，在 1000 台计算机上花费 1 小时比在 1 台计算机上花费 1000 个小时更有经济效益。但乍一看，当你假设 100%的服务要全天候（24/7/365）使用，这种购买云服务的经济性似乎就不存在了。

基于流量的定价观念允许重定向资本，原本致力于基础设施的投资会重定位到其他战略投资上。大型公有云提供商对具体的工作负载的峰值有天然的容忍能力。由于大范围客户的工作负载的多样性，不太可能所有客户的所有工作负载同时有资源峰值需求。由于云的自然弹性，很多运营私有云相关的能力风险转移到公有云提供商。私有云必须按峰值流量构建，无论峰值会持续多久，这会导致额外的开销。在大多数案例中，高峰工作负载超过实际平均负载 5 倍到 1 倍。

公有云在企业中被广泛采用，但很少只用公有云的。基于企业调查，公有云服务通常被特定策略工作负载采用，而私有云提供各种更多元化的服务。

绝大多数 IT 企业采用了混合云的策略，同时使用公有云和私有云资源。如果组织在私有云和公有云服务之间找到合适的平衡，那么可以实现企业公有云的真正经济效益。

对于服务提供商，OpenStack 可以提供可用于构建大规模的全球云资源项目组件。对于企业来说，OpenStack 框架可以用来部署私有云服务。从整合的角度来看，基于 OpenStack 的公有云和私有云提供商间的 API 兼容性让企业可以基于工作负载需求优化资源的消耗。

9.3 构建私有云

本书侧重于从企业的角度来关注 OpenStack 作为一个云管理框架的实现，而不是作为一个虚拟服务器平台。9.2 节介绍了部署私有云的好处。此外，还介绍了采用混合云策略的好处，即资源可以基于一个共同的 OpenStack API 控制设置进行管理。

将本节内容与前几章所学内容联系在一起，为本书第三部分剩余章节的学习做好准备。

9.3.1 OpenStack 部署工具

你选择的部署工具将基于你现有的供应商关系、当前操作策略和未来的云方向。在部署 OpenStack 时有 3 种方法可以采用。

第一种方法是本书第二部分介绍的手动部署。手动部署提供了最好的灵活性，但明显的问题是规模。

第二种方法是使用通用的编排工具，如 Ansible、Chef、Juju、Puppet 和 Vagrant，可以用来部署各种系统和应用。精通一系列的通用编排工具不但可以部署 OpenStack，而且可以部署使用 OpenStack 资源的应用。这些系统的缺点是每个工具都扮演其特定的角色，因此最终使用各种通用工具，对于采用这种策略的企业，构成培训和运营上的挑战。

第三种方法是使用独立的 OpenStack 部署和管理工具，这是企业中一种常见的方法。OpenStack 部署平台（如 HP Helion、Mirantis Fuel 和 Red Hat RDO）不但提供易于使用的 OpenStack 部署工具，而且提供它们自己的验证 OpenStack 版本和部署的方法。读者可以认为这是与 Linux 的发行版同样的方式。跟 Linux 内核类似，只有一个 OpenStack 源仓库（有多个分支）给社区开发。功能增强和修复分别被 Linux 和 OpenStack 社区接受，然后以它们的方式接纳到各自的代码仓库。但在 Linux 社区中，厂商为它们提供支持的特定用例验证社区工作。就像你为提供支持的 Linux 发行版支付费用而不会为 Linux 内核支付费用；当购买一个商业支持的 OpenStack 发行版时，不会为 OpenStack 支付费用。商业 OpenStack 厂商通常为它们的部署工具提供社区支持版本——其中一个工具是 Mirantis Fuel，将会在第 11 章介绍。

> **研究、大数据和 OpenStack**
>
> 对于那些研究计算领域的人来说，新的统一基础设施管理选项出现了。传统高性能计算（HPC）领域厂商，如 Bright Computing 和 StackIQ，正在转向 Hadoop 和 OpenStack。这些厂商，以及很多其他厂商，正在调整它们的 HPC 部署和管理平台来提供对 HPC、Hadoop 和 OpenStack 部署的整体管理。

在很多 IT 机构，从大型机时期开始，“系统程序员”一直用于描述那些没有多少编程工作量的人。然而，在一些组织中，系统程序员这个角色作为 DevOps 移动的一部分（指会写代码和脚本的系统管理员）已经获得重生。一个习惯于通过手动双击来完成虚拟机和应用程序部署的系统管理员，不太可能适应需要编写代码和脚本的通用编排工具。另一方面，那些有自动化经验的人可能觉得只有单一的 OpenStack 部署工具会很有限制。

基于你的组织的策略方向，你应该选择的方法不只是用来部署 OpenStack，还要可持续使用。

有些方法的采用可能需要购买商业支持发行版和分配现有的资源与支持的厂商共同协作。另外有些组织可能会选择建立 DevOps 团队，不但有能力部署 OpenStack，而且在私有云和公有云提供商间进行资源和应用的编排。

9.3.2 私有云的网络

在 9.1.2 节中，我们讨论了 Nova 网络。当使用 Nova 网络时，网络硬件的选择不是很重要，因为 OpenStack 只进行了少量的网络管理。然而，本书的大部分内容讨论的网络基于 OpenStack 网络（Neutron）。当使用 Neutron 时，对网络硬件和软件的选择就非常重要，因为 OpenStack 会对你的网络进行多方面的管理。

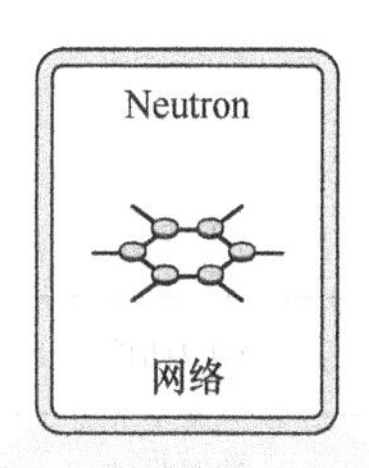

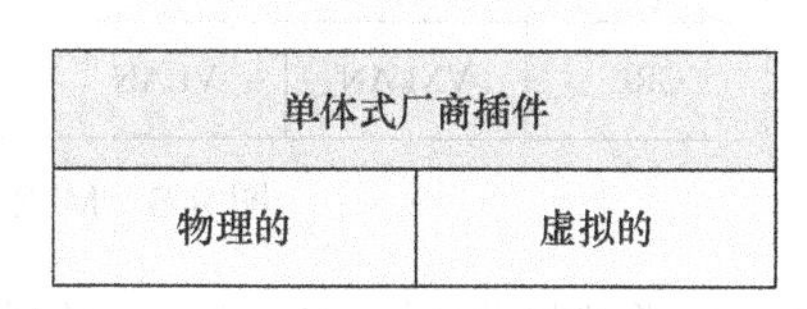

图 9-5 单体式插件架构

在编写本书时，已经有一些厂商提供了 L3（路由器）服务。因为 L3 服务可能由 OpenStack 提供，这个讨论的关注点与 L2 的选择相关。从 Neutron L2 角度来看，你有两个选择。第一个选择是使用一个社区或厂商提供的单体式网络插件。这种插件被看成是单体式的，因为所有 L2 OpenStack 服务必须由这个驱动实现，如图 9-5 所示。

> **Neutron 分布式虚拟路由（DVR）**
>
> Neutron DVR 子项目的其中一个目标是在计算节点提供分布式路由，整合路由硬件，以及在节点间迁移路由服务。虽然这个项目还很新，但 DVR 项目很可能作为绝大多数高级 L3 厂商服务的主要整合点。

起初，单体式插件是整合 OpenStack 网络和厂商硬件及软件的唯一方式。这些插件的其中一些已经为厂商硬件进行了开发，包括 Arista、思科（Cisco）、Melinox、VMware 和其他厂商。这种方式的问题是插件代码必须在后续的 OpenStack 版本中修改，即使在厂商方面没有进行任何改动。参与从 OpenStack 代码分离厂商特定代码的努力导致在 Neutron L2 网络中的第二次选择，在第 6 章介绍的模块化层 2（ML2）插件如图 9-6 所示。

ML2 插件框架允许社区和厂商提供 L2 支持，比使用单体式插件更轻松。绝大多数厂商，即使是那些之前已经开发了单体式插件的厂商，现在都通过为它们特定的技术编写实现机制驱动来采用 ML2 插件。

根据 OpenStack 用户调查，Open vSwitch（OVS）是 OpenStack 部署中最广泛使用的网络驱动（独立硬件、软件包和 OpenStack 之间的接口）。由于它的流行性，OVS 被用于作为本书第一部分和第二部分的网络驱动。特别地，使用 ML2 术语时，ML2 插件被配置使用 GRE 类型驱动和 OVS 实现机制驱动。通过结合一个覆盖网络（GRE）类型驱动和一个软件交换机（OVS），我们简化了交换机的硬件配置，降低了计算和网络节点之间的简单连接的难度。在这里，硬件的配置是很简单的，因为 OVS 提供了虚拟交换（传输隔离在 OVS 层），所以你只需要关心在各个服务器上的 OVS 交换机能互相通信。

使用像 GRE 和 VXLAN 的覆盖网络有很多好处，包括规模和灵活性。但通常使用覆盖网络和软件交换机（OVS）也有相关的性能成本。在第 11 章中，VLAN 类型驱动将被 OVS 实现机制驱动使用。OVS 仍然是网络驱动，但 OVS 利用一个 VLAN 范围而不是重叠连接这些 OVS 实例。在第 11 章的例子中，OVS 使用的 VLAN 必须被手动配置在交换机。在这样的场景下，一些交换负载转移到硬件交换机，一些仍然在 OVS。

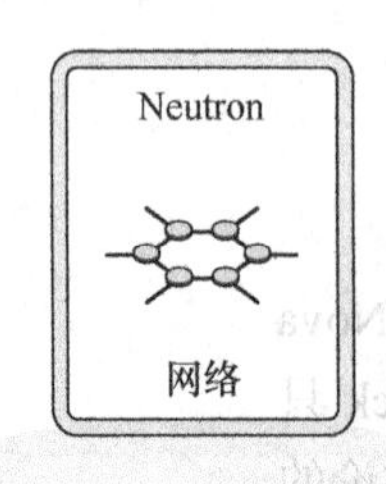

ML2插件			API扩展				
类型驱动			实现机制驱动				
GRE	VXLAN	VLAN	Arista	Cisco	Linux 桥	OVS	L2 pop

图 9-6 ML2 插件架构

从软件到硬件转移网络负载的下一个进程是使用处理硬件设备上所有的 L2 操作（这可能是一个混合的硬件和软件设备）的实现机制驱动。在这个配置中，OpenStack 的网络操作通过网络驱动转变为厂商特定操作。这并不意味着在使用硬件供应商实现机制驱动时，你需要使用 VLAN 作为你的类型驱动。事实上，有许多供应商管理的类型，包括非常强大的 VXLAN 类型驱动，都转移到硬件。

跟 OpenStack 和技术的大多数事情一样，通用的解决方案（通过软件）都以性能为代价（使用专用硬件）。你必须决定软件交换和重叠的性能是否是可以接受的，或者是否你的私有云可以通过紧密集成 OpenStack 的网络和供应商的硬件来获得性能上的好处。

9.3.3 私有云存储

第 7 章介绍了使用 Cinder 来部署 OpenStack 存储节点。存储节点的目的是为虚拟机提供块存储。就跟 Neutron 使用网络驱动来与底层软件和硬件网络资源通信一样，Cinder 使用存储驱动与存储资源通信。

在第 7 章中，一个 LVM 配置的卷被 Cinder 管理。在那个例子中，一个 LVM 存储驱动被 Cinder 使用来与底层 LVM 子系统交互。被 LVM 卷使用的存储设备从哪里来呢？正如 9.1.3 节所讨论的，LVM 卷可以是一个本地磁盘，或者是由外部源（如一个 SAN）提供。站在 LVM 的立场，并通过与 Cinder 的关系，只要该设备在 Linux 内核中显示为块存储设备，它就能被使用。但这个跟

OVS 使用网络硬件作为物理传输类似。通过 LVM 的底层存储设备的抽象，你会失去底层存储子系统可能会提供的很多高级存储功能。就跟 OVS 一样，OpenStack 对底层物理基础设施是无感知的，存储功能都被转移到软件。幸运的是，有很多为 OpenStack 编写的 Cinder 存储驱动，包括 Ceph、Dell、EMC、Fujitsu、Hitachi、HP、IBM 和其他厂商提供的存储系统的驱动。跟 OpenStack 网络一样，通过使用厂商存储驱动来集成 OpenStack 存储与软硬件存储子系统，允许 OpenStack 利用底层系统的高级功能。

基于 OpenStack 用户调查，Ceph 存储系统被使用在大部分 OpenStack 部署中。由于它在 OpenStack 社区的流行程度和它包含在很多独立的 OpenStack 部署工具中，因此第 10 章专门介绍 Ceph 部署。

跟 OpenStack 网络相关的厂商决策类似，存储决策需要基于你当前的能力和未来发展方向。虽然它在 OpenStack 社区非常流行，但是，如果你的企业的其他存储是 EMC，构建对一个 Ceph 存储集群的支持可能不是正确的选择。同样，很多之前仅在高端阵列的高级存储功能现在出现在 Cinder 中或者由于私有云运营的某些原因是不需要的，因此购买一个高端阵列可能不是必需的。

当你继续学习本书第三部分剩余章节内容时，思考一下你想构建的环境类型。对于某些类型，一个特意构建的带有深度厂商集成的系统可能是最适合的。对于其他类型，灵活通用的部署可能是正确的选择。无论你选择哪种方式，确保 OpenStack 是工作中合适的工具，你的组织可以很好地利用 OpenStack 框架的优势。

9.4 小结

- 如果你把虚拟基础设施仅仅当做物理物理基础设施使用，那么你的环境中的 OpenStack 带来的好处就非常有限了。
- 喜欢手动提供基础设施的系统管理员可能认为 OpenStack 既不完整又不是必需的。
- 对云计算的优点感兴趣的系统管理员、开发者、咨询师、架构师和 IT 管理层会把 OpenStack 看成是企业的一种分布式技术。
- 希望使用 OpenStack 作为传统虚拟服务器基础设施替代品的用户会发现 Nova 网络可以和他们现有的环境相媲美，而那些想构建一个私有云的用户可能会使用 Neutron 网络。
- 希望使用 OpenStack 作为传统虚拟服务器基础设施替代品的用户会发现基于 LVM 的存储可以和他们现有的环境相媲美，而那些想构建一个私有云的用户可能会使用 Ceph 或其他厂商特定的直接挂载到虚拟机的存储系统。
- 通过采用相关技术和大规模提供商为私有云准备的操作实践，企业可以为最佳解决方案制定混合云战略。

第10章　部署Ceph

本章主要内容

- 为 Ceph 部署准备服务器
- 使用 ceph-deploy 工具部署 Ceph
- Ceph 基本操作

Ceph 是一个基于 RADOS 的开源存储平台，可以通过商用服务器提供块、文件和对象级别的存储服务。Ceph 工作在一个分布式架构，目标是通过复制用户和集群管理数据来消除单点故障。那么为什么在一本 OpenStack 的书中用一章来介绍 Ceph 呢？基于 OpenStack 社区的用户调查，Ceph 是最广泛使用的 OpenStack 存储①。在第 7 章已经配置 Cinder 使用 LVM 来管理卷存储，但在生产部署中，你可能会使用一个 Ceph 后端替代 LVM 为 Cinder 提供存储管理。

虽然说不包含 Ceph 的 OpenStack 书是不完整的，但它的详细设计与操作超出了本章的讨论范围。本章将会介绍使用 Ceph 开发者提供的 ceph-deploy 部署工具来部署 Ceph。

在本章将会用到两种类型的节点（商用服务器）：*资源节点*——Ceph 用来提供存储，以及一个*管理节点*——既作为 Ceph 客户端，也将作为 Ceph 供应的环境。

10.1　准备 Ceph 节点

在 Ceph 的架构里，资源节点可以进一步细分为 Ceph 集群运营和管理的节点，以及提供存储的节点。不同类型的 Ceph 节点见表 10-1。

---

① 参见“OpenStack users share how their deployments stack up”。

表 10-1 Ceph 资源节点

节点类型	描　述	功　能
MON	监视节点	维护存储集群数据映射的主副本
OSD	对象存储设备节点	提供原生数据存储
MDS	元数据服务器节点	存储所有的文件系统元数据（目录、文件所有权、访问模式等）

本章的例子基于包含 6 个 Ceph 专用物理服务器和一个共享管理服务器的 Ceph 集群。节点、角色和地址见表 10-2。

表 10-2 Ceph 节点

节点名称	节点类型	IP 地址
admin.testco.com	ADMIN	10.33.2.57
sm0.testco.com	MON/MDS	10.33.2.58
sm1.testco.com	MON/MDS	10.33.2.59
sm2.testco.com	MON/MDS	10.33.2.60
sr0.testco.com	OSD	10.33.2.61
sr1.testco.com	OSD	10.33.2.62
sr2.testco.com	OSD	10.33.2.63

管理节点类型 管理节点并不是 Ceph 架构的一部分。这个节点只是在专用硬件上用来自动部署和管理 Ceph 的服务器。

同步时间

像 Ceph 这样的分布式系统不能像在单个计算机那样可以依赖于中心时钟。这点很重要，因为分布式系统决定分布式事件的顺序的一种方式就是通过分布式节点报告的时间戳。确保所有 Ceph 集群的节点同步时钟很重要。特别地，MON 节点默认相互之间必须报告一个 50 ms 以内的时间，否则就会产生警告进行警示（这是可配置的）。推荐在 Ceph 节点使用网络时间协议（Network Time Protocol，NTP）服务。

部署 Ceph 存储集群的第一步是准备好节点。Ceph 运行在商用硬件和软件上，就跟本书介绍的其他 OpenStack 组件一样。

首先将会配置节点认证和授权信息，然后在节点上部署 Ceph 软件。

10.1.1 节点认证与授权

在每台服务器上，必须创建一个被 ceph_deploy 用来安装和配置 Ceph 的用户。使用代码清单 10-1 所示的命令创建一个新用户。

代码清单 10-1 创建 Ceph 用户

```
sudo useradd -d /home/cephuser -m cephuser
sudo passwd cephuser
Enter new UNIX password:
Retype new UNIX password:
passwd: password updated successfully
```

设置没有提示的密码

或者，可以使用 chpasswd 命令来执行密码更新：

```
echo 'cephuser:u$block01' | sudo chpasswd
```

在代码清单 10-1 中，创建了一个名为 cephuser 的用户，密码是 u$block01。在 Ceph 节点，ceph_deploy 工具需要（sudo）特权访问来安装软件。

通常，当使用像代码清单 10-1 一样的特权命令时，必须提供 sudo 密码，但在自动化的安装过程中，你不希望为每一次提升特权的调用输入密码。为了让 cephuser 调用 sudo 命令时不使用密码，必须在/etc/sudoers.d 目录下创建一个 sudoers 文件让系统知道 cephuser 可以在不用提示输入密码的情况下运行 sudo 命令。运行代码清单 10-2 所示的命令以适当的权限创建 sudoers 文件。

代码清单 10-2 创建 sudoers 文件

```
echo "cephuser ALL = (root) NOPASSWD:ALL" \
| sudo tee /etc/sudoers.d/cephuser
sudo chmod 0440 /etc/sudoers.d/cephuser
```

现在已经创建了 cephuser 用户，这个新用户可以调用 sudo 命令而不用提示输入 sudo 密码。

Ceph 节点间认证

在前面的步骤中，创建了 cephuser 用户，将会用在创建的本地服务器上。如果你只有少量几台服务器，登录到每台服务器运行一系列脚本是没问题的，但如果有 10 台或者 100 台服务器呢？要完成自动化部署必需的认证和授权步骤，你必须配置每台服务器允许 cephuser 用户在没有密码提示的情况下进行远程的基于 SSH 的登录。

一台远程主机可以不用密码登录另一台主机并不意味着为了自动化就要“牺牲”安全。要理解它是如何工作的，必须理解 SSH 的基本知识。虽然深入解释 SSH 超出了本书的范围，但可以充分考虑认证远程用户和特定本地用户的两种可能的方式。

如果你跟着本书的例子，应该熟悉当 SSH 登录时提示提供密码的流程。但有一种可替代的基于密码的认证方式叫作密钥对认证，公钥在各服务器间分享。细节很复杂——你只需要知道如果服务器 A 分享用户 A 的公钥给服务器 B，那么在服务器 B 上的用户 A 可以通过服务器 A 的认证而不用提供密码。上述关系如图 10-1 所示。

在这个场景下，想象服务器 A 是管理节点，服务器 B 是一个资源节点。管理节点将会用来推送自动化部署任务到资源节点，用于提供相关服务。这样，从管理节点访问很多资源节点不需要使用密码。

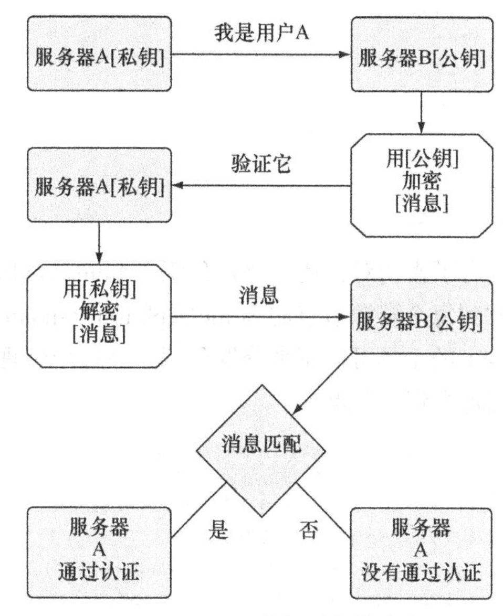

图 10-1　SSH 密钥对交换流程

SSH 密钥对认证　就像一个服务器想要访问其他服务器而不使用密码一样，用户经常想拥有同样的能力。除了不用输入密码这个便利之外，这种认证方式无须以明文形式存储和传输密码，这样被认为是比只使用密码认证更安全（如果使用密钥对和密码）。事实上，OpenStack 提供注入密钥对到虚拟机作为实例创建流程的一部分的能力。

在你的管理节点，使用 `cephuser`，按照代码清单 10-3 所示的步骤创建一个私钥/公钥对。确保在提示输入时不需要提供密码，否则在使用这个密钥对时也会提示提供这个密码。如果遇到任何问题，你都可以重复密钥对创建过程。

代码清单 10-3　在管理节点创建一个私钥/公钥对

```
$ ssh-keygen
Generating public/private rsa key pair.
Enter file in which to save the key (/home/cephuser/.ssh/id_rsa):
Created directory '/home/cephuser/.ssh'.
Enter passphrase (empty for no passphrase):
Enter same passphrase again:
Your identification has been saved in /home/cephuser/.ssh/id_rsa.
Your public key has been saved in /home/cephuser/.ssh/id_rsa.pub.
The key fingerprint is:
90:6c:09:3d:b8:19:5e:f0:27:be:4b:00:91:34:1d:72 cephuser@admin
The key's randomart image is:
+--[ RSA 2048]----+
| .=oE=           |
|  .=+++o         |
```

```
|   .. =o..       |
|    .+o +        |
|     . .S        |
|       . .       |
|        o        |
|       . .       |
|        .        |
+-----------------+
```

现在有了密钥对，还要分发公钥（/home/cephuser/.ssh/id_rsa.pub）到所有资源节点。这个公钥必须放到每个资源节点的/home/cephuser/.ssh/authorized_keys 文件里。幸运的是，有一个称为 ssh-copy-id 的工具可以用来分发公钥。在这个管理节点，按照代码清单 10-4 所示的过程分发你的公钥到每个资源节点。

代码清单 10-4 从管理节点分发公钥

```
$ ssh-copy-id cephuser@sm0.testco.com
/usr/bin/ssh-copy-id: INFO:
 attempting to log in with the new key(s),
  to filter out any that are already installed
/usr/bin/ssh-copy-id: INFO: 1 key(s) remain to be installed --
  if you are prompted now it is to install the new keys
cephuser@sm0.testco.com's password: [enter password]

Number of key(s) added: 1

Now try logging into the machine, with:
  "ssh 'cephuser@sm0.testco.com'"
and check to make sure that only the key(s) you wanted were added.
```

当以用户 cephuser 登录到管理节点时，就可以安全地以用户 cephuser 远程登录到你的资源节点。另外，由于前面的 sudoers 配置，你现在可以在所有配置的节点上执行特权命令。

下一节将会安装一个部署 Ceph 的自动化工具。

10.1.2 部署 Ceph 软件

ceph-deploy 是自动化部署 Ceph 存储的一系列脚本。在进行抽象烦琐的底级别重复性任务时，学习 ceph-deploy 的方法能让你在组件层面理解 Ceph 是如何工作的。ceph-deploy 不像其他通用的编排软件包，如 Ubuntu Juju（第 12 章介绍），它是专门用来构建 Ceph 存储集群的。它不能直接用来部署 OpenStack 或者其他工具。（在第 11 章将会使用完全自动化 OpenStack 部署工具来部署和配置 OpenStack 使用的 Ceph。）

按代码清单 10-5 所示在管理节点安装 ceph-deploy。

代码清单 10-5 安装 ceph-deploy

```
$ wget -q -O- \
'https://ceph.com/git/?p=ceph.git;a=blob_plain;f=keys/release.asc' \
```

```
| sudo apt-key add -
OK

$ echo deb http://ceph.com/debian-dumpling/ $(lsb_release -sc) \
main | sudo tee /etc/apt/sources.list.d/ceph.list

$ sudo apt-get update
Hit http://ceph.com trusty InRelease
Ign http://us.archive.ubuntu.com trusty InRelease
...
Fetched 2,244 kB in 5s (423 kB/s)
Reading package lists... Done

$ sudo apt-get install ceph-deploy
Reading package lists... Done
Building dependency tree
Reading state information... Done
The following packages will be upgraded:
   ceph-deploy
...
```

现在已经在管理节点安装了 ceph-deploy，下一步将会配置 Ceph 集群。

10.2 创建一个 Ceph 集群

本节将会介绍如何部署一个 Ceph 集群。这个集群可以用来为 OpenStack 提供存储资源，包括对象和块存储。

10.2.1 创建初始配置

创建一个 Ceph 集群的第一步是创建用于部署的集群的配置。在这个步骤里，配置文件将会在管理节点生成。

如代码清单 10-6 所示创建新的 Ceph 集群配置。在这一步参考前面所有指定的 MON 节点，因为它们维护存储集群数据映射的主副本。

代码清单 10-6 生成初始集群配置

```
$ ceph-deploy new sm0 sm1 sm2
[ceph_deploy.conf][DEBUG ]
 found configuration file at: /home/cephuser/.cephdeploy.conf
[ceph_deploy.cli][INFO ]
 Invoked (1.5.21): /usr/bin/ceph-deploy new sm0
[ceph_deploy.new][DEBUG ] Creating new cluster named ceph
...
ceph_deploy.new][DEBUG ] Resolving host sm2
[ceph_deploy.new][DEBUG ] Monitor sm2 at 10.33.2.60
[ceph_deploy.new][DEBUG ] Monitor initial members are
 ['sm0', 'sm1', 'sm2']
```

```
[ceph_deploy.new][DEBUG ] Monitor addrs are
 ['10.33.2.58', '10.33.2.59', '10.33.2.60']
[ceph_deploy.new][DEBUG ] Creating a random mon key...
[ceph_deploy.new][DEBUG ]
 Writing monitor keyring to ceph.mon.keyring...
[ceph_deploy.new][DEBUG ] Writing initial config to ceph.conf...
```

修改配置的最后机会 你的初始配置文件 ceph.conf 通过代码清单 10-6 生成。如果想要对配置进行任何修改，现在就行动，因为一旦集群被创建，修改配置文件就会变得不再容易。在你的部署中，参考可能适用的配置选项的 Ceph 文档。在本例中，我们将会使用默认的配置。

/home/cephuser/ceph.conf 文件将会在余下的部署中使用。查看这个文件`[global]`标题下的内容，确保初始监视器成员列举在 `mon_initial_members` 中。还要检查 `mon_host` 下解析到初始成员的正确 IP 地址。

下一步是在所有资源节点安装 Ceph 软件。可以使用 ceph-deploy 来做这项工作。

10.2.2 部署 Ceph 软件

在管理节点，以 `cephuser` 用户身份按照代码清单 10-7 所示的步骤为每个资源节点安装最新版本的 Ceph。在 ceph-deploy 命令中，可以使用完全限定域名（如 sm0.testco.com）或者短域名（如 sm0）。

代码清单 10-7 部署 Ceph 软件到资源节点

```
$ ceph-deploy install admin sm0 sm1 sm2 sr0 sr1 sr2
[ceph_deploy.conf][DEBUG ]
 found configuration file at: /home/cephuser/.cephdeploy.conf
[ceph_deploy.cli][INFO ]
 Invoked (1.5.21): /usr/bin/ceph-deploy install sm0
...
[sm0][DEBUG ]
 ceph version 0.87
```

ceph-deploy 版本选择

默认情况下，ceph-deploy 安装过程会使用最新版本的 Ceph。如果你需要处在开发分支中的新功能，或者想要避开某个版本的问题，可以通过下面的命令参数来选择版本：

- `--release <code-name>`
- `--testing`
- `--dev <branch-or-tag>`

现在已经在管理节点安装了 ceph-deploy，在资源节点安装了 Ceph 软件。现在在物理节点有了所有用来配置和启动 Ceph 集群的组件。下一步，将会开始集群的部署。

删除 Ceph

如果由于某些原因你想要从资源节点删除 Ceph（或许你想把硬件用作它用），可以使用 uninstall（只删除软件）或者 purge（删除软件和配置）：

- `ceph-deploy uninstall [hostname]`
- `ceph-deploy purge [hostname]`

10.2.3 部署初始配置

输入代码清单 10-8 所示的命令，依据你的集群配置调整参数。这个过程定义 Ceph 集群内的监视节点和从监视节点获得密钥。

代码清单 10-8 添加监视节点和获得密钥

```
$ ceph-deploy mon create-initial
ceph-deploy mon create sm0 sm1 sm2
...
[ceph_deploy.mon][DEBUG ]
  Deploying mon, cluster ceph hosts sm0 sm1 sm2
...
[sm0][INFO ] monitor: mon.sm0 is running
...
[sm1][INFO ] monitor: mon.sm1 is running
...
[sm2][INFO ] monitor: mon.sm2 is running
```

删除 MON 节点

可以使用下列命令从你的集群中平滑地删除一个 MON 节点：

```
ceph-deploy mon destroy [hostname]
```

如果你想减少一个节点（格式化服务器）而不完成这一步，那么 Ceph 集群会把这个不存在的节点当成是故障状态。

现在已经部署了 Ceph 集群配置和激活了 MON 节点。另外，从 MON 节点获得的密钥现在应该存在于管理节点。这些密钥是提供 OSD 和 MDS 节点必需的。

在进行下一步之前，你应该检查以确保 MON 节点是启动和运行的。其中一种方式是使用 Ceph 客户端，在代码清单 10-7 中部署。但在使用 Ceph 客户端之前，必须先部署集群的客户端配置。

代码清单 10-9 展示了如何在管理节点部署客户端配置。这个过程可以在你希望使用 Ceph CLI 发布客户端命令的任何节点上重复操作。

代码清单 10-9 部署 Ceph 客户端配置

```
$ ceph-deploy admin admin
[ceph_deploy.conf][DEBUG ]
 found configuration file at: /home/cephuser/.cephdeploy.conf
[ceph_deploy.cli][INFO ]
 Invoked (1.5.21): /usr/bin/ceph-deploy admin admin
[ceph_deploy.admin][DEBUG ] Pushing admin keys and conf to admin
...
[admin][DEBUG ]
write cluster configuration to /etc/ceph/{cluster}.conf
```

现在你的客户端配置已经就绪，使用代码清单 10-10 所示的命令检查集群的健康状态。

代码清单 10-10 检查 Ceph 健康状态

```
$ ceph
ceph> health
HEALTH_ERR 64 pgs stuck inactive; 64 pgs stuck unclean; no osds
```

如果一切顺利，Ceph 客户端就会返回集群的当前状态报告。现在应该可以收到 HEALTH_ERR 结果，因为你还没有任何 OSD 节点。现在只需确保 Ceph CLI 可以与集群通信。

下一节将会添加存储到你的 Ceph 集群。

10.3 添加 OSD 资源

现在你已经有了正常运行的 Ceph 集群，但还没有分配存储到这个集群。下面几节将会介绍在 OSD 节点提供本地存储供应和分配这些存储资源到 Ceph 集群。当你通过运行在 OSD 指定节点的 OSD 过程分配了存储资源，报告在集群的可用存储将会增加。

一个典型的 Ceph OSD 节点是直接挂载多个物理磁盘的物理服务器。在技术上，虽然可以使用任何 Ceph 支持的文件系统格式化（ext4、XFS 或 Btrfs）的块设备，但考虑到经济和性能因素，常见的是直接挂载磁盘。OSD 节点上的物理磁盘可以有几种角色，见表 10-3。

表 10-3 Ceph OSD 设备角色

磁 盘 类 型	描 述
系统（System）	OSD 节点是服务器运行的操作系统存储
日志（Journal）	跟数据资源相关的变更日志
数据（Data）	存储资源

首先，查看一下 OSD 节点上的物理磁盘。表 10-4 展示了用在本书例子环境中的其中一个 OSD 节点的物理磁盘。可能你会有不同的配置，因此要小心跟随下面的步骤，在需要的地方替换合适的设备名。

表 10-4 设备分配

路　　径	类　　型	容　　量	用　　途
/dev/sda	RAID	500 GB	系统
/dev/sdb	SSD	375 GB	日志
/dev/sdc	SSD	375 GB	日志
/dev/sdd	SSD	375 GB	日志
/dev/sde	SSD	375 GB	日志
/dev/sdf	SAS	1000 GB	数据
…	…	…	…
/dev/sdu	SAS	1000 GB	数据

正如在表 10-4 第一行看到的，一个单一的逻辑（物理 RAID）设备正用于操作系统存储。在这个特定的系统，有 4 个 SSD 设备作为数据驱动的日志卷。日志卷用来临时存储跨 OSD 节点间复制的数据，因此日志卷的性能非常重要。虽然不需要有单独的日志卷，专门的 SSD 日志卷的使用表明已经有很大的性能提升。本示例系统的存储来自于 16 块 1TB 的数据卷。

下一步，将会开始识别和清除步骤，或者 Ceph 所说的擦净（zapping）你的存储设备。

10.3.1 准备 OSD 设备

在示例系统中，一个 OSD 节点上有 21 块逻辑卷，如图 10-2 所示，整个示例系统总共有 63 块。

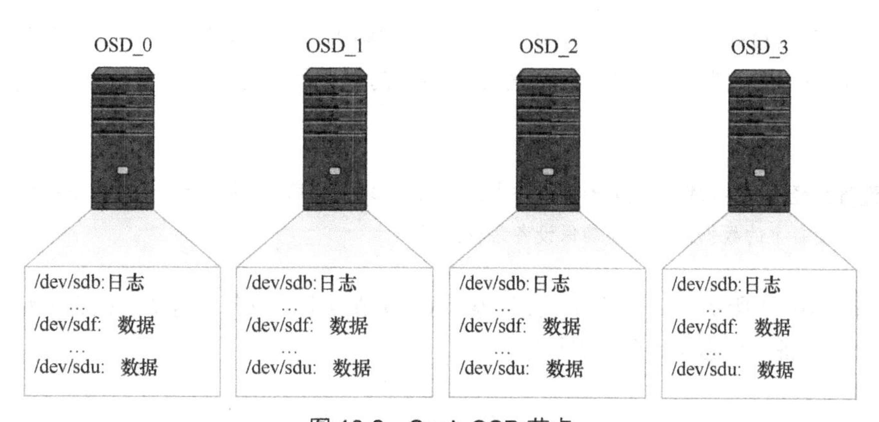

图 10-2 Ceph OSD 节点

在手动配置里，你必须登录到每个节点并单独准备每个磁盘。幸运的是，ceph-deploy 可以用来远程执行这些任务。

这个过程的第一步是识别 OSD 节点上的设备。如清单 10-11 所示在每个 OSD 节点上进行操作。这个命令应该从管理节点执行。

代码清单 10-11 列举 OSD 节点设备

```
$ ceph-deploy disk list sr2
...
[sr2][DEBUG ] /dev/sda1 other, vfat, mounted on /boot/efi
[sr2][DEBUG ] /dev/sda2 other, ext2, mounted on /boot
[sr2][DEBUG ] /dev/sda3 other, LVM2_member
[sr2][DEBUG ] /dev/sdb other, unknown
[sr2][DEBUG ] /dev/sdc other, unknown
...
[sr2][DEBUG ] /dev/sdu other, unknown
```

设备 sdb-sdu 将会被 Ceph 使用

从决策制定的角度来说，虽然这个清单不是很全面，但还是可以看到哪些设备可以被 ceph-deploy 识别。需要确保位于你的设备分配表（见表 10-4）中的所有设备在 ceph-deploy 中是可见的。

物理-逻辑设备映射

大多数现代服务器有一个某种类型的磁盘控制器。默认，大多数控制器需要每个物理设备或设备组可以被配置为逻辑设备。如果不自动化执行，这将是一个很耗时的过程。查明你的硬件厂商关于自动化的硬件配置工具，这个工具经常与专门的硬件管理卡结合在一起使用。

逻辑磁盘映射到设备路径是内核设备映射器的工作。解释这个过程超出本书的范围，只需要知道有些工具可以显示所有已知存储设备及其属性。例如，可以按下面的命令使用 fdisk：

```
sudo fdisk -l
```

现在可以看到 OSD 节点上的远程磁盘，需要对它们进行一些操作。下一步是清除（或擦净）计划使用的设备上的数据和分区信息。清除设备可以防止任何现有的分区信息干扰 Ceph OSD 的供应。

检查设备路径或评估数据丢失风险 下一步，将会清除磁盘信息。如果擦净一个包含数据的设备，将会毁坏设备上的数据，因此要确保设备路径正确。

代码清单 10-12 所示的例子显示了如何擦净 OSD 节点上的设备。这个过程必须对每个 OSD 节点上的每个设备（日志和数据）重复进行。

代码清单 10-12 清除 OSD 节点上的磁盘

```
$ ceph-deploy disk zap sr0:sdb
...
[sr0][DEBUG ] zeroing last few blocks of device
...
[sr0][DEBUG ] GPT data structures destroyed!
You may now partition the disk using fdisk
[sr0][INFO ] Running command: sudo partprobe /dev/sdb
```

一旦完成在所有作为日志或数据设备的磁盘上重复这个操作，就可以进行磁盘准备工作了。

10.3.2 创建 OSD

现在已经识别了你的设备和它们的角色，也已经清除设备上的数据。还有两步就可以添加存储资源到你的 Ceph 集群。首先必须准备一些 OSD，然后必须激活它们。

正如上文所述，我们的示例系统将会利用 4 块专用日志卷。一个日志卷的故障可以认为是使用这个日志的所有存储的故障。由于这个原因，在特定的 OSD 服务器上，每个磁盘的 1/4 共享一个日志。在 OSD 磁盘准备期间，必须如下所示引用你的 OSD 节点、数据磁盘和日志磁盘：

```
ceph-deploy osd prepare {node-name}:{disk}[:{path/to/journal}]
```

OSD 磁盘准备的输出如代码清单 10-13 所示。这一步必须在每个 OSD 的每个磁盘上进行。

代码清单 10-13 OSD 磁盘准备

```
$ ceph-deploy osd prepare sr0:sdf:/dev/sdb
...
[ceph_deploy.osd][DEBUG ] Deploying osd to sr0
...
[sr0][WARNIN] DEBUG:ceph-disk:
Creating journal partition num 1 size 5120 on /dev/sdb
...
[sr0][WARNIN] DEBUG:ceph-disk:Creating xfs fs on /dev/sdf1
...
[ceph_deploy.osd][DEBUG ] Host sr0 is now ready for osd use.
```

查看 Ceph 集群活动

可以通过运行下面的命令来查看 Ceph 集群的活动信息：

```
$ ceph -w
```

这样可以让你观察系统的变化，如磁盘的准备和激活状态。

现在完成了集群每个 OSD 的每个磁盘的准备。在我们的例子集群中，有 3 台 OSD 服务器和 48 块数据卷，准备了 12 块日志卷（见图 10-2）。

激活 OSD 卷

在下一步，也就是最后一步，将会为每个 OSD 激活 OSD 卷，如代码清单 10-14 所示。

代码清单 10-14 OSD 磁盘激活

```
$ ceph-deploy osd activate sr0:/dev/sdf1:/dev/sdb1
...
[sr0][WARNIN] DEBUG:ceph-disk:Starting ceph osd.0...
...
```

现在完成了 Ceph 集群所有的 OSD 激活。检查集群健康情况和状态，如代码清单 10-15 所示。

代码清单 10-15　Ceph 健康情况和状态

```
$ ceph health
HEALTH_OK

$ ceph -s
    cluster 68d552e3-4e0a-4a9c-9852-a4075a5a99a0
     health HEALTH_OK
     monmap e1: 3 mons at
...
         pgmap v39204: 2000 pgs, 2 pools, 836 GB data, 308 kobjects
               1680 GB used, 42985 GB / 44666 GB avail
                    2000 active+clean
```

现在已经完成了 Ceph 集群的基本部署。下一节将会介绍一些基本操作，包括基准测试。

从头开始

输入错误的值？遇到陌生的错误？想要改变你的设计？自动化的部分好处是有能力快速和轻松地重新开始整个过程。

在管理节点，你可以按照下列步骤完全清除 ceph-deploy 安装的环境：

```
ceph-deploy purge {node-name}
ceph-deploy purgedata {node-name}
ceph-deploy forgetkeys
```

清除环境的过程如本章所描述的那样，如下所示：

```
ceph-deploy purge admin sm0 sm1 sm2 sr0 sr1 sr2
ceph-deploy purgedata admin sm0 sm1 sm2 sr0 sr1 sr2
ceph-deploy forgetkeys
```

10.4　Ceph 基本操作

现在有了一个 Ceph 集群，虽然完全自动化的 OpenStack 和 Ceph 部署系统将会在第 11 章介绍，但应该先了解一些 Ceph 的基础知识。本节介绍如何创建 Ceph 存储池（pool）和对 Ceph 集群进行基准测试。

10.4.1　Ceph 存储池

如上文所述，完全介绍 Ceph 需要另写一本书，因此这里只会介绍最低限度的配置和操作。需要理解的是 Ceph 存储池的概念。存储池，顾名思义，是用户定义的存储组，很像 OpenStack 里面的租户。存储池通过特定参数创建，这些参数包括自恢复力类型（resilience type）、归置组（placement groups）、CRUSH 规则（CRUSH rules）和所有者（ownership），见表 10-5。

表 10-5 Ceph 存储池属性

属　性	描　述
自恢复力类型	自恢复力类型指定你想如何避免数据丢失，以及你希望确保不出现数据丢失的程度。有复制和纠删码两种类型。默认的复制自恢复力水平是两个副本
归置组	归置组定义用于在 OSD 间跟踪数据的数据对象的聚合度。简而言之，在 OSD 间指定你想放置数据的组的数量
CRUSH 规则	这些规则被用来确定在何处和如何放置分布的数据。现有的不同规则基于归置的适当性。例如，对于跨地域的一个存储池，用于一个单一硬件机架的数据布局规则可能不是最好的，因此可以使用不同的规则
所有者	通过用户 ID 定义一个特定存储池的所有者

现在你已经了解了 Ceph 存储池的基本属性，如代码清单 10-16 所示创建一个存储池。

代码清单 10-16　创建 Ceph 存储池

```
ceph osd pool create {pool-name} {pg-num} [{pgp-num}] \
    [replicated] [crush-ruleset-name]
```

在例子 Ceph 集群里使用指定的命令：

```
$ ceph osd pool create mypool 2000 2000
pool 'mypool' created

$ ceph health
HEALTH_WARN 1959 pgs stuck inactive; 1959 pgs stuck unclean
$ ceph health
HEALTH_OK
```

在这个例子中，创建了一个名为“mypool”的存储池，有 2000 个归置组。注意，在本例中，存储池创建后执行了两次“健康”检查。第一次检查结果是 HEALTH_WARN，因为归置组正在多个 OSD 上进行创建。一旦归置组创建好，集群报告为 HEALTH_OK。

下一步，将会使用刚创建的存储池对集群性能进行基准测试。

10.4.2 对 Ceph 集群进行基准测试

基于读写比例，以及数据速率和大小，有多种方法对一个存储系统进行基准测试。因此，几乎有数不清的配置选项可以对存储系统进行优化，包括从 Linux 内核如何管理低级别的 I/O 操作到文件系统的块大小，或者 Ceph 节点间的数据分布在内的一切。幸运的是，存储提供者（如 Ceph）在创建系统范围的默认值来涵盖通常的存储工作负载配置这方面做得很好。

你现在可以使用 Ceph 基准测试工具来测试你的 Ceph 集群。这种基准测试将会在存储池级别进行，因此按照 Ceph 架构，这种基准测试可以当成是低级别和代表核心系统性能的测试。如果你的系统在这个级别很慢，那么在更高的抽象级别只会更差，因为增加了额外的影响性能的约束。

1. 写基准测试

将会使用 Ceph 提供的 rados 工具来执行在前面小节创建的存储池的写基准测试。rados 命令语法如代码清单 10-17 所示。

代码清单 10-17 Ceph 存储池基准测试工具

```
rados -p mypool bench <seconds> write|seq|rand \
  [-t concurrent_operations] [--no-cleanup]
```

--no-cleanup 标记将会保留在存储池进行写测试时生成的数据，这是读测试所需的。

最好在管理节点执行测试，因为其他 Ceph 节点参与存储的管理。代码清单 10-18 是这样的例子。

代码清单 10-18 Ceph 写基准测试

```
$ rados -p mypool bench 60 write --no-cleanup
  Maintaining 16 concurrent writes of 4194304
  bytes for up to 60 seconds or 0 objects
...
Total writes made:          16263
Write size:                 4194304
Bandwidth (MB/sec):          1083.597          <-- 60 秒平均写带宽

Stddev Bandwidth:         146.055
Max bandwidth (MB/sec):   1164
Min bandwidth (MB/sec):   0
Average Latency:          0.0590456            <-- 60 秒平均写延迟
Stddev Latency:           0.0187798
Max latency:              0.462985
Min latency:              0.024006
```

在这个例子中，平均写带宽是 1083 MB/s，超过理论的 1250 MB/s 最大带宽（10 千兆以太网）。

2. 读基准测试

现在可以按代码清单 10-19 所示进行随机读测试。记住，如果在前面步骤中不指定 --no-cleanup，就会出现错误。

代码清单 10-19 Ceph 读基准测试

```
$ rados -p mypool bench 60 rand
...
Total time run:        60.061469
Total reads made:      17704
Read size:             4194304
Bandwidth (MB/sec):    1179.059        <-- 60 秒平均读带宽

Average Latency:       0.0542649       <-- 60 秒平均读延迟
```

```
Max latency:          0.323452
Min latency:          0.011323
```

在本例子中，随机读的带宽是理论最大 10 GB 带宽 1250 MB/s 的 94%。在连续基准测试中，人们期望得到更高的数值。

3. 磁盘延迟基准测试

虽然带宽是网络和磁盘吞吐量很好的一个指标，但对于虚拟机工作负载更好的性能指标是磁盘延迟。在前面的例子中，默认的并发（同时读或写的数量）是 16。代码清单 10-20 和代码清单 10-21 显示并发级别为 500 的相同基准测试。

代码清单 10-20 检查写延迟

```
$ rados -p mypool bench 60 write --no-cleanup -t 500
...
Total time run:          60.158474
Total writes made:       16459
Write size:              4194304
Bandwidth (MB/sec):      1094.376

Stddev Bandwidth:        236.015              ←—— 提高了带宽标准偏差
Max bandwidth (MB/sec):  1200
Min bandwidth (MB/sec):  0
Average Latency:         1.79975              ←—— 极大地提高了延迟
Stddev Latency:          0.18336
Max latency:             2.08297
Min latency:             0.155176
```

代码清单 10-21 检查读延迟

```
$ rados -p mypool bench 60 rand -t 500
...
Total time run:          60.846615
Total reads made:        17530
Read size:               4194304
Bandwidth (MB/sec):      1152.406

Average Latency:         1.70021              ←—— 极大地提高了延迟
Max latency:             1.84919
Min latency:             0.852809
```

从这些例子可以看出，在这两种情况下，并发后的当前读和写的最大延迟增长了 4 倍。或许更加值得注意的是，最小读延迟提高了将近 3 个数量级。

了解你的 MTU

最大传输单元（Maximum Transmission Unit，MTU）是网络能通过的最大通信单元。Ceph 节点使用 IP 通信，必须定义它的 MTU。MTU 在网络交换机和服务器接口定义。通常，默认的 MTU 值是 1500 字节（byte），意味着传输 6000 字节的有效载荷必须至少发送 4 个网络包。小的 MTU 创建小的网络包被存储网络使用，这样会创建更多的数据包，导致网络开销的增加。通过在存储节点增加 MTU 的值到一个通常称为巨型帧（jumbo frame，大约 9000 字节）的范围，有效荷载就可以利用一个单一数据包传输。

本书展示的例子启用巨型帧。在本节的基准测试中，使用默认的 1500 字节的 MTU，会让带宽值比使用巨型帧要少超过 40%。

这个基本的基于存储池的基准测试方法可以用来判定 Ceph 集群的底层性能。查看 Ceph 在线文档和体验不同的系统范围和存储池配置。

10.5 小结

- Ceph 是一个基于通用（RADOS）后端存储平台的高扩展性集群存储系统。
- Ceph 可以使用商用服务器提供块、文件和对象级别的存储服务。
- 绝大多数的 OpenStack 部署使用 Ceph 存储。
- ceph_deploy 是用来部署 Ceph 集群的一系列脚本。
- 在 Ceph 中，用户定义的存储分组称为存储池。

第11章　使用Fuel进行自动化的高可用OpenStack部署

本章主要内容

- 为 Fuel 准备环境
- 安装 Fuel 服务器
- 使用 Fuel 部署 OpenStack

本章演示如何使用 Fuel 进行自动化的高可用（HA）OpenStack 部署。

这种部署类型被描述为*自动化的*，因为你将准备自动化部署的硬件和定义环境，然后自动化工具会在你的环境执行部署 OpenStack 需要的所有步骤，包括第 5 章至第 8 章介绍的 OpenStack 组件的部署和第 10 章介绍的 Ceph 的部署。*高可用*指的是使用多个 OpenStack 控制器的架构设计。

在第 2 章中向读者介绍了 DevStack 自动化工具。这个工具执行 OpenStack 部署相关的自动化任务，但它被设计作为一个开发工具，而不是为了部署生产环境。一个生产集中的自动化工具必须比简单的配置和安装 OpenStack 做更多事情；它还必须处理环境准备事宜，如操作系统的安装和服务器端的网络配置。本章演示的工具不会执行栈的这个底层，但有些自动化工具事实上也会配置网络硬件。生产集中的自动化工具必须是可审查的、可重复的、稳定的，并且可以提供商业支持的选项。

高可用要求部署的环境在一定程度的限制下还可以继续运营，即使特定组件出故障。本书的第 2 章和第二部分介绍的部署使用单个控制器。在这些类型的部署中，如果控制器服务器或它的其中一个依赖（如 MySQL DB）出现故障，则你的 OpenStack 部署失败。在这个单个控制器重新恢复运行之前，不能对你的基础设施进行改变。在本章演示的高可用部署中，即使一个控制器不可用，该部署依然正常运行。控制器了解相互的状态，因此，如果一个控制器检测到故障，服务就会重定向到其他控制器。

本章介绍的 OpenStack 部署工具称为 Fuel。Fuel 由 Mirantis 公司开发并于之后（2013 年）开源。在 2015 年年底，OpenStack 基金会正式批准 Fuel 作为它们的“Big Tent”（governance.openstack.org/reference/projects）项目管理模型的一部分。有很多其他 OpenStack 生

产自动化工具正在开发中，但我选择 Fuel 作为演示工具，因为它的成熟度、Mirantis OpenStack 代码的稳定性、企业生产部署数量和商业支持的可用性。虽然本章使用 Fuel 演示高可用的 OpenStack 部署，但是无论使用哪种工具，很多步骤是相同的。

首先要准备好你的环境，然后部署 Fuel 工具，最后使用 Fuel 部署你的 OpenStack 环境。

我们讨论的是哪个版本的 OpenStack

在一个生产环境中的问题不只是你想使用哪个版本的 OpenStack，还需要考虑使用的代码或软件包的维护者。

在本书的第一部分，你使用 DevStack 直接从社区源获取 OpenStack 代码。在本书的第二部分，你使用 Ubuntu CloudArchive Icehouse 软件包（在 Ubuntu 14.04 LTS 里默认的）。本章不只是使用 Fuel 部署 OpenStack，还会使用 Mirantis OpenStack 版本的 OpenStack。

就像不同的 Linux 发行版维护它们自己的内核和用户级的软件包，OpenStack 也是如此。确定适合的生产 OpenStack 部署工具包括评估厂商特定的 OpenStack 软件包和部署工具的能力。

11.1 准备你的环境

“要求交钥匙式”的自动化通常提供一个汽车购买体验的情景。你在虚线上签名，售货员会给你钥匙，然后，你像一只自由的小鸟，在开阔的道路上驰骋。很遗憾，不存在标准装配线式的 OpenStack 部署，因此在 OpenStack 领域没有标准的部署支持模型。例如，一个 Windows 或 Linux 管理员，至少达到基本的水平，就可以领会在任何地方的 Windows 或 Linux 实例的安装。这些系统的规则普遍适用。从部署的角度来看，这种普遍的规则不存在于 OpenStack——“云操作系统”。当然，这是本书的预期效益：充分理解该框架，以便在出现故障，或自动化工具发展时，你可以理解底层的东西。

准备一个自动化部署环境并配置它比手动部署一个小型环境可能需要花费更多时间。但对于企业来说，即使在小型部署中使用自动化工具也是很有帮助的。在本书第二部分完成的任务是有帮助的，可以重复进行、可以购买支持和行动可以被追踪，如果需要的话，还可以审查。

11.1.1 网络硬件

在第 2 章和第 6 章中，读者可能注意到 OpenStack 的 Neutron 网络组件可能会使人困惑，因为企业系统和网络管理员通常委以重任。系统管理员通常不会处理网络虚拟化、路由器和重叠等，同样网络管理员通常不会处理虚拟服务器环境内部的事情。

诚然，有很多可变动的选项来管理和配置。如果对路由器和交换机配置只有有限的操作理解，困难将会被放大。即使对路由和交换有很好的理解，可能也不能直接访问网络硬件进行改动。或者，如果可以直接访问 OpenStack 部署的网络硬件，可能也没能力分配自己的地址和 VLAN 或配置上游的网络硬件。随着阅读本章，你可以做这些事情，或者让其他人为你做这些事情。

非标记 VLAN 和标记 VLAN

IEEE 802.1Q 网络标准提供了通过添加信息到以太网帧来指定一个虚拟网络的能力。虚拟局域网（VLAN）作为 OSI L2 功能，允许管理员可以做诸如把一个交换机划分成隔离的 L2 网络和分配多个 VLAN 给一个单个的物理 trunk 接口之类的事情。当说一个 VLAN 是标记 VLAN（tagged VLAN）的时候，该以太网帧包含 802.1Q 头部指定它的 VLAN。同样，当以太网帧不包含 802.1Q 头部时，就说它是非标记 VLAN（untagged VLAN）。交换机通过标记帧（在同一端口的多个 VLAN）与彼此通信，而服务器一般使用非标记帧（每个端口一个 VLAN）。

正如第 6 章中介绍的，在 OpenStack 中，你的服务器像交换机一样运行，跟交换机一样会使用标记或非标记的 VLAN。理解这个概念对接下来的学习很重要。本书的例子在物理交换机和服务器的物理网络接口上都使用标记 VLAN。

1. 配置部署网络

本节要完成以下 3 件事：

- 确保可以与你的自动化（Fuel）服务器通信；
- 确认你的自动化服务器可以连接所有主机服务器；
- 确保你可以通过带外网络访问你的自动化和主机服务器。

本章演示的部署使用两个独立的物理网络：自动化管理网络和带外（out-of-band，OOB）网络。管理网络被自动化系统用来在操作系统和 OpenStack 级别管理主机服务器。OOB 网络用来在硬件级别访问和配置服务器。

跟爱自己一样爱你的 OOB 网络

工作在没有 OOB 网络的 OpenStack 或任何大型系统，就像工作在空中飞行的飞行器引擎里一样。自动化部署的 OOB 网络的重要性不可能被过分夸大。你也许能够在你的现有环境的物理连接的控制台或手动部署中运行。但在自动化部署的提供过程中，需要远程访问以配置服务器的硬件方面。例如，配置硬件磁盘控制器或服务器上的启动设备顺序，不只是远程控制，还要以编程的方式。

在一个系统或网络管理员心中，没有比失去 OOB 网络访问更恐惧的事情了；这意味着一个数据中心的访问。

这些网络如何使用将会在下面的小节中介绍，但现在需要充分了解，本例将在两个独立的网络接口为每台服务器使用两个非标记（VLAN）网络作为管理和 OOB 网络。

2. 配置交换机上行端口

为了能实际使用你的管理交换机，需要配置一个上行到一个现有的网络。演示部署的物理网络拓扑如图 11-1 所示。图 11-1 显示了上行与管理交换机及一个单一的 OpenStack 主机之间的关系。

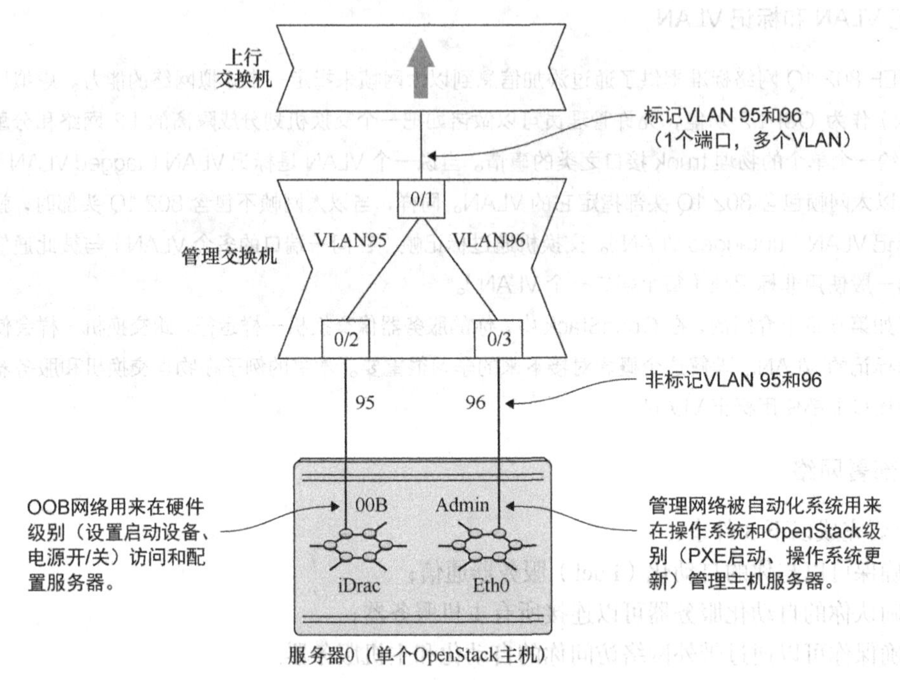

图 11-1　单一主机管理的网络硬件拓扑

例子中的 OpenStack 管理交换机（Force10 S60）的接口和 VLAN 配置如代码清单 11-1 所示。

代码清单 11-1　带外和管理交换机配置

```
interface GigabitEthernet 0/1                    ← ❶ 端口 1
 description "Uplink Port VLAN 95,96"
 no ip address
 switchport
 no shutdown
!
interface GigabitEthernet 0/2                    ← ❹ 端口 2
 description "OOB Server 0"
 no ip address
 switchport
 no shutdown
!
interface GigabitEthernet 0/3                    ← ❺ 端口 3
 description "Admin Server 0"
 no ip address
 switchport
 no shutdown
!
```

```
...
interface Vlan 95                          ❷ VLAN 95
  description "OOB Network 10.33.1.0/24"
  no ip address
  tagged GigabitEthernet 0/1
  untagged GigabitEthernet 0/2
  no shutdown
!
interface Vlan 96                          ❸ VLAN 96
  description "Admin Network 10.33.2.0/24"
  no ip address
  tagged GigabitEthernet 0/1
  untagged GigabitEthernet 0/3
  no shutdown
!
...
```

在本例中，端口1❶包含95❷和96❸两个VLAN。你会注意到这些VLAN是标记的，让它们都可以存在于单独的端口1。同样，端口2❹和端口3❺连接的服务器是非标记的，因为只有一个单独的VLAN分配到每个端口。另外，低层次且与自动化部署相关的功能经常是复杂的或不能使用标记VLAN，因为在部署过程使用的软件或硬件可能不支持VLAN标记。值得注意的是，这个描述的网络没有直接被OpenStack使用，而是只在部署和管理底层硬件和操作系统时使用。这些网络将会以系统管理的目的继续使用。

针对OpenStack网络（OpenStack控制的网络），将会有更多网络配置，但现在足够开始了。接着，我们将会讨论硬件的准备。

11.1.2 服务器硬件

本章将要设置的网络拓扑为每台服务器提供了OOB和自动化管理，都参与到OpenStack部署和自动化部署（Fuel）服务器。现在每台服务器都有两个物理光缆接口连接到一台管理交换机。一个光缆接口用于OOB网络，另一个用于管理，如前面图11-1所示。这里我们将会准备服务器硬件来使用这两个网络。

1. 配置OOB网络

从部署和持续管理的角度来看，OOB网络至关重要。OOB可以做以下事情：

- 管理服务器和网络硬件的软件配置方面；
- 远程访问硬件虚拟控制台；
- 远程挂载用于安装软件的虚拟媒介；
- 程序化访问硬件操作（脚本重启、启动设备等）。

现在假设你的服务器没有被配置，已经放置在机架上，有前面描述的网络的物理连接，已通电源。下一步是建立OOB到你的所有服务器的连接。OOB管理可以认为是物理硬件的生命线。

这个接口与操作系统隔离，通常包含一个物理隔离的附加装置。

有多种方式建立 OOB 连接，有些是自动化的，其他是完全手动的。在一些案例中，这种初始化配置任务可能由数据中心运维执行，在另外一些场景里交给系统管理员。你的部署的规模和企业操作策略成为判断哪种流程更适合你的因素。

通常，建立 OOB 连接只做一次并且改动非常少，因此，除非你已经建立了这个过程的自动化方式，不然手动在每台服务器上配置 OOB 也许更简单。找一个实习生，让他做这个就更好了。

自动化：三思而后行

上机架、叠机器、插网线的过程，以及最重要的记录物理环境都是极其重要的。你也许经历过听到下面这样的话的痛苦体验："机架/排在同一个进线/网络/单元是什么意思？"

通过自动化，你可以在大型环境中轻松部署非常复杂的配置。如果底层基础设施没有正确配置，有效地创建配置犹如大海捞针。物理部署和文档记录是你系统的基础，因此在开始之前确保一切与文档记录的一模一样。你前面的严谨将会在最后得到回报。

要手动配置 OOB 网络，你必须使用显示器和键盘（或使用串行接口）物理访问你的服务器硬件控制台。通常系统配置界面可以在提示时通过按下指定的键中断服务器启动过程来访问。

图 11-2 显示了与 OOB 管理相关的系统配置界面。演示的系统是一台戴尔（Dell）服务器，包含 iDRAC OOB 管理卡。虽然这个 OOB 管理卡是厂商特定的，但不同厂商的常见配置和预期的结果都是相同的。在图 11-2 中，你可以看到已经分配的一个静态地址、网关和子网掩码。一旦保存，这些信息将会一直存在，哪怕是重启。

DHCP 和 OOB 管理　动态主机配置协议（DHCP）可以用来在你的服务器上配置 OOB 管理接口。在大型部署中，这种额外的自动化程度经常是必需的。

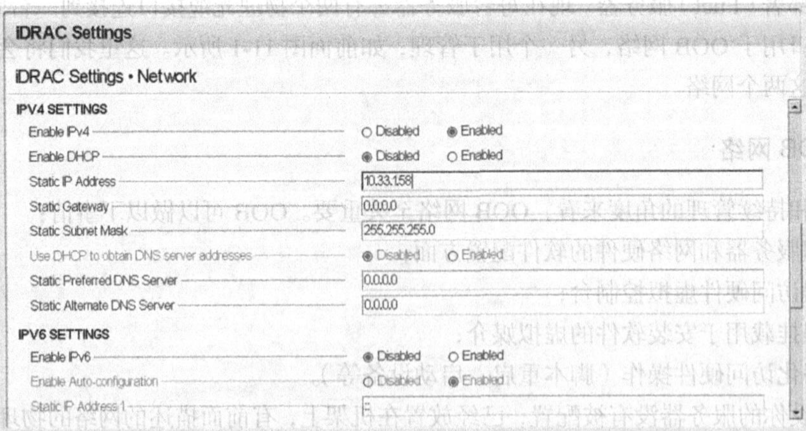

图 11-2　在服务器上的 OOB 管理接口配置

一旦你的服务器的 OOB 接口配置好，就可以有多种方式访问你的服务器，包括 Web 接口和安全 shell（SSH）。

2. 访问一个 OOB 的 Web 接口

图 11-3 显示了演示服务器的 OOB Web 接口。

从 Web 接口可以访问虚拟控制台和挂载虚拟媒介。如果你站在服务器前面，虚拟控制台显示的和你在物理控制台看到的一模一样。

OOB Web 接口由于需要特定和典型的过时的 Web 浏览器而“声名狼藉”。好消息是，从 OOB 的角度，你可能感兴趣的绝大多数功能还可以通过 OOB SSH 控制台配置。

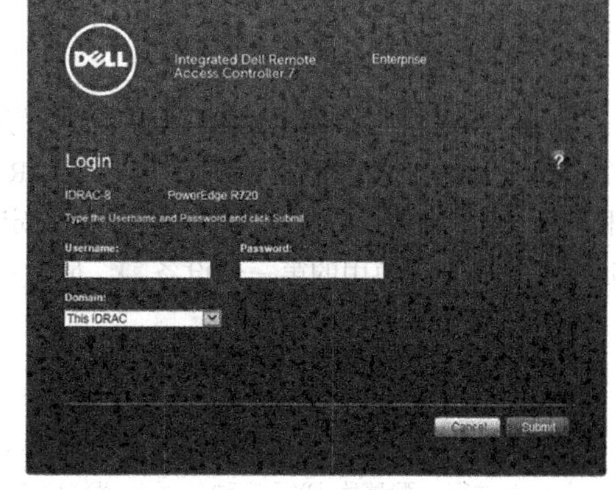

图 11-3 基于 Web 的 OOB 管理控制台

3. 使用 SSH 访问 OOB 管理控制台

除了图形化的 Web 接口外，OOB 管理系统通常包含一个 SSH 或 Telnet 接口。虽然基于 Web 的接口很方便，但从编程的角度来看不容易使用。演示系统中的 iDRAC 提供一个 SSH 接口，允许对 OOB 管理的主机进行脚本操作。这种操作从简单的重启到完整的硬件配置。例如，对于每种类型的服务器（计算、存储和其他），你可以为特定硬件配置文件创建一个配置。例如，你可以指定 BIOS 级别的设置、RAID 配置和网络接口设置等。然后，一个角色特定的配置可以通过你的 OOB 管理接口实施。

利用 sshpass 这个非交互式的 SSH 密码提供者软件，代码清单 11-2 的例子演示了通过 SSH 配置硬件的过程。sshpass 允许你进行脚本访问。

代码清单 11-2 通过 SSH 来脚本执行 OOB 管理控制台操作

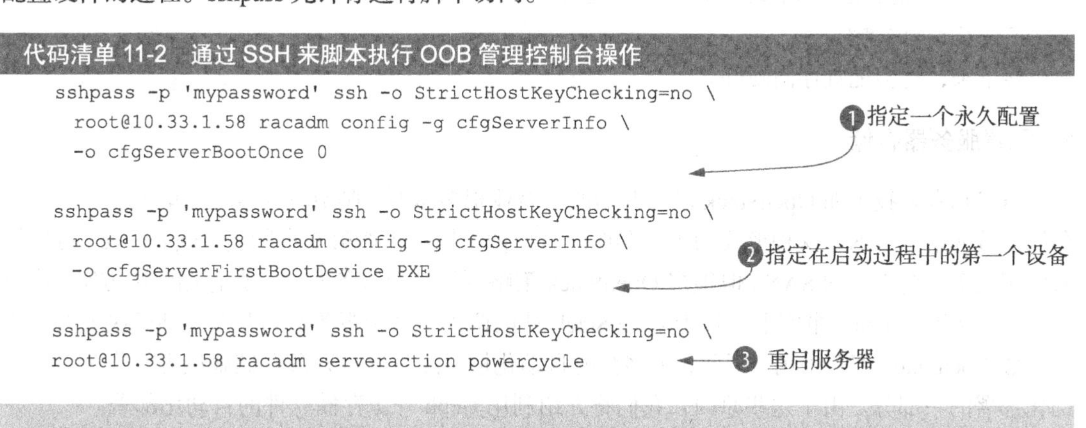

```
sshpass -p 'mypassword' ssh -o StrictHostKeyChecking=no \
  root@10.33.1.58 racadm config -g cfgServerInfo \
  -o cfgServerBootOnce 0

sshpass -p 'mypassword' ssh -o StrictHostKeyChecking=no \
  root@10.33.1.58 racadm config -g cfgServerInfo \
  -o cfgServerFirstBootDevice PXE

sshpass -p 'mypassword' ssh -o StrictHostKeyChecking=no \
root@10.33.1.58 racadm serveraction powercycle
```


脚本密码

一般来说，在脚本中保留明文密码然后在 SSH 中使用被视为不佳实践。显然，如果脚本可以访问，那么低级别的证书也可以获取，但也可以通过其他形式的认证。自动化 SSH 登录被设计去使用公钥/私钥加密，但脚本访问 SSH 意想不到的后果可能是密码显示在控制台的历史和其他交互登录信息通常被编辑的地方。

在这个例子中，3 条独立的命令发给在前面图 11-1 配置好的 OOB 管理接口。OOB 管理接口命令集可能因厂商的不同而不同。在这个 iDRAC 演示中，racadm 命令用于配置（-g cfgServerInfo）和管理（serveraction）操作。第一条命令指定接下来的启动配置作为永久配置❶。第二条命令指定在启动过程中使用的第一个设备❷。最后一条命令重启这台服务器❸。

配置网络为第一启动设备

自动化框架必须有一种方式来发现新设备，这种发现通常通过网络使用预启动执行环境（PXE）启动来进行。配置为 PXE 启动的服务器将会在访问挂载的存储中可能找到的任何操作系统组件之前，尝试从网络启动。

PXE 启动设备会传输一个 DHCP 请求，DHCP 服务器会返回一个分配的地址和用来启动服务器的可执行代码的位置。一旦 DHCP 地址分配给服务器，启动代码会通过网络传输到服务器，服务器会基于这个信息来启动。

本章描述的自动化部署使用 PXE 启动。

自动化缺陷：PXE 启动不兼容

在你的服务器上可能会有几个可以 PXE 启动的设备，同时服务器管理软件可能有一个 PXE 启动选项。在本章例子环境中，由系统级别统一的可扩展固件接口（UEFI）提供的 PEX 启动代理被禁用，网络设备本身的 PXE 启动代理启用。这样做是因为 PXE 启动在 Fuel PXE 启动环境和服务器软件提供的 PXE 代理间不兼容。

接下来，将会配置存储硬件。

4．配置服务器存储

虽然私有云技术如 OpenStack 已经开始改变企业很多东西，典型服务器规范里依然使用专有存储区域网络（SAN）这种形式的中心存储。这样做没错，正如第 9 章所述，OpenStack 可以轻易使用很多厂商提供的 SAN。但很多 OpenStack 策略利用基于服务器的开源存储解决方案，像第 10 章中介绍的 Ceph。事实上，基于 OpenStack 社区调查，基于服务器的开源存储解决方案被绝大多数 OpenStack 部署采用。因此，大多数的自动化框架原生支持开源存储解决方案作为完全自动化部署的一部分。由于这些原因，我们将介绍利用 Ceph 开源存储软件的自动化部署。

计算节点上的本地存储　无论你的服务器是什么角色，都需要配置它的内部存储。虽然可能以 PXE 启动服务器，但 PXE 启动经常只用在部署和升级阶段。除非它是你的整体操作策略的一部分，否则你可能不想把正常操作依赖于 PXE 启动的可用性。

本地磁盘配置取决于你的硬件和部署预期的目的。尽管如此，仍可以根据本章介绍的基于环境和自动化的框架给出一些基于角色的建议。

- 控制器（三节点）——在本章中使用的框架（Fuel）将绝大多数的管理和一些运维工作负载（MySQL、网络功能和存储监控等）放在控制器上。为此，指定为控制器的服务器应拥有快速的系统卷（操作系统安装的地方），如果可能的话，使用 SSD 磁盘。在一个高可用环境中，控制器的性能的价值应该超过冗余，因为你已经通过重复多个控制器有了冗余。在本章的例子中将会使用 SSD RAID-0 系统卷。
- 计算（五节点）——你的虚拟机存储将会位于独立的存储节点，因此同样你只需要关心系统卷。但因为系统卷是为虚拟服务器提供操作环境所必需的，因此它应该具备弹性。除非你的环境里的 RAM 是高度超售，否则系统卷不需要 SSD 的性能。本例将会使用 SAS RAID-10 系统卷。
- 存储（三节点）——你的虚拟机存储、镜像和所有 OpenStack 提供的与存储相关的资源都会存储在这里。正如前面所述，Ceph 将会用来管理这些资源，但硬件资源必须首先在设备级别被提供。Ceph 将会与存储工作在由主机操作系统管理的设备级别。（当然，你必须首先拥有一个操作系统，因此需要一个冗余的系统卷。）被 Ceph 使用的磁盘可以分为日志和数据卷；你应该把最快的磁盘作为日志卷，将最大的磁盘作为数据卷。在这两种情况下，如果你的磁盘控制器不支持 JBOD，Ceph 的卷应该配置成 JBOD（Just a Bunch of Disks，磁盘簇）或 RAID-0。在本章的例子中，使用一个 SAS RAID-10 系统卷，以及 4 个 SSD RAID-0 日志卷和 16 个 SAS RAID-0 数据卷。

自动化的缺陷：磁盘

在这个例子环境中，存储节点上的数据卷被合并以减少服务器上的存储设备总数到 13。服务器实际上包含 24 个磁盘设备，但列出所有磁盘的设备和路径，生成一个长字符串会导致部署失败。在自动化操作系统部署阶段，字符串大小超出了操作系统相关的限制。通过降低卷的数量把配置字符串减少到一个可以接受的长度。

你可能会想：“自动化服务器的硬件要求是什么？”好吧，这真的不重要。从技术上讲，自动化服务器可以运行在一个虚拟机，甚至一台便携式计算机上。在实践中，将在下一节中讨论，你可能想要一个物理自动化服务器，因为这台服务器将启动（至少最初）主机服务器和维护它们的配置。另外，如果必须使用另一个系统提供虚拟管理节点，你肯定不想扩展失败域。性能在管理节点上不算什么大问题，但你确实想要一些可以独立于其他系统的东西。

现在看看将会用来部署和管理你的集群的自动化管理网络。

5. 配置自动化管理网络

从部署和管理的角度来看，自动化管理网络的重要性仅次于 OOB 网络。自动化管理网络是自动化框架与主机通信的方式。该网络将用于以下功能：

- 在安装和升级过程中使用的 PXE 启动网络；
- 自动化（Fuel）服务器和被管理节点间的管理通信；
- 操作系统级别网络通信，如在被管理主机上向外的 NTP 和向内的 SSH 传输。

好消息是，与 OOB 网络一样，这个网络的配置应该是简单的。在用于部署的每个服务器中，选择一个操作系统可访问的接口（不是 OOB 硬件接口），将这些接口分配到管理网络。帮你自己一个忙，为所有的服务器选择相同的网络接口——为所有的服务器使用相同的接口允许你在自动化框架中配置接口时把所有服务器放到一起。在这个例子环境中，第一个板载的网络接口（eth0）将被指定为自动化管理网络接口。

分配，在这样的背景下，意味着指定的物理服务器端口将被连接到已配置了非标记 VLAN 96 的交换机端口。正如上文所述，这些交换机端口不会被分配任何其他 VLAN，VLAN 96 传输里将不包含 VLAN 标记。从终端设备（服务器）的角度来看，VLAN 96 并不存在，它只是由交换机用来隔离到指定在 VLAN 96 的内部端口的传输。图 11-4 显示了该网络在 PXE 启动过程中的使用方式。

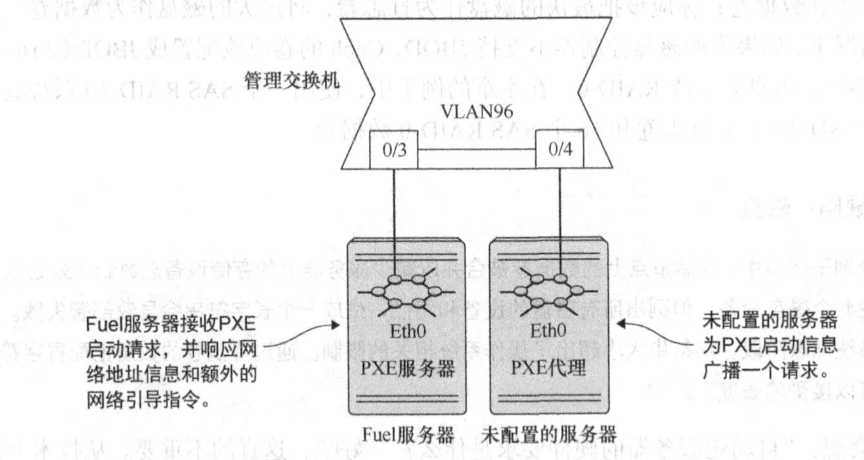

图 11-4　在 PXE 启动中的自动化管理网络

在图 11-4 中，你会在相同的非标记网络看到一台已经配置的自动化（Fuel）服务器和一台未配置的服务器。Fuel 服务器从它的本地磁盘启动，开始在它的 `eth0` 接口侦听 DHCP/PXE 启动请求。标记为“未配置的服务器”的节点是一台至少配置一个 OOB 网络（图 11-4 中未显示）和被设置为 PXE 启动的服务器。

在 PXE 启动过程中，未配置的服务器将为启动信息广播一个请求。因为这两台服务器在同一个网络，所以 Fuel 服务器将会接收请求，并且响应网络地址信息和额外的网络引导指令的广播。然后，未配置的服务器将继续引导过程。图 11-5 显示了一旦服务器被部署该网络的使用方式。

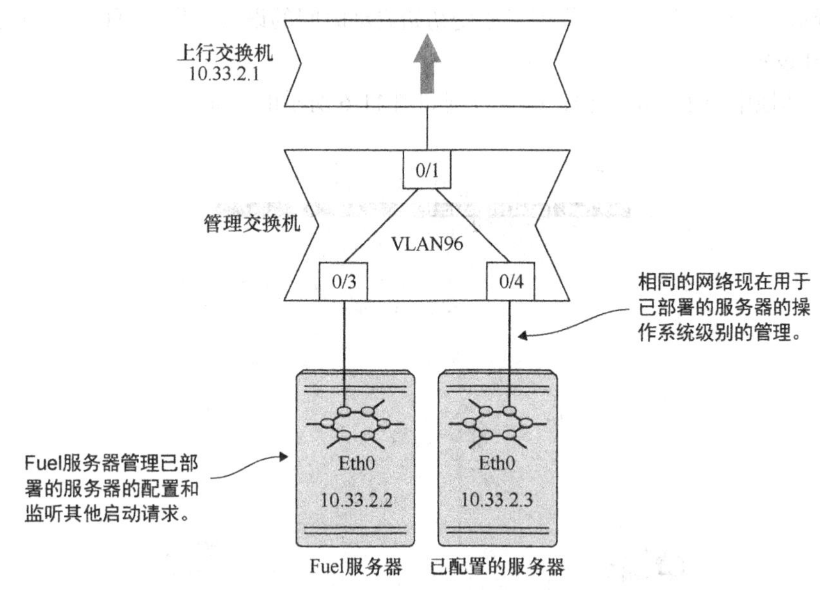

图 11-5　在操作系统通信中的自动化管理网络

如你所见，一旦节点被部署，被用在 PXE 启动过程的这个相同的网络将用于操作系统级别的管理。此外，Fuel 服务器将继续使用这个网络来发现新的服务器和管理现有服务器上的配置。

你已经完成了所有必要的步骤来为自动化服务器部署准备环境。下一节关注自动化（Fuel）服务器的部署。

11.2　部署 Fuel

你现在为 Fuel 设置环境，但是在你开始部署 Fuel 之前，确保你的 OOB 网络连接到所有的服务器，包括指定的自动化服务器（Fuel）。此外，确保所有的服务器使用相同的接口设备名称，如在前面例子中使用的 `eth0`，用于它们的非标记自动化管理网络的分配。

下一步，从 Fuel 的 wiki 上下载 Fuel 7.0 社区版 ISO，然后开始安装过程。

安装 Fuel

现在你应该有 OOB 网络或直接连接到指定为 Fuel 服务器的控制台，如前面图 11-1 所示。

按照下面的步骤开始 Fuel 的安装过程。

（1）使用你部署的服务器的 OOB 管理能力（或手动地）把 Fuel 7.0 ISO 挂载到指定的自动化服务器上。这个过程将会取决于你的 OOB 管理工具。

（2）重启你的自动化服务器，基于你的服务器的厂商特定指令，从 Fuel 7.0 ISO 启动。

（3）当服务器从挂载的 Fuel 7.0 ISO 开始启动时，按 Tab 键中断启动过程。中断的启动菜单如图 11-6 所示。从启动菜单上，你可以改变初始启动时间的设置。你还可以在本节展示的安装阶段改变 Fuel 设置。

如果你成功地中断了启动过程，将会看到如图 11-6 所示的界面。

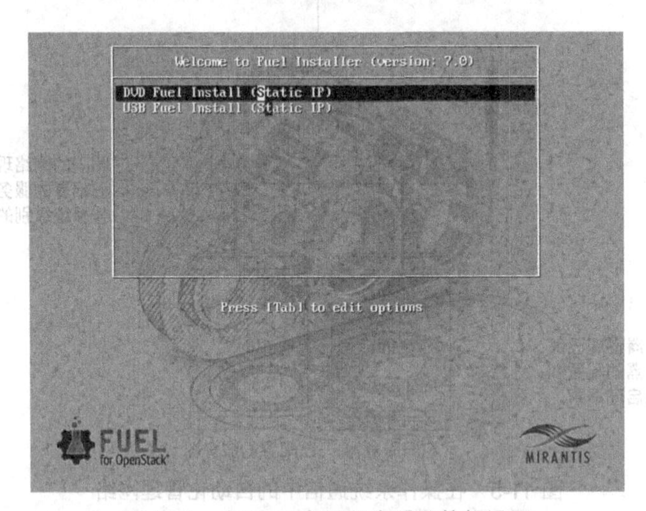

图 11-6　在 Fuel 安装程序界面编辑设置

你的界面的网络设置应该跟图 11-6 所示的不一样。我的默认 Fuel 使用的自动化管理地址范围是 10.20.0.0/24，而演示环境使用的地址范围是 10.33.2.0/24。为了使用不同的范围，你必须使用你的光标，修改下面的设置来适应你的环境：

- ip——被 Fuel 服务器用于 PXE 和管理的地址；
- gw——Fuel 服务器和所有被 Fuel 管理的服务器使用的网关地址；
- dns1——Fuel 服务器和所有主机管理的主机使用的域名服务器地址；
- netmask——Fuel 服务器和所有主机管理的主机使用的子网掩码；
- hostname——Fuel 服务器使用的主机名。

当完成变更后，按 Enter 键继续安装过程。

警告　如果 Fuel 安装程序检测到本地磁盘存在分区，将会提示你覆盖这些分区。Fuel 安装程序将会覆盖你现有的分区，这样可以确保丢失这些现有的数据你是确定的。

一旦初始化 Fuel 安装过程完成，你将会看到 Fuel 命令行设置程序，如图 11-7 所示。至少，你需要创建 root 用户的密码。如果在启动菜单中不配置网络，还要在此处配置网络。如果安装成功，你的服务器将会重启，并且自动化服务器控制台应该看起来如图 11-8 所示。

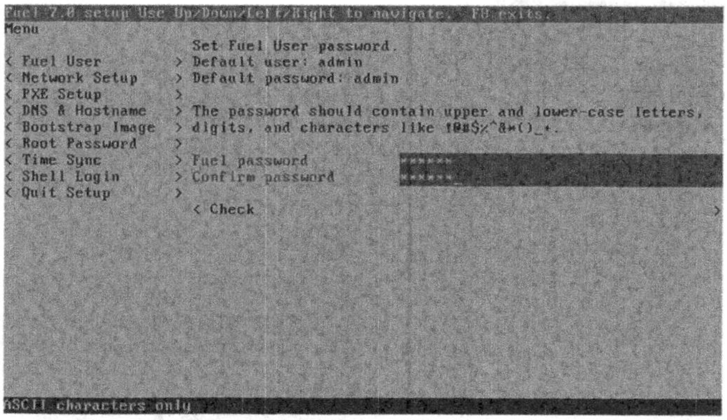

```
Fuel 7.0 setup Use Up/Down/Left/Right to navigate.  F8 exits.
Menu
                      Set Fuel User password.
< Fuel User         > Default user: admin
< Network Setup     > Default password: admin
< PXE Setup         >
< DNS & Hostname    > The password should contain upper and lower-case letters,
< Bootstrap Image   > digits, and characters like !@#$%^&*()_+.
< Root Password     >
< Time Sync         > Fuel password          ******
< Shell Login       > Confirm password       ******
< Quit Setup        >
                      < Check                                              >

ASCII characters only
```

图 11-7　Fuel 数据覆盖确认界面

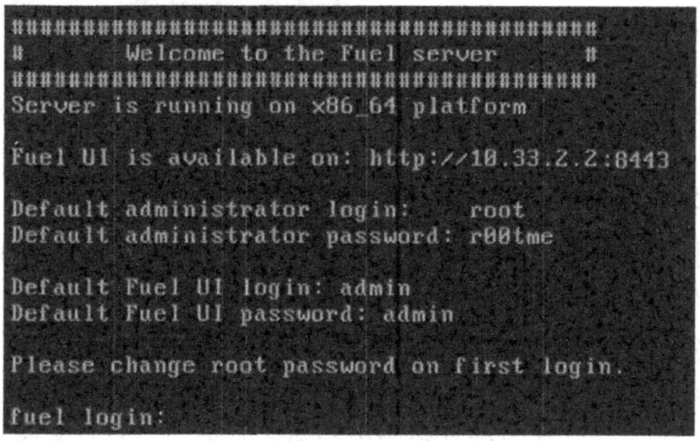

```
#############################################
#       Welcome to the Fuel server          #
#############################################
Server is running on x86_64 platform

Fuel UI is available on: http://10.33.2.2:8443

Default administrator login:    root
Default administrator password: r00tme

Default Fuel UI login: admin
Default Fuel UI password: admin

Please change root password on first login.

fuel login:
```

图 11-8　Fuel 安装后控制台界面

你的 Fuel 服务器已经安装好！下一节将会介绍使用 Web 接口进行基本的自动化高可用部署。

11.3　基于 Web 的基本 Fuel OpenStack 部署

本章的例子使用 Fuel 的 Web 接口。Fuel 还提供了 CLI 来部署和管理 OpenStack。虽然 Fuel CLI 超出本书的范围，但它是非常强大的工具，被 Fuel 重度用户大量使用。

通过在你的浏览器中导航到 http://< fuel server ip >:8443 来访问 Fuel 的 Web 接口。例如，在演示环境中，这个地址应该是 http://10.33.2.2:8443。在你的浏览器中，你应该看到如图 11-9 所示的 Web 接口。

使用 Fuel 默认的用户名和密码 admin/admin，登录到 Fuel Web 接口。一旦登录，将会看到如图 11-10 所示的环境界面。

当然，现在你还没有配置任何环境，更加重要的是，你还没有发现任何服务器可以用于部署。下一步将要发现你的服务器。

图 11-9　登录到 Fuel Web 接口

图 11-10　Fuel 环境界面

11.3.1　服务器发现

你可能习惯于在服务部署后进行服务器发现的管理工具。通常这是通过网络地址扫描或嵌入式代理实现的，或者你手动提供一个主机名和地址列表。在这种情况下，你的服务器没有一个发现的地址，甚至没有分配地址的操作系统。

Fuel 的服务器发现是通过一个轻量级的代理实现的，在成功地进行初始化 PXE 启动后放置在每个未配置的服务器上。这意味着你必须首先配置所有未配置的服务器（不含 Fuel 服务器）使用 PXE 启动，正如前面所讨论的那样。然后，每个服务器应该重新启动，这样 Fuel 可以管理 PXE 启动过程。配置你的服务器硬件的 PXE 启动和重启过程的步骤取决于你的厂商硬件。

发现包括以下步骤。

（1）设置未配置的服务器使用 PXE 作为第一启动设备。

（2）重启未配置的服务器。

（3）未配置的服务器从 Fuel 服务器接收 DHCP/PXE 信息。

（4）未配置的服务器使用 Fuel 服务器提供的管理引导镜像启动。

（5）一旦未配置的服务器启动，运行在引导镜像下的代理会向 Fuel 服务器返回报告，一个硬件清单就会被收集。

（6）这个未配置的服务器被 Fuel 服务器报告为*未分配的服务器*。

如果发现过程是成功的，所有先前未配置的服务器现在将通过 Fuel 的 Web 界面被报告为未分配的服务器，如图 11-11 所示。如果服务器不显示为已发现，访问你的虚拟 OOB 控制台，检查主机的状态。如果服务器处于挂起状态，你可能需要从一个特定的服务器 OOB 控制台强制冷重启。

接下来，你将建立一个新的环境，它将用于在你未分配的服务器部署 OpenStack。这个环境指定你的服务器如何配置给 OpenStack 使用。

图 11-11　Fuel 用户界面中有 13 个未分配的节点

11.3.2　创建 Fuel 部署环境

现在准备定义将为你部署的 Fuel 的环境。在“Environments”标签，单击“New OpenStack Environment”图标，将会显示一个对话框和一系统界面，其中一个界面如图 11-12 所示。

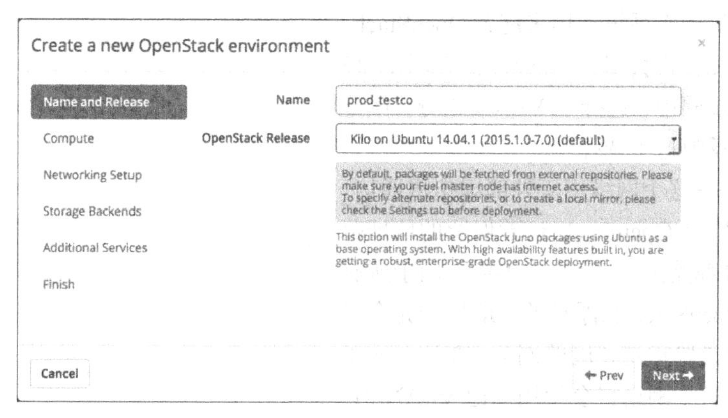

图 11-12　使用 Fuel 创建一个新的 OpenStack 环境

你将被要求提供下面这些信息。

- 名称和发行版本——提供部署的名称和你希望部署的 OpenStack 发行版。名称无关紧要，但 OpenStack 发行版本和操作系统平台的选择将会决定整个部署的底层操作系统和发行版本平台。
- 部署节点——如果你有有限的硬件，你可以选择多节点。在本章的演示中，高可用的多节点将被选择。
- 计算——如果像演示的环境一样在硬件上运行，选择 KVM。如果所有服务都运行在虚拟化环境，应该选择 QEMU。
- 网络设置——网络类型有多种选择。可能你想网络使用 Neutron，再具体点就是使用 GRE 或 VLAN 作为网络隔离。本章的例子环境将会使用 VLAN 分段，由于性能原因，这是在生产环境中通常的选择。
- 存储后端——你可以选择 Linux LVM 或 Ceph 作为存储后端，这两种都可以配置。在例子环境中，Ceph 将作为 Cinder 和 Glance 的存储。
- 额外的服务——你可以有选择地安装 OpenStack 框架提供的额外服务。

- 完成——当完成配置后，单击“Create”按钮创建你的环境配置。

你已经成功创建了一个新的部署环境配置。现在是时候去配置你的网络环境了。

11.3.3　为环境配置网络

在你分配任何未分配的服务器之前，首先必须配置环境的网络。首先完成这一步让节点分配期间的接口配置更加容易理解，因为在你分配这些网络给你的主机时这些网络已经定义好。

在你的环境配置界面单击“Networks”标签。从“Networks”界面，你将会创建网络配置，它将会应用到底层主机操作系统和用来配置 OpenStack。

下面的网络配置将会基于你的环境。在图 11-13 所示的环境创建步骤中，选择了 VLAN 划分，因此下面的设置将会反映这个选择。

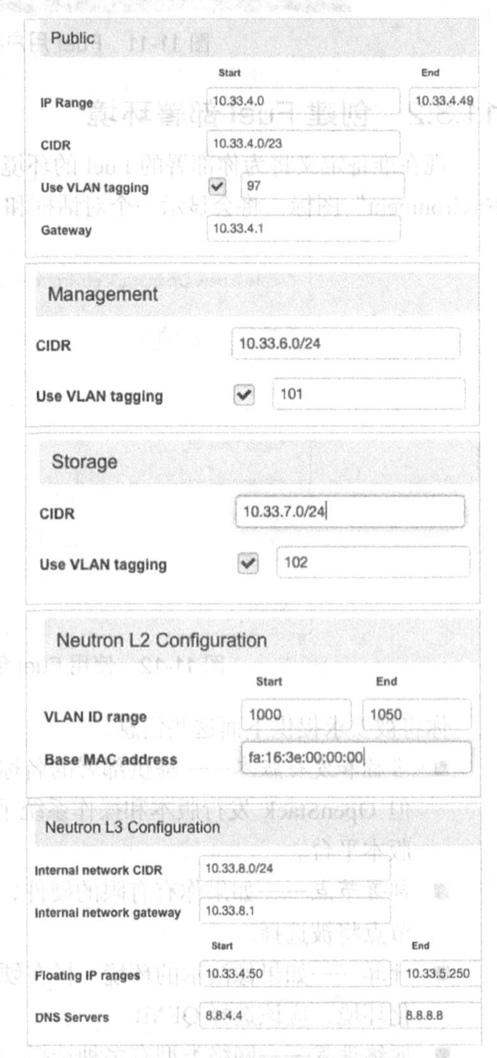

图 11-13　Fuel 环境网络配置

- 公共的——这个网络用于外部虚拟机通信。IP 范围是为 OpenStack 运营保留的地址范围，如外部路由器接口。CIDR 是用于所有外部（OpenStack 和浮动的）地址的完全子网。网关设置指定子网的网关。在这个例子环境中，这个网络将会使用标记 VLAN 97，通过复选框进行选择。
- 管理——这个网络被 OpenStack 节点用来在 API 层面进行通信。它应该被认为是 OpenStack 组件的内部网络。
- 存储——这个网络用来传输从 Ceph 节点到计算与 Glance 节点的存储流量。
- Neutron L2 配置——这是内部或私有虚拟机网络。设置一个 VLAN 范围用于不同计算节点间的虚拟机与虚拟机的通信。
- Neutron L3 配置——这个 CIDR 和网关将会在创建内部 OpenStack 网络时内部使用。“Floating IP ranges”指定从公共网络为虚拟机的浮动外部地址保留的地址范围。

当你完成配置后，选择“Save Settings”。

下一节将会分配节点到你的环境。一旦这些主机被分配，将会返回这个界面，验证你的网络配置。

11.3.4 分配主机到你的环境

你已经配置了你的新环境，并且你有一个已经发现但未分配的资源池。然而，在这个环境里还没有物理资源被分配角色。这个过程的下一步是分配角色给未分配的服务器池。

在你的环境的配置界面，选择“Add Nodes”，将会跳到“Nodes”标签，该标签中列举了可用的角色和未分配的候选服务器。节点分配界面如图 11-14 所示。

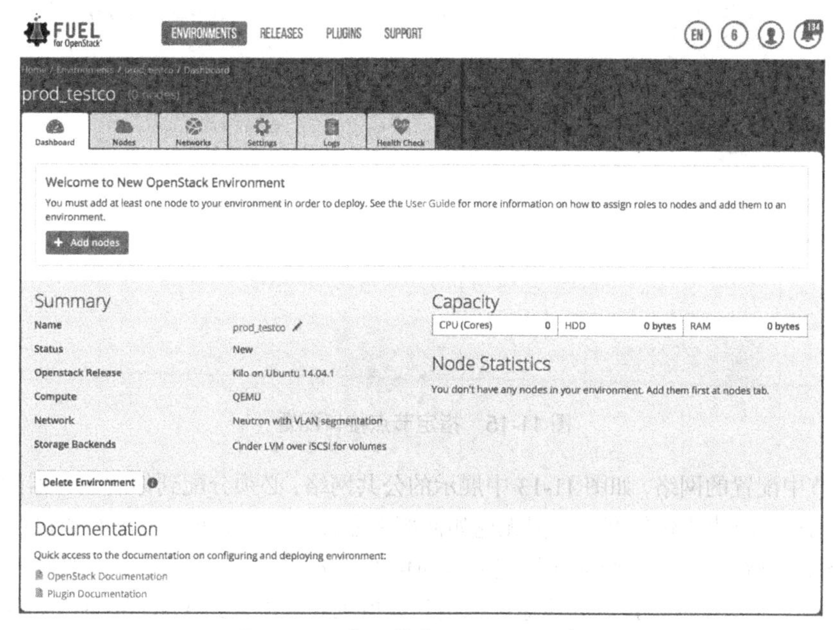

图 11-14 分配节点 OpenStack 角色

在这个例子环境中，将进行下面的分配：

- 控制器——3 台 64 GB RAM 服务器；
- 计算——5 台 512 GB RAM 服务器；
- 存储、Ceph （OSD）——3 台 48 GB RAM 和 16.5 TB 磁盘空间的服务器。

在下面的介绍中，磁盘和网络将会从分配界面配置。

1. 配置接口

如果你出于相同的目的在所有节点上分配了所有接口，那么这个步骤就简单了。否则，你将不得不为每组拥有不同接口配置的主机重复接口配置过程。如果接口基于服务器或角色而不同，简单地为每个节点重复配置。

在你的环境的“Nodes”标签，单击选中“Select All”复选框，然后选择“Configure Interfaces”。节点接口对话框将会出现，如图 11-15 所示。

图 11-15　指定节点接口配置

在前一节中配置的网络，如图 11-13 中展示的公共网络，必须分配到你的服务器的物理接口。显示在界面的接口取决于你的部署，但无论如何部署配置，下面的网络分配必须执行。

- Admin（PXE）——这个应该指定为自动化管理接口。在本例中，这个使用接口 eth0。
- Private——这个应该指定为传输虚拟机到虚拟机内部流量到 OpenStack 部署的接口。在本例中，选择 VLAN 隔离，因此接口 eth4 应该有到 VLAN 的标记访问来传输节点间的流量。
- Public——这个应该指定为传输外部流量到 OpenStack 环境的接口。
- Management——这个应该指定为内部组件间通信的接口。
- Storage——这个接口应该指定为连接到存储网络的接口。

一旦你的接口完成分配，单击“Apply”保存设置。

下一步，将会配置磁盘。

2．配置磁盘

不像接口，在不同服务器上的物理磁盘预计不会是相同的，磁盘配置是以组级别进行配置。要为一组服务器磁盘进行相同的配置，选择服务器组，然后单击“Configure Disk”。例如，要配置一组 Ceph OSD 节点的磁盘，选择这个组来访问如图 11-16 所示的磁盘配置界面。

在图 11-16 中，你可以看到一些磁盘已经指定为 Ceph 日志设备，其他的已经指定为 Ceph 数据设备。这个配置将指定给这个组内所有选择的节点。

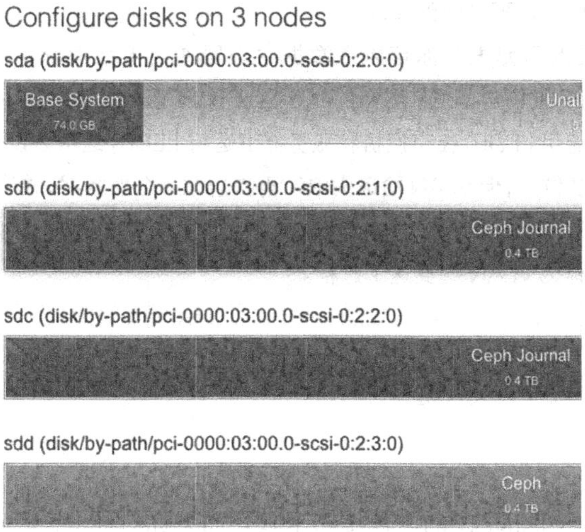

Configure disks on 3 nodes

sda (disk/by-path/pci-0000:03:00.0-scsi-0:2:0:0)

Base System 74.0 GB

sdb (disk/by-path/pci-0000:03:00.0-scsi-0:2:1:0)

Ceph Journal 0.4 TB

sdc (disk/by-path/pci-0000:03:00.0-scsi-0:2:2:0)

Ceph Journal 0.4 TB

sdd (disk/by-path/pci-0000:03:00.0-scsi-0:2:3:0)

Ceph 0.4 TB

图 11-16　指定节点磁盘配置

一旦配置完所有节点上的磁盘，你将需要进行最后的配置设置并验证你的网络。

11.3.5　完成设置和验证

在环境配置界面单击“Settings”标签。在这个标签下，你可以看到现有的配置，这些基于你在环境创建期间提供的回答。在这个界面，你可以更好地调整你的部署。

至少，我建议你改变部署相关的任何密码。另外，如果你使用 Ceph 作为存储，你可能会考虑指定 Ceph 作为 Nova 和 Swift API 的后端。一旦完成所有更改，单击“Save Settings”。

再次，在你的环境配置界面单击“Networks”标签。向下滚动到界面底部，选择“Verify Networks”。如果你的所有网络设置是正确的，你将会看到图 11-17 所示的“Verification succeeded”。

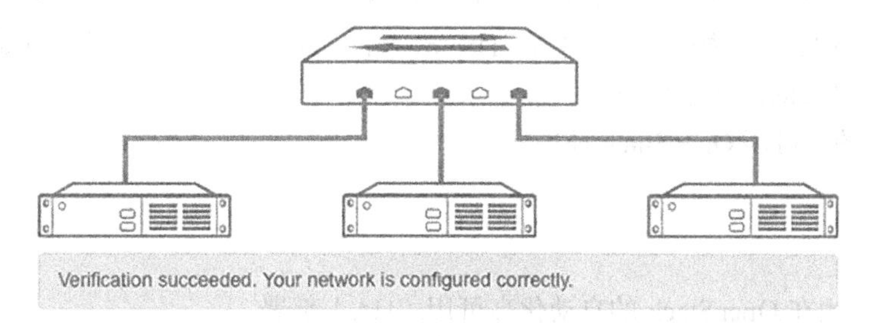
Verification succeeded. Your network is configured correctly.

图 11-17　验证网络配置

求救！我的网络没有记录下来

在这个过程中事情显然会变得复杂。决定服务器接入到哪个交换机这样简单的事情在这里会变得复杂。如果你完全不知所措，那么回到起点。

你不知道服务器接入到哪里？你可以在数据中心里通过电缆追踪，或使用链路层发现协议（LLDP）。可以考虑使用一张包含 LLDP 支持的 live CD 启动有疑问的服务器。查阅你的交换机文档了解如何在你的网络硬件启用 LLDP。在交换机和服务器上运行 LLDP，这两台设备会报告链路层的位置。

你知道服务器连接的位置，但 VLAN 验证失败？再次启动一台服务器，并确认从一个非标记 VLAN 的连接性。这步可以通过在交换机和服务器分配 IP 地址实现，然后使用 Ping 来确认设备间的通信。一旦通信被确认，使用标记 VLAN 重复这个过程。

停止！验证，否则……　在你的网络配置验证通过之前不要继续往下操作。如果你所有参与的节点的网络配置没有被验证，肯定会遇到大问题。

11.3.6　部署变更

看到标记为“Deploy Changes”的蓝色按钮了吗？如果你对你的硬件配置和环境设置有信心，单击它继续！这将会开始部署过程，包含操作系统安装和 OpenStack 部署。这个部署过程将会通过界面右上方的绿色进度条显示。如果你对部署细节感兴趣，可以单击“Logs”标签或每台服务器部署进度条旁边的文件图标。

当这个过程成功完成后，将会提供给你部署的 Horizon 的 Web 地址，如图 11-18 所示。

图 11-18　成功部署

单击“Health Check”标签，按照指引在你的环境中运行完整的测试。有些测试需要 OpenStack 租户的交互，如导入指定的镜像。

如果你需要添加一个节点，只需单击“Add Nodes”，跟随部署过程即可。要重新部署，单击“Actions”标签下的“Reset”按钮，然后单击“Deploy Changes”。如果想完全重新开始，单击“Reset”按钮，然后单击“Delete”删除环境。

享受你的新的高可用 OpenStack 环境吧。

11.4　小结

- Fuel 可以用在 OpenStack 的自动化高可用（HA）部署。
- Fuel 使用 Mirantis 版本的 OpenStack。
- Mirantis 提供的商业支持包括 Fuel 和它们的 OpenStack 发行版。
- Fuel 提供 PXE 启动服务，允许你的服务器从 Fuel 服务器启动。
- 对于大规模自动化部署，带外（OOB）网络至关重要。

第 12 章　利用 OpenStack 进行云编排

本章主要内容

- 使用 OpenStack Heat 进行应用编排
- 使用 Ubuntu Juju 进行应用编排

编排（orchestrate）的其中一个定义是安排或操作，特别是通过巧妙的手段，或者全面的规划或操纵。你应该对“安排”这个定义与计算的关系很熟悉。你必须为部署应用安排底层硬件层和软件依赖。本章和本书的一些章节，都是介绍关于编排的巧妙之处的。特别地，本章介绍的应用编排工具利用 OpenStack 资源。我们探讨的工具有些是 OpenStack 官方项目，有些是相关项目。

即使在 OpenStack 官方编排工具中，依赖层级依然存在。例如，Murano 项目（本章不会介绍）提供给用户应用目录，依赖 Heat 项目去部署基础设施和应用组件。还有一些独立工具，如 Ubuntu 的 Juju，直接与 OpenStack 核心 API 连接来部署基础设施依赖，然后 Juju 可用于部署应用。

本章以 OpenStack 官方项目 Heat 开始，它工作于基础设施和应用层之间。随后，我们将会了解一下独立的 Ubuntu 工具 Juju。

12.1　OpenStack Heat

OpenStack Heat 被认为是 OpenStack 编排的基础。在很多方面，Heat 之于应用就像 OpenStack 基础设施组件（Nova、Cinder 等）之于厂商硬件和软件——它简化了集成。大型自动化计算集群在 OpenStack 之前很久就存在了，但集群管理系统是本地开发或厂商指定的。OpenStack 为管理基础设施资源提供了一个通用接口。

但在应用部署的范围内，基础设施只是整个过程的一部分。即使你有一个系统可以立即提供无限量的虚拟机，也还是需要额外的工具来管理虚拟机上的应用的。另外，你还想基础设施和应用层能在各自所在的层面主动适应变动。例如，如果一个应用性能突破了阈值，你可能想在没有人工干预的情况下就添加额外的基础设施。同样，如果基础设施资源变得很有限了，你可能想让最不重要的应用平滑地释放资源。

考虑一下构成虚拟机的基础设施资源。一个虚拟机至少由 CPU、RAM 和磁盘资源组成。在 OpenStack 和类似的环境里，现有定义的格式是为了描述各个独立的资源以及相关的资源如何构建虚拟机。现在，假设你可以描述手动部署一个应用需要的所有步骤。模板（template）就是资源依赖和应用层安装指令的文本描述。

12.1.1 Heat 模板

OpenStackHeat 利用 OpenStack 提供的基础设施把模板转换成应用。从模板生成应用栈（stack）的过程称为 stacking。当然，你需要一个模板来利用 Heat 的功能。毫无疑问，Heat 的设计者想让这个项目能尽快对 OpenStack 社区有所帮助，为了这个目的，他们采用了现有的 AWS CloudFormation 模板格式，它在 Heat 中被指定为 Heat CloudFormation-compatible format（CFN）。AWS CloudFormation 发布于 2011 年 4 月。

CFN 模板的解析如代码清单 12-1 所示。

代码清单 12-1 AWS CloudFormation 模板格式

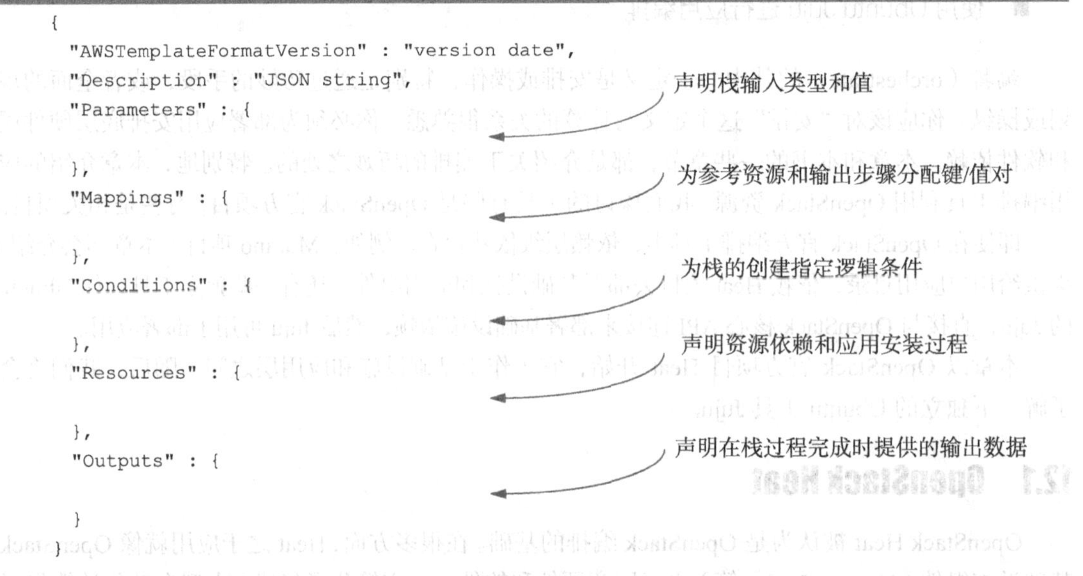

{
"AWSTemplateFormatVersion" : "version date",
"Description" : "JSON string",
"Parameters" : {
},
"Mappings" : {
},
"Conditions" : {
},
"Resources" : {
},
"Outputs" : {
}
}
声明栈输入类型和值
为参考资源和输出步骤分配键/值对
为栈的创建指定逻辑条件
声明资源依赖和应用安装过程
声明在栈过程完成时提供的输出数据

虽然支持 CFN 格式让大量现有的模板对 Heat 有用是很有价值的，但它毕竟是为 AWS 设计的格式。Heat 项目成员确定 OpenStack 特定的格式是有需求的，然后创建了 Heat OpenStack Template（HOT）。CFN 模板使用 JSON，而 HOT 模板使用 YAML 格式。HOT 规格自从 Icehouse 发行版（2014 年 4 月）后成为 Heat 的标准模板版本。

查看代码清单 12-2 所示的删减版的 HOT 模板，它基于 OpenStack Heat 官方文档中的 WordPress 部署模板。

代码清单 12-2 Heat OpenStack Template （HOT）例子

```
heat_template_version: 2013-05-23

description: >                                          ← 描述模板
  Heat WordPress template to support F20, using only Heat OpenStack-native
  resource types, and without the requirement for heat-cfntools in the image.
  WordPress is web software you can use to create a beautiful website or blog.
  This template installs a single-instance WordPress deployment using a local
  MySQL database to store the data.

parameters:                                             ← 声明输入类型和值

  image_id:
    type: string
    description: >
      Name or ID of the image to use for the WordPress server.
      Recommended values are fedora-20.i386 or fedora-20.x86_64;
      get them from
      or
    default: fedora-20.x86_64

resources:                                              ← 声明资源依赖和应用安装过程
  wordpress_instance:
    type: OS::Nova::Server
    properties:
      image: { get_param: image_id }
      ...
      user_data:
        str_replace:
          template: |
            #!/bin/bash -v

            yum -y install mariadb mariadb-server httpd wordpress
            ...
outputs:                                                ← 声明在栈过程完成时提供的输出数据
  WebsiteURL:
    description: URL for WordPress wiki
    ...
```

CFN 和 HOT 模板共享基础组件，但它们是不同的模板语言。这些模板语言可以想象成是程序语言。当考虑一门语言的基础属性时，你可能一开始不会把编排模板看成是一门程序语言。一门计算机语言是用来让指令和计算机系统交互的形式语言。如果模板是一门形式语言，那么 Heat 服务就是这门语言的解释器。模板解释的中间的（处理步骤）输出是在 OpenStack 提供的基础设施上部署应用需要的所有指令的总和。解释的最后输出是通过模板语言指令实现一个部署系统，产生的应用程序输出定义在模板 outputs（输出）部分。组成 Heat 项目的各个应用见表 12-1。

表 12-1 Heat 应用

名 称	描 述
heat	与 Heat API 通信的 CLI 工具
heat-api	OpenStack 原生的 REST API
heat-api-cfn	AWS 类型的查询 API（兼容 AWS CloudFormation API）
heat-engine	从 API 获取输入和解释模板语言的引擎

下一步，我们将会使用 Heat 创建一个栈。

12.1.2 Heat 演示

本节将会看到使用 Heat 命令行工具部署一个简单的应用栈。然而 Heat 可以做的远不止简单部署应用。Heat 可以与 OpenStack Ceilometer（中心化的计量服务）相结合，基于模板中描述的策略动态扩展资源。使用 Heat 进行自动扩容（autoscaling）的完整描述超出本书的范围，但可以从 OpenStack Heat 官方文档找到所有详细说明。

回到第 2 章，你使用 DevStack 部署 OpenStack。这里的例子将会部署在一个 DevStack 环境里，但可以使用任何正常工作的 Heat 环境。如果你已经有了一个正常工作的 Heat 环境，可以跳到后面的“确认栈依赖”小节。

1. 在 DevStack 启用 Heat

如果你正在使用第 2 章部署的 DevStack 环境，必须对你的 local.conf 脚本进行一些配置变更来启用 Heat。在你的 DevStack 环境中访问命令行解释器，添加代码清单 12-3 所示的内容到 /opt/devstack/local.conf。

代码清单 12-3 在 DevStack 的 local.conf 启用 Heat

```
# Enable Heat (orchestration) Service
enable_service heat h-api h-api-cfn h-api-cw h-eng
HEAT_BRANCH=stable/juno
```

新的配置指定所有的 Heat 服务启动，同时确认你想使用的代码分支和发行版。在你的配置中，确保 `HEAT_BRANCH` 中的发行版名称匹配你的配置中的其他组件的发行版名称。

一旦在 local.conf 文件中完成 Heat 的配置，重复第 2 章的 stacking（stack.sh）和 unstacking（`unstack.sh`）过程，然后如代码清单 12-4 所示设置你的环境变量。

代码清单 12-4 设置环境变量

```
$ source openrc        ← 从/opt/devstack 目录运行这条命令
```

你可能会想起，在第 3 章里，DevStack 提供的 `openrc` 脚本在你的 shell 设置变量，允许你与 OpenStack 服务交互。

现在你应该有一个正常工作的 Heat 环境和对环境的控制台访问。下一步，需要确认你的第一个栈的所有依赖都满足。

2. 确认栈依赖

你需要通过几个额外的步骤来验证你的环境是否已经准备好 stacking。首先，你需要确保可以使用命令行访问 OpenStack 组件，包括表 12-1 提到的 heat 应用。heat 应用的完整命令参考可以在 OpenStack 官方文档找到。按代码清单 12-5 所示运行 heat 命令来确认基本 Heat 操作正常。

代码清单 12-5 列举 Heat 栈

```
$ heat stack-list
+----+------------+--------------+---------------+
| id | stack_name | stack_status | creation_time |
+----+------------+--------------+---------------+
+----+------------+--------------+---------------+
```

如预期的一样，在这个例子中没有栈被列举出来，但这个步骤确认了适当的环境变量已经被设置并且 Heat 已经被安装。

是 Heat 还是环境 如果在前面的步骤遇到错误，仔细查看错误。错误看起来像是 Heat 特定错误还是缺少凭证？为了确认你的变量已经被设置，尝试访问已知正常工作的如 Nova 这样的服务：nova list。如果能访问 Nova，那么问题可能是 Heat 造成的；如果不能访问 Nova，那么问题可能是环境变量造成的。

现在已经确认能访问 OpenStack 组件，需要查看现有的系统中哪些镜像是可用的。你可能从前面的章节中回想起 Glance 服务负责镜像。使用 Glance，如代码清单 12-6 所示列举所有镜像。

代码清单 12-6 列举 Glance 镜像

```
$ glance image-list
+-----------------------------------------+-------------+..+
| ID      | Name                          | Disk Format |..
+-----------------------------------------+-------------+..+
| b5...d9 | Fedora-x86_64-20-20140618-sda | qcow2       |..
+-----------------------------------------+-------------+..+
```

如果你在 DevStack 环境启用了 Heat，就会注意到 DevStack stacking 过程会添加一个新的镜像。新的 Fedora 镜像将会在 Heat stacking 例子中使用。如果不使用 DevStack，也没有列举的 Fedora 镜像，可按 5.2.2 节的“镜像管理”小节的演示添加一个。

适用于 Heat 的镜像 在 Heat 模板里可以指定任何镜像，但有些模板使用的 Heat CloudFormation 工具必须预安装在镜像上。Fedora F20 镜像包含 heat-cfntools，它是 Heat 镜像的常见选择。

你的准备的最后一步是创建一个SSH密钥对，在stacking过程中用来注入到主机。跟镜像一样，模板里可以指定任何密钥对。针对本次演示，你将会创建一个新的名为heat_key的密钥对来提供给Heat实例使用，如代码清单12-7所示。确保你已经保存heat_key以防需要对实例进行直接访问。

代码清单12-7 生成Heat的SSH密钥对

```
$ nova keypair-add heat_key > heat_key.priv
$ chmod 600 heat_key.priv
```

现在你可以准备使用镜像、主机类型和密钥对为你的环境创建Heat栈。是时候完成这个栈过程了。

3. 启动一个Heat栈

现在你有了所有需要的东西，除了模板。好消息是在OpenStack Git仓库有很多现有的模板，更多模板可以在AWS CloudFormation Templates网站找到。这个流程的最后一步是选择一个模板和定义模板的参数。你可以回想本章前面小节，模板参数就是用来描述一个具体栈的具体属性的简单的键/值对。

为此，我们使用一个Heat模板来部署一个开源的内容管理系统WordPress。

这有什么大不了

你可能经历过从头开始部署像WordPress这样有高度依赖的软件包的痛苦。如果你没有，你需要理解在这些系统中的多层复杂的相互依赖来了解应用编排是如此令人惊讶。

在软件包管理系统像APT和YUM普遍使用之前，开源工具必须从源代码编译。经常一个软件包的源代码依赖于多个其他软件包。你不仅要从源代码编译很多不同的软件包，而且特定的库经常不得不被显式引用作为链接（编译）过程的一部分。任何从头开始编译Apache Web服务器以支持PHP、MySQL、LDAP、SSL等的人都会知道其中的痛苦。二进制软件包也不能避免依赖问题，反而导致俗话所说的“依赖地狱”。

令人惊讶的是像Heat这样的工具使用一个模板、少量参数和提供的几分钟时间就可以完成一个人手工几周时间才能做完的事情。

代码清单12-8部署了一个名为`mystack`的WordPress栈。修改例子中与你的系统不同的参数。

代码清单12-8 启动Heat栈

```
$ heat stack-create mystack \        ← 栈名称
```

```
-u
      plain/hot/F20/WordPress_Native.yaml \          ← 模板的 URL 地址
-P image_id=Fedora-x86_64-20-20140618-sda \    ← 镜像的参数
-P key_name=heat_key          ← 密钥对参数
+---------+-----------+-------------------+----------------------+
| id      | stack_name | stack_status      | creation_time        |
+---------+-----------+-------------------+----------------------+
| eb...29 | mystack    | CREATE_IN_PROGRESS | 2015-03-04T08:59:02Z |
+---------+-----------+-------------------+----------------------+
```

如果命令成功执行，你将会看到列举的 mystack 栈的初始状态为 CREATE_IN_PROGRESS。为了检查栈的状态，可以运行代码清单 12-9 所示的 heat stack-list 命令。

代码清单 12-9　列举 Heat 栈状态

```
$ heat stack-list
+---------+-----------+----------------+----------------------+
| id      | stack_name | stack_status    | creation_time        |
+---------+-----------+----------------+----------------------+
| eb...29 | mystack    | CREATE_COMPLETE | 2015-03-04T08:59:02Z |
+---------+-----------+----------------+----------------------+
```

当你的栈完成后，它的状态会变成 CREATE_COMPLETE。

如果遇到问题或者只是想检查与栈相关的事件，可以运行代码清单 12-10 所示的命令。

代码清单 12-10　列举 mystack 事件

```
$ heat event-list mystack
+--------------------+...+---------------+--------------------+..+
| resource_name      |...| status_reason |       status       |..
+--------------------+...+---------------+--------------------+..+
| wordpress_instance |...| state changed | CREATE_COMPLETE    |..
| wordpress_instance |...| state changed | CREATE_IN_PROGRESS |..
+--------------------+---+---------------+--------------------+..+
```

你可以看到本例中这个简单的部署中只存在两个事件。然而，在一个自动扩容环境中，你可以看到基础设施和栈里面的应用之间协同交互相关的许多事件。

现在栈已经完成，可以使用代码清单 12-11 所示的 heat stack-show 命令查看栈的详情。

代码清单 12-11　显示 mystack 详情

```
$ heat stack-show mystack
+----------------+------------------------------------------------+..+
| Property       | Value                                          |..
+----------------+------------------------------------------------+..+
| capabilities   | []
..
| outputs        | [
|                |  "output_value": "http://10.0.0.4/wordpress",
|                |  "description": "URL for WordPress wiki",
|                |  "output_key": "WebsiteURL"
```

```
...
|                   |]
| parameters        | {
|                   |   "OS::stack_id": "eb...29",
|                   |   "OS::stack_name": "mystack",
|                   |   "image_id": "Fedora-x86_64-20-20140618-sda",
|                   |   "db_password": "******",
|                   |   "instance_type": "m1.small",
|                   |   "db_name": "wordpress",
|                   |   "db_username": "******",
|                   |   "db_root_password": "******",
|                   |   "key_name": "heat_key"
...
```

你可以在代码清单 12-11 中看到显示的 mystack 的详情，包含 outputs 值。在这个例子中，output_value 提供了一个由 stacking 过程创建的 WordPress 网站的引用。当然，输出值可以是模板定义的任何内容。

最后，删除与你的栈相关的所有数据并释放所有基础设施，可以如代码清单 12-12 所示使用 stack-delete 命令。

代码清单 12-12　删除 mystack

```
$ heat stack-delete mystack
+---------+------------+--------------------+----------------------+
| id      | stack_name | stack_status       | creation_time        |
+---------+------------+--------------------+----------------------+
| eb...29 | mystack    | DELETE_IN_PROGRESS | 2015-03-04T08:59:02Z |
+---------+------------+--------------------+----------------------+
```

在这一节，你已经学习了 OpenStack Heat，同时在你的环境中完成了 mystack 例子。

我们已经看过了 OpenStack Heat 编排项目，它是作为 OpenStack 框架的一部分进行开发和维护的。然而，有很多其他自动化工具可以利用 OpenStack 资源，但它们不是 OpenStack 官方项目。Ubuntu Juju 是一个 OpenStack 相关的项目。下一节将会学到如何使用 Juju 来对 OpenStack 进行应用编排。

12.2　Ubuntu Juju

Ubuntu Juju 是一个完全关注编排的项目，如系统级别的 OpenStack 部署和应用级别的 WordPress 部署。Juju 可以用来部署裸设备，但这个内容超出了本书的范围。这里我们将会专注于使用 OpenStack 资源进行应用级别的部署。

可以把 Juju 想象成一个基于代理的编排系统。你将会在你的个人计算机上配置一个 Juju 客户端，以使用基础设施资源的 OpenStack 实例。Juju 将一个 bootstrap 代理部署到你的 OpenStack 部署中的一个租户，然后通过它的编排引擎，使用这个租户来部署额外的应用和依赖。

OpenStack Heat 和 Ubuntu Juju

OpenStack Heat 和 Ubuntu Juju 都有各自的优势和不足，这取决于你的使用案例。Heat 与 OpenStack 的集成更紧密，但 Juju 允许使用其他云框架的资源（如 Amazon、HP 和 OpenStack）。依据结果的输出（也就是在云资源上的应用的自动化部署），两种工具完成相同的任务。由你来确定合适的工作工具。

在开始之前，你需要确保自己有权限使用 Nova 创建实例和使用 OpenStack Swift 存储对象。

12.2.1 为 Juju 准备 OpenStack

通过简单地提供 OpenStack 环境的信息给你的 Juju 配置，可以在没有通过 shell 设置任何 OpenStack 变量的情况下使用 Juju。但这个过程可能很乏味，因此我会尽量减少必须进行的配置的数量。幸运的是，OpenStack Dashboard 可以用来生成设置适当 shell 变量的脚本。

Juju 运行在哪里

不像本书介绍的几乎所有的其他的东西（不包括 Ceph 和 Fuel），Juju 的安装不一定要放在 OpenStack 节点上。事实上，Juju 安装程序可以运行在 Linux、Mac OS X 甚至 Windows 上。在 12.2.1 节中执行的操作将会为使用 Juju 准备你的 OpenStack 环境。Juju 没有服务器端的组件要安装在 OpenStack 节点上。这个区别在第 4 章进行了概述，解释了 OpenStack 官方核心项目和相关项目的不同。Juju 属于关联这个类别，它甚至支持 OpenStack 以外的云框架。

利用你想使用的 Juju 的用户标识登录 OpenStack Dashboard，选择你想包含 Juju 资源的租户。在 "Projects" 下拉菜单中，单击 "Access & Security"，然后导航到 "API Access" 标签。在这个标签中，单击 "Download OpenStack RC File"，如图 12-1 所示。

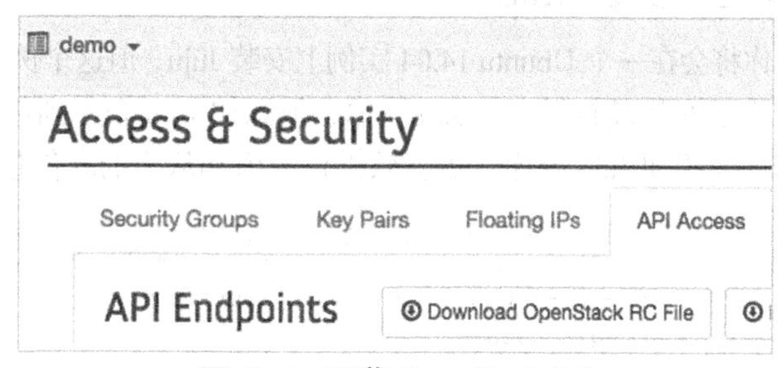

图 12-1 下载 OpenStack RC

这样做会生成基于你选择的租户和当前用户设置身份认证变量的脚本。你将被提示去下载这个脚本，该脚本使用的命名惯例为[tenant name]-openrc.sh。

复制这个文件到你的 OpenStack 环境，然后按代码清单 12-13 所示执行这个脚本。

代码清单 12-13 运行 openrc.sh 脚本

```
$ source demo-openrc.sh
Please enter your OpenStack Password:
```

最好现在访问你的 OpenStack 服务来确保这些变量正确设置。例如，确保像 `glance image-list` 这样的命令执行没出错。

下一步是确保你拥有可以被 Juju 使用的镜像。很快就会介绍什么镜像是被支持的；现在只需要知道 Ubuntu 12.04 是能被 Juju 使用的比较流行的镜像。如果在你的环境中有一个 Ubuntu 12.04 镜像，使用 `glance image-list` 命令记下这个镜像的 ID。如果你没有 Ubuntu 12.04 镜像，如代码清单 12-14 所示注册一个，然后记下这个镜像的 ID，它将会在下一节使用。

代码清单 12-14 为 Juju 注册一个镜像

```
$ glance image-create --name="Ubuntu 12.04" \
--is-public=true --disk-format=qcow2 \
--container-format=bare \
--location http://cloud-images.ubuntu.com/precise/current/precise-servercloudimg-
    amd64-disk1.img
+------------------+---------------------------------------+
| Property         | Value                                 |
+------------------+---------------------------------------+
...
| id               | ce7616a6-b383-4704-be3a-00b46c2de81d |   ← 记下镜像 ID
...
| name             | Ubuntu 12.04                          |
...
+------------------+---------------------------------------+
```

现在已经准备好安装 Juju 了。

12.2.2 安装 Juju

你将会在一个 Ubuntu 14.04 实例上安装 Juju，但这个例子一样可以在其他 Juju 支持的平台工作。

为了安装最新版本的 Juju，你必须添加 Juju 仓库到你的软件包管理系统。代码清单 12-15 显示了如何添加 Juju 仓库、更新软件包索引和从你的软件包管理系统安装 Juju 二进制文件。

代码清单 12-15 安装 Juju 二进制文件

```
$ sudo add-apt-repository ppa:juju/stable
$ sudo apt-get update
$ sudo apt-get install juju-core
```

如果完成前面的命令时没有出现错误，那么 Juju 二进制文件已经安装到你的系统。

应该使用哪个仓库 Juju 官方文档建议你从 Juju 指定仓库 ppa:juju/stable 安装 Juju，如果遇到问题再回退到 Ubuntu universe 仓库。如果你正在使用 Ubuntu 14.04.1 版本，sudo apt-get install juju 命令将会安装 Juju 1.20.11-0ubuntu0.14.04.1 版本。在编写本章时，我发现 Juju 软件包作为正常 Ubuntu universe 仓库的一部分，可以更好地与 OpenStack 一起工作。

下一步，如代码清单 12-16 所示生成一个 Juju 配置文件。这个文件将会生成在~/.juju 目录下。

代码清单 12-16 生成一个 Juju 配置文件

```
$ juju init
A boilerplate environment configuration file has been written
to /home/sysop/.juju/environments.yaml.
Edit the file to configure your juju environment and run bootstrap.
```

使用你喜欢的文本编辑器，查看刚刚生成的 environments.yaml 文件。你将会看到一些框架类型的样例配置，包括 ec2、openstack、manual、maas、joyent 和 azure。

如代码清单 12-17 所示，通过添加新的 myopenstack 环境和设置它为默认的环境修改你的 Juju 配置文件（environments.yaml）。

代码清单 12-17 修改你的 Juju 配置

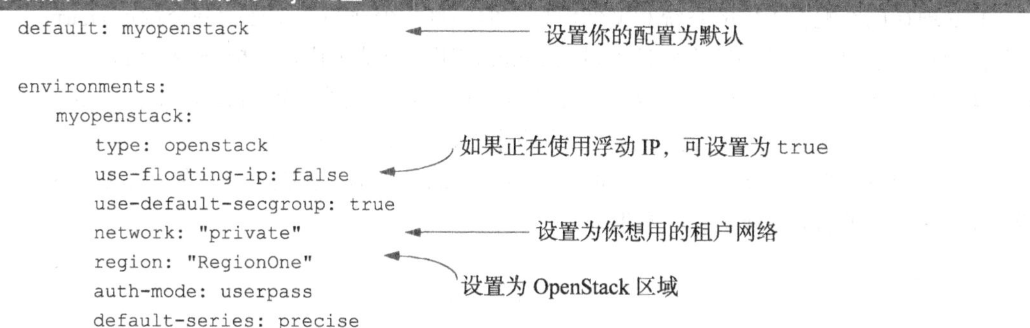


```
default: myopenstack

environments:
  myopenstack:
    type: openstack
    use-floating-ip: false
    use-default-secgroup: true
    network: "private"
    region: "RegionOne"
    auth-mode: userpass
    default-series: precise
```

通过修改 environments.yaml 文件，你已经给 Juju 提供了关于你的 OpenStack 部署的基本信息。但 Juju 需要额外的部署特定信息去实现。

在第 4 章中介绍了 Juju charm——它们是定义服务和应用如何集成为虚拟基础设施的一组安装脚本。charm 被 Juju 使用的方式就跟 HOT 和 CNF 模板被 OpenStack Heat 使用一样。charm 参考镜像类型的要求，而不是具体镜像。例如，一个 charm 可能需要一个 Ubuntu 12.04 操作系统，但它不要求这个镜像的特定实例。Juju 如何知道在哪里找到一个 Ubuntu 12.04（或其他）镜像呢？你必须为 Juju 定义你现有的 OpenStack Glance 镜像来使用它们。

在代码清单 12-18 中，被 Juju 使用的镜像元数据（metadata）为现有的 Ubuntu 12.04 镜像生成。

代码清单 12-18 生成镜像元数据

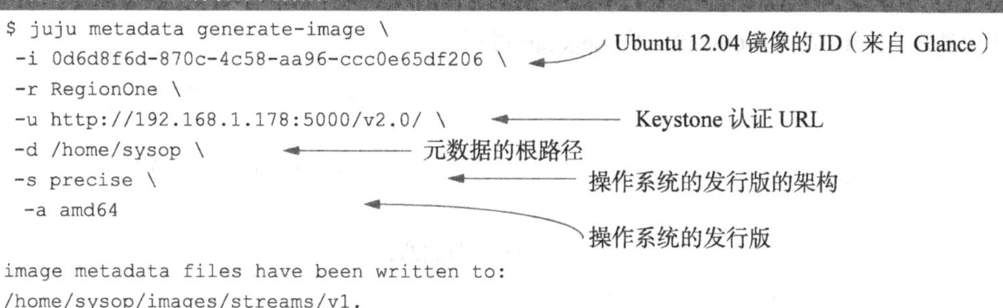


```
$ juju metadata generate-image \
 -i 0d6d8f6d-870c-4c58-aa96-ccc0e65df206 \
 -r RegionOne \
 -u http://192.168.1.178:5000/v2.0/ \
 -d /home/sysop \
 -s precise \
  -a amd64

image metadata files have been written to:
/home/sysop/images/streams/v1.
```

```
For Juju to use this metadata, the files need to be put into the
image metadata search path. There are 2 options:

1. Use the --metadata-source parameter when bootstrapping:
   juju bootstrap --metadata-source /home/cody

2. Use image-metadata-url in $JUJU_HOME/environments.yaml
Configure a http server to serve the contents of
/home/sysop
and set the value of image-metadata-url accordingly.
```

代码清单 12-18 中生成的镜像元数据将会存储在[root path]/images 目录下。这个元数据会被 Juju 用来将 charm 要求转换成你的 OpenStack 部署中的资源请求。

Juju 现在已经配置了你的系统和镜像信息，但一旦一个适当的镜像为一个特定 charm 启动，额外的应用安装过程必须在这个实例上进行。Juju 使用一个基于代理的模型，把 Juju 工具（代理）放在镜像里，然后使用这些代理完成 charm 部署过程。可以在同一个 OpenStack 部署的不同租户间使用不同版本的 Juju 工具，就像可以使用不同的操作系统镜像一样。

为了工具在部署间的灵活性，你还必须生成工具的元数据，就跟生成镜像元数据一样。代码清单 12-19 显示了如何生成工具元数据。

代码清单 12-19　生成工具元数据

```
$ juju metadata generate-tools -d /home/sysop
Finding tools in /home/sysop
```

在这里生成的工具元数据存储在[root path]/tools 目录里。这个元数据包含用来生成元数据的工具版本相关的信息，这些信息将会被 Juju 用来决定它应该为具体部署使用哪些工具。

现在你已经配置了 Juju 系统、镜像和工具信息，准备 bootstrap 你的租户。Juju 在 bootstrapping 过程放置控制（bootstrap）实例到一个租户。这个 bootstrap 实例与 Juju 客户端和你的 OpenStack 部署通信来协调应用编排。

bootstrap 允许应用节点在 OpenStack 内部网络保持隔离，直到它们完全暴露。例如，如果你部署一个负载均衡的 WordPress 环境（不止一台 Web 服务器），只需要负载均衡器暴露到外部，而 Web 和数据库服务器可以仍然与外部隔离。当然，你可以手动这样做，但通常手动管理这些节点需要对其访问，就很难做到隔离了。

代码清单 12-20 显示了 OpenStack bootstrap 过程。

代码清单 12-20　bootstrapping 一个 OpenStack 租户

```
$ juju bootstrap \
 --metadata-source /home/sysop \      ← 镜像和工具目录的根路径

 --upload-tools -v                    ← 上传工具到部署

WARNING ignoring environments.yaml:
using bootstrap config in file
```

```
  "/home/sysop/.juju/environments/myopenstack.jenv"
Bootstrapping environment "myopenstack"
Starting new instance for initial state server
Launching instance
 - 25e3207b-05e5-428c-a390-4fb7d6849d6d
Installing Juju agent on bootstrap instance
Waiting for address
Attempting to connect to 10.0.0.2:22
Logging to /var/log/cloud-init-output.log on remote host
Installing add-apt-repository
Adding apt repository: ...
Running apt-get update
Running apt-get upgrade
Installing package: git
Installing package: curl
Installing package: cpu-checker
Installing package: bridge-utils
Installing package: rsyslog-gnutls
Fetching tools: ...
Bootstrapping Juju machine agent
Starting Juju machine agent (jujud-machine-0)
```

一旦 bootstrap 成功完成，你将准备在你的租户里使用 Juju。在任何时候都可以通过代码清单 12-21 所示的命令检查你的 Juju 环境的状态。

代码清单 12-21 检查 Juju 状态

```
$ juju status
environment: myopenstack
machines:
   "0":
     agent-state: started
     agent-version: 1.20.11.1
     dns-name: 10.0.0.2
     instance-id: 6a61c0db-9a32-4bba-b74d-44e09692210c
     instance-state: ACTIVE
     series: precise
     hardware: arch=amd64 cpu-cores=1 mem=2048M root-disk=20480M
     state-server-member-status: has-vote
services: {}
```

现在是时候使用 Juju charm 在 OpenStack 部署 WordPress 了。

12.2.3 部署 charms CLI

以代码清单 12-22 作为参考，使用 Juju 部署 WordPress。

代码清单 12-22 使用 Juju 部署 WordPress

```
$ juju deploy wordpress
Added charm "cs:precise/wordpress-27" to the environment.
```

当发出部署命令时，你的请求将会发送到你的 bootstrap 实例。你可以使用代码清单 12-23 所示的命令检查你的部署状态。

代码清单 12-23 检查 WordPress 的部署

```
$ juju status
environment: myopenstack
machines:
   "0":
   ..
   "1":
     agent-state: pending
     dns-name: 10.0.0.3
     instance-id: ed50e7af-0426-4574-a0e0-587abc5c03ce
     instance-state: ACTIVE
     series: precise
     hardware: arch=amd64 cpu-cores=1 mem=2048M root-disk=20480M
services:
   wordpress:
     charm: cs:precise/wordpress-27
     exposed: false
     relations:
       loadbalancer:
       - wordpress
     units:
       wordpress/0:
         agent-state: pending
         machine: "1"
         public-address: 10.0.0.3
```

WordPress 的新实例
OpenStack 实例 ID
新的 WordPress 服务
服务不暴露出去
服务状态标志

从 OpenStack 的角度来看，你可以通过代码清单 12-24 所示的 Nova 命令来查看 bootstrap 节点部署的实例。

代码清单 12-24 Nova 列举实例

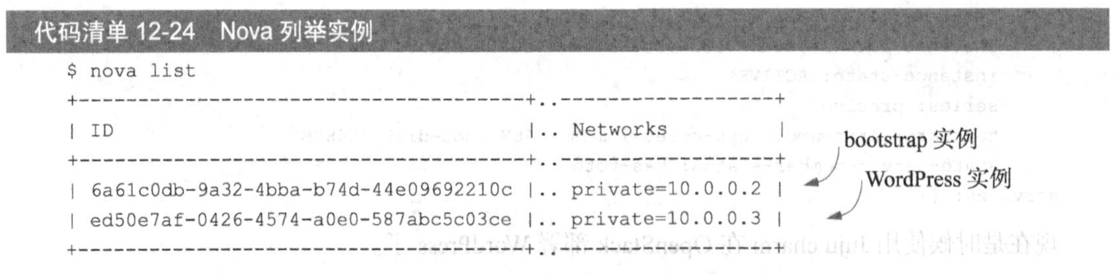

```
$ nova list
+--------------------------------------+..-------------------+
| ID                                   |.. Networks          |
+--------------------------------------+..-------------------+
| 6a61c0db-9a32-4bba-b74d-44e09692210c |.. private=10.0.0.2 |
| ed50e7af-0426-4574-a0e0-587abc5c03ce |.. private=10.0.0.3 |
+--------------------------------------+..-------------------+
```


你的 WordPress 服务正在准备供应过程中，但 WordPress charm 存在 MySQL 上的依赖。就像部署 WordPress 服务，你必须先部署 MySQL 并关联它到 WordPress 实例，如代码清单 12-25 所示。

代码清单 12-25 部署余下的依赖

```
$ juju deploy mysql
```

```
...
$ juju add-relation mysql wordpress
...
```

Juju 的依赖 Juju 当前不提供自动化的依赖解决方案。你必须阅读 charm 文档来确定依赖。

一旦 OpenStack 提供所有资源，在每个实例上的代理将安装 WordPress 和依赖的组件。每个节点上的组件可以通过 Juju WordPress charm 指定配置。例如，Web 服务器将会配置从数据库服务器消耗资源，负载均衡器将会配置为均衡 Web 服务器间的流量。

当你的 WordPress 服务的 `agent-state`（代理状态）从 `pending`（待定）变成 `started`（已开始），如代码清单 12-23 所示的 `status`（状态）命令，你的服务准备好了。但在可以访问你的服务之前，你必须首先暴露它，如代码清单 12-26 所示。

代码清单 12-26 暴露 WordPress 服务

```
$ juju expose wordpress
```

你的 WordPress 部署现在可以通过代码清单 12-23 中 `status` 命令所示的公共地址访问。

现在你已经完成了使用 charm 进行 WordPress 的 Juju 部署。如果你想获得使用 Juju 部署的实例的控制台访问，通过代码清单 12-23 所示的 `status` 命令确定机器的 ID，然后使用代码清单 12-27 所示的命令。这个例子演示了如何获得到机器 1 的控制台（SSH）访问。

代码清单 12-27 Juju 实例的 SSH 访问

```
$ juju ssh 1                    ◄———— 机器 ID
```

下一步将会部署 Juju GUI，这样就可以在你的环境中图形化地部署 Juju charm。

12.2.4 部署 Juju GUI

一旦你在 OpenStack 租户完成 bootstrap，你就可以部署 Juju GUI。我们首先会介绍 GUI 的部署，然后使用 GUI 部署 WordPress。

再一次，如代码清单 12-28 所示检查你的 Juju 环境状态。

代码清单 12-28 检查 Juju 环境状态

```
$ juju status
environment: myopenstack
machines:
  "0":
    agent-state: started
    agent-version: 1.20.11.1
    dns-name: 10.33.4.54
    instance-id: de0fbd71-a223-4be4-862b-8f1cb6472640
    instance-state: ACTIVE
```

```
    series: precise
    hardware: arch=amd64 cpu-cores=1 mem=1024M root-disk=25600M
    state-server-member-status: has-vote
services: {}
```

从代码清单 12-28 中可以看出，myopenstack 的 Juju 环境里的唯一一个节点是 bootstrap 节点，即机器 0。

如代码清单 12-29 所示，部署和暴露 Juju GUI charm 到你的环境。

代码清单 12-29　部署和暴露 Juju GUI

```
$ juju deploy juju-gui
Added charm "cs:precise/juju-gui-109" to the environment.
$ juju expose juju-gui
```

现在 Juju GUI 已经部署和暴露，如代码清单 12-30 所示检查部署的状态。

代码清单 12-30　检查 Juju 环境状态

```
$ juju status
environment: myopenstack
...
services:
  juju-gui:
    charm: cs:precise/juju-gui-109
    exposed: true                    <---- 服务被暴露
    units:
      juju-gui/0:
        agent-state: started
        agent-version: 1.20.11.1
        machine: "1"                 <---- 运行在机器 1 上
        open-ports:
        - 80/tcp                     <---- 使用 80/443 端口
        - 443/tcp
        public-address: 10.33.4.53   <---- 使用 IP 10.33.4.53
```

在前面的例子中，你可以看到服务代理已经开始（agent-state: started），服务目前是暴露的（exposed: true），服务的公共地址是 10.33.4.53（public-address:10.33.4.53）。

使用 Web 浏览器，尝试使用你的环境列举的公共地址访问 Juju GUI。一旦你访问 Juju GUI 网站，显示的是登录界面，如图 12-2 所示。

在 bootstrap 过程中，会生成你的环境的 admin 密码，这个密码可用来登录 Juju GUI。你可以使用代码清单 12-31 所示的命令获取你的 admin 密码。

代码清单 12-31　获取 admin 密码

```
$ more ~/.juju/environments/myopenstack.jenv | grep admin-secret
  admin-secret: bc03a7948a117561eb5111437888b5f9
```

使用用户名 admin，并且将 admin 密码作为密码（本例是 bc03a7948a117561eb5111437888b5f9），登录到 Juju GUI。

一旦登录，将会展现一个为你的引导环境提供图形化界面的主页界面。使用主页界面左上方的搜索条，如图 12-3 所示搜索一个 WordPress charm。

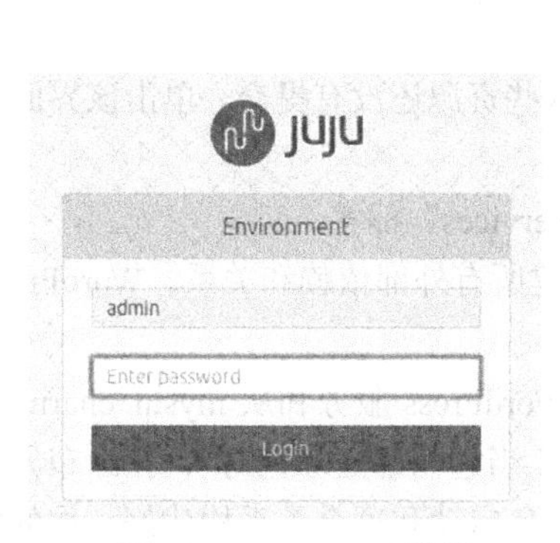

图 12-2 Juju GUI 登录

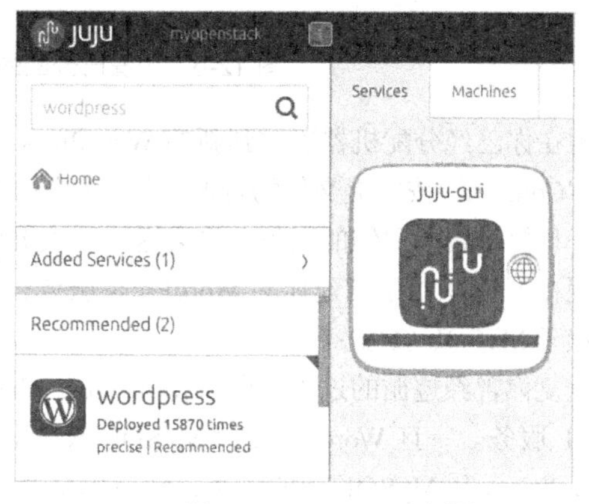

图 12-3 Juju GUI 主页

当你单击 charm 的名字时，将会带你到 charm 面板。单击一个 WordPress charm，将会带你到如图 12-4 所示的一个 charm 面板。

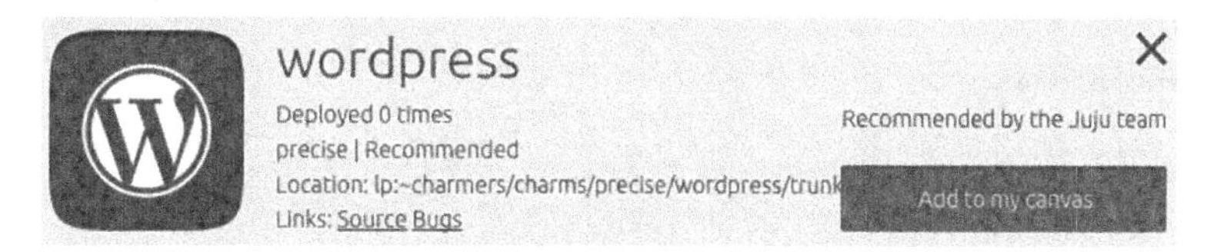

图 12-4 添加 WordPress charm 到画布（canvas）

在 WordPress charm 面板，单击“Add to My Canvas”。WordPress charm 将作为一个服务被添加到你的画布，但还没分配机器资源。在主页界面单击“Machines”标签来查看机器资源的分配，如图 12-5 所示。

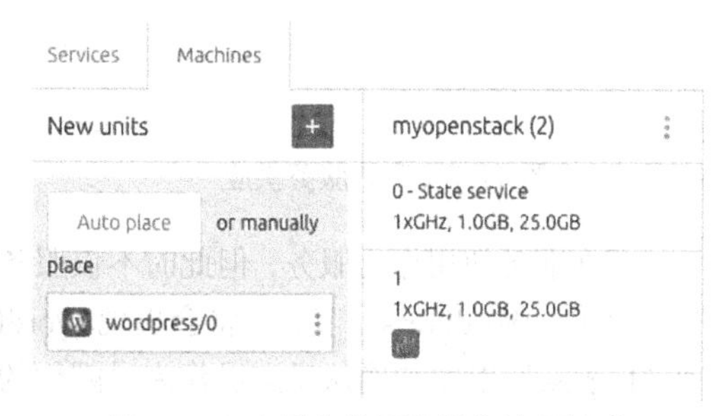

图 12-5 查看未分配的服务资源请求

在“Machines”标签，你可以在“New Units”列中看到为新的 WordPress 服务请求的资源。单击“Auto Place”按钮，将会分配机器资源，如图 12-6 所示。

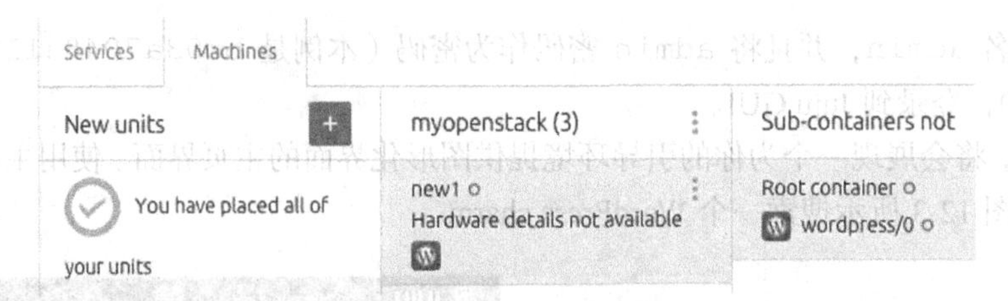

图 12-6　查看已分配的服务资源的分配情况

现在你已经分配机器资源到新的 WordPress 服务，但这些资源还没有提交。单击该界面右下方的“Commit”按钮提交你的资源分配，如图 12-7 所示。

一旦提交资源到你的服务，将会返回到主页界面的“Services”标签。

现在 Juju 正忙于构建你的 WordPress 服务，但不会构建所有外部依赖和关系。WordPress 服务依赖于 MySQL 服务。

重复你曾经遵循的过程，即从 wordpress charm 安装 WordPress 服务和从 mysql charm 安装 MySQL 服务。一旦 WordPress 和 MySQL 服务都正常运行（当它们都是绿色时），在画布界面构建 WordPress 和 MySQL 间的关系，然后提交变更。一旦服务启动和这个关系构建好，你的画布应该看起来如图 12-8 所示。

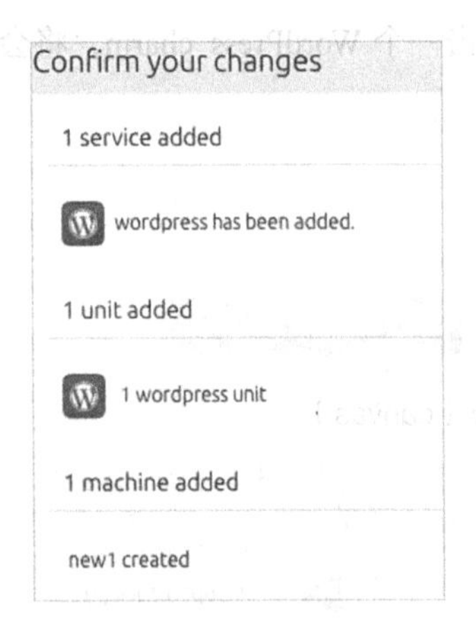

图 12-7　确认服务供应

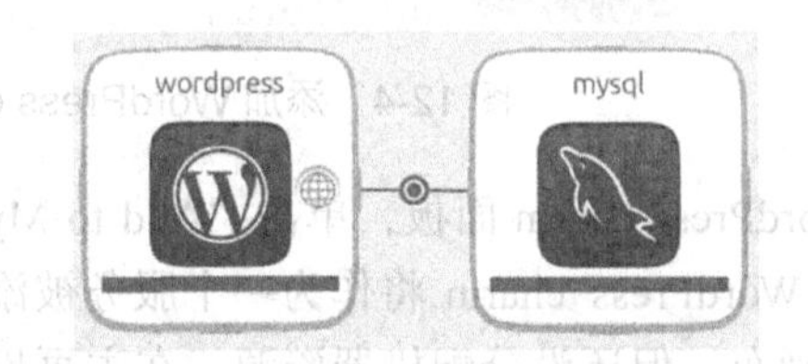

图 12-8　WordPress 和 MySQL 之间的服务关系

现在准备使用你的服务，但此时不仅服务没有被暴露，还不知道服务使用的地址。在你的画布上单击“WordPress”节点，将会出现 WordPress 服务面板。在 WordPress 面板上，可以通过拨动“Expose”滑块和确认暴露操作来暴露你的服务。

一旦服务被暴露，单击正在运行的 WordPress 服务实例（wordpress/0），将会加载服务查看面板，如图 12-9 所示。在服务查看面板，你可以看到服务使用的公共地址和端口。

使用 Web 浏览器，使用你的公共地址尝试访问新的 WordPress 网站，如图 12-10 所示。

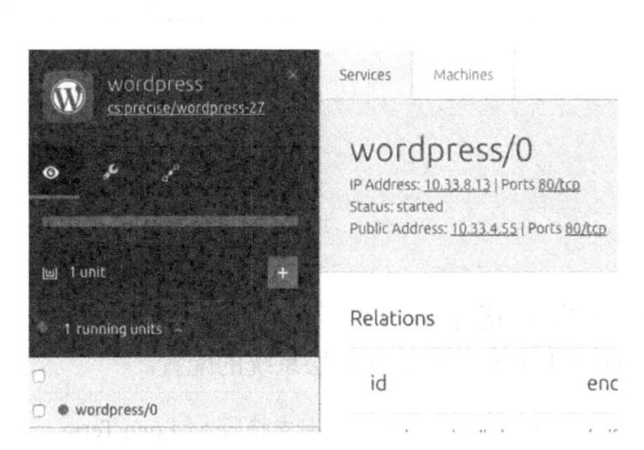

图 12-9　查看服务查看面板

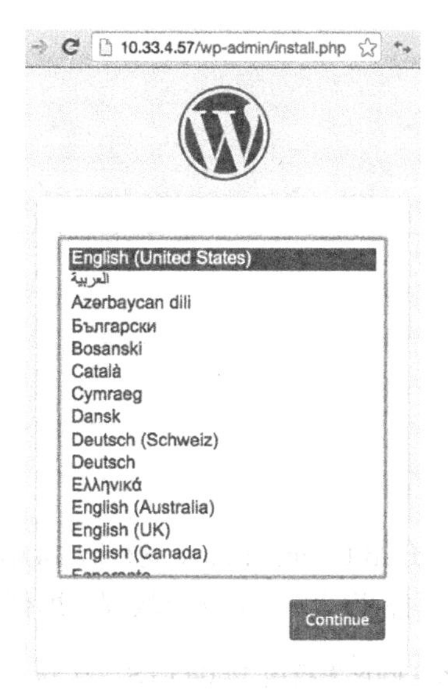

图 12-10　访问你的 WordPress 网站

503 错误？

如果遇到503错误，可能是内存不足——默认 charm 提供一个非常小的虚拟机。

降低 WordPress 内存使用的一个方法是在提交资源之前，通过调整服务来减少 WordPress 插件加载的数量。在 WordPress 服务面板，将“tuning”从 standard 改为 bare，如图 12-11 所示。

或者你可以修改部署来使用更大的实例。

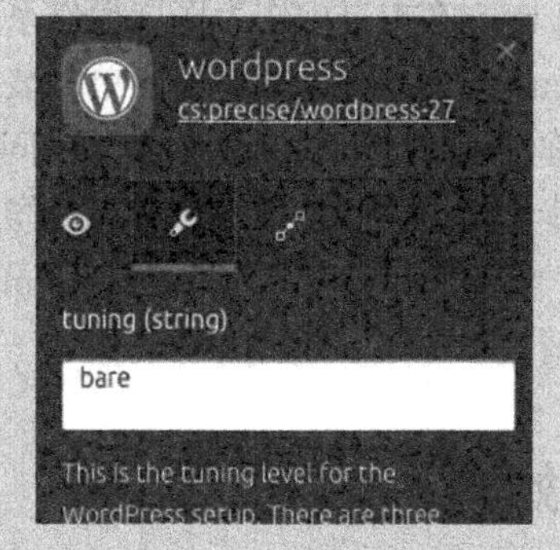

图 12-11　将“tuning”从 standard 改为 bare

现在你已经使用 Juju GUI 部署了 WordPress 和它的相关依赖。你可以重复使用 charms 部署很多应用这个过程来使用公有云和私有云。

12.3　小结

- OpenStack Heat 项目可以用来在 OpenStack 集群上自动化部署应用。
- Heat 是 OpenStack 官方项目。
- Heat 可以使用 Amazon Web Services （AWS） CloudFormation 模板格式和它自己的 HOT 格式。
- Ubuntu Juju 可以用来在基于 Amazon 和基于 OpenStack 的公有云和私有云上自动化部署应用。
- Juju 是一个 OpenStack 相关的项目。
- Juju 是一个基于代理的编排工具。

附录　安装 Linux

本附录介绍 Ubuntu Linux 发行版 14.04 LTS 在单一物理服务器的基本安装。即使你过去用过 Linux，也可能想回顾一下这个教程，即便只是理解用于本书例子的底层系统的配置。

Ubuntu Linux 发行版 14.04 LTS　与 14.04 连到一起的缩写 LTS 表明是长期支持版本（Long Term Support）。Ubuntu 的这个 14.04 分支将会至少支持到 2019 年 4 月。

虽然 Linux 在本书中作为底层操作系统，但本书不是介绍 Linux 的书。本附录包含了为没有 Ubuntu Linux 经验的读者提供的简单安装指导。这个指导将会介绍安装过程的每一步。

如果你知道如何回答安装器询问的问题，那么安装过程就是小菜一碟。本附录提供了这个过程中每一步配置的通用回答。在任何时候遇到解决不了的问题，最简单的就是重新开始。一旦知道怎样做，整个安装过程可以在 15～20min 完成。如果遇到具体硬件问题，或者想更深入学习这个过程，请查看 Ubuntu 社区网页。

A.1　开始

需要一些软硬件才能开始。首先，需要一些物理硬件。可以是全面正规的服务器，或者简单的旧台式机或便携式计算机。

在本附录的 Linux 安装演示中，我使用一台带有 4 个有线以太网网卡的服务器。如果在你的硬件上有一个有线网络接口卡（NIC），那么在你的服务器上的网络设备的名字和适配器的数量可能与本例相同，也可能不同。在适当的地方，可以对本例进行修改以匹配你的环境。

最后，需要下载 Ubuntu 14.04 LTS ISO 的最新稳定副本。本指导将会基于使用命令行，因此服务器的具体 ISO 安装是没问题的。如果喜欢使用桌面版，也可以，但对于本书的任何例子是不需要的。

请确保为自己的硬件架构下载了正确的 ISO。通常，为老旧的（32 位）硬件（5 年以上）选择 x86 版本，为新的（32 位或 64 位）硬件选择 x86-64 版本。如果没把握，那么查看你的具体 CPU 以确认它是 32 位架构还是 64 位架构。

本附录包含以下主要安装步骤：

- 初始化配置——设置语言和位置；
- 网络配置——连接硬件到网络；
- 用户配置——为操作系统创建新用户；
- 磁盘和分区——为操作系统构建磁盘配置；
- 基本系统配置——软件安装和初始化服务配置。

让我们开始吧。

A.2 初始化配置

在本节中，你需要提供关于语言和位置的信息。

如图 A-1 所示，选择需要的语言并按回车键。本书选择的是英语，但你可以选择任何语言。注意，这是为你的 Ubuntu 安装的语言；其他额外的软件，如 OpenStack，有它自己的语言设置。

Language			
Amharic	Gaeilge	Malayalam	Thai
Arabic	Galego	Marathi	Tagalog
Asturianu	Gujarati	Nepali	Türkçe
Беларуская	עברית	Nederlands	Uyghur
Български	Hindi	Norsk bokmål	Українська
Bengali	Hrvatski	Norsk nynorsk	Tiếng Việt
Bosanski	Magyar	Punjabi (Gurmukhi)	中文(简体)
Català	Bahasa Indonesia	Polski	中文(繁體)
Čeština	Íslenska	Português do Brasil	
Dansk	Italiano	Português	
Deutsch	日本語	Română	
Dzongkha	ქართული	Русский	
Ελληνικά	Қазақ	Sámegillii	
English	Khmer	සිංහල	

图 A-1 初始化界面，选择语言

如图 A-2 所示的提示，如果你在之前的安装中遇到过问题或者你是非常谨慎的人，可以测试硬件的安装磁盘或内存；否则，通过键盘的方向键选择“Install Ubuntu Server”并按回车键继续进行安装。

在选择“Install Ubuntu Server”后，将再一次被要求选择语言，如图 A-3 所示。选择需要的语言并继续。

图 A-2 选择“Install Ubuntu Server”

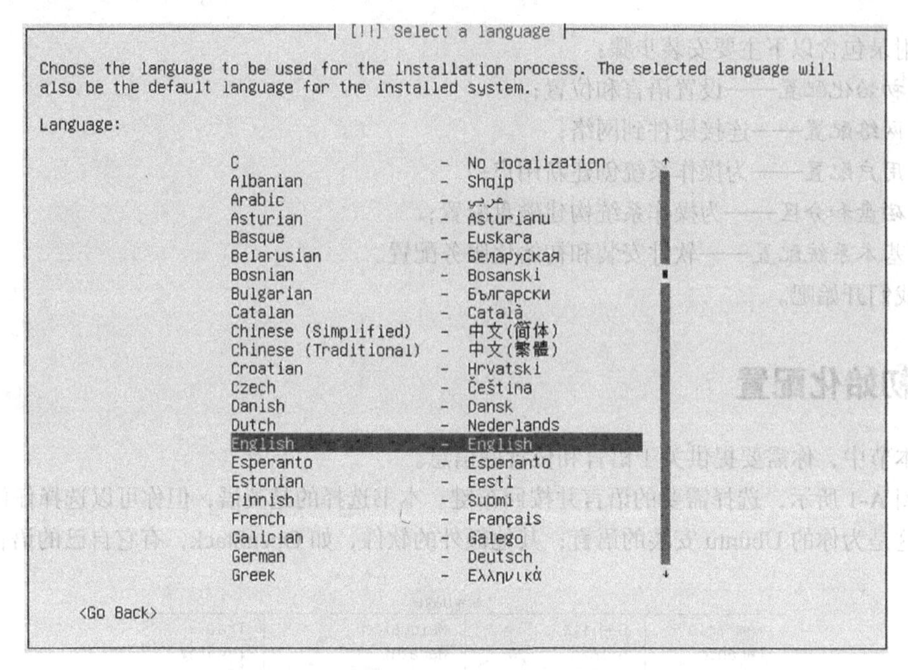

图 A-3 选择语言

下一步，选择位置，如图 A-4 所示。这一步会设置时区和其他位置相关的配置。

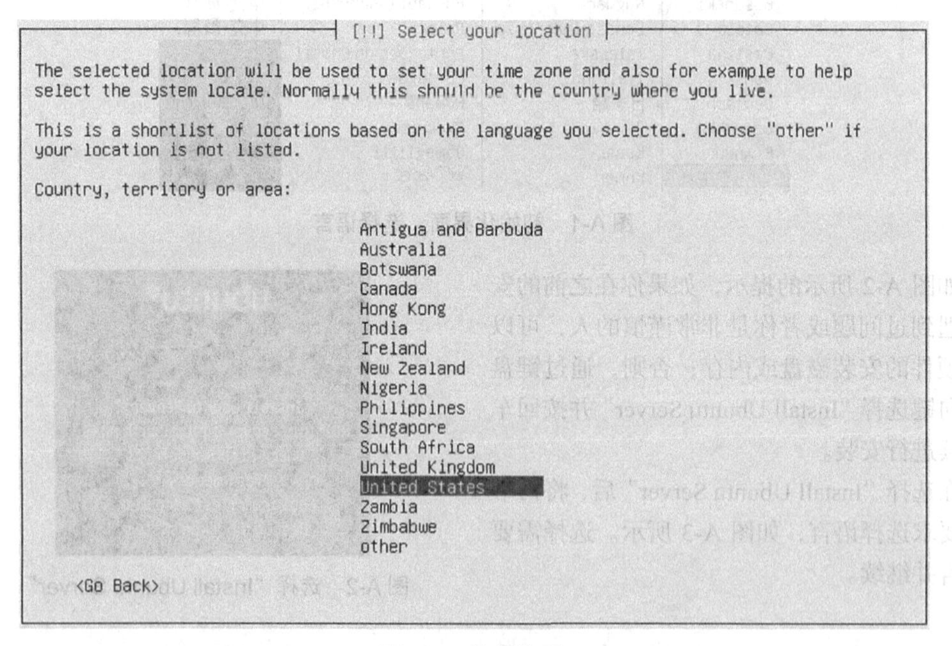

图 A-4 选择位置

如果想启用键盘检测，在下一界面中（见图 A-5）选择“Yes”。我从来没有布局检测的困扰，只是简单回答几个额外的问题。

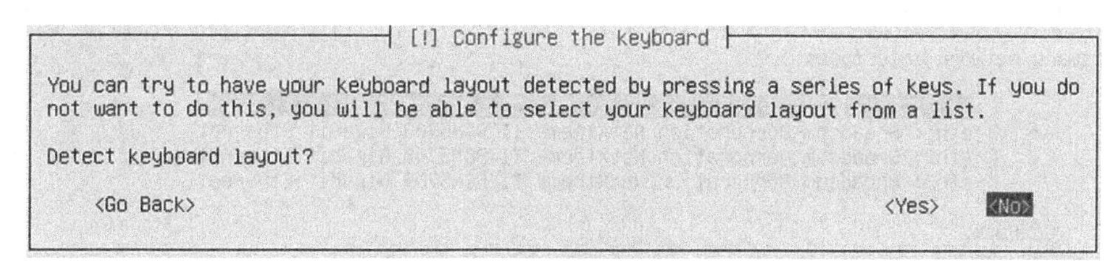

图 A-5 配置键盘

回答了关于语言和位置的问题后，额外的安装包将会从 ISO 中加载，如图 A-6 所示。这些组件将会在下一安装步骤中使用。这一步不用人工干预。

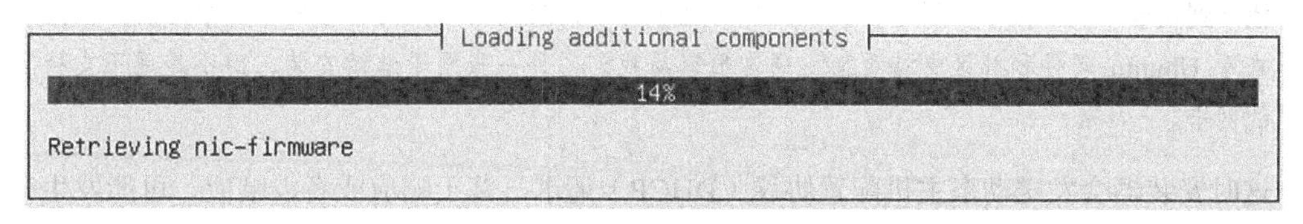

图 A-6 加载额外的组件

下一节将会进行基本网络配置。

A.3 网络配置

本节将会介绍网络配置。如果你提供正确的答案，这个过程会非常简单，否则会令你非常沮丧。这一步的网络配置将会用来下载更新软件包，因此你很快就会知道它们是否被正确配置。

本节将会进行以下配置：

- 设置操作系统使用的物理网卡；
- 配置你的物理网卡的 IP 地址、子网掩码和网关；
- 配置操作系统的域名解析；
- 设置操作系统的主机名和域名。

在图 A-7 中，可以看到列举的 4 个以太网网卡。依据你的硬件的物理接口的数目，你可能看到的数量跟这里的不一样。

在本例中，我知道我正在使用接口 eth0，因为它是我的第一个物理网卡。我有一根网线连接到这个接口，这将允许这台服务器在我的网络上通信。高级 Linux 管理员有识别具体网卡的方法，但这个内容超出了本附录的范围。幸运的话，你只有一个网卡，或你知道要选择哪个网卡。如果你不知道选择哪个网卡，可以反复试验。如果该网卡不能工作，很快就会知道。

```
[!!] Configure the network

Your system has multiple network interfaces. Choose the one to use as the primary network
interface during the installation. If possible, the first connected network interface
found has been selected.

Primary network interface:

        eth0: Broadcom Corporation NetXtreme II BCM5709 Gigabit Ethernet
        eth1: Broadcom Corporation NetXtreme II BCM5709 Gigabit Ethernet
        eth2: Broadcom Corporation NetXtreme II BCM5709 Gigabit Ethernet
        eth3: Broadcom Corporation NetXtreme II BCM5709 Gigabit Ethernet

    <Go Back>
```

图 A-7 选择一个网卡

如果看不到任何网卡，很可能是你的硬件出了故障，或者 Ubuntu 安装器不支持你的网卡。

找不到网卡 如果找不到网卡，要么是你的网卡坏了，要么是不支持你的网卡。最好的方法是查看 Ubuntu 硬件和社区支持页面。通常很容易找到另外一张网卡继续安装，而不是用不支持的网卡。

这时安装器会发送动态主机配置协议（DHCP）请求。基于响应或者没响应，可能发生一件或两件事情。如果响应失败，意味着你的网络没有配置 DHCP，将要手动配置这个网络。但是，如果网络已经配置了 DHCP，可以跳过，继续下一步。

看一下图 A-8。如果你的界面看起来像图 A-8 中左侧的图，你将会被要求输入 IP 地址，你需要按 A.3.1 节手动配置。但是，如果你的界面看起来像图 A-8 中右侧的图，此时将会询问你的主机名，然后你可以跳到 A.3.2 节。

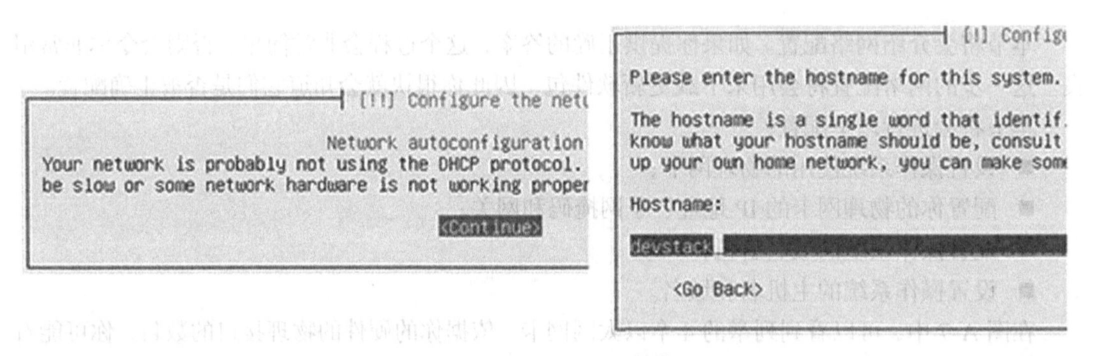

图 A-8 DHCP 是否失败

在这两种情况中，安装过程都是连续的，你不应该返回到前面。

A.3.1 手动配置网卡

如果 DHCP 配置失败，你的界面应该看起来像图 A-9。出现这个状况的原因可能是你选择了不正确的网卡或你的网络的 DHCP 没配置好。

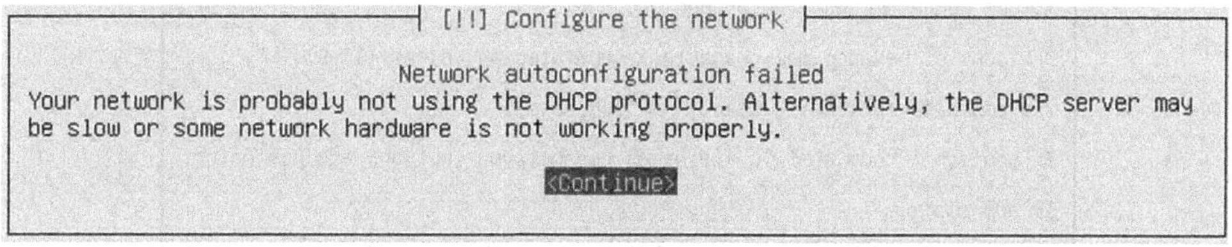

```
[!!] Configure the network

Network autoconfiguration failed
Your network is probably not using the DHCP protocol. Alternatively, the DHCP server may
be slow or some network hardware is not working properly.

<Continue>
```

图 A-9 继续手动配置

如果你希望 DHCP 工作，可以使用其他网卡重试这个配置，如图 A-10 所示。另一方面，如果你手动选择了正确的网卡，并且不使用 DHCP，那么可以继续一个手动网络配置。

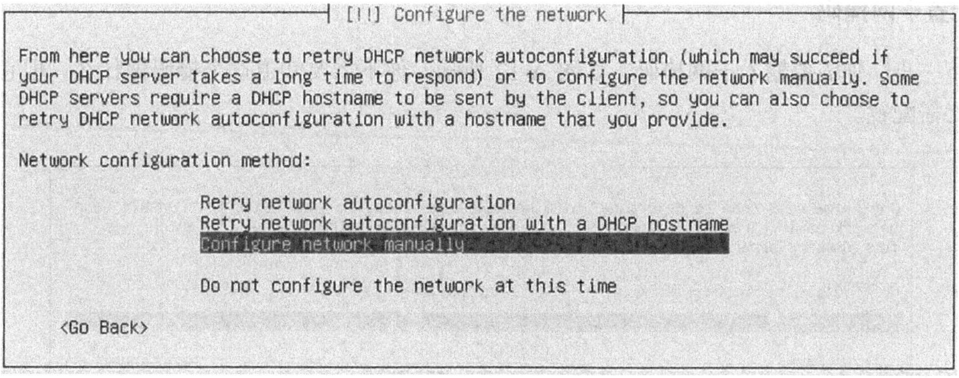

```
[!!] Configure the network

From here you can choose to retry DHCP network autoconfiguration (which may succeed if
your DHCP server takes a long time to respond) or to configure the network manually. Some
DHCP servers require a DHCP hostname to be sent by the client, so you can also choose to
retry DHCP network autoconfiguration with a hostname that you provide.

Network configuration method:

          Retry network autoconfiguration
          Retry network autoconfiguration with a DHCP hostname
          Configure network manually

          Do not configure the network at this time

   <Go Back>
```

图 A-10 手动配置网络

在继续手动配置之前，需要下列信息：

- 这台主机的 IP 地址；
- 主机地址的子网掩码；
- 主机网络子网的路由器网关地址；
- 域名解析的域名系统（DNS）服务器地址。

如果你没有这些信息，与熟悉你网络的人交流获得这些地址。

1. 配置主机 IP 地址

要开始手动配置，需要输入你的主机的 IP 地址，如图 A-11 所示。我使用的地址是 10.163.200.32，但这取决于这台主机连接的网络。你的 IP 地址取决于你主机的网络。

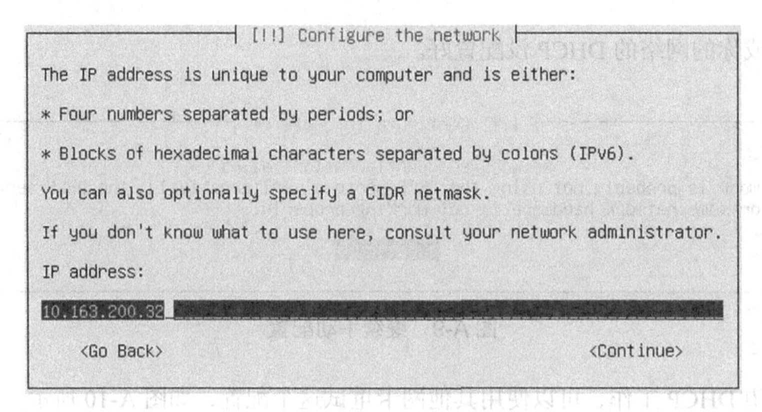

图 A-11 为接口配置 IPv4 地址

2. 配置子网掩码

下一步，你需要输入子网掩码，如图 A-12 所示。你不需要知道这个掩码做什么，但它是网络的必需配置。

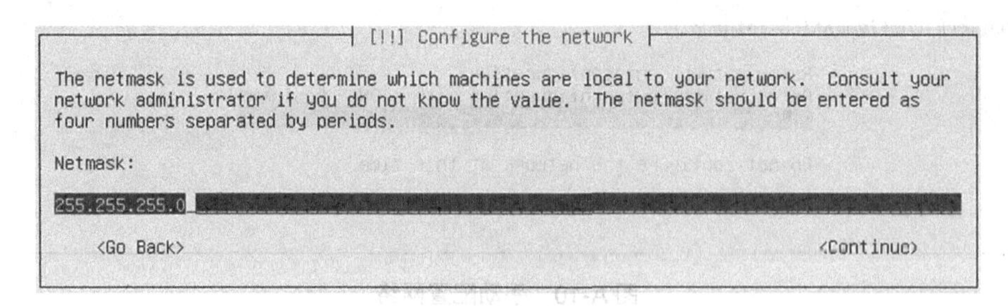

图 A-12 配置子网掩码

简而言之，IP 地址就像街道地址。街道地址是独一无二的，但街道可能包含很多房子。这个子网掩码就像是这个街道的说明，告诉你街道从哪里开始到哪里结束。共享相同 IP 地址范围和子网的主机被认为在相同的广播域，因此你可以认为这是在相同的街道。

3. 配置网络的网关地址

如果配置正确，你的主机现在可以与相同网络（广播域）的主机通信。但想要与这个域之外的网络通信，如互联网，即使在安装完成之前。为此，必须指定网关地址，如图 A-13 所示。

这个网关地址是和你的主机在相同广播域的一个地址，用来从你的主机路由流量到其他网络上的路由域。

4. 配置 DNS 服务器

最后，你想解析主机地址为主机名。当访问谷歌时，你不会想要说：“现在访问

74.125.225.148。”你只想说：“现在访问 www.google.com。”在本例中，www 是主机名，google.com 是域名。为了完成这个域名解析，你需要提供一台 DNS 服务器的地址。

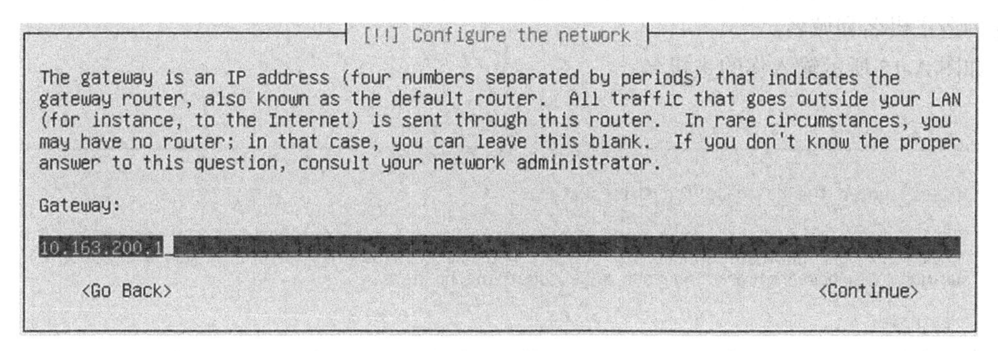

图 A-13 配置网关

不像网络地址，DNS 地址不需要指定位置或网络。在 A-14 中，显示了谷歌的公共 DNS 服务器。如果不能确定 DNS 地址，与你的网络管理员联系。

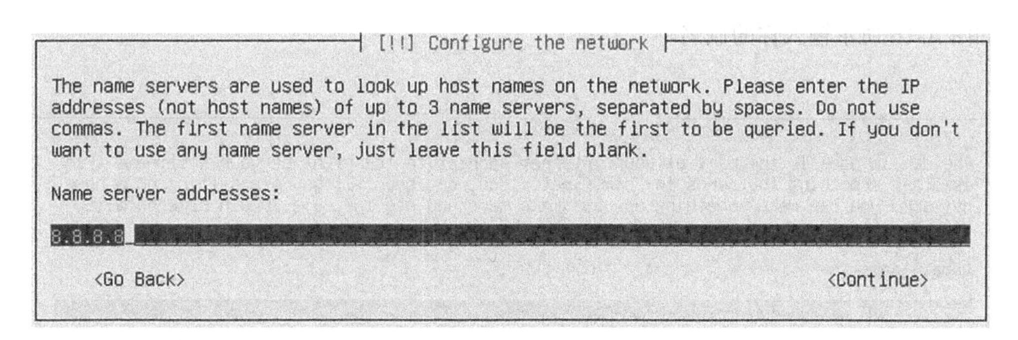

图 A-14 配置 DNS 服务器

现在，你的核心网络配置已经完成。下一节将会配置主机名和域名。

A.3.2 配置主机名和域名

一个计算机名称有两个成分：主机名，用来区分具体主机或服务；域名，用来指定通常与组织相关的高级别的名字。不需要得到太多的细节，假设你想命令你的服务器为 devstack，域名为 example.com。你主机的完全限定域名（Fully Qualified Domain Name，FQDN）将会是 devstack.example.com。

你可以在安装过程设置主机名和域名，有两种方式可以实现。第一种是在生产中配置一些东西：为每台主机使用一个完全限定域名。这意味着跟主机名和域名相关的 IP 地址记录必须存在于某些 DNS 服务器。幸运的是，如果你正在家里使用你的便携式计算机加载 Linux，不需要真正的完全限定域名，特别是如果你正在使用 Linux 为一个单节点部署 OpenStack。基本上，如果你所处的环境可以使用真正的完全限定域名，你就应该使用它。如果完全限定域名不可用，那就简单地创造主机名和域名。

如图 A-15 所示输入你的主机名。

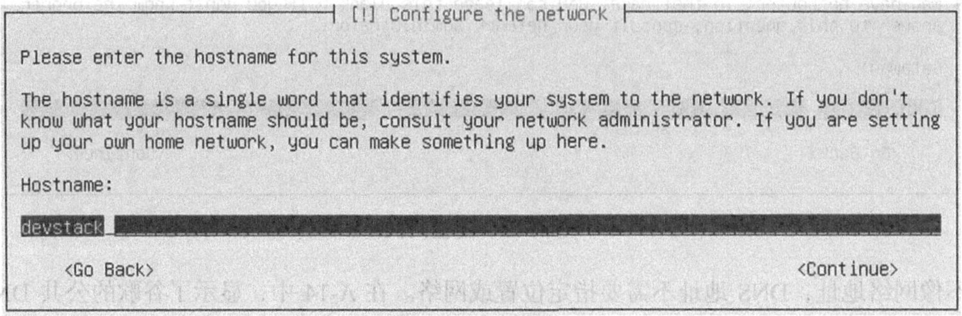

```
[!] Configure the network

Please enter the hostname for this system.

The hostname is a single word that identifies your system to the network. If you don't
know what your hostname should be, consult your network administrator. If you are setting
up your own home network, you can make something up here.

Hostname:

devstack

<Go Back>                                                    <Continue>
```

图 A-15　配置主机名

如图 A-16 所示输入你的域名。

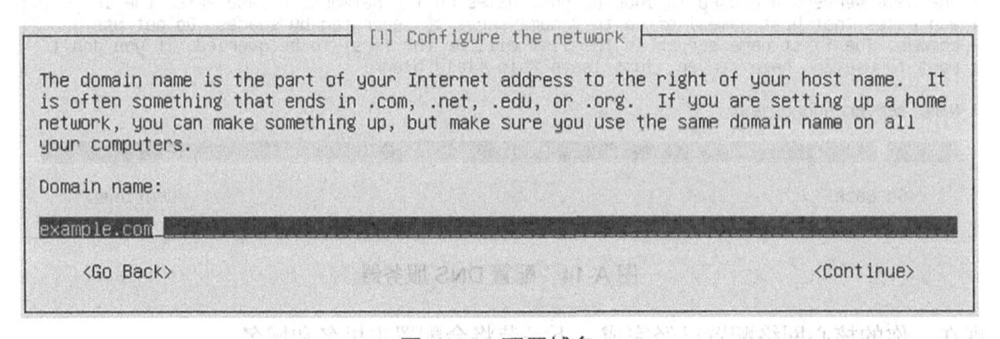

图 A-16　配置域名

现在网络配置已经完成。

A.4 用户配置

用户配置很简短。基本上是提供安装创建的用户相关信息。

首先，输入用户的真实名称，如图 A-17 所示，然后继续。

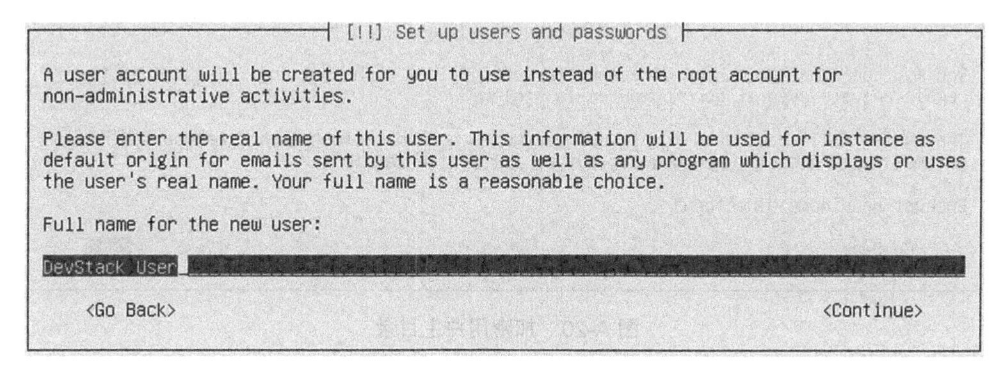

[!!] Set up users and passwords
A user account will be created for you to use instead of the root account for non-administrative activities.
Please enter the real name of this user. This information will be used for instance as default origin for emails sent by this user as well as any program which displays or uses the user's real name. Your full name is a reasonable choice.
Full name for the new user:
DevStack User
<Go Back>
<Continue>

图 A-17 设置用户全名

下一步，你需要提供用户的实际用户名或账号名称。如图 A-18 所示输入用户名，然后继续。

[!!] Set up users and passwords

Select a username for the new account. Your first name is a reasonable choice. The username should start with a lower-case letter, which can be followed by any combination of numbers and more lower-case letters.

Username for your account:

devstack

<Go Back> <Continue>

图 A-18 设置账号的用户名

如图 A-19 所示为新用户提供密码。

[!!] Set up users and passwords

Please enter the same user password again to verify you have typed it correctly.

Re-enter password to verify:

****

<Go Back> <Continue>

图 A-19 设置密码

下一个界面允许你加密用户主目录（见图 A-20）。这对多用户或桌面部署确实更有用。虽然 OpenStack 服务器可能被很多人访问，但这些人不会直接在操作系统上有账号。我通常不会在这种类型的系统加密用户的目录，但这取决于你。

现在你已经完成用户配置。可以开始进行磁盘分区。

```
[!] Set up users and passwords

You may configure your home directory for encryption, such that any files stored there
remain private even if your computer is stolen.

The system will seamlessly mount your encrypted home directory each time you login and
automatically unmount when you log out of all active sessions.

Encrypt your home directory?

    <Go Back>                                                    <Yes>    <No>
```

图 A-20 加密用户主目录

A.5 磁盘和分区

在服务器上配置磁盘和分区可能是最重要的配置步骤之一，因为这个操作很难恢复。描述配置存储设备或 Linux 文件系统分区的最佳实践超出本附录的范围。下面将会介绍基本的手动的磁盘和分区配置（见图 A-21）。

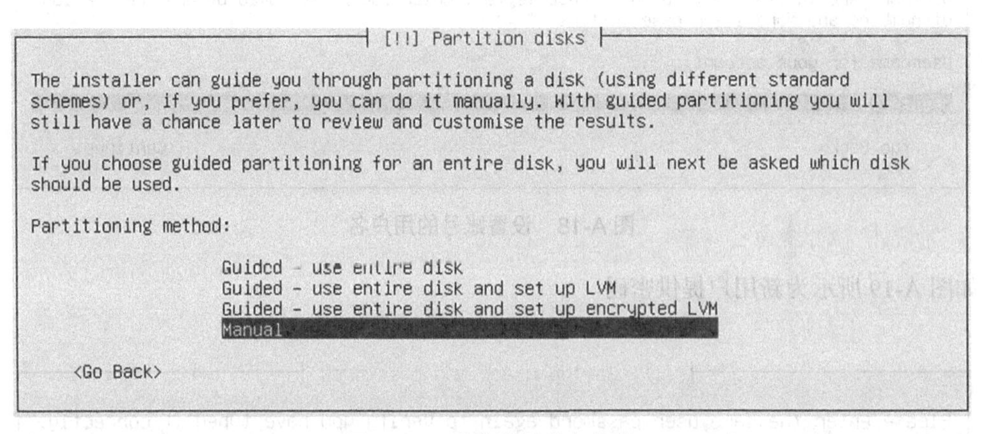

[!!] Partition disks
The installer can guide you through partitioning a disk (using different standard schemes) or, if you prefer, you can do it manually. With guided partitioning you will still have a chance later to review and customise the results.
If you choose guided partitioning for an entire disk, you will next be asked which disk should be used.
Partitioning method:
Guided - use entire disk
Guided - use entire disk and set up LVM
Guided - use entire disk and set up encrypted LVM
Manual
<Go Back>

图 A-21 手动进行磁盘分区

或者，你可以使用“Guided”设置选项之一，提供文件系统的默认值和挂载点（目录结构的位置）。在 Linux 管理中，理解挂载点和文件系统很重要，但这些超出本附录的范围。

使用 OpenStack，我们最关心的是提供 OpenStack 存储资源的设备和服务器，而不是与具体服务器相关的存储。

找不到卷或磁盘 跟网卡一样，如果找不到存储设备，可能是你的设备坏了或者设备不被支持。最好是查看 Ubuntu 硬件和社区支持网页。通常很容易找到另外一个硬件继续安装，而不是用不支持的硬件。

现在使用的是尽可能简单的手动配置，但这些配置不会在生产服务器上使用。如果你对深入学习分区感兴趣，可以查看 Ubuntu 14.04 安装向导。

在我们的简单配置中，将会创建两个分区。第一个分区作为交换分区，第二个是根分区。你不需要知道这些分区的功能，只应该知道它们是安装的最少卷要求。

A.5.1 配置块设备（磁盘驱动器）

图 A-22 显示了一个单一的卷。这个卷由多个物理磁盘组成，但它通过存储适配器展现给操作系统就是一个单一的卷。服务器经常这样做。如果你使用的是台式机或便携式计算机，你可能有多个磁盘或只有一块物理磁盘。选择你想用的磁盘，然后开始分区。注意，这是最后的变更机会。如果你把变更写到磁盘，就无法回退了。

停下并阅读这里：你的数据依赖它 这是在物理硬件上安装操作系统的教程。如果你进行到磁盘分区过程，将会破坏选择的磁盘或卷上的所有数据。如果有疑问，物理移除你想要保留的磁盘或数据。

```
[!!] Partition disks

This is an overview of your currently configured partitions and mount points. Select a
partition to modify its settings (file system, mount point, etc.), a free space to create
partitions, or a device to initialize its partition table.

        Guided partitioning
        Configure iSCSI volumes

        SCSI5 (2,0,0) (sda) - 579.8 GB DELL PERC H700

        Undo changes to partitions
        Finish partitioning and write changes to disk

   <Go Back>
```

图 A-22 选择要分区的磁盘

一切就绪。如图 A-23 所示，在设备上创建一个空的分区。

```
[!!] Partition disks

You have selected an entire device to partition. If you proceed with creating a new
partition table on the device, then all current partitions will be removed.

Note that you will be able to undo this operation later if you wish.

Create new empty partition table on this device?

   <Go Back>                                          <Yes>   <No>
```

图 A-23 选择整个磁盘

现在已经在设备上创建了一个新的分区表。在图 A-24 中可以看到卷的所有空间都标记为“FREE SPACE”。

```
[!!] Partition disks

This is an overview of your currently configured partitions and mount points. Select a
partition to modify its settings (file system, mount point, etc.), a free space to create
partitions, or a device to initialize its partition table.

            Guided partitioning
            Configure software RAID
            Configure the Logical Volume Manager
            Configure encrypted volumes
            Configure iSCSI volumes

            SCSI5 (2,0,0) (sda) - 579.8 GB DELL PERC H700
                  pri/log  579.8 GB       FREE SPACE

            Undo changes to partitions
            Finish partitioning and write changes to disk

    <Go Back>
```

图 A-24 分区菜单

如图 A-25 所示，选择你的“FREE SPACE”，然后按回车键。

```
[!!] Partition disks

This is an overview of your currently configured partitions and mount points. Select a
partition to modify its settings (file system, mount point, etc.), a free space to create
partitions, or a device to initialize its partition table.

            Guided partitioning
            Configure software RAID
            Configure the Logical Volume Manager
            Configure encrypted volumes
            Configure iSCSI volumes

            SCSI5 (2,0,0) (sda) - 579.8 GB DELL PERC H700
                  pri/log  579.8 GB       FREE SPACE

            Undo changes to partitions
            Finish partitioning and write changes to disk

    <Go Back>
```

图 A-25 选择“FREE SPACE”

现在是时候从磁盘的可用空闲空间配置交换分区和根分区了。

A.5.2 配置根分区和交换分区以及挂载点

当显示图 A-26 所示的菜单时，你可以创建一个新的分区。

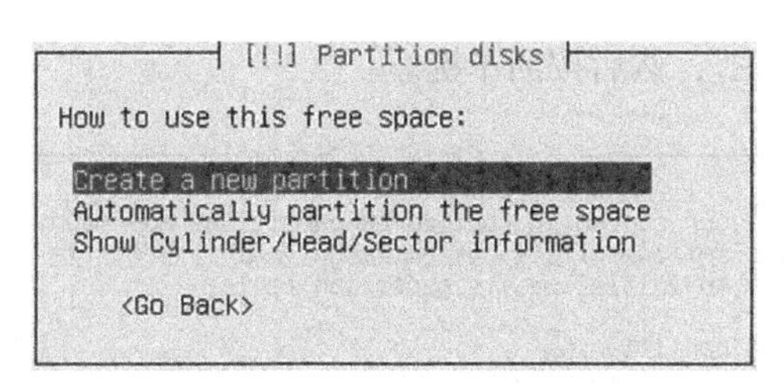

图 A-26　创建一个新分区

在图 A-27 中你可以看到，有多种方式可以指定分区的大小。当然，分区的大小取决于你想要分区的类型和磁盘的大小。我们首先将会创建交换分区。

通常，交换分区至少跟 RAM 大小一样，或可能更大。操作系统使用交换分区将 RAM 里的信息页交换到交换分区框架。交换为操作系统提供了一种处理内存碎片的方法。简而言之，交换空间是好的和必需的。指定你的交换分区大小，然后继续。

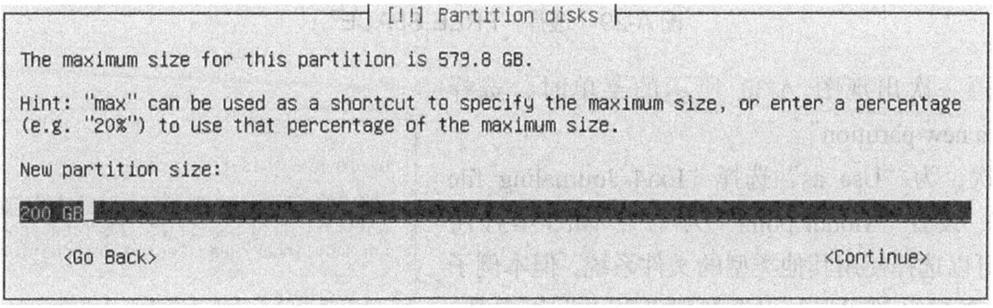

```
[!!] Partition disks
The maximum size for this partition is 579.8 GB.

Hint: "max" can be used as a shortcut to specify the maximum size, or enter a percentage
(e.g. "20%") to use that percentage of the maximum size.

New partition size:

200 GB

<Go Back>                                                  <Continue>
```

图 A-27　磁盘分区：设置新分区的大小

当出现如图 A-28 所示的界面时，设置“Use as”选项为“swap area”。完成后，选择“Done Setting up the partition”，然后按回车键。

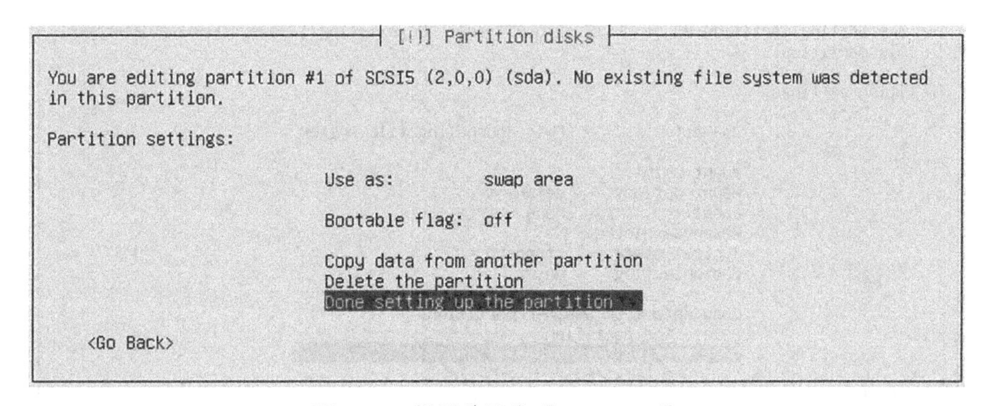

图 A-28　设置分区为“swap area”

你可以在图 A-29 中看到这个交换分区和显示的“FREE SPACE”。现在重复最后几步来创建根分区。选择“FREE SPACE”，然后按回车键。

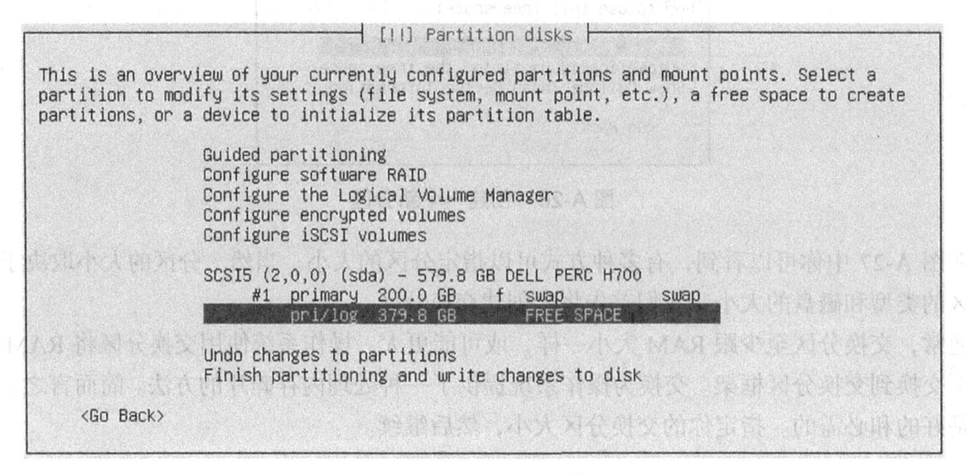

图 A-29 选择“FREE SPACE”

当再一次出现图 A-30 所示的菜单时，选择“Create a new partition”。

这次，为“Use as”选择“Ext4 Journaling file system”，设置“Mount point”为“/”，如图 A-31 所示。你可以选择使用其他类型的文件系统，但本例子中 Ext3 或 Ext4 都可以。设置挂载点为“/”很重要，否则就没有文件系统的根了。完成后，选择“Done Setting up the partition”，然后按回车键。

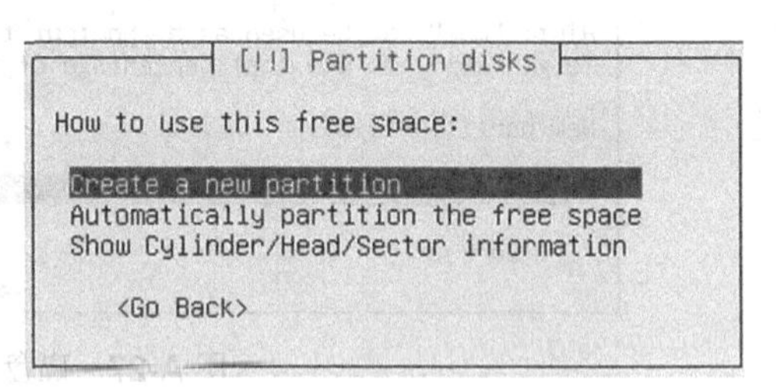

图 A-30 创建一个新分区

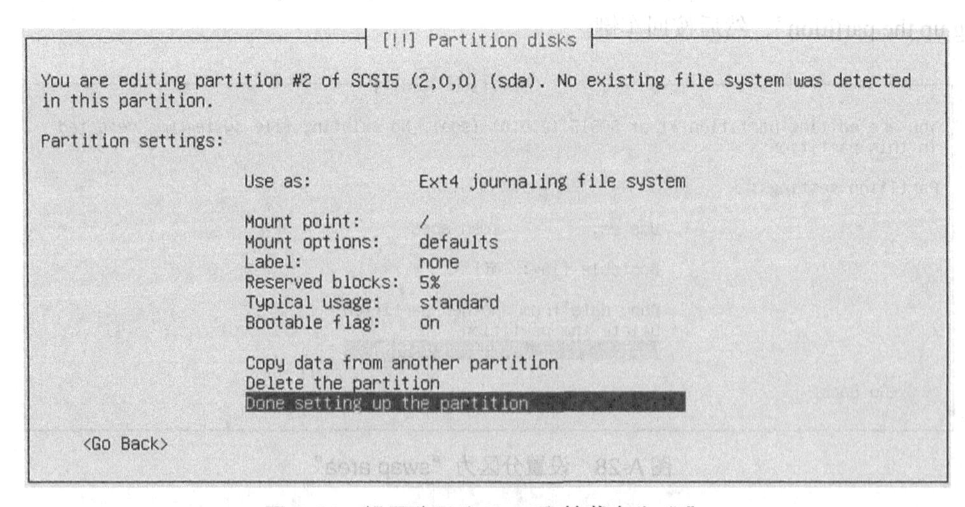

图 A-31 设置分区为 Ext4 和挂载点为“/”

A.5.3 完成磁盘配置

现在应该可以看到两个分区，如图 A-32 所示。这是安装操作系统的最低分区要求。选择“Finish partitioning and write changes to disk”，然后按回车键。

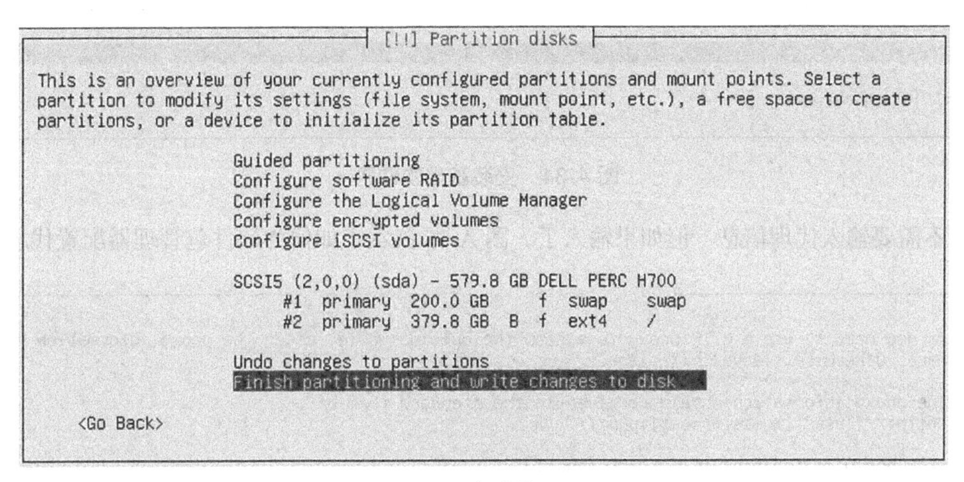

图 A-32 完成分区配置

当分区写入后会提供给你卷概览报告，如图 A-33 所示。如果你确信没有破坏任何重要数据，继续并把变更写到磁盘。

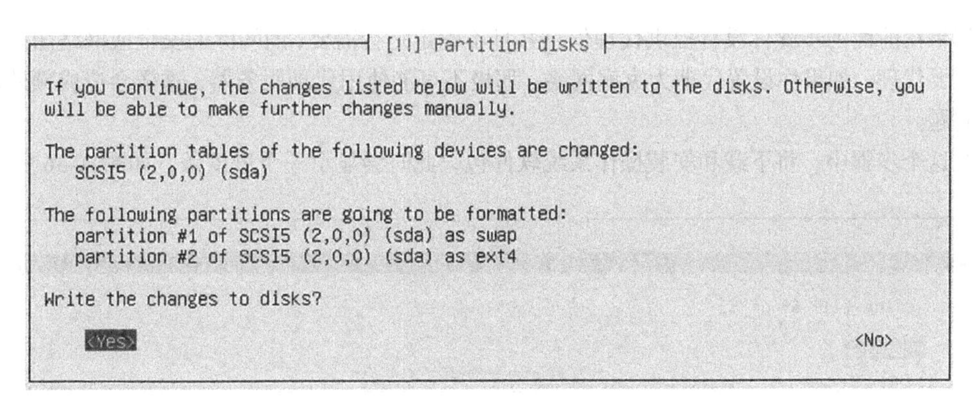

图 A-33 完成磁盘配置

现在语言、网络、用户和磁盘信息配置已经完成。可以准备进行最后的安装步骤了。

A.6 基本系统配置

在最后一节，只有很少的配置。大部分时间是等待系统安装软件包和部署你的配置。

一旦分区变更写到磁盘，安装器将会开始基础软件包的安装，如图 A-34 所示。

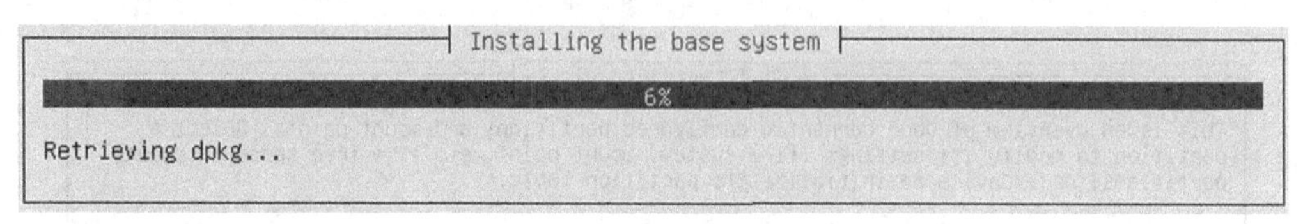

图 A-34 安装基础软件包

你不需要输入代理信息，但如果输入了，图 A-35 展示了如何为软件包管理器配置代理。

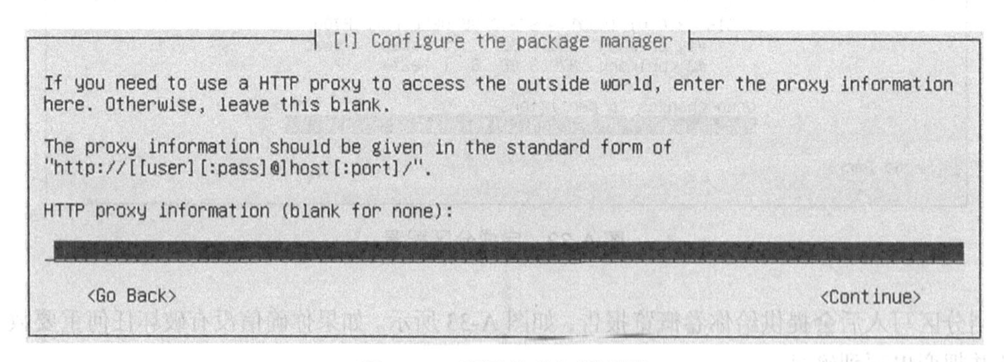

图 A-35 配置软件包管理器

如果在前面的步骤你没有提供代理信息并且不确定是否需要，询问你的安全或网络团队确定是否需要代理。如果你设置代理为家庭网络，那极不可能使用代理服务器，这样会造成额外的连接性问题。

在这个步骤中，将下载和安装操作系统软件包，此时会显示一个进度条，如图 A-36 所示。

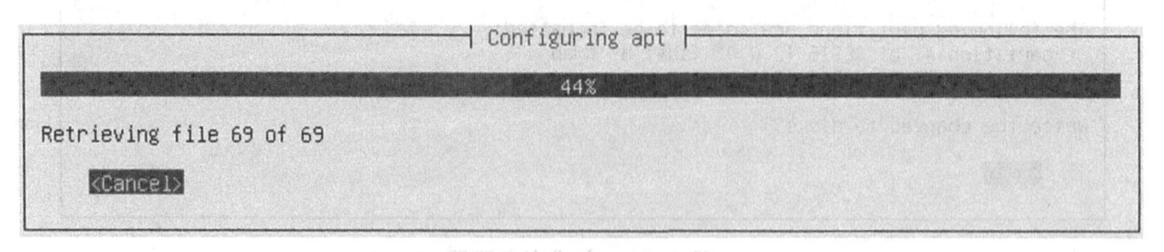

图 A-36 获取软件包

下一个界面让你配置如何进行更新（见图 A-37）。通常，我不会在服务器上自动安装安全更新，因为我不知道它们会破坏什么。这是你的选择。如果你选择了自动更新然后出现故障，检查是否进行了一次更新。

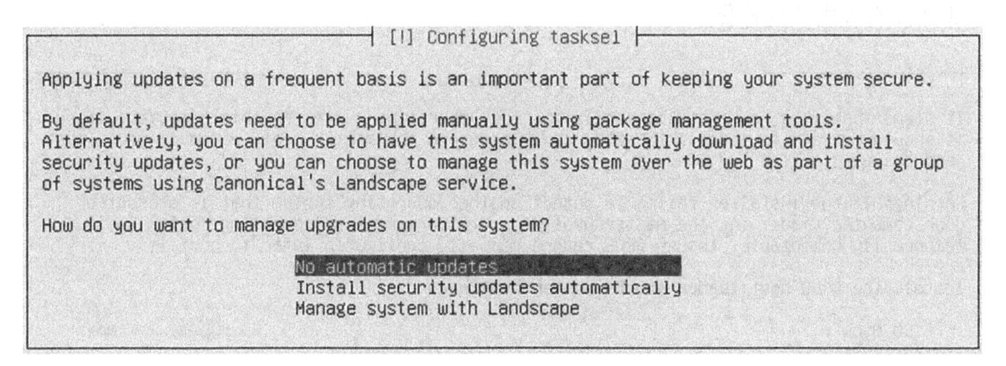

图 A-37 配置自动更新

应该只有一种服务你想从如图 A-38 所示的菜单中安装，就是 OpenSSH。OpenSSH 是用于主机的功能，但主要是用来从其他计算机访问这个操作系统。安装好后，你可以通过 OpenSSH，通常称为 ssh，使用主机名或 IP 地址和前面指定的用户名访问这台主机。

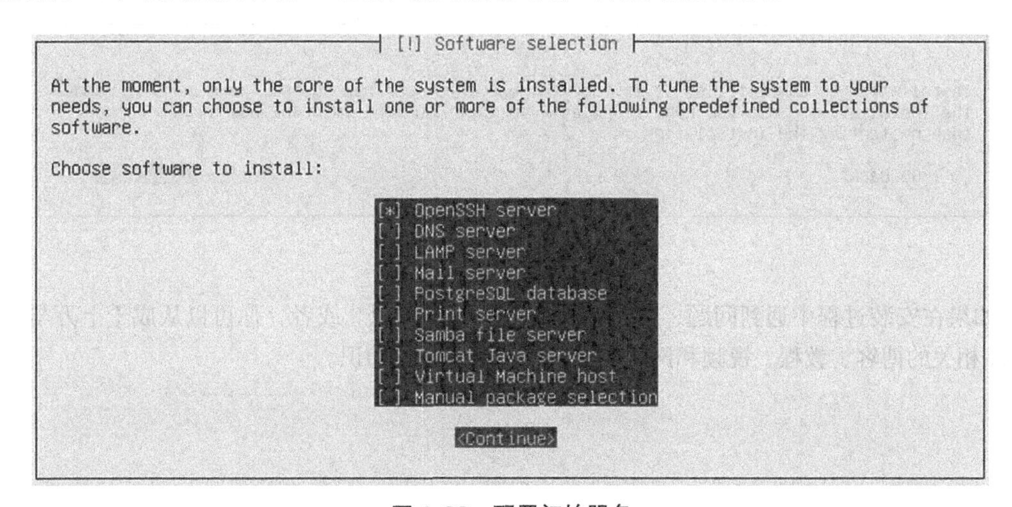

图 A-38 配置初始服务

选择的额外服务，如 OpenSSH，将会被安装 （见图 A-39）。

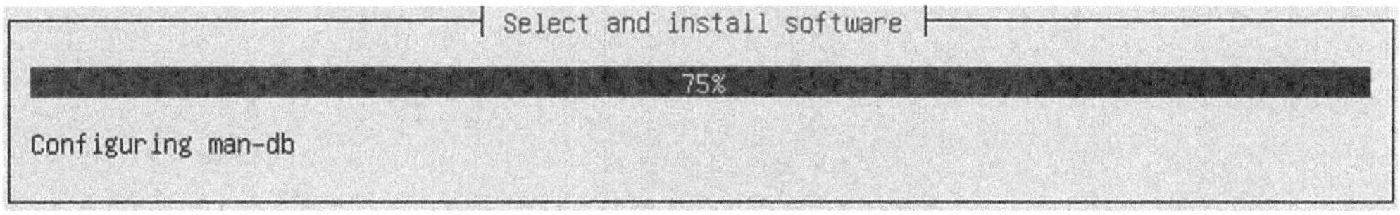

Select and install software

75%

Configuring man-db

图 A-39 基础系统：安装软件包

在下一个界面（见图 A-40），安装 GRUB 引导加载程序。如果你正在为 OpenStack 使用这台主机，那么没有理由不这样做。

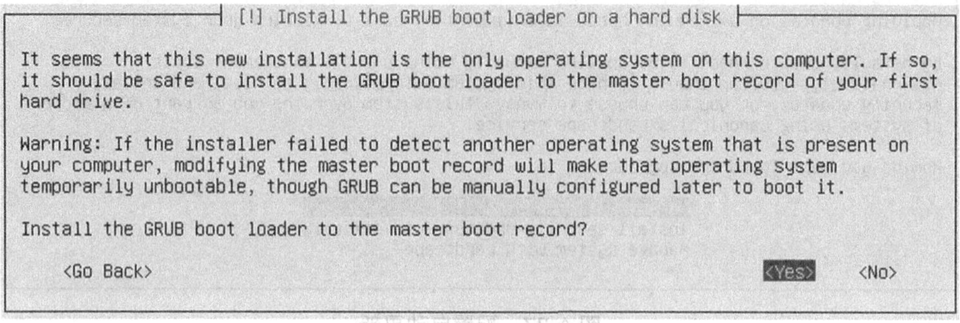

```
[!] Install the GRUB boot loader on a hard disk

It seems that this new installation is the only operating system on this computer. If so,
it should be safe to install the GRUB boot loader to the master boot record of your first
hard drive.

Warning: If the installer failed to detect another operating system that is present on
your computer, modifying the master boot record will make that operating system
temporarily unbootable, though GRUB can be manually configured later to boot it.

Install the GRUB boot loader to the master boot record?

    <Go Back>                                                      <Yes>    <No>
```

图 A-40　安装引导加载程序

好了。就这么多。幸运的话，你应该可以如图 A-41 所示，重启主机，然后通过 ssh 远程访问它。

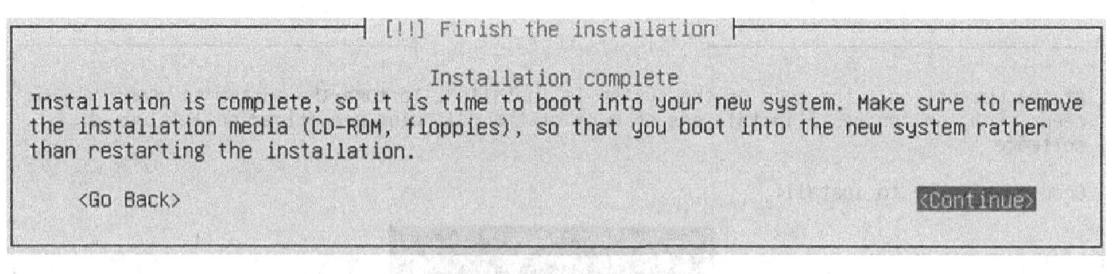
[!!] Finish the installation
Installation complete
Installation is complete, so it is time to boot into your new system. Make sure to remove
the installation media (CD-ROM, floppies), so that you boot into the new system rather
than restarting the installation.
<Go Back>
<Continue>

图 A-41　完成安装

如果在安装过程中遇到问题，查看前面列举的社区资源。或者，你可以从成千上万与安装 Linux 相关的博客、教程、视频和网站中学习很多这方面的知识。